工程·技术·哲学

Engineering Technology Philosophy

中国技术哲学研究年鉴 (2012~2013年)

Research Yearbook on Philosophy of Technology in China

（总第八卷）

U0290416

王　前　文成伟/主编

科学出版社

北京

图书在版编目(CIP)数据

工程·技术·哲学：中国技术哲学研究年鉴.2012～2013年/王前，文成伟
主编 . — 北京：科学出版社，2015
ISBN 978-7-03-046357-9

Ⅰ.①工… Ⅱ.①王… ②文… Ⅲ.①技术哲学－中国－2012～2013－
年鉴 Ⅳ.①N02-54

中国版本图书馆 CIP 数据核字（2015）第 270162 号

责任编辑：樊　飞　侯俊琳 / 责任校对：张怡君
责任印制：张　伟 / 封面设计：黄华斌
编辑部电话：010-64035853
E-mail：houjunlin@mail. sciencep. com

科 学 出 版 社　出版
北京东黄城根北街 16 号
邮政编码：100717
http://www.sciencep.com

北京京华虎彩印刷有限公司印刷
科学出版社发行　各地新华书店经销
*
2016 年 1 月第 一 版　开本：720×1000　1/16
2016 年 1 月第一次印刷　印张：26
字数：600 000
定价：159. 00 元
（如有印装质量问题，我社负责调换）

编辑委员会

主 编 导 语

《工程·技术·哲学——中国技术哲学研究年鉴 2012/2013 年卷》的组稿编辑工作由于种种原因，2014 年年底才基本完成。其中的主要原因是本年鉴的出版单位由原来的大连理工大学出版社变更为科学出版社，并纳入大连理工大学科技伦理与科技管理研究中心的《科技伦理与科技管理文库》出版。本卷是改在科学出版社出版后的第一本《工程·技术·哲学——中国技术哲学研究年鉴》。

2012 年以来，我国技术哲学界在很多领域有一些值得关注的新进展，其中既有对国外技术哲学新的理论成果的分析和阐释，也有对当代中国技术发展现实问题的哲学思考，还有对工程、技术与社会关系的跨学科研究。本卷力图反映这些新进展的代表性观点，为相关的理论工作者和科技人员提供开展深入研究的思想资源，更好地展现中国技术哲学研究的理论意义和现实价值。

本卷包含两篇特稿。一篇是中国科学院大学李伯聪教授的论文"工程方法论：方法论和工程哲学研究的新领域"。这篇论文以对"方法论"的三种不同理解和解释为切入点，讨论"方法论"视野中对"方法"的一般性认识和阐释，进而分析"工程方法论"视野中对"工程方法"的一般性认识和阐释，以及工程方法运用的主要原则、工程方法论研究的意义、未来的展望等问题。李伯聪教授是我国工程哲学研究的一位开创者，他的这篇论文展示了"工程方法论"这样一个亟待开拓的研究领域，具有重要的导向作用。另一篇论文"负责任创新"是荷兰代尔夫特理工大学霍温教授为本卷专门撰写的。虽然不长，但全面地介绍了欧美"负责任创新"研究领域的核心思想，具有重要的理论价值。霍温教授是技术哲学"荷兰学派"的代表人物之一，荷兰政府高级顾问，《伦理学与信息技术》国际期刊主编，曾任欧盟"负责任创新"专家组主席。他所介绍的"负责任创新"理念将企业社会责任和技术创新活动有机结合，是"可持续发展"理念和技术伦理社会影响的进一步深化，代表着国际技术哲学发展的新趋势，对于我国的技术伦理和负责任创新研究具有重要启发意义。

　　本卷的"研究论文"部分包含 12 篇文章，分为"技术哲学和工程哲学"、"技术社会学和工程社会学"、"技术伦理和工程伦理"三个栏目。我们之所以要把技术的哲学、社会学和伦理问题与工程的哲学、社会学和伦理问题相提并论，主要原因是"技术"与"工程"本来密不可分，技术哲学研究与工程哲学研究在很多方面交织在一起。将二者作为一个有机整体加以考察，有助于开拓学术视野，更好地发挥技术哲学研究的实际影响。我们的《中国技术哲学研究年鉴》之所以将"工程・技术・哲学"作为主标题，也反映了这方面的思考。

　　在"技术哲学和工程哲学"栏目中，包含了 7 篇文章，这些文章都反映了技术哲学研究领域的最新动态和成果。清华大学吴彤教授的论文"身体：实践、认知与技术"，从"实践与身体"、"认知与身体"和"技术的身体"三个方面探讨了身体与实践、认知和技术相互作用的复杂关系，认为实践-认知-社会-文化-技术-身体共同构建了"肉身-生活世界"。"涉身认知"研究是近年来学术界非常关注的领域。将这方面研究与技术哲学研究相结合，代表了技术哲学研究中一个前景广阔的新方向。与这篇论文主题接近的是大连理工大学的博士生索引与文成伟教授合作的论文"论柏格森的'身体-技术'思想"。这篇论文对柏格森的这一思想进行了深入分析，揭示了身体的技术性活动对于人类进化和人之生命走向自由所具有的理论意义和现实价值。

　　湖北大学舒红跃教授和东北大学包国光教授从不同角度拓展了对海德格尔有关技术哲学的观念的认识。舒红跃教授的论文"从海德格尔到斯蒂格勒：技术从哲学研究的边缘走向中心"，指出技术在海德格尔哲学中事实上处于一种边缘位置，而技术在斯蒂格勒那里始终处于哲学研究的核心。正是由于斯蒂格勒等哲学家的努力，技术慢慢从哲学研究的边缘和外围逐渐向中心或核心地带推进。包国光教授的论文"依据'存在论'追问技术的五条路径"，提出海德格尔通过"在世（生存）"、"自然（产生）"、"艺术（作品）"、"'四因'（招致）"、"物-空间（栖居）"这五条路径追问技术的本质，认为技术的本质关涉"物-世界-生存"。

　　中国青年政治学院肖峰教授的论文"从技术哲学到信息技术哲学"，指出信息技术哲学是对人类信息革命的哲学总结，是技术哲学的当代形态、分支形态、微观形态和会聚形态。论文深入讨论了信息技术哲学的兴起对于一般哲学研究、信息技术和社会发展以及人的发展的重要价值和意义。东南大学夏保华教授的论文"关于技术哲学学科发展共识的商榷"，指出人们通常认为卡普于 1877 年出版《技术哲学纲要》开创了技术哲学研究，但英国技术史学家、发明家和工程师德克斯的《发明哲学》将改变有关技术哲学发展的这个"学科共识"。《发明哲学》是一部被遗忘的技术哲学经典文献，德克斯本人也是一位被遗忘的技术哲学先驱。大连理工大学王娜博士与宋文萌的论文从技术哲学角度讨论了"造物"与"拆物"的关系问题，指出以往技术哲学研究比较关注"造物"的意义和问题，对"拆物"的相关问题重视不够。"造物"与"拆物"是辩证的统一，两者的脱节会带来严重的问题。因而有必要从方法论视角和技术设计的层面，寻找解决这方面问题的途径和方法。这些论文体现的新视角、新材料、新方法富有启发性，有助于人们在相关领域更多的研究和思考。

在"技术社会学和工程社会学"栏目中，包含了两篇论文，一篇是广州市委党校李三虎教授的"工程的社会问题：以化学工程为例"，另一篇是华南理工大学闫坤如教授的"对技术风险的公众认知分析"。前者强调对工程的社会问题进行内外区分，并突出了工程的外部社会问题研究。然后，把化学工程作为工程的社会问题研究的一个典型领域，表明化学工程的社会问题识别和解决倾向于对社会问题建构范式的理论支持。不能以一套既有的规范和指南解决化学工程的所有社会问题。必须要针对具体的化学工程，对其负面的社会影响程度和范围进行专业性和社会性评估。后者强调技术风险可以表示为多个不确定性因素发生的概率之和及其后果的函数。通过对技术风险的认知偏差中的主观概率进行分析，可以解释在对技术风险的认知中不同群体和个体对风险的认知差异，以及与实际的客观风险之间的差距。论文最后提出规避和控制技术风险的路径。这两篇论文所讨论的技术社会学和工程社会学问题，都与技术哲学和工程哲学研究有着密切联系。这两篇论文的特点在于将哲学上严谨的理论分析推导和社会学研究关注现实问题的方法有机地结合在一起，对于技术哲学研究如何开拓面向现实问题的通道，更好地发挥其现实影响，具有重要的意义和价值。

在"技术伦理和工程伦理"栏目中，包含了两篇论文和一篇学科发展报告。两篇论文分别是东北大学王健教授与刘瑞林博士的"情感设计的伦理审视"，以及大连理工大学王前教授与华中师范大学张卫博士的"工程安全的伦理透视"。还有一篇"技术伦理和工程伦理学科发展报告"，是大连理工大学博士生于雪整理撰写的。技术伦理和工程伦理是近年来备受关注的学科领域，国内外都有很多相关研究成果发表。本卷此次刊发的两篇论文针对这一学科领域出现的新问题开展理论探索，提出了一些新观点。前者强调情感设计起源于工业设计领域，它是将用户的感性需求物化为设计要素并使其在新技术产品中有效实现，使技术设计更好地适应用户的个性需求。情感设计作为对快乐主义的一种回归，对道德感的一种陶冶，对"人性化"的一种坚持，具有深刻的伦理意蕴。后者以 PX 项目的社会影响为例探讨工程安全的社会问题，强调政府主管部门、企业管理者、工程师及其他利益相关者都应具备责任伦理意识，承担相应的社会责任。工程项目决策过程需要民主参与，政府需要与利益相关者各方特别是公众之间建立"对话平台"，遵循商谈伦理的原则和方法，充分发挥工程伦理学者的中介作用。"技术伦理和工程伦理学科发展报告"系统回顾了技术伦理和工程伦理的学术热点问题、国内外学术交流与合作的进展以及国内外工程技术伦理教育的现状，对于全面了解技术伦理和工程伦理学科发展有较大的借鉴和参考价值。

按照《工程·技术·哲学——中国技术哲学研究年鉴》的编辑惯例，本卷组织大连理工大学哲学学科的博士研究生参与编写了 2011 年和 2012 年的"研究综述"、"学术信息集锦"和"文献索引"。

《工程·技术·哲学——中国技术哲学研究年鉴》的出版已经走过十几年的历程，得到了学界同仁和广大读者的大力支持和帮助。我们希望将这部年鉴越办越好，不断扩大学术视野，加强与国内外同行的交流与合作，充分发挥这部年鉴在我国技术哲学学科建设和发展中的应有作用。

目　录

本卷特稿

上篇　研究论文

技术哲学和工程哲学

技术社会学和工程社会学

工程伦理和技术伦理

下篇　学术动态

年度研究综述

学术信息（2011 年 1 月至 2012 年 12 月）

本卷特稿

工程方法论：方法论和工程哲学研究的新领域

李伯聪

（中国科学院大学哲学系）

　　工程哲学在 21 世纪之初在东方和西方兴起后[1]，其发展速度之快出乎人们的意料。著名技术哲学家米切姆在回顾技术哲学历史时指出，自卡普 1877 年出版《技术哲学纲要》，中经恩格迈尔和席梅尔，至 1927 年德绍尔出版《技术哲学》，在 50 年的时间中出版了四本以"技术哲学"为书名的著作[2]。可是，在工程哲学兴起时，从 2002 年至 2007 年，在短短的 5 年中，就出版了四本以"工程哲学"为书名的著作——李伯聪的《工程哲学引论》[3]、布希亚瑞里的《工程哲学》[4]、殷瑞钰等的《工程哲学》[5] 和克里斯滕森等的《工程中的哲学》[6]。上述四本技术哲学著作都是欧洲学者的著作，并且是"个人著作"；而上述四本工程哲学著作中，有两本是个人著作而另外两本是"集体著作"，其作者广泛分布在中国、美国和欧洲。

　　工程哲学是新兴起的学科，这个领域虽然有了快速地进展，但这个领域中未能深入探讨的重要问题必然还有许多，例如，工程方法论就是一个亟待大力开拓的工程哲学研究新领域，它同时也是方法论研究的一个新领域。

1　对"方法论"的三种不同理解和解释

　　作为一门学科，心理学历史正式开端的标志是冯特在莱比锡成立第一个心理学实验室，其后，心理学便蓬勃发展起来，至今已经成为蔚为大观的学科和研究领域。可是，在回顾心理学历史时，由于历史上很早就有学者关注和研究了心理学中的许多问题，于是有人便说"心理学的历史很短但有一个漫长的过去"[7]。如果我们把"方法论"也看做是一个独立的学术领域，那么，对于方法论的历史似乎也可以有类似的评判。

　　在研究方法论时，首先需要研究和回答的三个问题是"什么是方法"、"什么是方法论"和"方法与方法论的关系如何"。

　　乍看起来，对于什么是"方法"——特别是如果把它理解为"具体方法"时——人们的认识似乎是比较清楚的。例如，在各种具体学科（分析化学、射电天文学等）和具体活动领域（炼钢、建筑、滑雪、烹饪等）中，对于形形色色的具体方法（分析化学方法、射电天文学方法、炼钢方法、建筑方法、滑雪方法、烹饪方法等）都各有具体界说和具体解释，表面看起来，对于"方法"的具体内容和含义，似乎是没有疑问的。

可是，对于"什么是方法论"的问题，人们的认识就意见纷纭或者模糊不清了。

有人说："谁都知道方法的重要，但不是谁都认为方法论有什么重要的。教方法还能教，但教方法论谁都不知道该怎么教。教方法的书不少，相当不错，也很重要。但只是知识和技能之间，还没有到抽象点的能力，更谈不上鉴赏力。而现有的讨论方法论的书，其中虽有可称道者，但更有难以卒读者。"[8]

什么是方法论呢？大体而言，对于方法论的含义和内容，可有三种不同的理解和解释。

第一种理解主要是把方法论解释为某个领域的"常用方法"或"主要方法"的"集合"或"汇编"。我们看到，一些书名为"XX 方法论"的著作，其具体内容正是对该学科常用方法（或重要方法）的列举和分析。

第二种理解主要是把方法论解释为该领域的某种形式的重要理论。例如，在经济学方法论领域，许多人都关注了所谓个体主义方法论和整体主义方法论。有人说："近年来，个体主义方法论在经济学家中已经成为时髦的口号。具体说来，就是有人主张我们接受这样一种学说（楷体为引者所加，下同）：一切有关社会现象的解释，都必须从个体角度来分析阐发。但由于'个体主义方法论'这词应用极广，所以有时不免被弄得含糊其辞，成了各种各样的方法论和理论的漂亮的装饰品。"[9]对于本文的主题来说，我们关心的不是个体主义方法论中的含义模糊或引起争论之处，我们想强调的是这种个体主义方法论（individual methodology）虽然也有一定的"方法方面的色彩"但其在本质上具有更浓重的"理论方面的色彩"——上述引文中将个体主义方法论称为"学说"和"理论装饰品"正告诉了我们这一点。大概也正是由于个体主义方法论具有浓重的理论性，于是就有学者使用了"方法论的个体主义"（methodological individualism）和"方法论的整体主义"这样的术语，而这样术语中表示"主义"的"词素"就更清楚明确地显示了其"理论含义""强于"其"方法含义"的特征，换言之，所谓个体主义方法论和整体主义方法论更像是一种"经济学理论"而不是"经济学方法"。在马克思主义哲学理论体系中，有一个重要观点是主张世界观和方法论的统一，在这个观点中，哲学方法论被明确地解释为辩证法，而辩证法的基本内容是对立统一规律、量变质变规律、否定之否定规律，而"规律"一词正显示所谓辩证法首先是一种理论，然后才被看做一种方法或方法论。这个含义和内容的"方法论"显然与自然科学、社会科学领域中所讲的"方法论"在含义、对象和旨趣上都不太一样。

此外，还可以有第三种理解——方法论不是"方法本身"而是以"方法本身"为对象所进行的研究和所得出的理论。

从构词法角度进行分析，"方法论"是一个合成词，它包括两个词素——"方法"和"论"。顾名思义，"方法论"不等于"方法"本身，它不是"方法汇编"，不是"方法大全"，它的任务是要"论""方法"，更具体地说，方法论的任务是要以"具体方法"为研究对象，对其进行理论分析、理论概括和理论总结，简而言之，方法论是"以具体方法为研究对象"的理论体系。

方法有不同的类型和不同的层次，相应地就可以有不同类型和不同层次的"（关于特定类型和层次性方法的）方法论"，例如科学方法和科学方法论，数学方法和数学方法论、法律方法和法律方法论，经济方法和经济方法论等，而更高层次的、更广泛地以各种各样的具体方法为研究对象的就是"（一般）方法论"了。

总而言之，一方面，我们应该承认方法论离不开具体方法，甚至应该承认方法论研究中应该把对基本方法的研究包括在内（例如科学方法论内容中应该包括对归纳方法和演绎方法的研究），但绝不能把方法论等同于具体方法的罗列或常用方法的汇总，总而言之，方法论以（具体）方法为研究对象，是"关于方法的理论"和"关于方法的方法"，它是对于方法的来源、性质、结构、类型、特征、功能、作用、意义、影响、"内外关系"等问题的理论分析、理论概括和理论认识。

我们认为，上面谈到的对于方法论的第一种和第二种理解都是不适当的，只有第三种理解和解释才是比较恰当的[10]。

2 "方法论"视野中对"方法"的一般性认识和阐释

在上文中，我们说人们对于方法的真正含义"似乎是清楚的"，这实际上是在暗示，对于方法的真正含义许多人并不真正理解或了解。

在分析、研究和阐述某个概念时，人们往往习惯于使用为该概念"下定义"的方法。可是，对于一些"基本概念"来说，"下定义"的方法往往用途和作用有限，有可能出现难以下定义甚至无法下定义的情况。

对于"方法"的"定义"问题，张奠宙等人指出："《辞海》中未收录'方法'词条。实际上，'方法'是一种元概念，它和'物质''运动''集合'等概念一样，不能逻辑地精确地定义，只能概略地描述。例如，可把'方法'说成是人们在认识世界和改造世界的活动中所采取的办法、手段、途径等的统称。这里的'办法'、'手段'、'途径'等，就都和'方法'大体上是'同义词'，并非'属'和'种差'式的严格定义。"[11]

这就是说，在认识"方法"这个基本概念时，问题的关键不是"下定义"或用一个同义词对其进行"解释"，而应该分析和阐述与方法有关的"内部和外部"的"基本关系"问题，努力既可能深入地阐述其功能、意义等问题。

以下我们就从方法的来源、性质、各种关系、特征和意义等方面对"方法"（由于'技术'是'方法'的重要表现形式和类型，以下行文中有时也直接使用'技术'一词）的含义进行一些解释。

首先看方法的来源。

应该承认，在科学形成之后，有些方法是根据科学理论而发明出来的，例如，激光技术就是根据爱因斯坦的受激辐射理论而发明出来的方法。可是，由于科学在人类历史上形成很晚，不但在科学出现前的种种技术不可能来自科学理论，而且在科学正式形成后，大量的新技术也不是来源于科学的。美国职业工程师文森蒂在其名著《工程师知道什么以及他们是怎样知道的——航空历史的分析研究》一书中，结合具体案例的分析无可辩驳地阐明了决不能把工程知识归结为科学知识[12]，美国著名技术哲学家皮特也明确指出："没有事实根据说科学和技术每一个都必须依靠另一个，同样也没有事实根据说其中一个是另一个的子集。"[13]我们有理由认为，文森蒂和皮特关于技术知识和科学知识相互关系的观点可以"推广"到对许多具体方法和有关科学理论的相互关系的认识上——现代社会中的许多方法都不是"来源于"科学理论的。

在社会生活和实践中，方法（例如医生临床使用的验方、盖房子的方法、掷铁饼的方法等）的最主要的来源是"经验"和"尝试"。许多欧美学者都很重视试错法，波普尔更把试错法看做是发现和提出新理论的方法[14]，而实际上应该强调指出的是，对于所谓试错法来说，其主要用武之地和主要用途是在反复的经验尝试过程中"用作发现和创造新方法的方法"而并非"作为发现某种新理论的途径"（当然我们也不绝对否认"试错法"可以成为"发现新理论"的途径）。人们常说"实践出真知"，而通过反复"实践"得出之"知"，大量的也是"方法之知"而非"理论之知"。由于"实践"和"经验"常常有相同或一致的含义，所以，"试错法"和"实践出真知"的重要内容和重要含义之一正是指出了"经验是各种具体方法的最重要的来源"。

以下再分析"方法"这个概念中涉及的几个重要关系问题——方法与人的关系、方法与目的的关系[15]、方法与结果的关系。要想认识"方法"的性质、特征、内涵和功能，最关键之点就是要深入分析和认识这几对关系。

在严格的意义上，方法是人类社会中出现和存在的现象，这意味着在描述自然界的现象时不需要使用方法概念。例如，在自然界演化过程中，就不存在方法问题。我们不能问"地球是用什么方法造成喜马拉雅山的？"也不能问"地球是用什么方法'造成'台风的？"可是，对于人类来说，人类就必须发明、掌握和使用多种多样的方法才能生存和生活了。换言之，人是发明、掌握和使用方法的主体——这就是认识方法概念的第一个要点。

人是有目的的动物，方法是对目的而言的。于是，分析和认识"方法和目的的关系"就成为了理解和掌握方法概念的一个核心内容。

目的和方法的关系是极其复杂的。一方面，为达到某个目的（或"一组目的"）可能存在多种多样的方法，"条条大路通罗马"；另一方面，同一方法往往又可用于实现多种多样的目的，走"同一道路"的人在"岔路口"后可以进入新的道路从而"达到不同的目的地"。中国古代有一个成语"殊途同归"，其含义与"条条大路通罗马"基本相同。1974年出土的马王堆汉墓帛书《要》的出土使得我国古代的另外一个成语"同途殊归"在"失传两千年后"重见天日，而"同途殊归"所表述的正是上述第二个方面的含义[16]。

从哲学观点看，方法与目的的关系是一种中介性关系。人在实现其目的时不是直奔目的而是要通过中介而达到其目的——这就是方法的基本功能和基本特征之所在。

所谓中介，可以表现为物质性中介（工具、机器、设备等），也可以表现为过程性中介（实现目的的中间过程、过渡环节、操作程序等）。

人是理性的动物。人的理性的最主要的表现形式之一就是通过中介达到自己的目的。黑格尔说："理性是有机巧的，同时也是有威力的。理性的机巧，一般讲来，表现在一种利用工具的活动里。这种理性的活动一方面让事物按照它们自己的本性，彼此互相影响，互相削弱，而它自己并不直接干预其过程，但同时却正好实现了它自己的目的。"[17]马克思很欣赏黑格尔的这个观点，在《资本论》中引用了这段话[18]。我国研究黑格尔的专家王树人说："黑格尔关于中介所作的论述，即关于实践中手段（工具等条件）的地位和作用，在他考察人类实践活动的论述中，乃是内容丰富而又深刻的篇章之一。"[19]

在黑格尔对中介性质和特征的分析中，已经明确指出：作为中介的方法——特别是表现为物质工具形态的中介——在发挥其作用（即用于达到目的）时，同时具有和体现出了主观性的特点和客观性的特点，所以，我们在分析和考察方法概念的时候不但需要在分析和认识"方法-目的"关系，而且需要分析和认识"方法-结果"关系。

应该特别注意的是，人在运用方法的过程中所同时出现的"方法-目的关系"和"方法-结果关系"这"两组关系"之间又存在着"更高层次"的错综复杂关系，有关方法的许许多多的理论问题和现实问题都"来源于此"，"聚焦于此"，"纠结于此"，"大白于此"。

在认识和理解方法概念时，同时出现了"方法-目的关系"和"方法-结果关系"。在这"两组关系"中，如果说前者主要表现的是"主观性"关系，因为"目的"是"存在于人的思想中"和"由人赋予"的；那么，后者主要表现的就是"客观性"关系了，因为"结果"是"不以人的意志为转移"的和"客观存在与外部世界"的。

在使用方法的过程中，"方法-目的关系"和"方法-结果关系"同时存在。在使用方法之后，其"结果"和"目的"可能基本一致，也可能仅仅部分一致，但也可能出现"二者差异很大"甚至是"南辕北辙"的情况。

从哲学观点看，"方法运用"的过程中同时存在着"方法-目的关系"和"方法-结果关系"意味着在方法论领域的研究中必须同时注意目的性研究和因果性研究这两个方面，尤其是必须特别注意因果性和目的性的相互渗透、相互影响和相互作用问题，这就使有关的分析和研究工作变得更加复杂和更加困难了。

我们也可以把对"方法-目的关系"和"方法-结果关系"的研究结合起来称之为对"方法-目的-结果"关系的分析和研究，也就是包括对"方法-目的关系"的研究、对"方法-结果关系"的研究和对"以上两组关系的相互关系"的研究。

从上述对方法的本性的阐述和分析中，我们还可以进一步引申出方法具有以下几个性质或特征：一是方法具有合目的性和创造性，二是方法具有多样性和"艺术性"，三是方法在应用时具有结果的不确定性和异化的可能性。限于篇幅，本文就不再对这三个特征进行具体分析和阐述了。

3　"工程方法论"视野中对"工程方法"的一般性认识和阐释

本文的基本主题是研究工程方法和工程方法论问题，之所以先分析方法和方法论概念是要以其为研究工程方法和工程方法论概念的"序曲"。

正像具体分析和阐述"方法"的含义是"方法论"的首要问题一样，"工程方法论"的首要问题是要具体分析和阐述"工程方法"的含义。

由于"工程方法"是"方法"的下位概念，所以，上文中对"方法"的分析和阐述也都适用于"工程方法"。此外，工程方法还有一些本身独具的其他特性和特征。

从方法的分类和分层关系看，可以认为工程方法、法律方法、科学方法是三种并列的方法类型，本文以下将着重通过对这三种不同类型方法的比较[20]而认识和阐述工程方法的三个重要特性和特征。

第一，与以思维方法为核心的法律方法不同，工程方法包括三种构成要素——"硬件"（hardware，工具、机器、设备等）、"软件"（software，操作程序、工序等）和"斡件"（orgware，钱学森建议将其翻译为"斡件"），三者的相互渗透、相互配合和协同作用成为了工程方法的核心内容和"生命"。

法律方法论是国内外都比较繁荣的一个研究领域。有研究法律方法论的学者认为"法律方法论的核心是法律思维"，因为"法律方法论作为法学教育的一门课程，其核心任务是提高法律研习者的法律思维水平"，尤其是，"具体的法律方法都是围绕着法律思维展开的，所有的法律方法都是法律思维从不同角度以不同方式展开的。"[21]

在工程方法论领域，我们无疑地也必须承认和肯定工程思维的重要性，绝不能忽视和贬低工程思维的重要性，因为如果没有作为工程思维表现的工程设计和工程决策，工程活动就没有"思想动力"、"思想指导"和"思想基础"；如果没有相应的"软件"，各种设备就只是"死的机器"，无法发挥其作用。可是，我们却绝不能因此而认为和断定"工程思维是工程方法论的核心"，因为工程方法中不但包括"工程思维方法"，而且包括物质性的"工程'硬件'"要素和方法，如果没有一定的"硬件设备"，没有必要的物质设备和物质性的操作活动，工程从业者就只能"望洋兴叹"，物质性的工程活动就只能停止在"图纸阶段"，"工程图纸"就不可能转化为"大楼"、"桥梁"等"现实中的工程成果"。从演化角度看，工程方法演进的最重要内容和最重要表现形式之一正是在"工程硬件"方面——工程设备等——的演进，工程能力的提高往往正集中地表现为工程"硬件"的发展和变化。

工程活动是有组织的集体活动，参与工程活动的各个成员不能杂乱无章地自行其是，各自为政，而必须用一定的方法组织起来，形成和规定一定的制度，合作协调起来，这就需要有"斡件"（orgware）发挥作用了。

在科学方法中，科学实验方法是最重要的科学方法之一，科学实验中必须使用一定的"仪器"。虽然科学实验的"科研仪器"和工程活动中的"工程设备"都可以都归类到"硬件"范畴之中，可是，"科研仪器"和"工程设备"之间存在着巨大差别也是显而易见的。

在工程方法中，"硬件"、"软件"和"斡件"的相互关系是一个复杂问题，随着工程方法论研究的深入，人们对三者相互关系的认识也将会更加深入和具体化。

第二，科学方法的基本目的是追求真理，法律方法的基本目的是保障公平与正义，而工程方法的基本目的是提高工程活动的功效、追求卓越和创造价值（广义价值）。

在一定意义上，我们需要承认在法律方法中也存在"处理法律案件的效率"之类的问题，需要承认提高"法律工作效率"的重要性，可是对于法律方法论来说，一旦这个"法律工作效率"问题遇到法律公平和正义的"试金石"便不可避免地要退避三舍了。

所谓功效包括效率、效力、效用和效益等多方面的内容。一般地说，效力是评判和衡量"总量"的概念，效率是一个评判和衡量"强度"的概念，至于效用和效益，则往往会包括更广泛的方面和内容。在评判效率、效力、效用和效益时，会有不同的评判角度和衡量标准，例如依据技术标准的技术效力和技术效率，以及依据经济标准的经济效率和经济效益等。在工程活动中，不但要重视技术方面的效力和效率等问题，而且要重视经济和社会方面的效用和效益等问题。

对于效率、效力、效用、效益和价值等方面的许多问题，在科学技术学、经济学、社会学、伦理学、行动学（praxiology，又译为行为学）、哲学（特别是价值哲学）等领域中已经有了许多分析和研究。在研究工程方法的效率、效力、效用、效益和价值等问题时，应该在参考其他有关观点和理论的基础上，结合具体情况进行综合性的分析和评判，而不应只顾某一方面而忽视其他方面。

第三，在现代社会中，由于多种原因——特别是相应的方法本身的特征和后果风险方面的原因——使得现代法律工作者（法官和律师）和现代工程从业者（建筑师、工程师、专业技师、电工、电梯修理工等"特种职业工人"和"岗位"）需要拥有"专业资质"，否则，就不能从事相应的职业活动。

在现代社会中，有些职业或工作岗位是必须有"专业资质"或"上岗证书"才能"从事该项工作"和"上岗"的，否则就是不合法的。而另外一些职业或工作岗位却没有这种要求。例如，在要从事作家、画家、流行歌星的"工作"，甚至是科学家的"工作"时，并没有"专业资质"或"上岗证书"

方面的严格要求。这意味着这些职业可以允许有人以"业余身份"从事该项工作，而前一类则非。所以，没有"职业证书"而"从事建筑设计"、"修电梯"、"行医"是非法的；可是，对于文艺工作——甚至科研工作——来说，没有"职业证书"而"从事写作"、"当导演"、"从事科研工作"却是"自由"而不违法的。

为什么会出现这种"社会规定"和存在上述差别呢？这实在不是一个容易回答的问题。本文以下就着眼于方法特征和方法论角度对这个问题进行一些分析。

有人可能首先会想，导致需要"专业资质"的根本原因大概是某种职业方法的"高难度"或高度专业化。可是，上述不需要"专业资质"的职业中也不乏"高难度"或高度专业化的职业。可见"关键点"并不在此。例如，"当导演"是"高难度"或高度专业化的工作，可是"当导演"并不需要有"专业资质证书"。科研工作无疑也是"高难度"和高度专业化的工作，可是现代社会也没有对从事科学研究提出必须具有"专业资质证书"的要求。当爱因斯坦还是瑞士专利局的一个小职员时，他就以"业余身份"从事科学研究工作了。应该强调指出，本文关注的焦点不是爱因斯坦以"业余身份"从事科研工作而取得的辉煌成就，本文关注的焦点是他以"业余身份"从事科研工作的"合法性"问题。相形之下，如果有人没有"专业资质"而"从事建筑设计"、"干焊工的工作"，那就是违法的了。

这里的关键原因是什么呢？

著名科学哲学家波普尔曾经指出科学家进行科研要运用试错法。波普尔还认为试错法是一种被广泛应用的方法——从阿米巴到爱因斯坦都要运用试错法。但二者的区别是：阿米巴的试错法是本能的、非批判的，爱因斯坦的试错法是理性的、批判的；阿米巴的试错法所淘汰的是自身躯体，它在错误中灭亡，而爱因斯坦的试错法所淘汰的是错误的理论，他在错误中学习和前进。波普尔说："批判的或理性的方法在于排除我们的假设以代替我们去死亡"[22]。

实际上，试错法运用最广泛的领域之一是工程活动。运用试错法难免会出现错误。如果说科学家在运用试错法中出现错误的后果是"以理论假说的死亡"代替"科学家自身的死亡"并且通过这个过程而取得科学的进步；那么，在工程活动中，如果工程师、电梯修理工出现错误时其后果却可能是引起重大工程事故并造成有关人员的血淋淋的死亡了。可以认为，正是这种在"方法错误所出现的后果"和"方法错误的风险性质"上的不同导致了现代社会要求工程师、技师、"特种职业工人"必须具有相应的"专业资质"。

4　工程方法运用的主要原则

工程方法不能仅仅是"橱窗的摆设"，不能仅仅是"保藏在仓库中的样品"，工程方法是需要在工程活动中被实际应用的。在工程方法论的理论体系中，最重要的一项内容就是要阐明运用工程方法的原则。

工程方法运用的主要原则有哪些呢？

第一，工程理念和工程方法相互渗透、相互促进的原则。

工程理念是工程活动的灵魂，必须树立工程方法服务于、"从属于"工程理念的意识，不能使工程方法脱离工程理念的指导和"约束"。上文提到了工程方法有可能迷失正确的工程目的和出现背离工程理念的现象，这种现象就是工程异化现象。工程异化现象的具体表现多种多样，在分析形形色色的工程异化现象时，人们会发现许多工程异化现象的根由和表现形式都要归因于和归结为工程方法脱离和背离了工程理念的指导和"约束"。

在工程实践中，违背"工程理念和工程方法相互渗透原则"的另外一种表现形式是乌托邦、空谈、纸上谈兵现象。一般地说，形形色色的乌托邦、空谈、纸上谈兵现象都不乏良好的愿望，都"允诺"天上会掉馅饼，或者指示一个"海市蜃楼"，或者像赵括一样夸夸其谈，而其要害是都没有——甚至完全没有考虑需要具备——现实、可行、合理的达到预期目的的工程方法。

第二，各种工程方法在工程活动中必须进行多层次集成和协调权衡的原则。

任何工程活动都不可能只运用一种方法，而必须集成和综合运用多种类型、多种多样的方法。在对不同方法的集成过程中，第一个层次的集成是需要进行"有关的不同类型的技术的集成"，然后，还需要进行第二层次的集成——"技术因素与非技术因素的集成"。在集成过程中，工程共同体和有关方面需要根据工程目的和工程活动遇到的具体环境和条件，对各方面的条件和因素进行协调和权衡。

对于科学活动、科学方法和科学目标来说，在"硬性"的真理标准面前，不能讲"妥协"，不能讲"协调"，不能让真理"委曲求全"——"委曲求全"的"真理"便不再是"真理"。可是，在工程活动中，各项矛盾的"要求"和"标准"往往是需要进行"妥协"和"协调"的，对于工程活动来说，必要的"妥协"、高明的"协调"、巧妙的"权衡"往往要成为工程方法论的关键内容，而在"协调"和"权衡"上的失败往往就意味着工程的失败。

第三，工程方法中的"软件"、"硬件"、"斡件"必须相结合、相促进的原则。

在工程活动中，必要的"软件"、必要的"硬件"和必要的"斡件"三者是任何一个方面都不可缺少的。盲目地迷信设备，陷入"唯设备论"是错误的；另一方面，认为设备无关紧要，陷入"轻视设备论"也是错误的。必须把工程方法整体中的"软件"、"硬件"和"斡件"结合起来，使三者相互渗透、相互促进才是正确的工程方法论原则。

第四，工程方法的应用必须遵循知己知彼、因时因地制宜和可行性原则。

在最近几十年中，博弈论和利益相关者理论取得了长足的进展，在经济学、社会学、法学等许多学科和领域中都引起了广泛的关注，得到了广泛传播和应用，这使人情不自禁地想到了中国古代关于"知己知彼"的观点。在科学领域，要求其方法和结论能够"放之四海而皆准"，而不能具有时间和地域的特殊性，不能说在美国实验室中所应用的方法和所得到的结论到中国的实验室中就"不灵"了，必须"另作安排"了。相形之下，工程领域的活动却不可避免地具有"当时当地性"，例如桥梁工程、道路工程、水利工程、通讯工程等，在工程活动中，不可能有两个工程项目是条件和要求完全相同的，这就使工程方法的运用中必须讲求因时因地制宜的原则。在工程活动中，工程活动主体不但必须解决自然条件和自然环境方面的种种问题，而且必须解决社会环境、社会关系方面的种种问题，这就使工程活动的主体不但需要"知己"（包括清醒地了解和估计自身的"软件"、"硬件"、"斡件"条件、水平和能力等等），而且需要"知彼"（包括调查和确切掌握自然环境、社会环境方面的各种有关状况），在"知己知彼"的基础上"因时因地制宜"地选择可行而适当的工程方法。在工程实践中，是否真正可行，是否真正适当，往往来源于和取决于是否真正"知己知彼"，是否真正做到了"因时因地制宜"。

工程活动是在具体时空中进行的实践活动，必须强化知己知彼、因时因地制宜和可行性意识，力戒脱离实际和"教条式搬用"的倾向。

第五，工程方法在应用时必须坚持工程创新和遵守工程规范相统一的原则。

无论从历史角度看还是从现实状况看，人类的工程活动一直处于不断创新的进程之中，工程界必须树立鲜明的工程创新意识，必须戒除保守、墨守成规、不思进取的倾向。

另一方面，工程活动——特别是现代工程活动——方法复杂、工程质量标准严格、专业性强、不确定性强、如果出现事故往往后果严重，凡此种种原因又使现代社会与工程共同体为工程活动制定了各种形式的工程规范，工程活动必须遵守有关的工程规范，必须戒除蛮干、心存侥幸的现象。

从理论方面看，认真分析和研究工程创新和工程规范的相互关系是工程方法论的最重要的内容之一；从现实方面看，正确认识和恰当处理工程创新和工程规范的相互关系是保证工程健康发展和避免工程事故的最主要的条件之一。

第六，工程方法的运用必须坚持合理化、优化、力求巧妙、追求卓越的原则。

工程方法与科学方法有许多一致的地方，但又有许多根本性的区别。科学活动和科学方法以追求真理为灵魂和旨归，以解决科学问题为基本任务、基本对象和基本内容，而一般地说，科学问题是有唯一正确答案的，科学方法的运用原则就是要保证得到科学问题的正确答案，避免"误入歧途"和"给出错误的答案"。可是，在工程领域，工程问题不可能只有唯一正确的答案，相反，工程问题的"答案"必然是多元化、多样化和开放性的，这就使得工程方法的应用必须坚持合理化、优化、力求巧妙、追求卓越的原则。在工程方法中，必须高度重视技术新发明的应用和独出心裁的设计，拒斥拙劣和平庸。所谓巧妙，所谓卓越，当然包含着"与众不同"的含义，可是，"与众不同"并不意味着"怪诞"或"荒诞"。"荒诞派"可以成为文学中独树一帜的流派，但"荒诞派"的工程方法和工程活动就难以在社会立足了。我们还应该承认，所谓巧妙和卓越常常突出地表现为某一个方面（或某些方面）的巧妙和卓越，很难出现绝对意义上"百分之百"的巧妙和卓越，但这绝不意味着那种"单一指标突进反而破坏整体"的现象是合理的。所谓追求卓越的基本含义和基本标准是追求"整体性卓越"。

在工程方法论的研究中，对工程方法运用原则的分析和阐述无疑是最重要的内容之一，希望今后能够有愈来愈多的工程专家和有关学者关注对这个主题的分析和研究。

5 工程方法论是急待开拓的方法论和工程哲学研究的新领域

从概念关系和分类关系上看，工程方法论既是工程哲学的重要组成部分同时又是方法论的重要组成部分。

目前，在方法论研究领域，经济学方法论、法律方法论、科学方法论、数学方法论、哲学方法论都是出版论著较多的领域，可是，无论就这些"具体方法论领域"来说还是就"方法论整体"而言，都有许多重大的理论问题还未解决——甚至还未明确提出，有关领域的丰富内容更有待逐步揭示和展示。

有中国学者说："'数学方法论'还不是成熟的学科，也许中国是最重视它的国家，国际未见有'数学方法论'的专著。权威的美国《数学评论》文献杂志的分类目录中，将数学方法论（methodology of mathematics）和教学法（didactics）合并在一起，作为数学一般（general）的一个子目（编号是00A35）。"[23]

在经济学方法论和科学方法论领域，国内外都有相对较多的论著出版，可是，这里所谓的"较多"实际上也只是对于那些"不景气"的方法论研究领域而言的"较多"，并不是真正的较多。

在最近的一二十年中，国内的方法论学科（如果可以把"方法论"称为一个"学科"的话）中堪称比较繁荣的"亚学科"（"亚领域"）大概非"法律方法论"莫属了。

国内的法律方法论领域自20世纪80年代开始译介国外有关著作，在发展过程中我国台湾学者出版的有关著作也发生了一定的影响。20世纪90年代后——特别是进入21世纪以来——逐步快速发展，出版了许多论著，建立了专门研究机构，成立了专业性学术组织，出版了专业性集刊《法律方法》（出版5年后于2007年成为CSSCI集刊），开设了"法律方法论"课程，学术队伍迅速壮大，学术成果日益丰硕，学术影响也日益增强。据统计，国内20世纪80年代新出版的法律方法论著作（含译著，下同）有8种，90年代新出版了32种，2000～2005年新出版著作91种，2006～2010年更爆炸性地增加了新出版著作277种[24]，至于有关论文的数量，如果进行统计那就一定更加惊人了。这充分表明，法律方法论在我国已经成长为一个比较繁荣的学科（"亚学科"）了。其中最重要的原因，一是我国现实生活的迫切需要，二是有关学者和法律从业者对法律方法论的"学科自觉意识"的强化和学术研究力量投入的增加。

如果把视野转移到工程方法论领域，我们看到它至今仍然是一个被严重忽视的研究领域。可是，就其迫切的现实需要、潜在的重要性、内容的丰富性和发展的远景来看，工程方法论完全可能而且应该像法律方法论那样在我国迅速成长为一个繁荣的"亚学科"研究领域。

令人高兴的是，在《工程哲学》一书中，已经有专章分析和阐述"工程方法论"问题[25]，2014年中国工程院已经正式立项研究"工程方法论"，诚望我国的工程方法论研究也迅速发展和繁荣起来。

参考文献

［1］李伯聪 . 21 世纪之初工程哲学在东西方的同时兴起［J］. 中国工程科学，2008，（3）.

［2］米切姆 . 通过技术思考——工程与哲学之间的道路［M］. 辽宁：辽宁人民出版社，2008：31-39.

［3］李伯聪 . 工程哲学引论——我造物故我在［M］. 郑州：大象出版社，2002.

［4］布希亚瑞里 . 工程哲学［M］. 辽宁：辽宁人民出版社，2008；英文原版出版于 2003 年 .

［5］殷瑞钰，汪应洛，李伯聪，等 . 工程哲学［M］. 北京：高等教育出版社，2007；2013 年，该书出版了第二版 .

［6］Christensen S H，Delahousse M M.（eds.）. Philosophy in Engineering［M］. Aarhus：Academica，2007.

［7］查普林，克拉威克 . 心理学的体系和理论（上册） ［M］. 北京：商务印书馆，1983：15.

［8］朱晓农 . 方法：语言学的灵魂［M］. 北京：北京大学出版社，2008：322；转引自陈金钊 . 法律方法论［M］. 北京：北京大学出版社，2013：2.

［9］霍奇逊 . 现代制度主义经济学宣言［M］. 北京：北京大学出版社，1993：61.

［10］陈金钊 . 法律方法论［M］. 北京：北京大学出版社，2013；该书第 2 章专论"法律方法与法律方法论"，其内容和分析不可避免地也涉及了方法和方法论的关系，可供参考 .

［11］张奠宙，过伯祥，方均斌，龙开奋 . 数学方法论稿（修订版）［M］. 上海：上海教育出版社，2012：4.

［12］Walter G V. What Engineers Know and How They Know It：Analytical Studies from Aeronautical History［M］. Baltimore：Johns Hopkins University Press，1990.

［13］皮特 . 工程师知道什么，载张华夏，张志林 . 技术解释研究［M］. 北京：科学出版社，2005：133.

［14］波普尔 . 客观知识［M］. 上海：上海译文出版社，1987：246-260.

［15］张奠宙等已经指出方法是人为达到一定目的而使用的手段（见氏著 . 数学方法论稿（修订版），上海教育出版社，2012：4），但未能对这个论断进行更具体一些的分析和阐述 .

［16］李伯聪 . 论"同途殊归"［J］. 文史哲，1999，（4）.

［17］黑格尔 . 小逻辑［M］. 北京：商务印书馆，1981：394.

［18］见《资本论》（第 1 卷，1972：203）.《资本论》中的有关译文与《小逻辑》中文版的译文略有不同 .

［19］中国社会科学院哲学研究所 . 论康德黑格尔哲学［M］. 上海：上海人民出版社，1981：318.

［20］需要申明，本文无意于全面比较和阐述各种不同类型的方法的异与同，本文进行比较的主要目的只是通过比较而凸显工程方法的特性和特征．

［21］陈金钊．法律方法论［M］．北京：北京大学出版社，2013：18-19.

［22］波普尔．客观知识［M］．上海：上海译文出版社，1987：260.

［23］张奠宙，过伯祥，方均斌，龙开奋．数学方法论稿（修订版）［M］．上海：上海教育出版社，2012：3.

［24］陈金钊，焦宝乾，等．中国法律方法论研究报告［M］．北京：北京大学出版社，2012：313-328.

［25］殷瑞钰，汪应洛，李伯聪，等．工程哲学［M］．北京：高等教育出版社，2007：第1版；2013：第2版．

负责任创新的理论与实践

杰伦·范·登·霍温

（代尔夫特理工大学哲学系）

对于创新的研究，在世界上每一所大学里都方兴未艾。在过去十年间，成千上万的学者使自己变成了"创新专家"，他们研究有利于创新的法律、财政、文化、心理和社会-经济等方面的条件，描述最好的实践并且指导如何提升创新性。创新可能会为社会带来许多好处，但创新本身并不总是善的。那些既具有严重后果又未能解决重大问题的新技术与创新在历史上比比皆是。为了规避创新的负面社会影响，使其能够解决主要的社会问题，工程创新和应用科学的研究与实践应该对道德价值和社会问题予以系统的关注。"负责任创新"的理念能够为上述目标的实现提供指导。

近五年来，"负责任创新"已经成为思考创新和新技术的伦理与社会等方面的突出的主题。它汇集了来自科技史、科学技术论、技术评估与技术伦理等领域的研究人员，保留了这些领域原有的长处，同时增加了新的有用的方面。广义地讲，"负责任创新"是对于新技术与创新中的道德可接受性的反思、分析与公众辩论，意味着在其他那些事情之外我们必须愿意提出并回答如下问题：

（1）人类在应用科学、技术与工程中的努力能否为解决我们这个时代重大问题做出贡献？

（2）人类是否以负责任的方式为解决全球问题而提出有效方案？

（3）技术解决方案是否适应多元的道德价值并满足利益相关者的需求？

2006 年，荷兰研究委员会在一项"社会负责任创新"的计划中首次提出"负责任创新"这一术语并对此进行阐释。不久以后，英国和德国的研究机构随之开始按照这一原则资助相关研究。之后更多国家和机构以荷兰提出的"负责任创新"理念为基准开发类似研究项目。在荷兰海牙针对这一理念召开一年一度的会议，并且其会议论文集介绍了许多近些年进行的相关研究项目。欧盟在以"负责任创新"理念和 2009 年轮值主席国瑞典起草的隆德宣言（Lund Declaration）核心思想引导的大型框架项目中，将很多研究活动和资金计划投向①研究与发展伦理学。②伦理、法律与社会问题（ELSI）。③技术评估（TA）等领域，并规定应用科学、工程与研发领域相关活动应该面对重大社会挑战。在 2014 年 11 月 21 日轮值主席国意大利起草的《关于"负责任研究与创新"的罗马宣言》中，这一政策得到赞同和进一步拓展。

尽管"负责任创新"这一理念源于欧洲，但却以真正的全球性目标为己任。当今人类生活的世界是一个高度相互联系的世界，我们的科学提供了有关自然界基本构成单元和进程的知识，我们的技术可以触及地球上几乎任何事物。有关我们的创新与新技术的一个适当且共享的责任概念，对于我们而言具有重要意义：我们的创新是否拯救生命？是否提供平等的工作机会？是否能够遏止地球的温室效应？是否足够安全和保险？是否尊重我们的隐私？是否尊重人的自由与自治？如果不是这样，我们如何能够使其如此？

"负责任创新"作为一个概念具有实质性和程序性的双重意义。作为程序性的概念，"负责任创新"指的是满足特定程序规范的创新过程，比如有说明的义务、范围广泛、公平照顾和程序透明（面向利益相关者与社会）。作为实质性的概念，"负责任创新"指的是创新的结果与产出，比如产品、方法或服务，即创新的技术，能够反映并适应道德价值。

"负责任创新"的核心理念是在我们的应用科学、技术与工程中，创新或发明，在仅仅为世界增加新的技术功能的意义上，不再是我们共同努力的主要目的。它不再是仅仅使我们感到惊奇的新的小玩意。创新的过程、方法与投资尤其应该关注在气候、健康、设计、能源、水资源和生活质量等方面带来的社会挑战与紧迫的全球性问题。创新与研究只是在以下情形中才可以被看作是"负责任的"：

（1）在创新初期就充分考虑到创新活动在风险、潜在危害、健康、价值、需求、权益等方面对利益相关者的影响。

（2）恰当处理关于创新的治理、规范、检验、监管与通报等问题。

（3）在利益相关者之间及时分享与沟通有关知识和信息。

（4）为有关组织与个人提供合法的协商制度安排、决策制定工具以及用于沟通的基础设施。

（5）为有关代理人和行动者提供具有显著代表性和显示度的机会、可能性、替代方案、情境、选择性等。

因此，"负责任创新"成为典型的①跨学科研究的努力；②处于新技术发展的早期阶段，并代表一种③设计导向。以上三个特点使"负责任创新"在众多技术伦理反思中脱颖而出。与此同时，"负责任创新"也是④一个正在进行的过程，其⑤开放、包容并涉及所有受影响的局部和利益相关者，而且具有⑥反思性。应当指出的是，反思性是现实世界中所有伦理活动的共性，而不仅仅是"负责任创新"这一理念的特性。

就（①~③）这些特征的区别而言，我认为与"负责任创新"理念相关的最根本的观念创新是面向伦理学的设计路径，即设计能够而且应该被给予道德评价，反过来，伦理能够在一种设计模式中体现。人们甚至可以认为，在高技术时代，如果一种伦理学不能详尽说明这个世界应该如何设计的更多细节，就会变得没有根基、苍白无力并且无关紧要。"负责任创新"的研究成果因而成为使问题得以解决的特有的设计或具体建议，以这种方式为消除道德失范和摆脱社会困境提供了更好的路径。这可能出现在当新奇的设计和新的功能引发价值冲突的时候。人类社会中经常相互冲突的价值包括效率、经济增长、安全、保险、可持续性、自治、控制、隐私、透明性、幸福和健康等方面。我们已在另外的地方描述了"真正创新"（true innovation）的标志是为摆脱"道德负担过重"（moral overload），即乍看起来似乎无法满足我们所有道德价值并且承诺所有道德义务的现状，提供了一条出路。也就是说，负责任创新在此现状中的聪明设计允许我们二者兼得。（Van den Hoven, e. a. 2012）

技术已经成为个人生活质量和社会性质的一个主要的决定性因素。新技术在为人类幸福做出贡献的同时，也为人类、环境和子孙后代带来了相当大的风险。诸如智能电表、智能电网、闭路电视（CCTV）摄像头系统、无线射频识别（RFID）应用等智能设备与基础设施，在跟踪货物与人的行踪方面能够为可持续发展和公共安全做出贡献，但也可能会削弱我们的隐私和个人安全。因此我们有种种理由确信，我们发展的这种新技术会带来一个充分考虑到我们珍视的一系列价值的社会。在此背景下，各国政府、企业和研究资助机构（尤其是欧盟和荷兰科学研究组织）已经意识到对"负责任创新"的这一需求。

在大连理工大学的牵头之下，中国的五所理工科大学已经同欧洲进行的"负责任创新"研究建立了紧密联系。这种合作通过与荷兰三所理工科大学联合组建的科技伦理研究中心（3TU. Ethics）开展交流项目的方式进行，后者在负责任创新领域是非常有代表性的。

在今后几年中，技术与工程伦理研究领域的中国学者们需要寻找一种有效途径，将"负责任创新"理念整合到曾在传统中国社会中有效发挥作用的道德理论和框架之中，使其在未来的岁月继续对中国人民有所贡献。

（晏萍译，王前校）

参考文献

Van den Hoven J. 2007. ICT and Value Sensitive Design. In：Goujon P，Lavelle S，Du-quenoy P，Kimppa K，Laurent V（eds）. The Information Society：Innovation，Legitimacy，Ethics and Democracy In honor of Professor Jacques Berleur s. j. ，vol 233. IFIP International Federation for Information Processing. Springer Boston，pp 67-72. doi：10. 1007/978-0-387-72381-5 _ 8.

Van den Hoven J. 2013. Value sensitive design and responsible innovation. In：Owen R，Bessant J，Heintz M（eds）. Responsible innovation. Wiley, Chichester，75-84.

Van den Hoven J ，Vermaas，Van de Poel. 2015a. On Line Handbook of Technology，Design and Values，Dordrecht，Springer.

Van den Hoven J，et al. 2012a. Strengthening Options，Brussels，EU，Report of The Expert Group on Responsible Innovation.

Van den Hoven J，G. -J. Lokhorst，I. van de Poel. 2012b. Engineering and the problem of moral overload . Science and Engineering Ethics. 18（1），143 - 155.

Van den Hoven J，Pogge，Miller. 2015b. The Design Turn in Applied Ethics. Cambridge University Press.

上篇　研究论文

技术哲学和工程哲学

身体：实践、认知与技术[*]

吴 彤

（清华大学科学技术与社会研究所）

以往，在西方传统的哲学和社会学研究中，身体往往是缺席的，其基本原因可能是西方传统中很深的笛卡儿二元论，而"我思故我在"，又把对于心智的关怀提到了第一位，这与西方传统科学哲学中的理论优位传统也是一脉相承的。身体于是在传统研究中，是根本不被关怀的，是视野中不存在的，是"无视之缺席"。

现今，身体研究，最近十几年来成为各个学科非常热门的话题，在不同领域关于身体研究的文献大量增多。社会学开始研究身体；认知科学开始研究身体；……现象学哲学早从梅洛-庞蒂起，身体就是其关注的重要方面。"身体"研究也应该是科学实践哲学不争的议题，因为实践必须经由身体与之相适应的身体性存在，实践获得的成果必定与身体机能、技能相关，与身体性存在相关。

现在对于身体的关注，不再仅仅把身体作为肉身，而是注意到这个肉身对于认知、社会性和实践的重要作用、影响和意义。研究身体，也会发现，身体之所以不是肉身，或不仅仅是肉身，是因为认知、实践和技术等等因素也不断地嵌合、侵入和改变身体。就是身体的概念本身，也存在多义，例如，现象学意义上的身体绝不只是神经生理学意义上的身体，也不是纯粹的客体、物质，而是一种身体性存在。如海德格尔就这样说："我们并非'拥有'（haben）一个身体，而毋宁说，我们身体性地'存在'（sind）。"[1]

但是，说身体、技术、认知与实践相互相关，至少两两相关，这不过是老生常谈，既没有新意，也是任何一种哲学都承认的事实。问题不在于确认它们之间存在相互联系，而在于研究它们之间如何相互作用。现今也存在这样一种趋势，即身体被各种彼此竞争的议程所捆绑，变得几近一种隐喻，身体成为各说各话的代用品，这其实又成为一种身体似乎在场的"有视之缺席"。由于身体总是未完成的，总是在生成之中，总是有待展开，因此关于身体的话题也将是各个学科和跨学科的永恒的话题。

我们将分别从实践、技术和认知的角度讨论它们对于身体或身体对于它

———————————

* ［研究项目］国家社会科学基金重大课题"科学实践哲学与地方性知识研究"（13&ZD068），清华大学自主振兴计划课题"多维视角下的科学实践哲学的前沿问题研究"（20111080990）。

们的影响和意义。

1　实践与身体

身体与实践是何关系？我们常常以为，实践对于身体是非常自然的事情，而且实践一定是作为主体之寓所的身体的实践。然而，按照科学实践哲学，实践的情境或场域才是最重要的[2]；与此相关的社会学家比如布迪厄的看法也是如此，场域通过涉身化，使之化为身体的习性，来维持在场域中的实践的合法性和持续性。布迪厄指出，实践感（sens practiqe）是世界的准身体意图[3]，在另一处，他接着指出，实践信念不是一种"心理状态"，……而是……一种身体状态（état de corps）[3]。此观点与现象学思想不谋而合，如海德格尔反对把身体曲解为自然物体，他在评论尼采时，在解释所谓感情时，就指出，感情并不是某种仅仅在我们"内心"发生的东西，而毋宁说，感情是我们此在的一种基本方式，凭借这种方式而且依照这种方式，我们总是已经脱离我们自己，进入这样那样与我们相关涉或者不与我们相关涉的存在者整体之中了[1]。我们既然是以身体来存在的，我们的身体性存在，才必定连接着与我们关联的实践场域。

1.1　情境化实践与实践中的身体

按照海德格尔的观点，我们的身体性存在，并不是有一个身体，另外还有一个所谓的客观空间和情境，这种周遭的情境就是我们的身体性存在。于是，实践与身体都寓于实践的场所之中被实践的场景或场域所共同塑造。如同圆形的边界塑造的贝纳德对流形成的格子是一种蜂窝状的格子，而长方形的边界塑造的贝纳德对流形成的格子是一种卷蛋糕形状的格子；身处农耕时代的农人与当下互联网时代的 IT 工作者虽然都有一个类似的生物学身体和头脑，但是他们所思所作是完全不同的。由此可见，场景、场域或情境对于实践和实践中的行动者都极为重要。当然，实践的场景或情境对于实践中的人的塑造和对于实践本身的塑造并不那么简单，人类的身体也限制了我们无论处于什么时代或情境，我们的大脑和能动的身体都只能有我们人类的概括和思考。

实践的时空是最重要的，意向弧概念就反映了这种时空与身体的联系；人类所具有的意向弧使得身体与周遭世界紧密相关，通过学习，能动的身体习得与世界打交道的技巧，并且积淀下来，以应对环境可能的变化。而这种与身体关联的实践时空既有布迪厄的场域特性，也有福柯意义的全景监狱的特性，还有时间持续、模式形成和持续的特征。通过不断改进，实践的场景也会发生变化，实践者以及实践本身都会逐渐形成规范，而这种规范既不是传统的科学哲学所说的固化的规范，也不是毫无规范的无政府主义的随机性规范。实践与身体不仅共有一个实践的场域，它们就是这个场域存在，就是这个场域里的相互塑造。

1.2 实践中的身体

我们先看实践对于身体的塑造。第一，身体的先天性机能并非实践可以完全改变，但是实践可以在先天性基础上，对于身体功能给予改变；如器官补充，有残肢的身体可以通过其他肢体补充其原有社会或生活功能。第二，实践对于身体的塑造一定与权力关联在一起；这种权力是劳斯所说意义上的微观权力，即一种加之于身体之上的文化或社会规训。如在右利手为主流的社会里，父母经常会纠正孩子对于筷子的左利手使用，或对以左利手方式使用笔进行纠正。绘画的实践和训练也会训练画者的身体，特别是手的灵巧准确，眼与心的一致；在科学上，实验室探究形成的实验室规范，也会把一个笨拙的身体训练成为灵巧的身体，特别是观察之眼与行动之手的身体各器官的配合。

1.3 身体的实践

让我们从身体器官的实践功能说起。让我们举手和眼两个器官为例：[①]

手：最具有直接实践意义的身体存在是手。福西永（Henri Focillon）[②]对手这样礼赞："不正是手为数字建立了秩序，手本身也成了数字，并由此成为计数工具和韵律大师。……手触及这个世界，感受它，掌握它，改造它"[4]。这就是手作为身体的实践，也是手作为认知的实践；有文字以来，手就执行着把思想写出的功能，手在这种意义上也是思想和认知的代具（prostheses），手使得身体实践性地在场。手当然不能脱离整个身体。我们看到过，没有了手的人，在重新获得手的实践方面有多么的困难；如重新训练其他器官如脚写作，用脚吃饭、做饭，穿衣。只有个别有坚韧毅力的人成功过（如被电击而失掉双手的女孩）。与周遭世界打交道最为直接的人体器官首先是手。手通过触摸、触及，感受周遭的世界。"手教人征服空间、重量、密度和数量。手塑造了一个新的世界，所以它在所有地方都留下了自己的印记"[4]。这也正如梅洛-庞蒂所说，我们的客观身体的一部分与一个物体的每

---

① 关于身体器官之手的写作，受到夏可君的《身体》第二章第四节的启发与影响。参见夏可君. 身体：从感受性、生命技术到元素性［M］. 北京：北京大学出版社，2013.
② 福西永（Henri Focillon，1881～1943），法国 20 世纪美术史家。

一次接触实际上是与实在的或可能的整个现象身体的接触, 我是通过我的身体走向世界的, 不是我在触摸, 而是我的身体在触摸[5]。

眼: 都说眼睛是心灵的窗户。身体中眼睛可以不通过直接的接触, 而是通过光线与周遭世界联系起来。眼睛带给我们视觉感受, 世界由此变得五彩缤纷。有人说, 境由心生, 实际上, 说境由心生, 中间还有个中介, 就是眼睛。眼是心达外的中介, 眼是外入心的桥梁。眼让你有了距离感, 眼是实验室实践的监视者与参与者, 是把握事件、时空和视域的尖兵。

在海伦·凯勒的自传《假如给我三天光明》中, 盲聋者海伦深切地倾述了她对于视觉带来的光明的期望, 并且讨论了有眼睛, 怎样通过真正的观看观察和注意事物, 成就一种丰富生活。而在此书中, 她的老师也描述了她通过手的触觉接触到水龙头喷射出的水花, 并且把 "water" 拼写在她手中这种双重的接触, 使得她知道知识在表征实践和世界中的作用和意义。可见海伦这样的盲聋者即缺失了眼睛的认知, 是如何特别地显示了身体实践的知觉意义。

当然, 由于技术的发展, 技术正在改善感知, 有可能补全感官缺失带来的身体问题, 进行感知替代, 于是技术嵌入身体, 替代部分身体甚至全部身体, 也是未来可能的事情, 这向我们传统身体观提出了挑战。关于这个方面, 我们留待后面讨论。

2 认知与身体

2.1 无身的认知观

以前的认知思想里, 并无身体概念。简言之, 无身的认知观, 就是认知脱离身体, 与身体无涉。在认知科学中, 如徐献军所言, 无身认知特指与具身认知相对的认知科学的研究范式, 即是认知科学中忽视身体在认知活动中的核心作用的各种理论的统称, 包括符号主义 (Symbolism)、计算主义 (Computationalism)、表征主义 (Representationalism)、功能主义 (Functionalism)、认知主义 (Cognitivism) 等[6]。认知与身体无关的思想, 始之柏拉图, 在中世纪达到顶峰, 后面在笛卡尔那里演化为身心二元论, 居于心智之下。这致使身体本身无语, 无法在哲学上表达自身。身体成为退隐在心智之后, 最多只是一种物质基础作用的东西。在无身认知理论中, 大脑被视为遵循形式规则加工信息的装置, 是一种第三人称的加工过程, 因此机器可以替代人; 因此, 在无身认知理论的世界里, 不仅无身, 而且脑也可以被机器替代。当然, 即便在现象学初期, 如在胡塞尔的超验现象学里, 意义和可理解性都可以基于抽象精神结构加以表征，这其实也是一种无身的认知现象学。

2.2 涉身的认知观

认识到身体是参与认知的，是最近的事情。近年来，在认知科学出现了一个很流行的词汇"embodiment"，中文经常翻译为"具身性"或"涉身性"，这其实是认知科学哲学当前研究的新主题之一，以这样的思想研究认知问题被称为认知科学第二代范式。所谓涉身性，即指对于智能而言，身体是不可或缺的，这就是涉身性思想，身体并不是一个麻烦的、仅简单地承载大脑的物质，它对于认知是必须的[7]。甚至有学者指出，涉身实际上是指有意识或意向性这种心智并不局限在大脑内，而是遍布在我们的身体，就是我们身体的有机体属性[8]。

身体在实践中不仅受大脑（小脑）支配而运动，也有自主的运动，而且身体也承担了运动的主要部分和功能。但我们这里所指的运动是指与认知相关的运动，即指与知觉、认知和情感相关的身体的运动。何静曾列举大量科学证据，表明身体不仅有运动能力，而且能够影响我们的认知[9]，如视觉与身体的平衡、事实（实际上就是实践）与表象的二重角度看待和认识事物、婴儿的行动能力与具体认知关系、运动神经元与情感有关，并且由身体的运动表征进行组织、身体姿态影响注意力和判断力，等等。Lakoff 和 Johnson 也认为，理性并不是如传统所认为的那样是无身的，而是一种基于我们的大脑、身体和身体经验之上的特质[10]。他们指出，不存在独立、自主、孤立的并且独立于诸如知觉和运动等身体能力的理性官能[10]。

另外，在涉身认知基础上，认知科学哲学中有人更进一步提出延展心灵，想要把心灵延展到世界。虽然这个观点遭遇很大困难和反对，但延展心灵倒是给人这样的启迪，即心灵通过涉身实践，把认知与实践中的世界连接起来。延展心灵也好，延展认知也好，都是从心灵或心智内部向外延展到世界的观点，而从科学实践哲学的角度看，事实上，是实践把心智与被实践着的世界关联起来，并且是实践把外部世界通过涉身带入心智，促进心智的发展，也促进了心智的延展。心智通过身体实践，获得了对于外部被涉身的世界的认知和表征，没有涉身的实践，心智什么都不能获得。以往我们（以传统认知科学哲学观点）常常认为，人工智能之所以不能完全达到人类大脑的认知，是由于机器不具备人类内在的意识状态；而涉身认知研究的出现，则提出新的认识：机器与人的区别不仅是有无内在意识的区别，更在于人类的身体。这可能意味着身体具有更为重要的意义，由于机器不具备人的肉身，因此才不具备人类的理性、意识和语言[9]。

2.3 现象学的涉身认知观

胡塞尔以先验现象学为主导，其中讨论到认知，基本上还是持有一种无身的认知观点。海德格尔批评了胡塞尔，但海德格尔本人的观点也经常被人们认为没有直接讨论身体在认知中的作用意义等问题。关于身体讨论的最为直接的是梅洛-庞蒂。从胡塞尔以后的现象学看，现象学的涉身，需要对于身体（特别是知觉）给予新的理解。事实上，这从海德格尔就已经开始了，如海德格尔就认为，身体是一种存在者此在的一种状态，身体是我们的一种肉身存在（Leiben）。这种肉身存在本质上不同于仅仅带有一个有机体。每一种身体状态都始终包含着一种方式，即我们对我们周围的事物以及我们的同类反应或不反应的方式[1]。如海德格尔就以"在世"表明我们用锤子钉钉子的实践与认知是身体技能的行为，而不是一种脱离了具体在世情境的抽象表征。说海德格尔没有讨论身体可能也是一种误读，如海德格尔在评论尼采的观点时，多次讨论到身体在认识、情感和美学中的作用与影响，不过这里的身体，不是一种具体的生物性的身体，而是一种肉身的存在状态。如海德格尔在讲感情时说，"我们不可以做这样的区分，仿佛楼下居住着身体状况，楼上居住着感情。感情意味着：我们在自身那里同时也在事物那里，在非我们自身所是的存在者那里发现我们自己的方式。……感情恰恰就是我们身体性存在的方式"[1]。而且在不同感情状态中，一定会有不同的认知，感情的变化也同样会影响到认知的变化。例如，"如果我们的感情状态处于低谷，就有可能把一种阴暗投在一切事物上。平常显得无关紧要的东西，现在突然变得令人讨厌、令人反感了。平时毫不费劲的事情，现在停滞了"[1]。

现象学中直接讨论身体的是梅洛-庞蒂，他以身体的知觉意向性取代了胡塞尔的纯粹意识的意向性，按照张祥龙的观点，这是把"我思"沉浸在我们的身体里的现象学[11]，因此梅洛-庞蒂的现象学被称为身体现象学。在梅洛-庞蒂的身体现象学中，身体是心智与外部世界的中介；梅洛-庞蒂认为，从现象学的立场看，我们是通过身体知觉而和世界原初地关联着。当然，梅洛-庞蒂所指的身体绝不是把意识和心灵驱除出去的身体，不是一架无意识的机器。梅洛-庞蒂有两个观点直接支持了涉身认知，第一个是关于知觉的背景性观点，第二个是知觉的身体性观点。例如，梅洛-庞蒂指出，"知觉的'某物'总是在其他物体中间，它始终是'场'的一个部分"[5]，在另一处讨论知觉时，梅洛庞蒂指出，"我看见一种表面颜色，因为我有一个视觉场，因为视觉场的排列把我的目光引向这种表面颜色——我感知一个物体，因为我有一个存在场，因为呈现的每一个现象把作为知觉能力系统的我的身体向这个存在场集中"[5]。这表明，被知觉物与背景是无法分离的，是共处一个存在场中的。为什么认知是涉身的呢？梅洛庞蒂认为，使得人的知觉（如模式识别）成为可能的是身体，而不是超验意识。恰恰是身体通过实践给出了和传达了意义。梅洛庞蒂指出，"我带着我的身体置身于物体之中，物体与作为具体化主体的我共存，……意义在动作本身中展开，正如在知觉体验中，壁炉的意义不在感性景象之外"[5]。德雷福斯根据这一观点在讨论计算机不能做什么时，就提出，"模式识别既然证明对所有智能行为是基本的身体技能，那么人工智能是否可能的问题，就变成是否能具备人造身体主体的问题"[12]。

3 技术的身体

技术对于身体的影响是不言而喻的，且影响越来越强大和深入。以往的技术作为具体物件而言，常常仅被视为身体器官的映射与延伸。现在，技术改变身体已经被提到议事日程上，并且开始实施。例如，四大聚合科技正在思考和研究机器和技术装置可以像肌肉或感官一样结合到"神经空间"，使得人类的感觉、动力、认知和交流获得空前的增强[13]。其他还有的设想包括：脑机交互接口、可控制的外骨骼，智能机器人替身，认知义肢（cognitive prosthetics），等等。我们的身体和实践深受技术的支配；我们的身体日益受到技术的入侵，重构和支配，技术通过实践越来越移向身体内部。身体的有机属性之空间安排和功能安排也发生改变，去肉身化趋势明显，因此技术甚至挑战了有关"什么是身体"、"什么才算拥有身体"的传统观念[14]。以至于希林把这种身体称为技术化的身体。①

以现象学和科学实践哲学的视野看技术对于身体的影响有很多面向，我概括有四：

第一，通过"代具"（prostheses）延展身体，使身体成为"代具"。人类的身体是与器具耦合为一体而向前进化的，因此人在本质上就是一种技术性的存在，一方面，技术演化与人类和器具的耦合密切相关，没有这种耦合，就没有局域于某个时空中的地方性的人类部族，另一方面，任何的地方性族群也是地方性技术演化趋势的实践结果。技术和人作为"代具"一开始就深深打上了地方性烙印，通过"代具"的方式，即这种介入周遭世界的方式，

---

① 李康在译介希林的著作时，把"technological bodies"，译为"技术态身体"，见，希林，2011 年，《文化、技术与社会中的身体》，李康译，北京大学出版社，第 188 页；而台湾版的译本，则直接把"technological bodies"译为"科技身体"，见 Shilling, C.，2009 年，《身体三面向：文化、科技与社会》，谢明珊、杜欣欣译，台湾"国立编译馆"出版，2009 年，第 249 页。

就是"对某种根本不属于躯体本身的外部条件的借用。人类之为人类，人类身体本身，就是如此的代具"[15]。在"代具式身体"的意义上，首先改变的是行走方式，于是手、脚变化了，然后首先改变的可能是心，脑的改变在某种意义上可能是第二位的。因此，延展的首先是身体；于是延展人的认知才成为可能。

第二，技术以座架的方式成为身体无法去除背景、必定融入其中和不得不改变的场域。由于人类身体成为代具式身体，人类在结构演化中，越来越依赖于器具，越来越与器具耦合在一起，人总是与周遭世界互动，是与周遭环境互动的产物，技术因此成为人类生存的座架，这一点都不奇怪，恰如海德格尔所言，这就是共在。

第三，技术深入身体内部，成为新的身体一个有机或无机组成。由此改变身体的构成，建构了技术座架下的新技术-身体，如哈拉维所说，赛博格的身体。

第四，技术的侵入、嵌合和改变，既使得去肉身化的趋势明显加剧，又使得肉身化变得如此重要。彻底改变了传统关于什么是身体的观念。肉体被工具理性化，生命被从中创造[16]。

4 结语：多面向的嵌入和整合

首先，无论认知、实践和技术，相比其他，身体都是第一位的；通常认为，脑比身更重要，现在已经证明，认知不仅是大脑的事情，而且也牵扯身体，没有身体，认知是不可想象的。当然，这里似乎有反例，如植物人，身体还在，大脑似乎已经死亡。这让人思索植物人活着的意义，没有脑的身体有什么活着的意义？其实没有身体的大脑，更没有意义；即便假设这样的大脑可以存在，它仍然无法行动、实践、做事。在认知维度，身体通过实践与大脑连接；没有外部的实践，大脑的认知只是一个空灵；大脑认识离不开情境化身体，也离不开周遭环境。

其次，涉身性，不只是认知，实践和技术都是涉身的；劳斯强调实践的情境性，认为实践的境况或情境是第一位，是情境塑造了主体（在二元词汇表中），而不是相反；但是，境况情境与实践如果撇开了身体，就没有塑造和意义。技术也是涉身的，技术涉身的方式基本有二：形成座架，改变身体状态；嵌入身体，形成增强或减弱。

再次，身体不只有三个面向，身体在当代社会中是一个多维体；对于身体，三个面向的社会、文化和技术只是身体一种整合的座架，以综合的方式影响、改变和嵌入身体；实践、认知则是按照涉身的方式直接进入身体微观维度，影响身体构架与功能。可以这样给出一个身体与实践、认知和技术整合的框架：即实践-认知-社会-文化-技术-身体共同构建了"肉身-生活世界"。

参考文献

［1］海德格尔. 尼采（上卷）［M］. 孙周兴，译. 北京：商务印书馆，2002：108，109，108，108，108-109.

［2］Rouse J. Engaging Science，How to Understand Its Practices Philosophically［M］. Ithaca and London：Cornell University Press，1996：134-135.

［3］布迪厄. 实践感［M］. 蒋梓骅，译. 南京：译林出版社，2003：101，105.

［4］福西永. 形式的生命［M］. 陈平，译. 北京：北京大学出版社，2011：152，166.

［5］梅洛-庞蒂. 知觉现象学［M］. 姜志辉，译. 北京：商务印书馆，2001：402，24，402-403，242.

［6］徐献军. 具身认知论——现象学在认知科学研究范式转型中的作用［M］. 杭州：浙江大学出版社，2009：1.

［7］Pfeifer R，Bongard J. 身体的智能—智能科学新视角［M］. 俞文伟等，译. 北京：科学出版社，2009：13.

［8］Hanna R，Maiese M. Embodied Minds in Action［M］. Oxford University Press，2009：vii.

［9］何静. 身体意象与身体图式—具身认知研究［M］. 上海：华东师范大学出版社，2013：8-9，20.

［10］Lakoff G，Johnson M. Philosophy in the Flesh：the Emobodied mind and its Challenge to Western Thought［M］. New York：Basic Books，1999：4，17.

［11］张祥龙. 现象学导论七讲（修订本）［M］. 北京：中国人民大学出版社，2010：282.

［12］德雷福斯. 计算机不能做什么［M］. 宁春岩，译. 北京：生活·读书·新知三联书店，1986：258.

［13］罗科和班布里奇编. 聚合四大科技，提高人类能力：纳米技术、生物技术、信息技术和认知科学［M］. 蔡曙山等，译校. 北京：清华大学出版社，2010：211.

［14］Shilling C. The body in Culture，Technology and Socuety［M］. SAGE Publications Ltd，2005：174.

［15］斯蒂格勒. 技术与时间：1. 艾比米修斯的过失［M］. 裴程，译. 南京：译林出版社，2002：60.

［16］郑震. 身体图景［M］. 北京：中国大百科全书出版社，2009：147.

Body：Practice，Cognition and Technology

Abstract：Body is twice absent in the traditional and new research ；The field is the most important factor for practice and the actors shape in practice；Cognition is the embodiment，and the body influence cognitive；The body is always generated in practice；The body is an prostheses for orthers，and it in technical gestell；The body affected by practice，embedded and integration by technology. Not only three face for body，but the body is a multi-dimensional body in the contemporary society；For the body，three aspects of society，culture and technology is a kind of integration of gestell，in an integrated way，change and embedded in the body；By the emboded's way，practice，cognition is to directly enter and influence the body structure and function. "body-practice-cognition- technology -culture -society " jointly build a "flesh-life world" .

Keywords：Practice, Cognitive, Technology, The life world

从海德格尔到斯蒂格勒：技术从哲学研究的边缘走向中心

舒红跃

（湖北大学哲学学院）

在哲学史上关注技术的哲学家不多，把技术作为自己专门研究对象——哪怕是专门研究对象之一的哲学家更少，而海德格尔就是其中之一。由于海德格尔在哲学史上媲美于康德的地位，因而海德格尔技术哲学成为当今技术哲学研究中的一面旗帜。然而，不管在早期的《存在与时间》（1927 年），还是晚期的《技术的追问》（1950 年）、《科学与沉思》（1953 年）等著作中，技术在海德格尔那里只是他追问存在的一个手段或途径，技术在海德格尔的整个哲学研究中始终处于一种边缘的位置。《技术与时间》（1994 年）是法国哲学家斯蒂格勒专门研究技术的一本专著。不同于海德格尔，技术在斯蒂格勒这里不是处于边缘位置，仅仅用作"视野"或手段，而是始终处于斯蒂格勒哲学研究的核心。正是由于斯蒂格勒等哲学家的努力，近年来技术慢慢从哲学研究的边缘和外围地带逐渐向中心或核心地带推进。

1 海德格尔：为存在作"嫁衣"的技术

海德格尔的《存在与时间》是一部哲学界人人熟知的著作。人们对《存在与时间》的熟悉，不仅表现在人们对存在（生存）、时间（向死而生）等概念的的阐释上，同时也体现在他对技术（用具）的描述中。不过，存在是海德格尔终其一生所追问的对象，技术只是他达到这一目的的一个驿站或桥梁而已。

作为海德格尔最重要的著作，《存在与时间》研究的主题是"存在"。《存在与时间》追问的是存在，而存在又总意味着存在者的存在，因而在存在问题中被问及的东西恰就是存在者本身。在所有存在者中存在着这样一种存在者，这种存在者除了其他可能的存在方式以外还能够对存在进行发问，这就是"此在"，也就是我们向来所是的存在者。此在既是众多存在者中的一员，同时又是一种特殊的存在者，它在它的存在中与这个存在本身发生交涉，因为对存在的领会是此在存在的规定，此在总是从它的生存来领会本身。

此在的"本质"在于它的生存，那么，如何研究这种具有特殊"本质"的存在者呢？"此在在分析之初恰恰不应在一种确定的生存活动的差别相中来被阐释，而是要在生存活动的无差别的当下情况和大多情况中来被发现……

我们把此在的这种日常的无差别相称作平均状态［Durchschnittlichkeit］。"[1]
这种日常在世的存在，海德格尔称之为在世界中与世界内的存在者打交道，
这种打交道分散在形形色色的诸操劳方式中。此在在操劳中打交道所面对的
并非传统存在论理所当然地认为的"物"，作为具有实在性、物质性、广延性
的物，而是具有实用性的"用具"、"器具"或"工具"（Zeug）。然而严格地
说，从没有一件用具这样的东西"存在"，属于用具的存在的一向总是一个用
具整体。用具本质上是一种"为了作……的东西"。要制作的工件，如作为锤
子、刨子等的何所用也具有用具的存在方式。制好的工件不仅指向它的合用
性的何所用、它的成分的何所来；即使在简单的手工业状况下，它同时也指
向它的承用者和利用者。工件是依他量体剪裁而就，在工件的产生过程中他
也一道"在"那里。操劳活动所制作的东西就是为人而上手的。承用者和消费
者生活于其中的那个世界也随着这种存在者来照面，而那个世界同时就是我们
的世界。"操劳所及的工件不仅在工场的家庭世界中上手，而且也在公众世界中
上手。周围世界的自然随着这个公众世界被揭示出来，成为所有人都可以通达
的。在小路、大街、桥梁、房舍中，自然都在一定的方向上为操劳活动所揭示。
带顶棚的月台考虑到了风雨，公共照明设备考虑到了黑暗……"。[1]

　　德国哲学家比梅尔在提到海德格尔在《存在与时间》中对技术的分析时
讲过这样一段话："海德格尔对'工具'（Zeug）的分析是《存在与时间》一
书中最为人熟知的部分之一。可是这一分析的意义却很少有人懂得。"[2]比梅
尔在这里所说的很少有人懂得的意义，是指海德格尔对"上手"，也就是实
践、操作或动手态度的强调。海德格尔在《存在与时间》中对"在手"、"上
手"的描述不是要告诉我们如何同环绕在我们周围的世界中的存在者打交道，
这种打交道是我们从一出生时就所知晓的，因为随着我们在自己所生长的世
界中长大，我们也就学会了这种打交道。海德格尔在《存在与时间》中的论
述，也不是要表明，通过使用工具的劳动会让世界发生变化，甚至与人类疏
远或异化。海德格尔的分析是要告诉我们，在任何有关用具的知识为人类掌
握之前，必须有某种"先知"（Vor-wissen），必须有对用具的亲熟。但是，
海德格尔这里所说的先知不是理论的态度。通过海德格尔在这里的分析我们
可以看到，我们在与用具打交道时也有自己的"寻视"，而如果对用具采取纯
粹的理论态度，我们就不能把握真正的用具或器具性。海德格尔对技术哲学
最大的贡献之一是强调了技术、实践态度相对于科学、理论态度的优先性。

　　海德格尔不仅强调了实践态度相对于理论态度的优先性，而且通过对用
具的分析肯定了用具（技术）对世界之为世界所具有的积极的组建作用。"世

内照面的东西就其存在向着操劳寻视开放出来，向着有所计较开放出来"。[1]
世界的开放奠基于此在的"操劳"和"有所计较"。上手东西的用具状态是指引，就是让世内存在者来照面。用具通过其上手状态对世界起着组建作用：上手的东西——用具状态——指引（"为了作……之用"）——何所用（"为何之故"）——何所缘——何所向——何所在——世界之为世界。世内存在者在此在面前的特点是"守身自在、裹足不前"，用具的作用就是让上手事物变得触目："在周围世界中的寻视交往就需要一种上手的用具，这种用具的性质就在于能够承担起让上手事物变得触目的'工作'。"[1]比如锤子的"触目"揭示了鞋匠所逗留的世界。一旦锤子"触目"、"窘迫"或"腻味"，鞋匠马上意识到，没有工具他不能做完他正在制作的鞋子；幸运的是，锤子是从当地一家店铺买的；店铺是从镇上或城里的生产者那里购得的；锤子是用来制作鞋子鞋底的；鞋子是隔壁猎户预订的；猎户穿上它是为了上山打猎。在鞋匠的世界中所有因素都是内在地关联着的。没有这一具有意义的相关情景，没有这一鞋匠一开始就生活于其中的熟悉领域、这一"世界"，锤子或其他用具都不可能产生。用具在人与世内存在者之间起着中介性的关联作用，对世界之为世界起着积极的、不可或缺的组建作用。

　　然而，海德格尔毕竟是一般意义上的哲学家而非专门意义上的技术哲学家，他研究技术的目的绝非是把技术当作研究的终极对象，技术只是他研究存在的"跳板"或"拐杖"，所以海德格尔的用具分析具有一定的局限性，很容易从中得出对技术的负面评价。"《存在与时间》的本意就是为一种存在论（形而上学）提供基础，并且与康德一起，在努力建立形而上学的努力中强调人的有限性。"[3]海德格尔用具分析的最终目的就是强调此在的非本真性，也就是此在的有限性和非整体性。在海德格尔看来，存在有本真状态与非本真状态两种样式。虽然此在的非本真状态并不意味着"较低"的存在，但是，在这种状态中此在处于逃避它的存在和遗忘它的存在这类方式中，也就是非本真状态之中。

　　既然使用着器具的、操劳着的此在处于它的非本真状态，那么此在如何从它的这种非本真状态进入本真状态呢？"有一点已经无可否认了：前此的此在生存论分析不能声称自己具备源始性。在先有之中曾经一直有的只是此在的非本真存在和作为不完整此在的存在。此在之存在的阐释，作为解答存在论基本问题的基础，若应成为源始的，就必须首要地把此在之在所可能具有的本真性和整体性从生存论上带到明处。"[1]于是出现一项任务：把此在作为整体置于先有之中。这却意味着首先还得把这一存在者的整体存在当作问题提出来。只要此在存在，在此在中就有它所能是、所将是的东西亏欠着，而"终结"本身就属于这一亏欠。在世的终结就是死亡。只有获得了生存论的死亡概念，才有可能把此在死亡中的"向终结存在"，也就是这一存在者的整体存在收入对可能的整体存在的讨论。

在海德格尔看来，只有"向死而生"的此在才处于本真生存状态，日常的"在之中"的、操劳着的此在是处于非本真状态的。《存在与时间》的一大着力点就是突出此在的这种"本真状态"与"非本真状态"的对立。首先要做的事情是把向死存在标识为一种可能性的存在，但这不能理解为有所操劳的汲汲求其实现的性质，不能作为任何上手的或现成在手的东西。作为向死亡存在的可能性，应该把握为先行到这种可能性中去。而向死这种可能性存在的最近的近处对现实的东西来说则是要多远有多远——用具性的日常在世与这种可能性是不着边际的。先行表明自身就是对最本己的最极端的能在进行领会的可能性，也就是本真的生存的可能性。本真生存的存在论建构须待把先行到死中去之具体结构找出来，只有这样先行着的开展才能够变成对最本己的、无所关联的、无可逾越的、确知的而作为其本身则是不确定的可能性的纯粹领会。与此相反，此在一旦陷入操劳、操持就是沉入日常在世的可能性，就是陷入形形色色的"在之中"的存在方式：和某种东西打交道，制作某种东西，安排照顾某种东西，利用某种东西，从事、贯彻、探查、询问、考察、谈论、规定等诸如此类的东西。此在一旦"陷入"这种状态，就是在此在的忙碌、激动、嗜好中规定此在，从而远离了此在的没有任何关联的纯粹的不可能的可能性，远离了此在的本真生存状态。

综上所述，虽然海德格尔在《存在与时间》一书中对用具对世界之为世界的组建作用的分析很精彩，但总体来说，对技术的分析在《存在与时间》这部长篇巨著中可以说是犹如蜻蜓点水，一笔带过。海德格尔早期花在技术问题上的时间和精力都很有限。海德格尔晚期在技术研究上所花费的时间和精力比早期多得多，20世纪50年代初期他集中发布了一系列分析和研究技术的文章和著作，其中最有影响的主要有《技术的追问》（1950年）、《物》（1950年）、《筑·居·思》（1951年）、《科学与沉思》（1953年）等。然而，尽管海德格尔晚期花在技术问题上的时间和精力比早期多得多，但他的研究方法和思路离不开早期的窠臼，技术仍然是他追问存在问题的平台或跳板，他从这一平台出发是为了研究存在。对于海德格尔来说，技术只是诸多存在者中的一员（位），他之所以研究技术（此在也享有同等的待遇）这一存在者，只是因为存在总是存在者的存在，至于这一存在者是此在还是技术，二者的差异并不大，最终目的都是追问存在。结论是，在海德格尔这里，技术只是他研究存在问题的一件"嫁衣"，尽管这件"嫁衣"很漂亮，甚至很管用。技术，在海德格尔的整个哲学中从来没有，也不可能进入中心和核心的位置，始终只能在边缘徘徊，偶尔享受一下海德格尔的"关爱"。可正是由于海德格尔的这一"关爱"，因为海德格尔在哲学史上的地位，在他那里不太重要的技术分析，一下子成为了技术哲学中最耀眼的明星。

2 斯蒂格勒：将技术从哲学研究的边缘推向中心

虽然海德格尔早期和晚期都关注过技术问题，晚期更是针对技术进行了专题研究，但是，海德格尔更是一般意义上的哲学家，而非专门研究技术的哲学家。与海德格尔不同，虽然斯蒂格勒①在哲学史上的地位远远不如海德格尔，但是，对于技术哲学作为一个学科的建立来说，斯蒂格勒的作用大于海德格尔，或者说与海德格尔相比，斯蒂格勒更像是一个技术哲学家，而非一般意义上的哲学家。在多卷本的《技术与时间》中，技术始终是斯蒂格勒关注的对象。正是通过斯蒂格勒等哲学家的努力，技术逐渐从哲学研究的边缘乃至灰色地带逐渐走向哲学研究的中心舞台，尽管离技术哲学理想的研究状态还有很大的距离。

斯蒂格勒的哲学思想有两个来源，一个是法国技术史、民族学等学科学者吉尔、勒鲁瓦-古兰和西蒙栋等人的技术分析，一个是海德格尔在《存在与时间》中所提出的生存哲学。《技术与时间》在很多方面承袭了《存在与时间》所提出的概念和理论。在《存在与时间》中，此在作为存在者是一种处于时间中的存在者。此在的存在整体性即操心，这等于说：先行于自身的——已经在（一世界）中的——作为寓于（世内照面的存在者）的存在。"先行于自身"奠基在将来中；"已经在……中"本来就表示曾在；"寓于……而存在"在当前化之际成为可能。这是海德格尔《存在与时间》中的时间分析。斯蒂格勒的时间观一方面同海德格尔有相同的地方，那就是二者都强调时间的三个维度的统一：将来、曾在——斯蒂格勒称之为"已经在此"、当前共同"绽出"。"已经在此（Déjà-là）"是斯蒂格勒根据海德格尔的"此在"引申出来的一个新的概念，它表示人对其所在世界的历史依赖性。在"我"之前已经

---

① 贝尔纳·斯蒂格勒（Bernard Stieger）（1952～），法国哲学家德里达的学生，他于 1994 年发表的《技术与时间——艾比米修斯的过失》被认为是 20 世纪末法国哲学界最有影响力的著作之一。该书是系列丛书，《技术与时间 2：迷失方向》与《技术与时间 3：电影的时间与存在之痛的问题》分别于 1996 年和 2001 年发表出版。

有一个时间，技术不仅是时间的载体，而且是时间构成的原始因素。对于每一个"谁"而言，他的存在不可避免地包含了一个"已经在此"。根据斯蒂格勒的理解，时间性不能从当即出发来理解，因为任何时间形式都包含了一个不依赖于任何知觉而形成的"已经在此（Déjà-là）"。

斯蒂格勒的时间观与海德格尔又有着很大的区别：在时间的三个维度中被认为具有奠基性的在海德格尔那里是"将来"，他以将来为基础实现此在的将来、曾在、当前的统一性到时；在斯蒂格勒这里具有奠基性的不是将在，而是曾在或已经在此。斯蒂格勒是以已经在此的技术器具为基础来建立时间三个环节的统一的。斯蒂格勒这样做是建立在他对古希腊神话的解读之上的。

根据普罗米修斯神话，人类是双重过失——爱比米修斯的遗忘和普罗米修斯的盗窃的产物。如果说人类的产生是一种偏离，这不是相对于自然的偏离，而是相对于神的偏离。偏离涉及的是人（死）和神（不死）的关系，人类的起源说首先就是死亡说。由于普罗米修斯的计谋，人类吃到了牛肉；由于宙斯的意志，人类失去了伸手可得的食物。从此人类不得不日复一日地劳作，不得不操作器具至死方休。"人类发明、发现、找到、'想象'并实现它想象的事物：代具、谋生之道。代具放在人的面前，这就是说：它在人之外，面对面地在外。然而，如果一个外在的东西构成它所面对的存在本身，那么这个存在就是存在于自身之外。人类的存在就是在自身之外的存在。为了补救爱比米修斯的过失，普罗米修斯赠给人类的礼物或禀赋就是：置人在自身之外。"[4]

此在就是我们一向是其所是的存在者，这一存在者有四个特征：时间性、历史性、自我理解和实际性。从词源上说，实际性（Facticité）是指"做"和"制作"（拉丁语 facere），是"人为"、"人造"和"非自然"（拉丁语 facticus）。斯蒂格勒借用海德格尔的概念"Fakatizität"来表示人（"谁"）对在自己生存之前的技术（"什么"）条件的依赖——"Facticité"就是"既成事实"、"已经存在"。此在就是在世，而世界之于此在则有一个"已经在此"。此在最通常的存在形式是"程序存在"，也即最普通的实际性的存在方式。对于此在，"去存在"意味着存在于实际性之中。超前（先行）总是此在向其过去和现在的回归，如果从爱比米修斯原则看，只能是向代具的回归。此在的过去就是它的实际性，因为它不可能成为它的过去本身。此在的过去外在于此在，然而此在却又只能是这个不属于自己的过去。此在只能在"延异"（différance）中成为过去，它既依赖于不属于自己的过去即差异，也依赖于程序性的存在，即延迟的尚未存在。它只有不确实地存在于尚且属于程序性的存在之中，才能在先行中实现存在的需要。由此可见，此在的"去存在"包含了双重意义：第一，此在已经是它之所在；第二，它的已经存在只能存在于实际性之中——即依赖于不属于自己的存在：它的已经在此的形式就是不属于自己。简而言之，此在缺乏存在。结论是："此在自身具有的超前的和延迟差异的结构，也就是既负载了它的过去同时又由这个过去负载的结构，其中也包含了此在不再是自身的过去。"[4]存在的历史即是此在的过去，这个过去不属于此在，其过去的意义在于超前和延异。

"对于此在而言，它所是的延异只有通过代具的体验才能被展示出来"。[5]如果代具性原则上和计算、度量、确定性一样遮蔽延异，它同样也是对延异的切实推动：这种代具性使和自己同一的延迟时间的时段切实化和具体化。存在的历史是一个记录史、代替史和无人格的历史。超前（先行）就是代具性，就是同时作为普罗米修斯原则和爱比米修斯原则。完成代具性超前的切实条件就是技术的提示，即过去对超前、超前者对超前对象的提示。"超前（anticipation）除了代具的意义之外不可能有其他的意义；不确实性只能是作为重复的程序性。"[4]代具就是"放在前面"。代具性是世界的已经在此，因而也就是过去的已经在此。代具可以从字面上被翻译成提示或放在前面；代具就是自己提示自己之物，或者说放在前面之物。技术就是过去向我们提示并放在我们面前之物。关于死亡的知识也就是提示的、放在面前的知识，这些知识从根本上说也就是技术的知识，即关于一种根本性的缺陷的知识——属性的缺陷，"要存在"。放在前面或技术性提出了时间。普罗米修斯和爱比米修斯共同编制了对偶的两个原则，这两个原则形成了提示和技术的知识：即在不确定的先行中实现的时间化。

存在是存在者的存在，必须通过一种存在者来探讨存在的意义，但又不能因此而把存在削减为存在者，"谁"就是这种必须从根本上同"什么"相区别的存在者典范。"谁"需要存在的特征确定了它的自我格即个体性。这就是海德格尔的"谁"或此在，海德格尔的此在只能通过从"什么"中解脱来构造自身。斯蒂格勒的观点完全相反：爱比米修斯这个特有的个体性完全沉陷于"什么"之中，并且只能从"什么"之中构造自己。海德格尔的存在分析和爱比米修斯的死亡学最接近之处也是它们区别的起点，那就是"曾在"-"已经在此"的论述：此在自己选择它的可能性，或者降临于它的可能性之上，或者成长于自己的可能性之上。既然已经在此构造了时间性，也就是构成进入"谁"没有生活过的过去的入口，开启了"谁"的历史性，那么，这个已经在此对于"谁"来说不仅不是一种消极的、沉沦的因素，与此相反，而是"谁"之为"谁"的积极的、不可或缺的构造。尽管海德格尔在逻辑上为这种假设提供了可能性，但他最终排除了这一假设。海德格尔认为此在的本真生存是"向死而生"，是与用具无关的，用具是必须克服的因素；斯蒂格勒认为死亡学的进入问题就是爱比米修斯意义上的技术问题。由此一来，技术从海德格尔那里的此在生存的负面因素成为了斯蒂格勒这里的此在生存的正面的、积极的建构因素，技术因而也就有了从哲学研究的平台或跳板成为哲学研究的基础和核心的可能性。

通过上面的论述，可以看到，在斯蒂格勒这里，通过把专著的目光始终如一地集中于技术这一在当今人类生活中越来越重要的因素，我们更能够透过各种迷雾，看到技术真正的本质，看到技术对人类生存所具有的积极的和正面的意义，而不再是把技术看作是分析各种传统哲学问题的手段或中介，从而避免陷入各种对技术的迷思或误解之中。海德格尔的技术哲学给我们提供了一个很好的例证，那就是即使是像海德格尔那样伟大的哲学家，如果仅仅把技术作为研究某个其他问题的跳板或中介，对技术的误解或片面理解的产生是不可避免的。只有像斯蒂格勒等哲学家那样，把技术当做我们自己构成的存在者进入我们自身生存入口的原始背景，我们才能够使生存论的时间分析非人类学化，也就是技术化成为可能。而技术一旦成为人类生存不可或缺的因素，甚至是人类诞生、演化和发展的奠基石，技术就会像理性那样，也是人（类）之所以为人（类）的必然因素，而非可有可无的一种东西，只有这样，技术才能够在哲学的殿堂中登堂入室，成为哲学研究中最重要、最永久的主题之一。

参考文献

[1] 海德格尔. 存在与时间（修订译本）[M]. 陈嘉映，王庆节，译. 上海：上海三联书店，1999：5，83，97，94，269.

[2] 比梅尔. 海德格尔 [M]. 刘鑫，刘英，译. 北京：商务印书馆，1996：44.

[3] 约瑟夫-科克尔曼斯. 海德格尔的〈存在与时间〉[M]. 陈小文等，译. 北京：商务印书馆，2003：39.

[4] 贝尔纳·斯蒂格勒. 技术与时间：爱比米修斯的过失 [M]. 裴程，译. 南京译林出版社，2000：277，277，281.

[5] Bernard Stiegler. Technics and Time，1，The Fault of Epimetheus [M]. Stanford California：Stanford University Press，1998：235.

From Heidegger to Stiegler: how technology gained central focus in Philosophy

Abstract: Heidegger is one of the most influential philosophers in the field of Philosophy of Technology. However, in both Time and Being and "The Question Concerning Technology", technology is merely a means to make inquiry about Being. In fact, technology is far from the central focus of his philosophy. In contrast, in French Philosopher Stiegler's Technology and Time, technology is always the central of his philosophy. Thanks to philosophers like Stiegler, technology is gradually be promoted from the fringe of Philosophy to one of the most significant topic in contemporary Philosophy.

Keywords: Heidegger, Stiegler, Philosophy of Technology fringe central focus

从技术哲学到信息技术哲学

肖　峰

（中国青年政治学院科学与公共事务研究所）

当代社会从技术形态上普遍经历着一场"技术转型"，在哲学的层次上对人的心智产生了深刻的影响，由此催生了信息技术哲学的产生，形成信息时代的一种哲学"转向"，它从特定角度反映了信息技术对世界的影响，从而蕴含了极为丰富的内容，拓展其研究无疑会更加有助于我们更深刻地认识信息时代的本体论特征，把握信息社会的哲学面貌。

1　信息技术哲学的兴起

今天的时代被称为"信息时代"，这主要是由于计算机和网络为核心的当代信息技术来到了世间并对整个世界造成了巨大而深刻的变化，以至于人类的历史时代形成了又一次质的飞跃，从工业文明过渡到信息文明，从机器时代发展到智能时代，从传统社会进入到知识社会……

这种时代性的变迁意味着当代信息技术改变了历史，重塑了社会，带来了文明形态的更新。信息技术的神奇功既表现为它是改变人们今天的生活乃至全部存在方式的深刻根源，也是人类的精神嬗变的"引擎"，是造就我们新的思维方式和新的哲学观念的"基石"。因此，对信息时代的关注，就必然要延伸到对信息技术的关注。

当信息时代和信息技术成为人类各个智力领域聚焦的对象时，哲学也不例外。哲学对信息技术的关注，就是从根基的层次上对信息时代的关注，就是在坚实的基础上凝练我们的"时代精神"，由此而形成的就是关于信息技术的哲学研究，冠之以学科称谓，就是"信息技术哲学"。这一新的研究领域的使命在于将信息技术的社会意义和人文价值等提升到哲学的高度去把握，对信息技术的"外部影响"深化为一种"内部分析"，包括语义论、本体论和认识论的分析，还包括对信息技术给我们带来的种种哲学问题加以探索。

特定的时代必定造就特定的哲学：信息技术时代必定造就出信息技术哲学；没有这样的哲学，我们的哲学世界就是不完整的，就是脱离时代的，或者缺乏时代感的。由于是关于信息技术的哲学，所以信息技术哲学也必定是浸染了信息技术特征的哲学，是一种立足现实、面向未来的哲学。信息技术不断为我们的生活世界带来新的神奇，也给未来展示了令人神往的前景，从哲学上追踪信息技术带给我们的现实神奇以及"前思"信息技术可能造就的更新世界，可以给我们的哲学造就出富有深远内涵的新图景，例如"物联网"、"知行接口"、"记忆移植"、"人造经验"、"人工情感"、"数字化增强"、"信息人"等，这些既是正在走向未来的信息技术，也同时就是正在走向未来的哲学，它的一个总特征就是在自然与人之间、技术与人之间、物质与心灵之间、实践与认识之间、理性与情感之间造就更为紧密和协同的联系，使这些传统的二元对立趋向对接，形成主客体、主客观融合度更高的世界。信息技术的这种强大的哲学功能使其本身就"天赋"了鲜明的哲学属性，使得它不仅是作为技术而存在的现象，甚至直接就是作为哲学而存在的现象；只要面对信息技术凝神聚思，各种哲学问题和哲学上的奇思妙想就会油然而生、绵绵不断，在这个意义上，只要有一颗关注的头脑，信息技术哲学就会在信息技术的"运转"中涌流出来，成为"信息技术时代必定造就出信息技术哲学"的一种写照。

信息技术哲学大致可以从两个大的方向来展开，一是从哲学看信息技术，二是从信息技术看哲学。前者的主旨是将哲学的方法、视角和理论作为分析的工具，对信息技术的特征、本质、功能和价值等加以其他学科所不能取代的把握，形成关于信息技术的所谓"哲学反思"；在这个角度，无论是作为哲学流派的分析哲学和现象学，还是作为哲学主要论域的本体论、认识论，或者作为哲学分支的社会哲学、人本哲学，都可以形成对信息技术进行哲学分析的视角；后者则是从信息技术的发展来探讨它对哲学所提出的新问题，以及它所造成的哲学观点乃至哲学方式的演变，某种意义上也包括对信息技术的哲学憧憬或"前思"。当然，两种进路也常常是彼此"纠缠"的，例如当我们从本体论的视角分析信息技术的实在性特征时，同时也就可以看到信息技术所造就的"虚拟实在"对哲学本体论所带来的新问题；当我们从现象学的角度分析信息技术时，同时也可以看到信息技术对现象学提出的新问题以及从媒介向度可以对现象学加延展。而从总体上，这些不同的视角所共同说明的无非是，由于信息技术造成了整个世界的变化，也必然造成了哲学观念和哲学方式的变化；由于信息技术给我们带来了许多新的问题和新的领域，也成为了哲学研究的新对象和新前沿。在这个意义上，信息技术哲学本质上就是哲学与信息技术互相影响、互相进入、互相建构的产物。

2　技术哲学的新形态

按照国内现有的学科分类，可以将信息技术哲学视为"哲学"这个一级学科下的一种"四级学科"，其展开关系是：

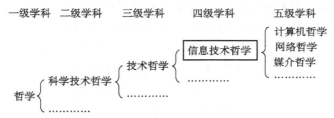

其实，即使作为哲学的一个"四级学科"，信息技术哲学也是可以在不同层次上来谈论的，除了作为技术哲学的一个分支来谈论外，还可以直接作为哲学的一个分支来谈论，这两种意义上的信息技术哲学是有所不同的，其修辞结构分别为"信息技术—哲学"（哲学的一个分支）和"信息—技术哲学"（技术哲学的一个分支），前者谈论的是信息技术的哲学问题，后者谈论的是信息技术中的技术哲学问题。也就是说，由信息技术的发展既可以提出一般哲学的新问题，如虚拟实在问题、数字化生存的本质问题，计算主义和信息主义问题，人工（数字）生命的哲学问题，广义信息化与世界的新图景问题等，也可以提出相对前者来说较为特殊的技术哲学的新问题，如技术的本质问题，尤其是技术是什么的问题，技术进化的新机制问题，技术生态化、人文化的新境界问题，等等。

当然，从学科属性上，信息技术哲学与技术哲学的关系最为紧密，从内容上看也是如此。所以如果说信息技术哲学的兴起为我们开启了更大的哲学探新的疆域，那么在学科的意义上尤为突出的就是对技术哲学所起到的推进作用，其具体表现为：

第一，信息技术哲学是技术哲学的当代形态。

信息技术哲学的对象虽然是信息技术一般，但其重点是当代信息技术。如果技术哲学要从技术上把握时代的哲学特征，无疑需要把握当代信息技术的哲学特征，这就需要技术哲学将自己的重点对象从一般技术或传统技术推进到当代信息技术，在这个过程中使自己进入到当代形态。信息技术哲学主要是关于当代信息技术的哲学，这一侧重点使得信息技术哲学的"本义"就具有当代性。

如果信息技术是当代技术的主导形式，那么信息技术哲学也应该成为技术哲学的当代形态。技术转型催生了技术哲学的转型，信息技术哲学就是这种转型的产物，它使得技术哲学的探索更富时代气息，并更好地为解决技术现实问题提供理论上、智力上的支持。

目前技术哲学界中谈论着各种当代"转向"，如技术哲学的"经验转向"、"生活世界转向"、"实践转向"、"认识论转向"、"信息转向"、"后现代转向"……，而信息技术哲学可以说集合了这些转向，体现了所有这些当代特征。这是因为，信息技术中有着比一般技术更具体的内容，所以它具有了更丰富的"经验"和"生活"的元素，从而成为一种更加趋向参与现实、进入日常生活的"技术实践哲学"；同时，信息技术从直接性上就是充当人的认识手段、延长人的感官和大脑，帮助人处理和传播信息，因此信息技术本身就是"认识论"转向和"信息转向"的技术载体；此外，由信息技术导致的"信息社会"是与"工业社会"相对照的，常常也是"后工业社会"或"后现代社会"的同义语，因此谈论技术哲学的"后现代转向"实际上就是指谓技术层面上由现代性的工业技术向后现代性的信息技术的转向。这些集合性的当代特征，使得信息技术哲学成为技术哲学的"当之无愧"的主导性的新形态。

在上述的意义上，当我们说要"走向当代技术哲学"时，也就是说要将技术哲学从经典范式转变为当代范式，即信息技术哲学。技术转型的时代潮流使得信息技术哲学代表了技术哲学发展的未来方向，因此技术哲学关注信息技术并倡导对信息技术的哲学研究，既顺应了信息时代的要求，也使自己获得了新的发展契机。这样看来，如果技术哲学给科技哲学展示了新的前景，那么信息技术哲学无疑给技术哲学展示了新的前景。

第二，信息技术哲学是技术哲学的分支形态。

目前技术哲学的研究形成了多种进路，较为有影响的有：

人物进路：主要研究技术哲学领域中代表人物的技术哲学思想或专著，从卡普到拉普，从基默尔到德韶尔，从马克思到海德格尔，从芬博格到伯格曼，从伊德到米切姆，目前已成为技术哲学研究中的"热点人物"，当然这个名单还在不断扩展。

由人物进路必然衍生出"流派"或"理论"进路，较著名的技术哲学流派通常直接以人物命名，如杜威学派（实用主义技术论）、埃吕尔学派（技术自主论）、马克思主义学派、海德格尔学派（存在主义技术论）等；在重要性上稍逊于"流派"但也产生了一定影响的技术哲学理论有德韶尔的第四王国理论、芒福德的技术文明论、伯格曼的装置范式论、伊德的后现象学技术论、平奇的社会建构主义技术论、芬伯格的技术批判理论等。

与流派或理论相关、但视野更高的一种进路是哲学范式进路，目前主要有"分析的技术哲学"和"现象学技术哲学"两大进路。当然，马克思主义的历史唯物主义的技术哲学进路也是一种更早就形成的研究范式。如果"哲学范式"还可以被界定得更广义些，则在这一进路中还存在与解释学相结合的"技术解释学"、与人本哲学结合的"技术人学"或"技术人本学",与政治哲学结合的"技术政治哲学"等等。

此外,还有基于哲学体系内部分工的"分论进路",形成了诸如"技术本体论"、"技术认识论"、"技术价值论"等等的研究;基于技术哲学在"工程性"与"人文性"之间的不同偏重而形成了"工程传统"与"人文传统"的技术哲学研究;基于国别的不同而形成了"中国的技术哲学"、"德国的技术哲学"、"美国的技术哲学"、"日本的技术哲学"等研究;基于历史分期而形成了"古代技术哲学"、"近代技术哲学"、"现代技术哲学"研究……如此等,不一而足。

这些不同的进路对于技术哲学的研究和发展都具有不可或缺的意义。然而,还有一种更重要的进路是目前的技术哲学研究的薄弱环节,那就是"分支进路"。

我们知道,科学哲学在很大程度上是借助分支或部门研究(如数学哲学、物理学哲学、化学哲学、生物学哲学、天文学哲学等)而走向繁荣的,以至于时至今日,还有不少科学哲学家认为科学哲学的出路和前景仍然在于部门科学哲学的进展,因此科学哲学的纲领必须建立在更加重视部门科学的哲学研究上,即将研究的重点放在具体科学的哲学问题上。

由此推知,技术哲学的繁荣也必然不能离开分支或部门技术哲学的兴起与发展,尤其是离不开当代新兴技术中所形成的分支技术哲学的研究。例如,如果说"四大会聚技术"代表了当代最前沿的技术领域,那么技术哲学就需要大力开展相应的"信息技术哲学"、"生物技术哲学"、"纳米技术哲学"和"认知科学技术哲学"的分支研究,也可称其为"部门性的技术哲学研究"。这些研究一方面使技术哲学的对象从"技术一般"过渡到"技术特殊",使得技术哲学不再停留于对"技术一般"的"宏大叙事"上,而是向"打开技术黑箱"的目标有所深入,从而使技术哲学的内容更实在、更充实。例如当信息技术哲学走向前台后,技术哲学中从技术视角对人、社会乃至世界的说明和解释,就可以进一步具体化为从信息技术的视角对人、社会乃至世界的更为丰富和具体的说明和解释;由此我们的技术哲学就可以将对技术的理解聚焦到信息技术上,将对技术的哲学分析具体化到信息技术上,使信息技术这个"焦点物"将我们对技术的哲学研究引向深入。

可以说,目前走向这样的分支技术哲学的条件已经具备,因为技术哲学的"总论"已经形成,其他进路的开展已卓有成效,部门技术尤其是"前沿技术"的作用显现出来,甚至对分支技术哲学的兴起起到了"倒逼"的作用。

在这样的背景下，部门技术哲学的兴盛无疑会成为本世纪技术哲学发展的一大特色。这也反映了技术领域上的细化不可避免地要成为技术哲学进一步发展的一个重要维度，抑或说走向分支技术哲学是技术哲学发展的一种必然趋向。这样，对于技术哲学研究来说，不仅如陈昌曙先生所说没有基础研究就没有水平，没有特色研究就没有地位，没有应用研究就没有前途，而且我们还可以说：没有分支研究就没有繁荣。

第三，信息技术哲学是技术哲学走向微观形态的桥梁。

信息技术哲学作为技术哲学的分支，使技术哲学不再仅仅停留在"宏观"的研究水平上，虽然它还称不上是对技术的"微观"研究，但却成为走向微观的"中介"或"桥梁"，通过它，我们的视野可以通向更加微观的领域，如前述的计算机哲学、网络哲学、人工智能哲学、数字哲学、赛博哲学、逻辑机器哲学、媒介哲学等等，它们也构成信息技术哲学的下一级分支。可以说，信息技术下设多少个领域，就可以形成多少个分支性的信息技术哲学，从而形成对信息技术所有领域的"全覆盖"的哲学研究。

在走向微观形态的技术哲学研究中，信息技术哲学成为对上述微观形态研究的概括和提升，并与这些微观形态形成动态性的互补。一方面，对这些微观分支性的领域所进行的哲学研究可以丰富和充实一般的信息技术哲学的研究内容，并使其从这些"第一线"的信息技术发展中获取新的问题和实证材料。这些微观领域的兴盛虽然不能替代信息技术哲学研究，但无疑为后者提供了深厚的思想资源和智力基础，并形成为推动信息技术哲学发展的强劲动力。另一方面，信息技术哲学所形成的较为一般的原理，又可以为上述的微观形态研究提供方法指导，使其形成智力探究上的合力与理论创新的突破。在这个意义上，可以看到信息技术哲学是对处于更具体层次的技术哲学从特殊到一般的过渡。基于此，信息技术哲学也形成了两种学术进路，一是从技术哲学到信息技术哲学（由一般到特殊）的进路，二是从计算机哲学、网络哲学等到信息技术哲学（由特殊到一般）的进路。

第四，信息技术可以导向技术哲学的会聚形态。

"会聚"是当代前沿技术发展的特点，目前"四大会聚技术"的形成就是这一特点的突出体现，而作为其中之一的信息技术与其他三大前沿技术的会聚，体现在哲学形态上，就是信息技术哲学与生物技术哲学、纳米技术哲学、认知科学技术哲学的会聚。

会聚是交叉、整合、融合从而协同发挥集群效应，产生出更大的价值和效用，形成单项或单类技术难以具备的影响和功能。不仅技术本身可以会聚，技术的哲学问题也同样可以会聚，如"接口问题"、"界面问题"、"网络问题"就是上述技术在交叉和会聚中产生的哲学问题，它们使得质料论、形式论、系统论、动力论、基因论、微象论、信息论等哲学视角和方法交织在一起为我们所探讨。这些技术哲学问题通常贯穿于所有会聚技术之中，并且有赖于其协同发展和解决，才能取得期望的效果。因此信息技术哲学也必将走向"会聚技术哲学"；在这个意义上，作为其研究对象的信息技术就是"一种新的人工制品，是一种杂合物"[1]，从而具有十分强大的会聚功能。

可以说，由信息技术哲学所形成的会聚是多方面、多层次的。例如在学科上，信息技术哲学是信息哲学与技术哲学的交集，承载着哲学的信息转向与技术转向的双重使命；在领域上，信息技术哲学与认知哲学、心智哲学具有自然的会聚，像脑机接口、人工神经网络、人机界面等，就同属信息技术和认知技术的研究范围，其中的哲学问题也同属于信息技术哲学问题和认知技术哲学问题。

借助技术性的会聚，信息技术哲学可以从哲学层次上消弭一些传统的二元分离现象和观念。如物联网正在融合处理信息的技术与控制物质的技术之间的鸿沟，知行接口正在融合身体信息技术与器具信息技术之间的鸿沟，这两大技术所行使的会聚功能，使得我们可以从哲学上将信息世界与物质世界、主观世界与客观世界之间的绝对界限加以"软化"、模糊甚至打破，由此也使传统的身心二元分离、知行二元分离和对立等等得到一定意义上的缓解；还有，由信息技术造就的"信息型实践"或"虚拟实践"由于同时具备了实践和认识的双重特征，使得实践和认识趋于融为一体。总之，当代信息技术使得一个消弭主客二分的无缝之网的世界正在形成，使得技术的会聚也延展到我们的整个世界观。

会聚就是交叉，信息技术哲学还和其他关于信息技术的人文社会研究发生着关联。例如，当信息伦理主要是信息技术伦理时，当伦理问题也是哲学问题或应用哲学问题时，那么已经兴起的信息技术伦理问题研究，也可视为信息技术哲学这一大家庭中的一个成员，并为信息技术哲学提供丰富的思想资源。于是，信息技术哲学可以纵横交贯，与许多已经和正在兴起的有关信息的学科产生关联，并进行一种新的柔性的整合。

以上显示了信息技术哲学在归属于技术哲学背景下的学科属性及特点。当然，对于信息技术哲学与技术哲学之间的关系仍有问题需要我们去探讨，例如两者之间的区别是一种范式的跃迁还是仅仅为一种量上的改变？前者可能表明在两种技术观之间具有不可通约性，从而会导致在技术本体论、认识论、价值论等上全面变革；而后者可能主张两者之间具有内在的连贯性，或者说信息技术哲学无非是一般技术哲学在信息技术背景上投影……但无论如何，信息技术哲学都可以说是技术哲学中的一朵"奇葩"，无论是作为其分支、还是当代形态，信息技术哲学都可以使技术哲学焕发新的生命力，在这个意义上它甚至是技术哲学的主导形态，即代表着技术哲学的未来发展方向或方向之一。

3　信息技术哲学的意义

信息技术哲学的价值和意义是多方面的，上面谈到的它同技术哲学以及信息哲学之间的学科关系，其实就是对技术哲学研究和信息哲学研究的推进，这就是其价值和意义的重要表现之一。除此之外，信息技术哲学对于哲学一般、对于信息技术本身的发展、对于社会的发展、对于人的发展等等都具有重要的意义。

第一，信息技术哲学对于一般哲学的意义。

如果信息技术哲学可以直接视为哲学的一个新型分支，它无疑就是哲学探索的一个新领域，从而对一般的哲学起到强大的推进作用。虽然从"学科级别"上，信息技术哲学似乎离哲学的"顶层"遥不可及，但从哲学本身所具有的共性与个性贯通、形上与形下交融的关系来说，在信息技术哲学中可以体现哲学的全部丰富性和深刻性；不仅如此，它还可以进一步增加哲学的具体性、生动性和时代性，成为哲学在新的技术世界和生活世界中的多彩显现。

信息技术的技术问题可以过渡到哲学问题，这是勿容置疑的。信息技术最初似乎仅仅是我们处理信息的一种工具，但"工具远不仅仅是使任务更容易完成的某种东西。工具可以改变我们的思维方式"[2]。一个明显的事实是，我们今天是通过信息技术来把握世界的，因此信息技术对我们关于现实的感知和诠释具有丰富的蕴涵，它"不断地调整着人类与物质现实和文化现实的体验与联系"，正是在这个意义上，"几乎很少人能够否认，信息技术已经从根本上改变了我们复杂的世界"[3]，并"最终还会从根本上影响到我们的世界观"[3]，从而改变作为世界观的哲学。例如，当计算机的神奇作用日益彰显时，就有人缘此去理解世界的奥妙，认为"世界不仅像一台电脑，它就是一台电脑"[4]，这就导向了"计算主义"——一种新的本体论或形而上学。可见，我们如果保持"对信息技术的本性和意义的追问——这一追问最终必然走近形而上学。"[5]

信息技术中的虚拟实在技术使我们触及到了"实在与虚在"等深层的"形而上"问题，也触及到"人是什么"等人本学的问题，还通过"脑机界面"、"知行接口"等问题进入到认识论领域。此外，像程序中的"意义"和"意向性"问题、计算机硬件和软件之间的关系问题、人工智能与人类智能的关系问题等，无一不是由信息技术直接引发的哲学问题。信息技术作为一个哲学问题的"多发地带"，是一种可以带给我们前所未有的哲学启迪的新源头，也是使"信息技术"的哲学解释力和世界观影响力在时空维度上得到扩展的重要机遇。"信息社会已然打造了全然一新的新实在，使得前所未有的现象和经验成为可能，为我们提供了极为强大的工具和方法论手段，并提出了非常宽广和独特的问题以及概念问题，并在我们面前展开了无以穷尽的可能性。不可避免地，信息革命也深刻地影响了哲学家从事研究的方式，影响了他们如何思考问题，影响了他们考虑什么是值得考虑的问题，影响了他们如何形成自己的观点甚至所采用的词汇。"[5]7-8 一句话，当哲学深耕这些由信息技术带来的问题时，就使哲学的运思获得了新空间，使哲学的视野和成果可以达到新的深度、高度和广度，哲学研究得以新拓展。

哲学世界观的改变必然导向哲学方法论的变革，这也是"世界观就是方法论"所蕴含的道理。就是说，我们对世界解释的视角和方法，都被信息技术（计算机和网络）的视角和方法所影响和塑造，所以我们在信息时代的思维方式或哲学方法都越来越带上了当代信息技术的痕迹。例如，计算机中的"硬件"和"软件"概念，如今已扩展到我们观察一切对象的一种分类视角，"人们普遍借用'软件'和'硬件'的概念来观察、分析、研究技术结构、社会结构、经济发展、社会管理，等等，已经善于将事物分为'软件'和'硬件'……像'软经济'、'软科学'、'软专家'、'软管理'、'软系统'（以及'软实力'、'软环境'等——引者注），等等……这一系列'软概念'的兴起，表明'软件'和'硬件'中所包含的'软'和'硬'的概念已深入到社会生活的各个领域，成为一组具有普遍意义的新概念。从'软件'与'硬件'内涵的外延和升华，发展到'软'与'硬'的关系，构成一组新的哲学范畴。"[6] 以致今天我们认识心脑关系时，也是将大脑视为硬件，而将心智视为软件，由此可以启发我们对计算机的本质和心智的本质"互惠"地深入研究下去。

第二，信息技术对于信息技术发展的意义。

信息技术哲学不仅对于推进哲学的研究具有重要意义，而且对于信息技术本身的研究也是富有启迪的；也就是说，用信息技术来丰富哲学和用哲学来洞悉信息技术，可以使双方获益。

从原则上说，哲学对科学和技术有什么意义，那么信息技术哲学就对信息技术有什么意义。从前面的分析中可以看到，信息技术如计算机中存在一些终极性的问题，这些问题实质上就是哲学问题，对其理解和把握所形成的信息技术哲学，可以反过来影响我们对信息技术的认识，从而关系到信息技术的发展趋势和限度，也关系到信息技术设计的方向。例如，对于计算机本质的理解就会形成对计算机能做什么和不能做什么形成一种哲学上的把握，从而对计算机的设计方向与限度等形成指引。

信息技术中的那些前沿发展领域，由于进行的是前所未有的探索，所以离不开某种哲学的假设为指导，它们可以说是使得计算机能够计算的原理或基本的根据，也是计算机科学的"基础问题"或自身的"哲学问题"。这些哲学假设中，有"本体论假设"，认为"关于世界可以全部分解为对上下文环境无关的数据或原子事实的假想，是 AI 研究及整个哲学传统中隐藏得最深的假想"[7]。也有关于计算机的"认识论假设"，认为所有非随意性的行为都可以按照某些规则来加以形式化，而且计算机能够通过复制这些非随意性规则来产生这些非随意性行为。还有"心理学假设"，认为在人脑中存在着一种信息加工层次，并且在这一层次上，思维运用诸如比较、分类、查表等方式来处理信息，而大脑可被看作是一种遵循形式规则来加工信息的装置；由于这种信息加工过程是一种第三人称的加工过程，所以"加工者"并无实质性的作用。用不同的哲学去指导计算机尤其是其前沿人工智能的研究，可以形成不同的计算机设计范式，不仅影响了信息技术的发展方向，也决定了其是否成功。

当然，对信息技术的伦理和美学研究，也从特定的层面体现了哲学对信息技术发展的价值和意义，这就是可以为强化信息技术中的人性化设计、安全化设计、绿色化设计、美感化设计、智能化设计等。尤其是信息技术哲学中提出的伦理问题、人本哲学问题等，使得信息技术产品的设计在人性化考量、在避免负面影响、在道德伦理因素的限制上提供帮助；关于信息技术的伦理禁区问题，一定程度上也类似于生命伦理对生物技术、尤其是对基因技术和克隆人技术所设置的伦理界限一样，也形成对信息技术发展的具体影响。在当前，处于矫治与克服对 IT 的过渡依赖（迷恋、沉溺）和对 IT 恐惧的极端状态的伦理要求，就是在技术设计中所规定的信息技术一个重要发展方向。

可见，信息技术哲学不仅为哲学界进行信息技术转向、为技术哲学界进行信息转向、为信息哲学界进行技术转向形成具体的成果，而且为信息技术界进行哲学思维的提升以及对技术方向的原则性把握，提供一种有价值的探索。

第三，信息技术哲学对于社会发展的意义。

从总体上说，信息技术哲学的研究直接帮助我们认识到计算机和网络是信息社会的"建构物"和"核心表征物"，并进一步理解信息技术为什么会造成社会的时代性变迁和根本性变化，即从哲学的层面上把握上述的关联，引导我们更有效地"顺应"新的时代、更好地"建构"信息社会。

信息技术即使从表层上也构成今日社会的"背景"，它使整个人类社会真正变成一个息息相关的"地球村"，很难找到社会中没有被信息技术改造和影响的地方，如果离开信息技术发展的角度和因素，也很难预测我们的社会将会变为什么样子。无论如何，从信息技术的维度认识和把握社会已成为今天绕不过去的视角，这样，我们的社会观或社会哲学走向信息技术背景下的社会观或关于信息技术的社会哲学，也成为不可避免的趋向；而一旦我们有了信息技术的社会哲学或从这样的视角去观察社会，那么对当代社会的本质乃至社会发展的趋向，都会有一种紧贴现实的提升。

这里尤为需要提到卡斯特的"信息主义"概念。20世纪90年代起，卡斯特陆续出版了"信息时代三部曲"（《网络社会的崛起》、《千年终结》和《认同的力量》），不断使用"信息主义"的概念，用它来描述以信息科技为基础、以网络技术为核心的新的技术范式，认为它正在加速重塑社会的物质基础，已经对当代社会的经济、政治、文化和全部社会生活以及相应的制度都产生了深刻而重大的影响，导致了社会结构的变迁，并引出相关的社会形式，因此被视为整个世界最有决定意义的历史因素。他尤其强调信息技术中的网络技术的重要性，认为信息主义造就当代社会的过程也就是一个网络社会的崛起过程。他的这些观点实质上是信息技术决定论的社会观，是以当代信息技术为支点对社会的新解释，是关于"信息技术与社会"的一种社会哲学。

从更紧迫的社会发展问题尤其是中国的社会发展问题来看，信息技术哲学也为我们提供了新的启示。例如，信息技术的发展对于解决生态危机、对于人类的可持续发展、对当前中国发展方式的转型和产业的升级、对中国实现现代化的进程中信息化带动工业化以及两化的深度融合，都具有重要的价值和深刻的影响，对这些影响中的深层次哲学关系的把握，有助于我们更自信和更自觉地去促进新发展目标的实现，并且帮助更多人站在更高的高度上去认识这些关系，造就出更广泛的信息化发展意识——一种具有哲学内涵的有助于社会可持续发展的哲学观念。

一定意义上可以将通过信息技术的发展实现社会的信息化进而全面建设信息文明作为社会发展的头等大事来看待，因为它涵盖从生产力和技术发展到思想文化道德水平提高等社会发展的主导方面。如果我们承认当今世界经过农业文明和工业文明而正在进入信息文明，那么不强调信息文明建设就无法搞好现代社会的物质文明建设和精神文明建设，也很难跟上当代人类文明发展的步伐。哲学从整体上把握信息文明的方法论原则以及由此形成的关于信息文明各方面有机关联、协调发展的思路，有助于我们自觉地去全面推进信息文明的建设，促进产业升级、经济发展、政治昌明、环境友好、文化繁荣，从而产生对社会进步的深远意义。

第四，信息技术哲学对人的发展的意义。

一般地说，技术发展对于人的发展具有十分重要的作用，而信息技术对于人从体力解放到脑力解放都加以了空前积极的推进，所以信息技术被誉为是促进人解放的技术，由此显示了信息技术之主导性的人学意义。

当然，信息技术的人学意义还有十分丰富和复杂的内涵。信息技术不仅建构了我们的社会，也建构了我们人自己；人将在计算机和网络的不断解构和建构中获得许多新的特征，"信息人"、"计算人"、"网络人"、"赛博人"就是已经出现的描述。人从变得须臾离不开信息技术（设想一下网络瘫痪或计算机系统崩溃时我们的所感所想）到信息技术成为我们内在而不是外在的一部分，计算机和网络日益渗透进人的生活的深层次，以至于今天我们要谈论人的"能力"、人的"发展"、人的"生活世界"、人"实践方式"，都不可能脱离开信息技术去"空谈"。换句话说，今天这个时代我们不仅处处遭遇信息技术，而且是生存论或哲学性地遭遇信息技术，由此必然引发种种人学问题，如人的自由与本质的问题、人的数字化发展新方式、人的情感的技术性增强、人在网络空间中的价值和异化等，于是信息技术对人的本质、人的价值乃至人的未来等根本性的问题必然形成重要的影响。如果不从信息技术的向度来认识人的问题，就很难具有时代性和前瞻性，也很难切中人的问题的"要害"和"关键"。而从这些维度所进行的对人的认识，就是信息技术哲学中的信息技术人本学，它是新技术时代人学研究的必然趋向，也是我们今天面对自己新处境和新命运时所需要的一种心理上和观念上的新"装备"，是我们在充满新的迷思和疑惑的时代"认识自己"的一项新使命，正因为如此，它也成为信息技术哲学中尤其引人关注的领域。

从现实性上看，信息技术在促进人的发展方面起着空前强大和深刻的作用，但也给人带来了新的异化，于是，信息技术的技术限度与人文限度等就自然成为需要从哲学上加以探讨的问题，尤其是关涉到信息技术与人类未来的问题时，我们难免要关心它是更容易导致技术乐观主义还是技术悲观主义？信息技术哲学如何对此加以分析和评价，也成为重要的课题。

随着信息技术的发展，还有种种其他相关的人文问题随之出现，如信息鸿沟、信息不对称、信息（网络）沉溺、信息泡沫、信息垃圾、信息爆炸、信息过载、信息生态失衡、信息污染、信息异化、信息崇拜（信息迷信、信息拜物教）、信息（网络）暴力、网络水军、网络谣言、网络大字报、负面的网络群体事件以致信息（网络）犯罪……可称之为"信息病"或"信息不文明"乃至"信息野蛮"现象，由此引申出对信息技术的"善用"问题，也就是信息技术的伦理问题，此时无疑需要对这些问题加以通盘性和学理性的研究，来寻获矫治这些信息病的对策与方法；同时通过普及信息技术的伦理知识，提高社会成员的信息素养，使我们的社会建设从信息文明中得到更多的"正能量"，这样，信息技术哲学研究实际上也就负有普及信息伦理的使命，从中可以引申出信息德育的内容。

总之，由于信息技术的影响正在带给我们新的人本观和新的伦理观，所以信息技术哲学的研究对于我们重新认识自己及其在新时代中的新使命，具有毋庸置疑的启迪功能。显然，这也是信息技术哲学的重要价值之一。

参考文献

［1］Mitcham C. Philosophy of Information Technology；by Luciano Floridi：The Blackwell Guide to the Philosophy of Computing and Information，Blackwell Philosophy Guides ［M］. Blackwell publishing Ltd，2004：331.

［2］亚当·乔伊森. 网络行为心理学［M］. 任衍具等，译. 北京：商务印书馆，2010：3.

［3］约斯·穆尔. 赛博空间的奥德赛［M］. 麦永雄，译. 桂林：广西师范大学出版社，2007：105，104.

［4］文森特·莫斯可. 数字化崇拜［M］. 黄典林，译. 北京：北京大学出版社，2010：13.

［5］弗洛里迪. 计算与信息哲学导论［M］. 刘钢等，译. 北京：商务印书馆，2010：693，7-8.

［6］顾兵. 计算机技术基础及应用［M］. 北京：高等教育出版社，2005：222.

［7］德雷弗斯. 计算机不能做什么 人工智能的极限［M］. 宁春岩，译. 北京：生活·读书·新知三联书店，1986：213.

From Philosophy of Technology to Philosophy of Information Technology

Abstract：The philosophy of information technology（PIT）can be defined as the philosophical study of information technology，and the focus is the modern information technology. PIT is the inevitable product of the information age and the philosophy summary of human information revolution. In particular it is a new form of the development of philosophy of technology，including contemporary form，branching morphogenesis，microscopic morphology and convergent shape of the philosophy of technology. The rise of PIT is of important value and significance for the general philosophy research，for the development of information technology and social and human development.

Keywords：Philosophy of information technology，Philosophy of technology，Philosophy morphology，Modern society

依据海德格尔的"存在论"追问技术的五条路径

包国光

（东北大学哲学系）

海德格尔本人不承认他有一种"存在论"，本文中的"存在论"所指的仅仅是"存在之思"的意思。海德格尔认为"追问"构筑了一条道路[1]。"追问技术"，表现为问技术是"什么"，也就是问技术的"本质"。本文试图根据海德格尔各个时期的"存在之思"与"技术问题"的关系，运用现象学的"看"和生存论的"领会"方法，从中引申出追问技术的五条路径，并给出所"看"到和"领会"的技术。

1 通过"在世"（生存）显示的技术

在《存在与时间》和《现象学的基本问题》时期，海德格尔把"此在"①（Da-sein）的存在方式规定为"在世界之中存在"（In-der-Weltsein），简称"在世"。海德格尔现象学-存在论的探索步骤，是从此在这个存在者开始的。为了标示此在的存在与其他存在者的存在的区别，海德格尔用"生存"（Existenz）专门指称此在的存在，而此在的存在论就表现为"生存论"。

1.1 技术显示为对上手性的揭示

此在的"在世界之中存在"，表现为"操心"（Sorge），其中就包含与世内存在者打交道。从生存论存在论立场来看，技术不能是任何种类的"存在者"，存在者是影响着技术或被技术所影响的东西。技术首先与通常是通过器具的使用显示出来的，技术作为让上手存在者如此这般向操劳来照面的"方式"和"条件"。某物能够被使用，某物的"用途"和使用方式必须已经被领会了，即预先被"看"到了。向操劳活动照面的和被使用的东西总是某种存在者（器具），被看到和被领会了的是存在者（器具）之存在，即上手存在（Zuhandensein）和上手性（Zuhandenheit）。

上手性是器具等存在者在能够发挥"用途"的存在性质，它规定着向日常在世的操劳的此在照面的存在者的存在方式和存在状态。海德格尔把世内存在者的上手存在状态称为"因-缘"，[2]上手性中就包含着这种因-缘性。器具之所以能以如此这般的上手的方式来照面，是由于器具的上手性（上手存

---

① 在《存在与时间》中，海德格尔还把"此在"规定为与"存在问题"相关联的"存在者"。后期海德格尔把"此在"表述为"此-在"，此-在不再指称任何存在者，而与"存在本身"相关联。

在）已经预先被揭示（Entdecken）和被展示（Augenblick）了，即器具的上手存在已经先行被此在领会了，也就是说器具的上手性被给予了。通过对器具的用途和上手性的考察，就能够发现技术已经在器具的被使用中现身了。在日常的在世生存中，技术以揭示上手性和因-缘性的方式而显现出来。在此在的操劳制作活动中技术现身了，现身的技术作为揭示：是对（器具等上手存在者的）上手性和因-缘性的揭示；对被引入制作中的自然物的现成性和适合性的揭示；对制作方式和制作步骤的揭示。

1.2 技术作为"寓世存在"的方式而显现

在《存在与时间》第 41 节，海德格尔把此在的存在结构规定为操心：先行于自身——已经在世界之中的——寓于世内存在者的存在。[2]这里的"寓于世内存在者的存在"，是指此在以处身于存在者整体中间、与存在者打交道的方式去存在。此在总要与自身之外的其他存在者相关联地去存在，此在的存在"离不开"其他存在者的存在，此在"在一个被抛的世界之中先行于自身地寓于世内存在者而存在"。

技术首先与通常是通过器具的使用显示出来的。从生存论立场来看，技术不能是任何种类的"存在者"，存在者是影响着技术或被技术所影响的东西，技术是让存在者"产生"的东西。技术是操劳着使用器具的"方式"和"条件"，技术是让上手存在者如此这般向操劳来照面的"方式"和"条件"。技术在本质上是"让上手存在者产生"，技术通过上手存在者的照面而显示自身。向操劳活动照面的和上手的总是某种存在者（器具），被展示和被揭示了的是存在者（器具）之存在，即上手性和因-缘性。这种对上手性和因-缘性的展示和揭示，就属于日常操劳中的技术所指的东西。

在日常的在世生存中，技术以揭示上手性和因-缘性的方式而在此在的操劳制作活动中显示出来。技术作为揭示：是对（器具等上手存在者的）上手性和因-缘性的揭示；对被引入制作中的自然物的现成性和适合性的揭示；对制作方式和制作步骤的揭示。

此在的在世生存总是与世内存在者打交道，海德格尔称其为"寓于世内存在者的存在"，简称"寓世存在"。从操心的结构层面上来看，"寓世存在"作为此在去存在的"先天的"结构性环节，给出了此在与世内存在者打交道的基本方式：即是让存在者来到此在的近处，让存在者以上手存在的方式被给予，让存在者以上手存在的方式向此在来照面。"寓世存在"总是通过"技术的"方式而展开的，此在与世内存在者打交道的方式就是揭示着上手性而使用上手存在者（器具等）。在操心的结构层面上，"寓世存在"作为操心的一个结构性环节，其方式也是"技术的"，即技术作为此在与世内存在者打交道的方式，而在操心的结构中显现出来。

寓于世内存在者的存在就是揭示着世内存在者的存在，即揭示着上手存在者的什么存在和上手存在者的如何存在。寓于世内存在者的存在就是技术性的存在。从日常在世的操劳来看，技术是对世内存在者上手性（上手存在）的揭示；而从操心的整体结构来看，技术就显示为是寓于世内存在者的存在方式，寓于世内存在者的存在就是揭示着存在者的上手性而与存在者打交道，即揭示着存在者的上手存在而处身于存在者中间。

依据此在的在世的生存状态和生存结构，可展示出两个层面上的"技术"：作为"操劳"的条件，技术显示为对世内存在者的"上手性"的揭示；作为"操心"的环节，技术显示为此在的"寓世存在"的方式。[①]

2 通过与自然（产生）对比所展示的技术

海德格尔对亚里士多德的"自然"（φύσις）概念做了深入的解说。以"自然"和"技术"来翻译古希腊语言中的 φύσις 和 τέχνη，海德格尔认为这种解释丧失了 φύσις 和 τέχνη 的古希腊涵义。海德格尔在解说亚里士多德的《物理学》第二卷第一章中，详细地阐释了 φύσις 的本质和涵义，揭示了 τέχνη 的本质及其与 φύσις 的关系，从中显露出技术与产生（或生成）的关联。

2.1 φύσις 是 γένεσις（产生）

通译为"质料"和"形式"的亚里士多德的另一对概念 ύλη 和 μορφή，海德格尔按照亚里士多德《物理学》的文本进行了新的解释。海德格尔主张 μορφή 必须从 εἶδος（爱多斯）出发来理解，而 εἶδος 必须联系 λόγος（逻各斯）来理解。

海德格尔把 μορφή 释义为"人于外观的设置"，简称"设置"。μορφή 并非在质料那里现成的、存在着的特性，而是一种存在方式。μορφή 的人于外观的设置，是把作为 εἶδος（爱多斯）的外观提取出来并设置入 φύσις 的运动的在场中。这种"设置"的内涵是"形式"概念所缺乏的。通译为质料的 ύλη 词，海德格尔将其释义为"具有适合性（或潜能）的可占用物"，即它适合于为某种 φύσις 所起始占有，但只有在人于外观的被设置状态中，ύλη 才属于特定的 φύσις。只有 ύλη（可占用的质料）还不能称为 φύσις，只有在 μορφή（外观的设置）也存在之际，ύλη 所命名的东西才被规定为可占用物，才能称

---

① 详细内容请参考"依据《存在与时间》所展示的三重技术"，载《东北大学学报》（社科版），2013 年第 4 期。

为 φύσιs。[3]在《物理学》第二卷中，亚里士多德把 φύσιs 看成是 γένεσιs（产生）的一种方式。海德格尔说："作为入于外观的设置，μορφή 被把捉为 γένεσιs（产生）"[3]。而 γένεσιs（产生）的本质是"置造"（Herstellen），置造不能理解为"制作"（ποίησιs），置造的意思乃是摆出来（Her-stellen），摆置入在场化之中而使之具有如此外观的东西，是置入外观的在场化中。ποίησιs（制作）是一种置造（摆置入在场化）的方式；φύσιs 是另一种置造（摆置入在场化）的方式。置造或生成是一种"提取"，从某个外观中提取出那种外观，即一个生成物（当下事物）被置入其中并且因而在其中存在的那种外观。

2.2 τέχνη 是另一种 γένεσιs（产生）的方式

海德格尔提示 φύσιs 是 τέχνη 的对立概念，τέχνη 的含义要参照 φύσιs 来理解。在哪种意义上 τέχνη 是与 φύσιs 对立的呢？作为以 τέχνη（知晓）为指导的 γένεσιs（产生）方式，τέχνη 与 φύσιs（产生）相对立。

作为制作物的产生方式的 τέχνη，也是一种运动，也是一种"置造"。在 φύσιs 这种产生的运动中，运动者（自然物）就是它自己的起点。而在制作物产生的运动中，其运动起点不是制作物本身，而是一个在它之外的它物（制作者）。海德格尔在这里把 τέχνη 的本质规定为"知晓"："制作物的 άρχή（起始占有）是 τέχνη；τέχνη 的意思并不是制造方式意义上的'技术'，也不是广义的制造能力意义上的'艺术'；τέχνη 表示对任何一种制作和制造之基础的精通，对一种制造（例如床的制造）必须在何处到来、结束和完成的精通"。[3]

对被制作物的 είδοs（外观）的先行领会属于 Τέχνη，是这个 Τέχνη 引起并支配了制作物的运动状态或产生过程。τέχνη 既是指一种知识，也指以这种知识为基础的、与 φύσιs 相区别的制作物的产生方式。在 τέχνη 这种产生方式中，被先行洞察的"爱多斯"（外观）仅仅是自行显示，而不是象在 φύσιs 中那样，外观是自行摆置和自行设置的。在 τέχνη 中自行显示的外观，只是一种 παράδειγμα（摹本），它不能把自身摆置入自身中，它还需要它物的协助，在它物的帮助下把适合于如此外观的适合者和可占用物摆置入这种外观中。这种协助者就是制作技术。是制作技术按照自行显示的外观（例如床）去选取适合的可占用物（例如木板），并把这种具有适合性的可占用的木板设置入桌子的外观中，从而把桌子的外观"提取"出来，使桌子生成了。而具有适合性的适合者和可占用物（例如木头），却不能自行生成一张桌子。在制作物的产生中，技术就是"入于外观的设置"的实行，也是制作物产生的"途中"。

2.3 技术显示为 γένεσιs（产生）的 τέχνη 的通道

由于技术加入了制作物的产生运动中，作为产生的 τέχνη 就比 φύσιs 多了一种运动成分，即技术活动和技术过程。虽然技术活动不是制作物的生成运动的本质，但作为"协助者"却是不可或缺的，没有技术过程就没有制作物的生成。制作物产生的"实现"只有依靠技术活动才能展开和进行，技术活动成为制作物生成的"必要条件"，技术活动在制作物的产生中具有某种优先性。在制作物的产生中，只有被先行领会的和自行显示的"外观"（制作物生成后的外形）还不够，还必须依靠技术去挑选适合者并将适合者的适合性设置入外观中，才能让被制作物到达其终点而在场化。"技术"贯穿制作物生成的全过程，仿佛是制作物生成的一条"途径"或"通道"，制作物只有在这条"通道"中运动才能到达终点（生成后的在场）。

作为先行领会了被制作物的爱多斯（外观）的 τέχνη，是制作物运动的 ἀρχή（起始占有）和生成方式；τέχνη 作为对制作和制造之基础的精通，是制作这种技术活动的指导。技术作为入于外观的设置之实行，成为 τέχνη 的协助者；技术的制作是否到达了终点要由 τέχνη 来评价和确定；而反过来，τέχνη 所确定的终点（外观之成形），又要由技术活动来决定它能否到达。技术作为入于外观的设置的实行，技术显示为 τέχνη 这种产生方式的通道。没有技术的协助，自行显示的外观并不能把适合者带入在场化；不通过技术这种入于外观的设置途径，作为产生的 τέχνη 便不能完成。

作为协助者的技术，属于作为产生的 τέχνη。作为产生的 τέχνη 也离不开技术，因而具有从技术出发解说 τέχνη 的可能性，如后来对 τέχνη 所作的特定方向上的解释那样，称 τέχνη 为"技艺"。技术作为 τέχνη 的协助者，也逐渐被当作"主体"，甚至把技术与 τέχνη 等同看待。τέχνη 以技术作为产生的通道，τέχνη 便不能象 φύσις 那样涌现着返回自身。"技术"作为 τέχνη 这种产生的通道，便不断地背离"自然"。

3　通过艺术作品展示出技术的"可靠性"

海德格尔在《艺术作品的本源》中，通过观赏和领会梵高的一幅绘画，追问和展示了"器具"的本质。

海德格尔首先提出了"物之物性"问题，因为艺术作品也是一个"物"。人们通常把物划分为三大类：自然物、（广义的）器具、艺术作品。在西方思想中，代表性的对"物"的解释和规定有三种：①物是其特征（属性）的载体（实体）；②物是感性上被给与的多样性的统一体；③物是具有形式的质料（的综合体）。海德格尔认为第三种对物的规定是占主导地位的，尤其适合用来解释用具和艺术作品中的物的因素。

但海德格尔还是对"物是具有形式的质料"这种解释表示怀疑。他在分析器具的物因素时指出：器具的，例如鞋子的"形式与质料的交织首先从用途方面被处置好了。这种有用性从来不是事后才指派给鞋子这类存在者的"。海德格尔认为器具的"有用性"比"质料与形式的结构"更基础。"服从有用性的存在者，总是制作过程的产品。这种产品被制作为用于什么的器具（Zeug）。因而，作为存在者的规定性，质料和形式就寓身于器具的本质之中。器具这一名称指的是为了使用和需要所特别制造出来的东西。质料和形式绝不是纯然物的物性的原始规定性"。[4]有用性指示了器具的存在特性，但有用性还没有完全揭示器具的本质，因为器具的有用性随着使用逐渐消耗而失去。但在观看一幅画的时候，比如梵高的《鞋》，鞋子所归属的"大地"和穿鞋者的"世界"凸现出来。海德格尔说："虽然器具的器具存在就在其有用性中，但这种有用性本身又植根于器具的一种本质性存在即可靠性中。借助于这种可靠性，农妇通过这个器具而被置入大地的无声召唤之中；借助于器具的可靠性，农妇才对自己的世界有了把握。世界和大地为她而在此。"[4]器具的本质在于器具的可靠性，在于器具与"大地和世界"的关联。作为有用性的技术的本质，在于实现器具的可靠性，从而维系一个世界和大地的敞开性的关联。

海德格尔认为，对器具本质的揭示，不是通过对一个真实器具（鞋子）的解释，也不是通过对制作鞋子的工序的描述，也不是通过对穿鞋者的走路过程的观察；而是通过对梵高的一幅油画的观赏。"在这里发生了什么呢？在这作品中有什么东西在发挥作用呢？梵高的油画揭开了这个器具即一双农鞋实际上是什么。这个存在者进入它的存在之无蔽之中。希腊人把存在者的无蔽状态命名为 άλήθεια。我们说真理"。[4]器具的本质存在最后指向的和归属的是解蔽意义上的真理。

在《艺术作品的本源》一文中，海德格尔就已经把器具和技术的本质追问到"解蔽"上，而且已经提到了"座架"（Ge-stell）这一后期的重要术语。在《艺术作品的本源》的附录中，海德格尔解释了"座架"的含义："它是生产之聚集，是让显露出来而进入作为轮廓的裂隙中的聚集"。[4]这时的"座架"还是希腊式的，主要是指"摆置的聚集"或"聚集的摆置"。

4 通过"四因"到达了"解蔽"

海德格尔在《技术的追问》一文中，通过技术的"工具论"和亚里士多德的"四因说"，把技术的本质引入了真理即"解蔽"（άλήθεια）的领域。进而，海德格尔把现代技术的本质规定为"座架"（Ge-stell）。

海德格尔说："工具性的东西占统治地位的地方，也就有因果性即因果关系起支配作用"。[5]那么，因果性的本质又是怎样的呢？长期以来，人们通常把因果性看作是原因引起结果的必然性，原因是起作用的东西。亚里士多德最早提出了四原因理论：质料因，形式因，目的因，效果因或动力因。海德格尔认为，今天欧洲人所谓的"原因"（Sache）来源于罗马人的 causa，仅仅突出保留了四原因中的效果因或动力因。而在希腊人那里，原因是招致另一个东西的那个东西，四原因乃是相互紧密联系在一起的招致的方式。例如银盘，就需要质料（银材料）、将成型的银盘的形式（外观）、银盘的目的（终点）和银匠（技艺）共同招致银盘的生成。海德格尔说，招致具有起动（An-lassen）和引发（Ver-an-lassen）的特征。四种招致方式即四种引发方式，它们共同在何处配合着起作用呢？"它们使尚未在场的东西进入在场之中而到达。据此看来，它们便一体地为一种带来（Bringen）所贯通，这种带来把在场者带入显露中"。[5]这种带来就是产出（ποίησις）。招致即引发的诸方式，是在产出的范围内起作用的。那么，这种产出又是怎么回事呢？

海德格尔说："产出从遮蔽状态而来进入无蔽状态中而带出。惟因为遮蔽者入于无蔽领域而到来，产出才发生。这种到来基于并且回荡于我们所谓的解蔽（das Entbergen）中"。由于每一种产出都建基于解蔽，技术之本质与解蔽关系大矣。工具性的东西作为手段被包含在引发方式中，通过作为技术基本特征的工具性追问技术根本上是什么，就会到达解蔽那里。"如是看来，技术就不仅是一种手段了。技术乃是一种解蔽方式。如果我们注意到这一点，那就会有一个完全不同的适合于技术之本质的领域向我们开启出来。那就是解蔽的领域"。[5]"技术是一种解蔽方式。技术乃是在解蔽和无蔽状态的发生领域中，在 ἀλήθεια（无蔽）即真理的发生领域中成其本质的"。[5]

5 通过"物-空间"的聚集和栖居

后期海德格尔通过对"物"进行追问，阐释了物之物性、物的位置空间以及世界的四重性。

海德格尔后期所谈论的"物"（Ding），不是指物质实体的"自然物"，而是指广义的"人工物"。对于物是什么，或物之物性，海德格尔认为表象性思维不能把握这个问题。表象性思维至多能把"物"表象为"对象"或"站出者"（Herstand），而不能达到物之为物。从人的制作的置造（Herstellen）角度也不能达到物之为物，置造只是使物（比如壶）进入其本己因素之中。"壶之本质的这种本己因素决不是由置造所制作出来的"。[6]壶是盛水或酒的容器。壶之所以具有容纳作用，在于壶底和壶壁所限定和围起的"虚空"。这种虚空并不是置造出来的，置造只是使壶占有了一个虚空，也就是使壶"进入"其本己因素之中。壶中倾注了水或酒的时候，天、地、神、人"四重整体"就通过壶而聚集。后期海德格尔把天、地、神、人"四重整体"称为"世界"。

物的本质即物之为物，在于聚集。海德格尔说："物物化，物化聚集"。[6]聚集什么呢？物化聚集了天、地、神、人"四重整体"。

桥是一"物"，横跨过有水的或水枯竭了的地段之上，供人们往来通行或运输货物。桥通过提供一个场所的方式聚集着四重整体；四重整体通过桥而聚集到一处作为世界而敞开了。桥这个物之所以能提供出聚集的场所，是由于桥作为位置而为一个场所设置开启了空间。桥这样的物通过其位置提供了场所和设置了空间，就是敞开了、开启了一个世界，世界的"四重整体"就被聚集到桥这个工程物的位置中，人的生存即栖居，在工程物所开启的空间场所中逗留。这种物的生产就是筑造。"筑造的本质在于：它应和于这种物的特性"。[7]"筑造的本质是让栖居。筑造之本质的实行乃是通过接合位置的诸空间而把位置建立起来"。[7]"栖居"（Wohnen）有居住、栖留、居有、依靠、照料之意，是海德格尔后期标识人的存在的基本术语。

物在本质上是让人"去存在"的东西，即让人展开、实现其生存的东西。通过人的工程技术活动，实现了工程物的生成运动并建立其位置，从而开启出场所空间，把"世界整体"聚集到一起而让人的生存在其中展开。

海德格尔以"壶"和"桥"为例，阐释了物的本质是对"四重整体"的聚集，是对"世界"的开启，是让人栖居。工程技术的本质显示为，通过工程物开启的空间而聚集世界四重整体，让人栖居而生存。那么这样，工程技术的本质是对"世界"之四重整体的"解蔽着的聚集"，不再单纯是"促逼着的解蔽"和"强求着的聚集"。"座架"不再是技术的"唯一的本质"。工程技术的本质还包括物的筑造、空间的设置和让栖居。

6 总结

五条追问技术的路径分别通达了技术的本质领域的一部分。通过"在世"生存，技术显示为揭示器具的上手性；通过"自然"和产生方式，技术显示为人工物的产生的通道；通过艺术作品，技术的本质在于维系一个"世界"的可靠性；通过"四因"，技术的本质归属于"解蔽"（真理）；通过物-空间，（工程）技术的本质在于聚集"四重整体"的"世界"，让人栖居生存。这五条追问技术的路径得出的结论，都共同关涉"物-世界-生存"。

参考文献

[1] 海德格尔. 演讲与论文集 [M]. 孙周兴, 译. 北京: 生活·读书·新知三联书店, 2005: 3.

[2] 海德格尔. 存在与时间 [M]. 陈嘉映, 王庆节, 译. 北京: 生活·读书·新知三联书店, 2006: 98, 222.

[3] 海德格尔. 论 φύσις 的本质和概念-亚里士多德《物理学》第二卷第一章 [A]. 孙周兴, 译. 路标 [C]. 北京: 商务印书馆, 2001: 319, 336, 280.

[4] 海德格尔. 艺术作品的本源 [A]. 林中路 [C]. 孙周兴, 译. 上海: 上海译文出版社, 2004: 13, 19, 21, 72.

[5] 海德格尔. 技术的追问 [A]. 孙周兴, 译. 演讲与论文集 [C]. 北京: 生活·读书·新知三联书店, 2005: 5, 9, 10, 12.

[6] 海德格尔. 物 [A]. 孙周兴, 译. 演讲与论文集 [C]. 北京: 生活·读书·新知三联书店, 2005: 175, 181.

[7] 海德格尔. 筑-居-思 [A]. 孙周兴, 译. 演讲与论文集 [C]. 北京: 生活·读书·新知三联书店, 2005: 167, 169.

Five Paths on Questioning Technology On the Basis of Heidegger's "Ontology"

Abstract: In the various periods of his thought on "ontology", Heidegger touch upon "problems of technology" in varying degrees. In this paper, on the basis of some text of Heidergel's earlier stage and his later stage, we induced and derived five paths on "questioning technology": through living (exist); Through natural (produce); Through art (works); Through the "four causes" (cause); Through the thing-space (dwell). The conclusion is that the essence of technology relating to the "thing-world-existence".

Keywords: Ontology, Technology, Questioning, Essence

关于技术哲学发展的学科共识的商榷

夏保华

（东南大学哲学与科学系）

1 质疑技术哲学的"学科共识"

技术哲学学科的"内部共识"不多，甚至缺乏"诉求共识"的自觉意识，突出表现为学科内部"理论交锋"不够。[1]既有的少量的共识尤为珍贵，但针对这少量的珍贵的共识，笔者还是准备鼓起理论勇气，发起一场"颠覆"斗争。

这里所说的这少量的技术哲学"学科共识"是指关于技术哲学学科发展历史的共识。美国技术哲学家米切姆（C. Mitcham）被誉为技术哲学的"首席历史学家"，他对技术哲学的历史文献进行了系统收集和研究，他提出的关于技术哲学发展的理论观点被技术哲学界广为接受，所以，当前的技术哲学"学科共识"实质上又可称为"米切姆共识"。其具体内容是：[2]

第一，技术哲学包含两大典型的历史传统，即工程学的技术哲学（engineering philosophy of technology）和人文学的技术哲学（humanities philosophy of technology）。它们是一对异卵双生子。

第二，德国学者卡普（Ernst Kapp，1808～1896）开创了技术哲学。卡普于1877年出版了《技术哲学纲要》一书，他是一位典型的工程学的技术哲学代表。

问题是：卡普是历史上第一位明确意识到，迫切需要进行技术哲学研究，并认真进行了技术哲学研究的学者吗？到底何人在何时以何种形态开创技术哲学？

之所以有这样的疑问，是因为发现了新的技术哲学发展的历史文献。

2 新发现的技术哲学历史文献

这个所谓的新发现的技术哲学历史事实，就是指《发明哲学》这部书。《发明哲学》是19世纪英国工程师、发明家、技术历史学家德克斯（Henry Dircks，1806～1873）的一部成熟作品，出版于1867年，比卡普的被誉为技术哲学奠基作的《技术哲学纲要》（1877）还早10年。

令人遗憾的是，德克斯和他的《发明哲学》迄今未被技术哲学界所注意。

可以看到，在已知的主要的技术哲学文献中，迄今，没人提及德克斯和他的《发明哲学》。譬如，国际上具有一定代表性的、具有教材性质的技术哲学著作，如舒尔曼（E. Schuurman）的《技术与未来》（1972），拉普（F. Rapp）的《分析的技术哲学》（1978），伊德（D. Ihde）的《技术与实践：一种技术哲学》（1979）和《技术哲学导论》（1993），戈菲（J. Goffi）的《技术哲学》（1988），费雷（F. Ferre）的《技术哲学》（1988，1995），陈昌曙的《技术哲学引论》（1999），斯查福（R. Scharff）主编的《技术哲学文选》（2003），凯普莱（D. Kaplan）主编的《技术哲学读本》（2004），达斯克（V. Dusek）的《技术哲学导论》（2006），欧森（J. Olsen）等人主编的《技术哲学的新风潮》（2009），都没有提及德克斯和他的《发明哲学》。

值得注意的是，被誉为技术哲学"首席历史学家"的米切姆也从一开始就忽视了德克斯及其《发明哲学》。其早期与迈凯（R. Mackey）共同主编的《哲学与技术：技术的哲学问题读本》（1972，1983）及合著的《技术哲学文献目录》（1973，1985），都没有提及德克斯和他的《发明哲学》。在《通过技术思考》中，米切姆讨论了"发明"的本质。在评论"关于发明的哲学研究"文献时，他具体提到吉尔菲兰（S. Gilfillan）的《发明社会学》，朱克斯（J. Jewkes）等人的《发明源泉》，哈特菲尔德（H. Hatfield）的《发明家与他的世界》以及博瑞尔（R. Boirel）的《发明通论》。与德克斯的《发明哲学》比较，这些著作不仅出现得晚（大约50～100年），而且更不具有哲学抽象性特征。

2008年，笔者在美国宾夕法尼亚大学做研究时，偶然发现德克斯的《发明哲学》。事实上，从2000年以来，笔者明确倡导并努力向技术创新哲学开拓。[3]笔者有一个朴素的信念，即技术发明和技术创新，作为现代社会的轴心活动，应该成为哲学反思的对象，思想史上应该有相关的哲学研究成果。基于这样的认识，多年来，笔者始终在查找关于技术发明和技术创新哲学研究的文献，希望找到前人相关的研究成果。正是在这样的思维境域中，笔者与德克斯的《发明哲学》"相遇"。

3 《发明哲学》：一部被遗忘的技术哲学经典文献

《发明哲学》是19世纪英国技术历史学家和发明家德克斯的一部成熟之作，其目的是为发明史研究，为有关发明的法律争论提供一套"发明"的概念工具。

在致著名英国发明家贝塞默（H. Bessemer）的信中，德克斯明确地阐明了写作《发明哲学》的目的，即旨在"澄清在科学的或法律的讨论中，有关发明的明确的术语"。[4]德克斯对"发明哲学"概念本身也作了诠释，即"有关独创性发明（contrivance）的严谨的深思，这些独创性发明或是能促进科学活动，或是能扩展制造业技能，或是能开创新的产业源泉"[4]。

《发明哲学》不是一部独立出版的著作，而是与《发明家的事实真相》、《早期秘密发明的发明家名录》合编在一起，总的书名叫《发明家与发明》。三者虽然合编在一起，但思想内容各自独立。德克斯明确指出，三者是"三部独立的作品，各自有各自的前言"。[4]

《发明哲学》不是一部鸿篇巨制，全书共 69 页。它包含三部分，分前言、卷一和卷二。卷一包含五章内容，分别是：总论；关于理论；关于实验；关于发现；小结。卷二也包含五章内容，分别是：关于发明；关于改进；关于设计；关于发明史；小结。从思想内容上看，《发明哲学》紧紧围绕"什么是发明"这个中心问题展开，在结构上十分严谨和完整。

《发明哲学》是一部真正的哲学文献，重"概念分析"、重"抽象概括"和重"理论与现实的统一"。从表面看，《发明哲学》是直指"发明现象"本身，提出并深入分析了一系列"概念"、"范畴"。从本质上看，《发明哲学》实际上既抓住"发明"实践活动本身进行"形而下"的结构分析，又试图追问发明的"形而上的源泉"。《发明哲学》的具体思想内容可概括为以下三个方面[5]。

其一，发明的两部类社会结构思想。德克斯在《发明哲学》中提出，就整个社会而言，发明有两大部类，即"实验发明"（experimental invention），指"科学实验仪器"的创造；"实用发明"（practical invention），指"适合于人们使用的所有发动机、机器、工具、构造和材料"的创造。

这两大部类发明有着密切的联系，一方面，实验发明常常成为后来的实用发明的先导，对后来的实用发明起到示范、启发的作用；另一方面，实验发明所确立的科学发现也对后来的实用发明具有理论指导作用，能为具体的实用发明提供建议、设想等。固然如此，德克斯十分明确地主张，要坚持二元论，反对一元论，即要在两部类发明之间进行严格的划界。他强调，在发明史研究和发明优先权争论中要避免两种认识论错误，既不能把"实验发明"看作是"实用发明"，也不能把提出科学"建议"、"想法"，看作是"实用发明"。

其二，发明的三元活动结构思想。仅就"实用发明"而言，德克斯在《发明哲学》中提出，存在着一个典型的由"原始发明"（original invention）、

"改进"（improvement）和"设计"（design）组成的发展结构。原始发明是真正意义上的发明，与后来两阶段发明相比，它具有突出的新颖性。与实验发明、科学建议等相比，原始发明具有物质性、实用性和经济性。改进是实用发明发展的第二阶段。改进是较小的发明，它依赖于原始发明，单纯的改进不能剥夺原始发明人的发明优先权。设计是实用发明发展的第三阶段，也是更次一级的发明阶段。设计是某种使生产的物品具有愉悦人的、高雅的、装饰性效果的独特的布置。设计存在于产品和艺术作品中，它是客观的。德克斯指出，设计可称上是发明的诗情。它是最壮丽、最明亮、最宜人的发明。

其三，发明的英雄观思想。德克斯反对"发明社会决定论"思想，细致地驳斥了其种种主要论点或论据，如：大量的同时发明现象；社会需求是发明之母；技术只是科学的应用，科学家才是制造业的真正改进者；社会技术的日积月累现象；技术发明不像艺术创作一样具有独创性等。德克斯在《发明哲学》中提出了发明英雄观思想。德克斯明确地说，"发明是一种心智天赋"。"在缺少这种能力的情况下，再多的相应知识，再多样的科学数据，无论怎样的集中精力于一个主题，它们本身都不具有导致发明的任何可能性。"[4]德克斯强调，发明创造力是一种稀有的先天的个人品质。"对于一个有事业心的心灵，没有任何技术制品是完美的。无论它的用途多么普通，它都可能被制作得更轻、更强壮、或更有效用等。有这种心灵的人可成为发明家，可成为社会的真正有益的人。"[4]

4 德克斯：一位被遗忘的"工程型"技术哲学先驱

首先，德克斯是位真正的、时代的工程师和发明家，亲身参与过工程和发明活动，对工程技术创造活动有切身的经验体会和认识。德克斯自学成才，是当时一位著名的工程师和发明家。在他去世的前一年即 1872 年，他被《时代人物辞典》称是"民用工程师"。[6]作为工程师，他曾具体负责建设过铁路、运河和矿山。作为发明家，他曾具体获得过多项发明专利。他的主要发明包括：①"关于蒸汽机车结构和用于铁路及其他道路的车轮的一些改进，其中，部分适用于所有蒸汽机。"②"关于煤气制造、煤气灶、以及煤气加热装置的一些改进"。③"在酿造、蒸馏以及类似操作中制造麦芽和饮料的材料的准备和应用，以及相关装置的改进。"④被称为"佩珀尔幻像"（Pepper's Ghost）的发明。它是利用玻璃和灯光技术造成的一种奇妙的视觉幻觉。

其次，德克斯是位真正的技术历史学家，对发明的历史事实和复杂社会过程有更深入的认识。德克斯是一位名副其实的发明史研究专家，是现代技术史研究的一位先驱。德克斯被今天的《牛津国家名人辞典》称是"技术历史学家"。[7]德克斯进行了 30 余年的发明史研究，主要关注了"电冶金发明史"、"永动机发明史"和"蒸汽机发明史"3 个主题。对每个主题，德克斯都进行了长达 30 年左右的深入的、持续的研究，都出版了系列性的论文和著作。具体而言，关于"电冶金发明史"，他从 1839 年发表论文"电冶金的历史"到 1863 年出版《对电冶金历史的贡献：确定该技术的起源》，持续研究了 24 年。关于"永动机发明史"，德克斯写了两卷书，共计一千余页。为写第一卷，他收集了 15 年资料；从第一卷到第二卷又用时 9 年，所以共耗时又长达 24 年。关于"蒸汽机发明史"，德克斯重点关注了伍斯特侯爵爱德华·萨默塞特（Edward Somerset）的发明。德克斯也用时 30 余年，写作 3 部作品，对伍斯特侯爵爱德华·萨默塞特的生活和发明进行了系统研究。

再次，德克斯是一位十分活跃的社会科技活动家。德克斯一生都积极参与各种科技社会活动，积极致力于同时代的重大社会科技问题的解决。他参与创办机械工人学院（mechanics' institution），倡导技术教育改革；他参与关于发明专利制度改革的大讨论，成为一名突出的维护发明专利制度的卫士。他曾是英国科学促进协会、艺术学会、工程师学会、发明家协会终身会员（member），是化学学会、皇家文学学会和皇家爱丁堡学会终身高级会员（fellow）。

正如技术社会学先驱吉尔菲兰（S. Gilfillan）所言，德克斯是"一位有历史思想的工程师"。[8]在长达 30 余年的发明史研究中，基于技术史研究的需要，同时也是基于当时的英国社会专利制度改革的需要，德克斯关于发明的一系列理论思考不断地汇聚起来。最终，在他的晚年，他明确提出"发明的概念问题"，于 1867 年出版《发明哲学》。

需要强调的是，德克斯进行"发明哲学"研究，不是偶然为之，也不只是仅仅停留在首次使用"发明哲学"这个概念上，而是十分自觉的、认真的、深入的。他明确地说，在他进行发明哲学研究之前，还不曾有人进行过这种发明的概念研究。在他正进行发明哲学研究之时，他注意到科学家李比希（Justus Liebig）正在进行的发明思想史的研究，他意识到他们都是在进行关于发明的形而上学研究。在他完成《发明哲学》之后，德克斯本人认为，《发明哲学》在历史上首次尝试提出了一个清晰的、可利用的发明观，它可能存在这样或那样的不足，但《发明哲学》提供了一个蓝图，或许能指导后来者完成"更宏大的上层建筑"。

5 确立新的技术哲学"学科共识"的建议

至此，我们再也不能忽视德克斯和他的《发明哲学》的"客观存在"了。事实上，德克斯完全符合米切姆关于工程学的技术哲学的描述，德克斯应被视为工程学的技术哲学代表人物，《发明哲学》的出版应看作是工程学的技术哲学的正式诞生的标志。

作为工程学的技术哲学代表人物，德克斯的技术哲学研究具有以下几个值得肯定的特点：其一，集中于"发明"，并构造了"发明哲学"一词，有明确地进一步发展"发明哲学"的意识。德克斯这种集中于"发明"的研究取向，为后来的著名的工程学的技术哲学家德韶尔（F. Dessauer）所继承。其二，重在"概念分析"。德克斯明确地讲，发明哲学就是要澄清有关发明的概念。这种哲学研究方式与后来的"分析哲学"发展不谋而合。其三，具有突出的社会实践指向性，即技术哲学研究为解决社会实际的重大问题服务。德克斯写作《发明哲学》的直接目的，就是为了给技术史研究和有关专利制度改革的社会讨论提供一套概念工具。

美国技术哲学家米切姆把卡普视为一位工程学的技术哲学代表，而当把卡普与德克斯进行比较时，我们就能发现，卡普不是一位典型的工程学的技术哲学代表，而应被看作是一位典型的人文学的技术哲学代表人物。[9]

第一，卡普是一位典型的人文主义学者，是位哲学家，而不是一位真正的工程师。如米切姆所言，工程学的技术哲学是由工程师、技术专家自己进行的，显然卡普不具备这个条件。说"卡普是位典型的人文主义学者"，理由是：卡普接受的教育是典型的人文主义教育；卡普所从事的主要社会职业是与笔打交道的教授职业；卡普本人也极具酷爱自由的人文主义精神气质。说"卡普是位哲学家"，理由是：卡普一生的学术研究是其地理学研究，他后来的技术哲学研究也是其地理学研究的一部分，而卡普的地理学研究主要是在哲学层面进行的，是环境哲学。说"卡普不是一位真正的工程师"，理由是：卡普在美国生活的 15 年间，虽然有较多机会与工具打交道，并且这些实际经验无疑对其后来研究技术哲学有帮助，但没有充分的根据表明卡普亲身参与工程技术创造活动，成为了"工程师"、"发明家"；卡普本人在来美国之前和离开美国之后均没有与任何工程技术创造实践有直接联系；卡普的同时代人和后来的研究者，主要称他为："博士"、"教授"、"地理学家"、"哲学家"，没有发现有人称他为"工程师"。

第二，卡普的技术哲学研究具有突出的浪漫主义色彩，是典型的人文主义性质的研究。工程学的技术哲学重逻辑分析，卡普的技术哲学也不具备这一特点。正如当代荷兰技术哲学学者西门（Frits Simon）所强调，卡普的技术哲学是浪漫主义的技术哲学。卡普的《技术哲学纲要》诞生在德国浪漫主义运动的末期，受到德国医师、浪漫主义者卡鲁斯（Carl Gustav Carus）等人思想的影响，其解释框架是浪漫主义的。事实上，卡鲁斯在 1858 年就提出人体各种器官与人工物品之间存在相似性关系。

基于以上两点理由，卡普不能被看作是工程学的技术哲学代表人物。事实上，卡普应被看作是人文学的技术哲学代表。作为最早构造"技术哲学"一词的哲学家，作为最早对技术现象进行"系统解释"的人文主义学者，卡普理所当然是人文学的技术哲学代表人物。值得注意的是，把卡普排在人文学的技术哲学代表人物之首，可解决原米切姆理论隐含的一个矛盾，即人文学的技术哲学的起点问题。人文学的技术哲学思想源远流长，在该传统的叙述中，米切姆选择芒福德作为正式的起点，但是理论根据并不充分。而卡普作为第一位具有明确"技术哲学"意识，第一位出版"技术哲学"专著的人文学者，当他被列为首位，视为人文学的技术哲学的正式起点时，则无疑更有学理根据。

基于上述研究，建议修正技术哲学学科发展的"米切姆（C. Mitcham）共识"，建立新的技术哲学发展的"学科共识"。具体内容如下：[10]

第一，技术哲学包含两大典型的历史传统，即工程学的技术哲学（engineering philosophy of technology）和人文学的技术哲学（humanities philosophy of technology）。它们是一对异卵双生子。

第二，英国工程师德克斯和德国学者卡普共同开创了技术哲学。德克斯，作为真正的工程学技术哲学先驱，于 1867 年出版《发明哲学》；卡普，作为真正的人文学技术哲学先驱，于 1877 年出版《技术哲学纲要》。

参考文献

［1］ Ihde D. Has the philosophy of technology arrived? a state-of-the-art review ［J］. Philosophy of Science，2004，71（1）：117-131.

［2］ Mitcham C. Thinking through Technology：the Path between Engineering and Philosophy ［M］. Chicago：the University of Chicago，1994：17-24.

［3］ 夏保华. 技术创新哲学研究 ［M］. 北京：中国社会科学出版社，2004.

［4］ Dircks H. The Philosophy of Invention ［M］. In，Inventors and Inventions. London：E. & F. N. Spon，1867：V，1，VII，40，9.

［5］ 夏保华. 德克斯：一部被遗忘的技术哲学经典文献 ［J］. 自然辩证法研究，2010，（1）：35-40.

［6］ Cooper T. Men of the Time：a Dictionary of Contemporaries ［M］. London：George Routledge and Sons，1872：297.

［7］ Hutchins R. Henry Dircks ［J］. Oxford Dictionary of National Biography. Oxford：Oxford University Press，2004. http：//www. oxforddnb. com/view/article/7681.

［8］ Gilfillan S C. The Sociology of Invention ［M］. Cambridge，Massachusetts：the M. I. T Press，1970：165.

［9］ 夏保华. 卡普、德克斯与技术哲学谱系 ［J］. 自然辩证法通讯，2010，（6）：61-68.

［10］ Baohua Xia. "Reconstructing the disciplinary consensus of the philosophy of technology：Henry Dircks and the philosophy of invention" ［J］. Techné：Research in Philosophy and Technology，2011，15 (1)：16-22.

Questioning Disciplinary Consensus of Philosophy of Technology

Abstract：We usually recognize that the philosophy of technology came into being when Ernst Kapp published his Grundlinien einer Philosophie der Technik in 1877，but this disciplinary consensus of philosophy of technology should be corrected for the being of Henry Dircks' The Philosophy of Invention（1867）. The Philosophy of Invention is one forgotten philosophical work. Its author，Henry Dircks（1806~1873），as a British civil engineer，inventor and historian of technology in 19 century，is also a forgotten pioneer in philosophy of technology.

Keywords：Henry Dircks，Disciplinary consensus，Philosophy of technology

论柏格森的"身体—技术"思想

索引，文成伟

（大连理工大学人文与社会科学学部）

在柏格森的理论中，人类生命的进化发展的最终目的是为了实现自由，而要想实现自由，就必须首先在理论上回应精神与物质或者说心物二元何以能统一的问题，柏格森以"身体行动"为切入点对此进行了解答，从而在理论层面为人走向自由之路奠定了基础。在此基础之上，当"身体行动"进入到生命创造的进化的长流之中时，它就展现为了一种技术活动，这种技术活动也就成为了人之生命进化并走向自由的现实途径。

1 "身体行动"——人之生命走向自由的理论基础

如果不能首先解决心物统一的问题，物质就必然将成为人类生命进化道路上的阻碍，也就是人之生命走向自由的阻碍。为此，柏格森通过"身体行动"来对心物二元进行了统一。在柏格森的理论中，"身体行动"之所以能统一心物二元的原因，归结起来有三点：首先，柏格森理论中的心与物并非传统的绝对对立的心与物，而是从"绵延"的立场出发，对其二者进行了重新界定，使它们在本性上获得了相通。其次，柏格森摆脱以往将身体归为物质，并使其与心灵相对立的观点，他将身体视为一个行动的工具，并使它成为联通心灵与物质的桥梁。最后，柏格森理论中的心物的统一并不是一种僵死的静态的相等，而是心物在身体的行动当中获得了一种动态的交融。

首先，心物概念的重新界定。这一点在柏格森对心物统一的整个过程中起到了基础的作用。传统的观点将心灵与物质划分为两种相互对立的实体。这种对立体现在三个方面，即柏格森所说的"空间扩展性与非空间扩展性之间的对立、性质与数量之间的对立以及自由与必然之间的对立"[1]。也就是说，心灵是内在的，并不具有空间扩展性，其在本性上是不可被量化和计算的，是一种自由的存在；而物质存在于外部空间之中，具有可划分的空间扩展性，可被数量化并计算，由此也就遵循着某种必然性的规律。由于空间的阻隔以及心物二者本性上的差异，心灵与物质之间存在着无法跨越的障碍。然而，柏格森认为，这种对心灵与物质的划分，本质上是由于受到了传统理性主义的抽象思维方式的误导——用空间代替了时间（绵延）。传统的空间观，将空间理解成一种抽象化的静止的僵死的场域，也可以说是一种数学化的几何式的空间观，它可以被分割被度量，是非连续的。柏格森认为这种空间其实是不存在的，它并不是真正的空间。真正的空间拥有一种质的连续性，不可分割，它不是孤立的，而是统一在绵延之中。也就是说，在柏格森看来，如果我们以"绵延"的视角观之，无论是心灵还是物质实质上都是处在一种连续不断的运动变化之流中，它们并不是孤立的，都是绵延之流的一个不可分割的部分。因此，心灵与物质在绵延中得到了共通。由此，正是出于这种"绵延"的角度，柏格森将物质称为"物象（image）的集合"，并通过"物象"将"知觉"（与身体发生关系的那一部分物象）与"记忆"（"过去的物象"的继续存活）联系在了一起。此处的"物象"即是柏格森对世界构成之基本要素的绵延化的表述。一方面其虽然有"物"的含义，但并不是实体；另一方面，其虽然是"象"，但却是独立存在的，不以人的主观观念为转移。这种兼具了传统物质与精神的性质的物象内在地就蕴含着心物统一的要义。

其次，身体被作为一个行动的工具，成为连通心灵与物质的桥梁。传统的心物二元论将人的身体归为物质，与心灵形成了截然的对立。例如笛卡儿认为，物质具有广延，但没有思维，因而它没有生机，是机械性的东西；心灵没有广延，但其具有思维，能够思想，因而其充满着活力，也正是因为有着充满理性精神的心灵，人才有别于动物。由此，身体的作用自然就被忽视了。然而，柏格森认为"我们的身体是行动的工具，并且仅仅是行动的工具"[1]。如上文所述，柏格森通过"绵延"的视角，对心灵与物质进行了重新的界定，将一切的存在都称为"物象"。因此，在柏格森这里，"身体"摆脱了以往被忽视的地位，而成为了众物象之一。不仅如此，"身体"还进一步被视为一切物象的中心。柏格森认为，一方面，我们与世界发生的一切联系，我们所有的感受和经历，首先必须通过身体才能够体验；另一方面，一切的精神活动，只有通过身体才能付诸实现。正是从这个角度，身体被视为我们生活、行动的工具。也可把它理解为一座连通心灵与物质的桥梁。参照柏格森的具体理论，我们可以用"记忆—身体—知觉"来表达身体的这种连通作用。

最后，心物在身体的行动当中获得了一种动态的交融。柏格森对心物的统一并不是在静态之中寻求二者的相似或相等，而是在身体的运动当中实现了二者的统一。在上文"记忆—身体—知觉"这个表达式中，实际上存在着一种双向的运动：一方面，身体将当下的知觉转化为记忆；另一方面，身体将记忆唤醒，并将其与当下的知觉相融合。（实质上，因为绵延的时间是连续非间断的，所以在柏格森的理论中并不存在表示某一时刻的当下，此处的表达只是为了方便说明身体与知觉、记忆的关系。）这两种运动，实质上最终指向的都是身体的现实行动，因此可以说它们是同一种运动的两个不同方面。我们的身体作为一种有机存在物，其根本是指向生存的，以保障生命存活的需要为导向，当其与众物象发生联系时，往往带有一种选择性。当被选择的物象与身体发生关系时，知觉也就因此产生。由于绵延的时间是连续非间断的，所以一个"当下"知觉转瞬即逝，它进入到了过去之中，转化为记忆，或者也可以说"知觉在身体里已经是记忆"[2]。此外，因为与身体发生联系的知觉必定是与身体需求相关的，所以身体与知觉的关系，就可以被理解为一种"准备行动"与"真实行动"之间的关系：一切都是为了生存而行动，响应身体呼唤的知觉是为身体的行动而作准备的。它指向行动但自身并不能行动，只有身体受到知觉的刺激时，才能将这种准备转化为真实的行动。同理，身体出于同样的指向生存需要的目的，把有用的，能够与当下的知觉产生共鸣的记忆从"纯粹记忆"中筛选出来，将其从沉睡、潜在的状态中唤醒，让其显现在当下，与知觉相融合，并指向新的行动。无论是知觉转变为记忆，还是记忆被重新唤醒与知觉相融，它们是同时存在，相互包含的，都是身体行动的潜在准备与"推动力"，服务于身体最终的行动。由此我们看到，知觉与记忆在身体的行动中获得了真正的统一，在柏格森那里，这也就意味着人的精神领域与物质世界实现了贯通。

总体来讲，在柏格森那里，"身体行动"对心物二元的统一，实质上是在绵延之中将人类的精神层面与物质层面融合在了一起。"记忆—身体—知觉"这样一种行动，是处在绵延之中的一种不断运动变化的过程，这一过程包含在了人类生命进化发展的长流之中。而正是由于在这一过程中的"身体行动"本身就意味着精神与物质的统一，人类才能将物质纳入到自身生命进化的发展之中，让物质变得有利于自身的进化，而不是使之成为一个绝对的阻碍，生命之自由的本性也才有可能彰显。这也就是"身体行动"在理论层面对人之生命走向自由的奠基。

2 身体的技术性活动——人之生命走向自由的现实途径

"身体行动"在理论上的意义说明了其本身就具有着自由的内涵，而只有当这种自由的内涵通过某种途径在现实中展现出来时，这种自由才是真正可能的。

在柏格森那里，这种展现就是在生命创造的进化过程中的展现。当"身体行动"进入到生命创造的进化的这个过程中时，它就得到了展现自身的途径与方式——以"生命冲动"为驱动力的技术性活动。这主要体现在三个方面：首先，从内在层面看，人的"记忆—知觉"是"生命冲动"在人的生命运动中的体现；其次，从外在表现看，人之"身体行动"在其生命之创造的进化过程中集中表现为对无机技术的发明制造与运用；最后，从生命创造的进化的总体过程看，人通过身体的技术性活动作用于物质，并使物质服务于人自身的方式，是人之生命实现自由的必经之路。

首先，从内在层面看，人的"记忆—知觉"是"生命冲动"在人的生命运动中的体现。在柏格森那里"生命本身就是指的一种冲动"[3]，柏格森通过"冲动"这个词形象的表达了生命在运动之中不断克服物质的必然性，不断实现自身的创造与自由的状态。质言之，"冲动"在这里表达了一种生命本质上的运动性，一种行动的倾向。但是，如果生命仅有这种行动的倾向，它就无法真正实现自身，只会沦为一种空洞的力量。因此，在柏格森那里，生命必须借助物质的力量来作为实现自身的手段。生命和物质的结合以生命体或者说生物的方式呈现，而整个生物的进化历程就是一个生命借助物质不断实现自身的运动本性的过程。生命的运动性，即它自由的本性，与此相反，物质带有着必然性。因此生命一方面要借助物质的力量，另一方面又要防止被物质的必然性所束缚，为此它要不断将自由的因素注入物质之中，并让物质变得有利于它，其结果就是造就了拥有意识的生命体。在柏格森那里，生命体的意识是渗透入物质之中的原始"生命冲动"的特殊化、个体化的表现。这也就意味着，一个生命体的自由性是通过它具有的意识的程度来体现的，在生命进化的过程中，一个生命体的意识越是强烈，它就越能彰显着自身生命的自由。也正是在这个意义上，柏格森说："生命就是投入物质之中的意识。"[4]在柏格森那里，对于人来说，这个意识"首先意味着记忆"[5]，意味着"过去在现在中的保存和聚集"[5]；同时又意味着"对未来的期望"[5]，而当我们去"期望"时，未来就已经进入了当下的知觉之中。在这里，意识的一个瞬间仿佛已经将过去和未来统一在了现在或者说当下之中，但实质上现在并不存在，正如德勒兹对此的解读，"它是纯粹的生成"[6]，在绵延中的生成。因此，意识并不体现在一个数学意义上的当下时刻，而是意味着记忆与知觉在绵延之中的统一。正如上文所述，"记忆—知觉"是促使身体进行行动的潜在准备，一种潜在的力量，因此从人之生命进化的角度，我们就可以接着说，在人生命进化的过程中，"记忆—知觉"作为人的意识的内容，是使作为生命体的人的运动得以可能的重要因素，它体现着人之生命的运动本性，体现着人自身的自由性，是原始的"生命冲动"在人之生命运动中的体现。

其次，从外在表现看，人之"身体行动"在其生命之创造的进化过程中集中表现为对无机技术的发明与运用。在创造的进化过程中，原始的"生命冲动"催生出了生物的本能和智能，以及由二者的平衡所产生的直觉。本能主要体现于动物的生命中，而人则是智能的代表，并且这种智能能帮助人将自身的本能发展为直觉。无疑，对于人来说，无论是其自身的本能、智能还是直觉，都是对其"记忆—知觉"在不同层面的体现。如果说"记忆—知觉"是"身体行动"在理论上的推动力，那么本能、智能和直觉就是"身体行动"或是说人的生命运动在现实中的推动力。在其中，智能的表现最为突出。在柏格森看来，动物以在自身本能所统摄下的身体为其生存的有机工具，同时也就因为其本能的有限性而被限制于其身体的有限功能之中，将自身的生命活动牢牢的限制在一个狭小的领域，其生命的进化也就止步于此。而与之不同的是，人类则利用智能作用于无机物，从而创造了无机工具作为其生存的重要手段。人类对无机工具的发明制造与运用的活动，即一种技术性的活动，而这种技术性活动就是人的"身体行动"在现实中的具体表现。这种身体的技术性活动在人类的生命进化中起着重要的作用。第一，技术性的工具，作为一种人的身体器官的延伸，增强了人身体的行动力，扩展了身体行动的范围，从而也就维护了人的生存。可以说，人类的生存活动是伴随着技术制造而展开的。我们不断的发明、创造，制造工具，用工具来达成我们的目的，满足我们的需要，而后制造活动本身又会激发出我们新的需要。这种不断需要与追求的过程，即体现了人类在"生命冲动"的驱动下，不断向上，克服重重阻碍而追求自由的过程；第二，制造活动除了满足我们基本的生存需要外，更重要的是对我们本身的影响，它所带来的利益远比制造出的物质成果要多。这种影响表现在，伴随着制造活动的不断发展，我们的感情、思想、行为习惯、对事物的看法等也在不断地变化，不断地更新。人类历史上的三次工业革命，每一次都会带来世界范围内的人们生活地改变。不断的改变意味着无尽的新的可能，意味着超越与自由；第三，技术活动是一种开放的创造性活动。无机工具相较于动物的有机工具（身体器官）而言，没有固定的形式，因此其制作本身就具有无限的可能性，这种无限的可能为人类的发展带来了无穷的机遇，自由就蕴含于其中。

最后，从生命创造的进化的总体过程看，人通过身体的技术性活动作用于物质，并使物质服务于自身的方式，是人之生命实现自由的必经之路。柏格森认为"生命冲动的根源是在于创造的需要。但是，生命冲动并非绝对的创造，因为它会遭到物质的对抗，也就是说它自身还带有逆向的运动。但是它控制着这种物质（物质自身也是必要的），并且努力要把该物质导入最大可能的不确定性和自由里"[4]。生命若要控制物质,就必须首先借助"身体"的力量,通过身体与物质进行互动。这一方面表现为身体对于物质环境的被动适应,另一方面更重要的是表现为身体对于物质环境的一种主动的适应,一种对于它所遇到的障碍的克服[7]。身体对与物质环境的这种主动适应性无疑得益于智能。正如上文所述,智能导致了工具的制造,导致了身体的技术性活动。由此,当我们利用智能,通过身体的行动,通过技术的方式对物质进行改造与利用时,便从物质那里得到了极大的回馈,也就使我们的生命活动得到了充分的扩展。虽然必须承认的是,智能由于其本质上的空间性的、分割的、非连续的思维方式,并不能直接把握绵延的生命本身,柏格森也由此强调了直觉的重要,但是在通达直觉以至把握绵延之生命的道路上,智能以及由其主导的技术性活动是人类必要的手段。"虽然柏格森认为直觉前进在生命自身的方向上,而按照物质运动来支配自己的智力却走向了生命的反面,但不能由此得出柏格森认为技术也处于生命的对立面——他所说的技术按照物质的规律来运行并非是为了让生命屈从于外界的物质,而是借助于物质这一机械的力量来实现自己在世的生存"[8]。如果没有智能,直觉将只会停留在本能的阶段,人类就要像动物一样被限制于原始本能的范围内;如果没有技术的帮助,人类将无法扩展自己身体的力量,从而使其生存本身受到威胁,也就更谈不上生命的自由了。生命要超越物质的限制,就必须首先利用物质,凌驾于物质之上,让物质为实现生命的超越与自由服务,而智能以及相应的技术性活动无疑是最好的选择。在智能的影响下,人类通过其身体的技术性活动,将逐步向着更高的层次迈进,因为其"不像本能一样属于封闭式的圆形运动,让动物周而复始地在其中运转,而是一往无前地推进,这种开放式的活动使人类日益趋向自由的王国"[4]。因此,如果将智能作用下的身体的技术性活动仅当作"生命扩展运动中的一个停顿"[9],那么这种认识显然是不恰当的。它们不是一个停顿,而是人类生命进化中一个必经的过程,生命的长流是绵延不止的,而人的技术性活动必然包含于其中,它是人类通往生命之自由状态的必经之路。

3 评价

"身体—技术"的这一表达方式,是为了强调身体与技术的统一性。这种统一性正是柏格森"身体—技术"思想最突出的价值所在,其内涵有两个方面:人与技术的统一,生命与物质的统一。它们都共同指向着人之生命的自由。

其一，人与技术的统一。在"身体—技术"中，技术活动是人"身体行动"的外化与延伸，它继承了后者之精神与物质统一的内在本质，成为了作为主体的人在生命进化过程中实现自身目的的手段。一方面，人通过技术的发明制造与运用，不断征服物质，让物质服务于人生命的进化发展；另一方面，技术的不断更新也会反过来对人本身造成影响，影响着人的生存方式与思维方式，甚至能激发出人更多的潜力。因此，人与技术是相互促进，在生命的绵延之流中共同进化的。其二者统一于生命朝向自由的进化过程之中。

其二，生命与物质的统一。"身体—技术"活动化解了人与自然关系之中主体与客体的矛盾，使其二者走向统一。一方面，身体是作为主体的人的身体，当身体行动统一了精神与物质时，也就首先从理论上否定了将作为客体的物质视为作为主体的人的生命发展的障碍的观点，而将客体视为帮助主体实现自身目的有利因素；另一方面，人在生命的进化过程中所展现出的身体的技术性活动则从实践的层面作用于物质，让物质服务于人之生命向更高的层次发展。在身体的技术性活动中，人一方面要以遵循物质的客观规律为前提进行生活，另一方面又借此将物质客体纳入到了自身的生命历程之中。这样，主客体就在"身体—技术"的活动中实现了合规律与合目的的统一，这也就是生命与物质的统一，而这种统一必然有利于人的自由。

当然，柏格森的"身体—技术"思想也存在着一些不足之处。其中一个明显的不足在于智能和直觉之间的关系不明确。柏格森一方面强调了智能作为技术活动的主导因素的重要作用，但另一方面又认为智能不能充分把握生命本身，由此搬出了"直觉"。柏格森认为人最终对生命的把握还是要依靠直觉，而智能只能作为一种把握生命的手段，它既要克服物质的阻碍，又要将人的本能推向直觉的高度。但是对于人类如何才能通过智能上升到直觉，柏格森并没有给出令人满意的答案，最后也只能诉诸于带有浪漫色彩与神秘色彩的论述。然而，正如柏格森所言，每个哲学家只能尽力地去表达他所思考的东西，"但哲学家一直只在它的周围环绕，并用各种复杂的结构来遮掩它，最终不能使它昭明，因此，得等待他的读者和评论家来完成这个艰辛的任务"[10]。

参考文献

[1] 柏格森 . 材料与记忆 [M] . 肖聿，译 . 南京：译林出版社，2011：235，216.

[2] 张之沧，张高 . 身体认知论 [M] . 北京：人民出版社，2014：120.

[3] 王理平 . 差异与绵延——柏格森哲学及其当代命运 [M] . 北京：人民出版社，2007：363.

［4］柏格森．创造的进化论［M］．陈圣生，译．桂林：漓江出版社，2012：159，222，127.

［5］Bergson H. Mind-Energy：Lectures and Essays［M］．trans. by H. Wildon Carr. Westport Connecticut：Greenwood Press，1975：7，8.

［6］德勒兹．康德与柏格森解读［M］．张宇凌，关群德，译．北京：社会科学文献出版社，2002：143.

［7］邓刚．身心与绵延——柏格森哲学中的身心关系［M］．北京：人民出版社，2014：93.

［8］舒红跃．论柏格森的技术思想［J］．哲学研究，2013，(2)：86-92.

［9］戈菲．技术哲学［M］．董茂永，译．北京：商务印书馆，2000：101.

［10］科拉柯夫斯基．柏格森［M］．牟斌，译．北京：中国社会科学出版社，1991：7.

On Bergson's Philosophy of "Body-Technology"

Abstract："Body-Technology" is an important part in Bergson's Philosophy. On the one hand，Bergson emphasizes that physical action is a dynamic process with the unification of matter and spirit，on the other hand，he highlights the technical characteristic of the practical activity which is presented by the physical action in the life-evolutionary process. These two sides constitute the theoretical basis and the practical approach to human evolution and freedom. In Bergson's Philosophy，body and technology are an integrated unit，and the unification is the most prominent value of the "Body-Technology"．

Keywords：Physical action，Mind-body dualism，Impulse of life，Technology，Freedom

哲学视角下的"造物"与"拆物"

王　娜，宋文萌

（大连理工大学人文与社会科学学部）

人们一般把"造物"看作是一个十分重要的过程，西方基督教文化将"上帝"称为"造物主"，而在中国古代神话中"造物"也是神圣的主题。李伯聪教授在《工程哲学引论：我造物故我在》一书中将"造物"主题引进工程哲学的视野[1]，使之成为工程哲学的一个关键范畴。在 2011 年 3 月日本福岛核电站泄露事故发生后，关于工程活动的另一个问题引起了人们的关注，这就是如何看待"拆物"。在地震和海啸引发的福岛核电站事故出现之后，现场的专家和工作人员所做的工作，就是使出事的机组安全报废，包括处理报废过程中带有核辐射的污水、处置带有核辐射的垃圾、拆除报废核电站的设备。这些活动其实都是在"拆物"，然而，"拆物"活动异常困难，风险极大。为什么会出现这种情况？这不仅引发了人们对"拆物"问题的哲学思考。其实，从建筑物的拆除、机器的报废到塑料产品、电池等的分解，从地上的废水、废气、固体垃圾的处理到太空垃圾的处理，都涉及"拆物"的问题。显然，"造物"与"拆物"不仅相互关联，而且同样重要，有必要从哲学的视角，对"造物"与"拆物"进行深入思考。

1　"造物"与"拆物"的概念及辩证关系

何谓"造物"？肖峰教授认为，"从一般意义上说，造物无非是将自然物人为地有目的地转变为人造物，或将原材料'加工'成产品，是天然物向人造物的转化过程"[2]。各种工程技术活动都与"造物"有关，都以不同的形式参与到"造物"的过程之中。这里的"造"不只是制造或创造，还包括改造，即改变物质的自然存在状态，使其具有新的结构和功能。陈昌曙教授认为："自然界的人工化，即人以自己的意志、知识、能力和价值给自然界打上印记，自然界按人的需要和尺度改变自己本来面貌的过程"[3]。"造物"其实就是"自然界的人工化"，即人类为了满足自身的需求而对自然界的事物施加一定的人工作用，造物的过程就是人化自然的过程，其产品是各式各样的人工物。我们的生活被人工物包围着，这些人工物都是人类有目的的活动的产物。

与"造物"相对应，"拆物"是对现存但已报废的人工物的拆解，也是人类有目的的活动，其目的是消除报废的人工物的结构和功能。拆除建筑物、拆解报废机器、拆卸报废零件或装置，属于比较宏观的"拆物"，而污水净化、垃圾无害化处理、废旧物回收再利用，属于比较微观的"拆物"。自然界里也有类似的自然发生的人工物分解过程，如动植物尸体腐烂、金属锈蚀、木料腐朽等。但"拆物"是人为的活动，即出于一定的目的，利用技术工具、手段对废弃的人工物进行拆解、处理。如果排除人类的干预，生态系统的自我调节也包含对人工物分解过程，系统的自我调节能力可以推动这一过程，使其回复原初稳定状态，保持生态平衡。但是，自然系统的自我调节和维持动态平衡的能力具有一定限度。如果超出这个限度，自然界就会失去其平衡，产生严重的环境污染和生态危机，这时就需要人类主动地进行"拆物"。"拆物"也是按照人的需要进行的，要符合一定的目的。"拆物"也需要技术，"拆物"能力的提高同样是技术进步的一个重要方面。"拆物"具有两方面含义：一是把废弃的人工物拆解，使其不产生环境污染，甚至变"废"为"宝"；二是作为技术活动的一个环节，"拆物"对应着发明、设计和制作等"造物"活动，是整个技术活动不可或缺的部分。

"造物"与"拆物"之间存在着辩证统一的关系，二者是相互依存，相互作用，相互制约的。一方面，人工物同其他事物一样，需要经历产生、发展、消亡的过程，因而，人类在"造物"活动本身就预示着将来必然要"拆物"，"造物"与"拆物"是技术实践过程的两个阶段，它们统一于技术活动的整体。另一方面，"造物"与"拆物"又是相互矛盾的。人工物被造的越结实，拆除的时候可能难度越大；"造物"的时候越便利，"拆物"的时候可能就越麻烦。人们"拆物"，既可能因为人工物受到自然界重大灾害、风化锈蚀而失去价值或变得危险而需要被拆除，也可能由于技术的进步使旧的人工物需要被代替，或其所占据的空间需要重新利用。"拆物"是有风险的，特别是由于地震、海啸造成的福岛核电站这样的废墟，不仅现场具有巨大的核辐射危险，而且拆卸过程中产生的废气、废水都有危害。在这种情况下，如何从源头防范和控制这种风险，就成为一个亟待解决的重大问题。一般说来，"拆物"的困难和风险往往来自"造物"时的考虑不周，人们在技术设计和经济核算时，"造物"和"拆物"往往是脱节的。这不仅是因为"造物"和"拆物"是由不同的人群、出于不同的目的来完成的，而且还有历史方面的原因。因而，有必要对"造物"和"拆物"的历史发展过程和阶段性特征加以梳理和分析。

2 "造物"与"拆物"的发展历程及阶段性特征

"造物"与"拆物"在不同的历史时期具有不同的特点，需要对其历史发展过程加以梳理，以把握"造物"与"拆物"的发展轨迹，分析"造物"与

"拆物"之间的矛盾，并寻求解决问题的有效途径。

工业革命之前的"造物"活动主要依靠人力、畜力以及水力、风力等自然能源，人类改变自然的能力有限。这一时期的人工物主要来自于人利用有限的工具对自然资源简单的改造，如用砖石土木盖房子、人工繁育驯养家禽家畜、制造陶瓷、车船以及造纸、酿造等。虽然当时也存在小规模的金属冶炼活动，但生产规模很小，产生的废气、废水、废渣没有太大的影响。在农业社会里，"人与自然之间的作用主要表现为一种简单的线性关系，即人—手工工具—自然"[4]。这一时期人工物分解主要依靠自然的力量，即生态系统的自我调节，因而"拆物"并没有给人类的生存和发展造成太大的影响。农业生产所消耗的大量资源可以通过自然界的自我修复而得到补偿，少量的环境污染可以通过生态系统自我净化得到降解。由于人口总数相对较小，空地较多，"造物"产生的废物即使不能完全消解，也有足够的存放空间。

工业革命的爆发带来了技术生产方式的彻底变革，同时也令"造物"与"拆物"形态产生巨大的变化，两者带来的伦理问题不断显现出来。马克思曾对 18 世纪以后社会生产力的飞速发展做出这样的描述："资产阶级在它的不到一百年的阶级统治中所创造的生产力，比过去一切世代创造的全部生产力还要多、还要大"[5]。从手工生产到机器生产，从单件生产到批量生产，再到后来的大规模生产，整个社会开始进入工业时代，人们"造物"的能力、水平和规模发生了一日千里的变化，"拆物"也开始逐渐成为人们必须要面对的问题。

在工业时代，人们的"造物"活动已经从依靠经验转向依靠科学知识，根据科学原理来设计和制造自然界不曾出现的人工物，如机器、塑料、化肥、合成药物、合成橡胶等。这类人工物的报废大多不能依靠自然的力量分解，如果不进行人工"拆物"，就无法降解，就会破坏人类的生存环境，废弃塑料造成的"白色污染"就是明显的例子。由于生产规模逐渐扩大，废弃物（包括废气、废水、废渣）越来越多，造成的环境污染也越来越严重。"造物"活动产生了一系列负面效应，如大气污染、能源危机、臭氧层被破坏、物种减少、森林面积缩减、土地沙漠化、不可再生资源枯竭等，这些问题正严重威胁着人类的生存和发展。然而，应当如何处理废弃物，或者说如何进行相应的"拆物"，人们显然没有做好足够的准备，人们的"拆物"活动在很多时候是被动的。恩格斯指出，"我们不要过分陶醉于我们人类对自然界的胜利。对于每一次这样的胜利，自然界都报复了我们。每一次胜利，在第一步都确实取得了我们预期的结果，但是在第二步和第三步却有了完全不同的、出乎意料的影响，常常把第一个结果又取消了"[6]。在工业时代，人类对自然的破坏已经超出了自然界的自我修复的极限，"拆物"的必要性和紧迫性不断增加。工业时代的"造物"和"拆物"虽然看似两个相对独立的活动，但它们互为前提、相互影响、相互制约，具有密不可分的关联。"造物"活动主要由市场驱动，因可能带来可观的经济效益而受到人们关注。"拆物"活动中一部分是为"造物"做准备，如拆迁旧建筑、拆解旧机器，另一部分则是对废弃物的处理，如废气回收、废水净化、废渣分解。后者主要是由环境保护部门实施的，基本上是公益事业，没有明显的经济效益。在利益的驱动下，人们"造物"的规模和力度越来越大，而"拆物"活动往往滞后。有些工程团队为图省事而实行野蛮"拆物"，比如随意焚烧垃圾、随意倾倒拆解的废弃物，造成了新的污染。很多人工物被野蛮拆解之后会泄露有毒物质，如核废料具有强辐射性，废旧电池会造成土壤严重的重金属污染，很多化合物焚烧后会产生有毒气体，报废的武器拆解时可能出现意外爆炸，这些问题都需要人们给予高度的重视。2013 年以来，我国北京、天津等地出现的雾霾问题与人们忽视"拆物"、不当"拆物"有关，柴静曾在纪录片《穹顶之下》中通过社会调查和数据分析揭示了雾霾的出现与工业废气过量排放的密切关联。"拆物"自身的风险及其可能带来的环境污染已成为现代人不可回避的问题。

随着信息技术、原子能技术、空间技术、生物工程技术等高新技术的蓬勃发展和普遍应用，人类逐渐进入了一个高技术时代，这使得"造物"具有了不同以往的特点，同时也令"拆物"面临着更大的挑战。随着现代技术不断趋向于复杂化、精密化、信息化，技术的自主性不断加强，技术活动的结果并不总是符合人们的希望，有时可能会和人类的愿望背道而驰。如果人类"造物"的结果不能满足人们的需求、甚至与预期的目标背道而驰的话，面对精密而复杂的人工物，人们如何及时、有效、安全地"拆物"，是摆在现代技术面前的重要难题。现代高新技术具有批量生产、快速复制、迅速传播的特点，如果人们发现某种人工物存在很大的风险，但却无法对其生产过程的进行有效控制，不能把这些产品迅速拆解，就会产生极大的危害。一些科学家开始担心，运用纳米技术制造具有自我复制能力的纳米机器人一旦失控，就会出现到处蔓延的"灰色粘稠物"[7]。当这种情况出现时，如果人们没有对"拆物"做好充分的准备，后果将不堪设想。在生物合成技术、基因增强技术、人工智能技术等领域，都可能发生类似情况。

3 "造物"与"拆物"协调发展的实践路径

随着现代"造物"与"拆物"带来的社会问题日益严重，人们迫切需要寻找有效途径来规避技术风险和解决工程活动所引发的伦理问题，进而实现"造物"与"拆物"的协调发展。一般来说，加大对"造物"经济投入，保障人工物的质量和性能，以及加强对"拆物"过程和结果的关注，增进人工物拆解的可行性和安全性，都是促进"造物"与"拆物"平衡发展的必要手段。然而，要从根本上实现"造物"与"拆物"的和谐统一，必须追本溯源，从技术设计这一源头入手，在技术设计中嵌入伦理意蕴，使现代"造物"与"拆物"建立在广泛的道德反思基础上。

设计是技术活动的起点，也是整个技术实践的核心内容，对整个技术活动起着决定性作用。设计的好坏制约着"造物"与"拆物"的全部过程，技术设计环节在很大程度上决定了人工物能否可以被人正确合理地使用、以及是否有益于人类社会的和谐发展，同时关系到当人工物需要报废的时候能否安全顺利地被拆除。出于经济利益诉求，很多技术设计者往往优先考虑如何提高市场占有率、节约成本和提高生产效率，却对"造物"活动可能带来的风险和"拆物"时的困难缺乏长远的规划。这种短视的、急功近利的设计观念使技术活动引发了诸多社会伦理问题和环境问题，比如社会分裂、危险机械、麻醉消费品，以及拥堵、被污染的城市环境。但是，对于技术设计而言，"拆物"是一个未来性的、未知的活动，这就很难将"拆物"的便利、安全、有效作为工程的评估指标，这就为工程师自身提出了更高的伦理要求。

美国技术哲学家米切姆教授指出，需要"在设计中培养伦理思想"，"从部分反思和可能的革新转变到对技术生活设计挑战的更深刻理解，并对其进行更综合性的评价"[8]。如果技术设计者只考虑"造物"的便利及其可能带来的经济效益，忽视了"拆物"的必要性和安全性，那么必然会使"拆物"过程充满着困难和风险。因此，工程师在技术设计过程中应当践行"考虑周全的责任"，就是"工程设计研究考虑更多的关于善的因素并对善进行反思"[8]。在技术设计的过程中，工程师不能只看重经济收益，要将"造物"与"拆物"的活动与环境、社会、文化、健康等要素联系起来。"在计划阶段，工程师需要参与理解与可持续发展、生态友好性、保护环境等相关的伦理原则，思考相关伦理原则如何通过设计渗入人工物的结构与功能之中"[9]。工程师践行"考虑周全的责任"就是要在技术设计的过程中形成一种整体性观念，既要运用自身的道德想象力设身处地地站在利益相关者的角度看待"造物"的过程，考虑到每个人的价值诉求和基本权益，以确保"造物"的正当性，又要具有一种预见性，推测"拆物"活动可能给社会、环境、文化等造成的影响，以确保"拆物"的有序性和安全性。

在具体操作层面,基于"造物"与"拆物"的辩证统一关系,可以使工程师形成一种整体设计理念,即把资源能源的获取、人工物的制造,交付使用、消费,人工物的报废和拆解、以及废弃物的回收再利用作为一个整体加以考量。在这方面,"全寿命"和"全要素"设计就是"造物"与"拆物"的整体设计理念的一种很好的实践方式。

"全寿命设计"一词常常出现在工程建筑语境中,例如桥梁工程的全寿命设计方法、变电站的全寿命周期管理、公路的全寿命成本设计等。"全寿命设计"是"系统集成设计"[10]。如果工程设计者只考虑"造物"活动的"全寿命设计",那么"寿命"的计算只是到技术人工物报废为止,而"造物"与"拆物"的整体设计理念则要把"寿命"的计算延长到"拆物"活动的结束,这样每个人工物"寿命"的结束同时也就是新的技术人工物"寿命"的开端或前期准备。这里压缩或消除了绝对的"废弃物"存在的时间。这种"全寿命"设计理念遵循以下几个原则:第一,"造物"和"拆物"的可逆性原则,一旦发现产品可能存在风险,必须有办法控制其发展并安全拆解;第二,"造物"和"拆物"的便利性原则,不仅"造物"过程要尽可能便利,"拆物"过程也要尽可能便利,而"拆物"的便利必须在技术设计之初就考虑进去,这就是"善始善终"。如果日本福岛核电站在设计时能够考虑到意外事故安全拆解的需要,采用先进手段自动停止机组运转,迅速封闭反应堆,后来的许多严重问题就不会发生。技术活动中的"造物"和"拆物"应当是一个协调的新陈代谢过程,这样才能保证整个技术体系健康有序地发展。

"全要素"的设计理念是指,在技术设计时,将技术活动的所有因素都考虑进去,包括环境因素、资源利用、生态保护、科技支持、经济成本、社会效益等,也就是米切姆教授所说的"考虑周全"。"造物"与"拆物"的整体设计理念十分重视"拆物"的"要素",避免重"造物"轻"拆物"的倾向。在技术设计的审定和监督时,应当把"拆物"方面的要求纳入其中,防止不负责任的"造物"和野蛮的"拆物"。徐长山教授指出,"将工程活动的负面影响控制在自然生态系统可以消化吸收的自我调节的限度之内,就可以保证自然生态系统的良性循环"[11]。因此,必须把"造物"和"拆物"活动整体纳入"全要素设计"框架之中,协调好各个相关要素的关系,寻求最优的实践路径。

无论是哪种技术设计理念,最终都要被运用的具体的技术实践中,在这个过程中,"造物"和"拆物"活动会受到多种因素的影响,甚至可能无法达到预想的结果,但最起码要做到最大程度地减少负面效应。这就需要工程师在技术设计环节尽可能考虑利益相关者的诉求以及技术活动的后果，减少技术风险，在技术设计过程中践行"考虑周全的责任"，以实现"造物"与"拆物"的协调发展。

参考文献

[1] 李伯聪. 工程哲学引论：我造物故我在 [M]. 郑州：大象出版社，2002：17.

[2] 肖峰. 哲学视域中的技术 [M]. 北京：人民出版社，2007：123.

[3] 陈昌曙. 技术哲学引论 [M]. 北京：科学出版社，1999：49.

[4] 陈多闻. 技术使用的哲学探究 [M]. 沈阳：东北大学出版社，2011：101.

[5] 马克思，恩格斯. 马克思恩格斯选集（第 1 卷） [M]. 北京：人民出版社，1995：277.

[6] 恩格斯. 自然辩证法 [M]. 北京：人民出版社，1971：158.

[7] 王前. 技术伦理通论 [M]. 北京：中国人民大学出版社，2011：121-122.

[8] （美）卡尔·米切姆. 工程与哲学——历史的、哲学的和批判的视角 [M]. 王前等，译校. 北京：人民出版社，2013：161，146.

[9] 朱勤. 实践有效性视角下的工程伦理探析 [D]. 大连理工大学，2013：88.

[10] 黄继英，海燕. 试论全寿命周期设计技术 [J]. 矿山机械，2006（4）：131.

[11] 徐长山. 工程十论：关于工程的哲学探讨 [M]. 成都：西南交通大学出版社，2010：162.

Research on "Creation" and "Dismantlement" from the Perspective of Philosophy

Abstract："Creation" and "dismantlement" have inherent connection of dialectical unity in the process of technical activities. Paying more attention to "creation" while ignoring "dismantlement" will bring enormous technology risk. It's necessary to analyze the connotation and characteristic of "creation" and "dismantlement" during different historical period from the perspective of philosophy，make engineers practice "thoughtful responsibility" actively in the technical design process，in order to promote the coordinated development of "creation" and "dismantlement".

Keywords：Creation，Dismantlement，Philosophy，Technical design

技术社会学和工程社会学

工程的社会问题：以化学工程为例

李三虎

（广州行政学院校刊编辑部）

1 工程的外部社会问题界定

传统社会学把社会问题理解为既定的问题事实，研究这些问题事实的成因、危害、后果及应对政策。这种研究把社会问题看作是被证实的现象，但逐步兴起的社会问题社会学（sociology of social problem）先后提出了社会问题定义和社会问题建构两种不同的理论范式。美国社会学家富勒（Richard C. Fuller）和迈尔斯（Richard R. Myers）指出，每个社会问题"都由客观状态和主观定义所构成"[1]。这里所谓客观状态表现为可以加以辨别的威胁社会安全的条件、情形或事件，主观定义则表现为某些群体对这些条件、情形或事件危害自身最高利益的界定或共识，并有组织起来加以解决或参与解决方案讨论和实施的愿望。在他们看来，在社会问题构成中，客观状态是必要条件，但并不是充分条件。也就是说，客观状态仅仅表明社会问题是可以确认的，其存在具有量化的可验证性，但社会问题的最终确认要依赖于社会全体或某一群体对解决社会问题的关注、感知或判断。当然，社会问题定义既不由社会全体或某一群体做出，也不由社会学家做出，而是由权威的社会组织或机构做出，这就是社会问题定义范式。

与社会问题定义范式不同，美国社会学家斯柏克（Malcolm Spector 和基特苏斯（John Kitsuse）指出，社会问题既不是一种问题自明的客观状态，更不是被社会组织贴了问题标签的社会行为。他们为此坚持从问题被定义的活动及其社会过程出发，把社会问题界定为"个人或群体对其所认称的某些状况主张不满，做出宣称的活动"[2]。社会问题识别成为一种宣称活动，表现为个人、活动家或提倡者就其所宣称的社会状态提出采取应对行动的要求。正是通过这种活动和过程，一些社会状态状况被断言是有问题的，而且被定义成为一个社会问题，此即社会问题建构范式。

无论是社会定义范式，还是社会问题建构范式，都只是理论范式。具体到工程的社会问题上来，有必要将它分为两个层面。第一个层面是这样一些问题：为了建造或制造更好的工程人工物，选择什么材料是最好的？为了使工程人工物产生预期的经济收益或社会效益，采取什么样的组织程序或管理方法是最有效的？这方面问题一般为工程共同体提出，也以工程共同体的规范性社会运行（包括设计、规划、管理、实施等）为解决途径。第二个层面是与工程意义相关的、工程实施过程涉及的和因工程带来的外部社会问题。我们要研究的工程的社会问题是指工程的外部社会问题。

从社会学来看，工程的外部社会问题是这样一种社会状态，即它具有对个人、社会和物理世界具有负面意义。这种负面意义与工程人工物是否具有毒性或污染、工程设计是否合理、工程施工是否规范、工程质量是否安全可靠等密切相关。正是因为如此，长期以来，无论是国外还是国内，工程的外部社会问题一直被当作内部问题加以处理，要么被当作经济问题加以对待，要么被当作质量安全问题加以解决。各国政府和企业工程投资决策一直限于对拟投资建设项目的计划、设计、实施方案作为技术经济问题加以研究，由此确定该工程项目的未来发展前景和社会意义。从工程安全看，较之工程共同体内部的"局部的或涉及少部分人的"的问题，工程的外部社会问题更带有社会群体性，其社会后果是"影响广泛的，甚至是全局性的和根本性的"[3]，从而也更应受到社会学关注。化学工程是一个有着较之核工程、生物工程等更长的发展历史，在工业工程中也是社会问题最为突出的工程领域。本文把化学工程作为工程的社会问题研究和评估的一个典型工程领域，并将表明化学工程的社会问题识别和解决倾向于对社会问题建构范式的理论支持。

2 化学恐惧症的产生和发展

在汉语中，人们通常说的"化工"一词，是"化学工业"（chemical industry）简称，也是"化学工程"（chemical engineering）简称。但是，两者既有重叠又有差别。化学工业是一个利用化学反应改变物质结构、成分、形态生产化学产品的工业部门，包括无机酸、碱、盐、稀有元素、合称纤维、塑料、合成橡胶、染料、油漆、印染、化肥、农药、石油炼制、煤炼制、金属材料、食品加工和催化制造等；化学工程是通过对化学反应过程及其装置的开发、设计、操作及优化为工厂提供最低成本反应流程设计方式的工程门类，其范畴不仅是一般化学工业部门，而且还包括生物工程、生物制药甚至纳米技术等。就重叠部分来说，特别是在涉及石油化工、煤化工等具体行业时，我们并不能对化学工程与化学工业给予明确区别。

从 19 世纪初开始，随着化学工业逐步成为一个工业部门或化学工程成为一个工程门类，从生产纯碱、硫酸等少数几种无机化学产品到从植物中提取茜素制成染料，从合称无机酸、碱、盐到合成纤维、塑料、合成橡胶、化肥、农药、药品、化妆品等，人们对人工合成化学品表示了信任和欢迎。在现代日常生活中，几乎随时随地都离不开人工化学品，从衣食住行物质生活到文化艺术娱乐精神生活，都需要化工产品为之服务。尤其是在化妆品消费方面，甚至出现了"化学崇拜症"（chemophilia）的大众消费文化。

但是，从 20 世纪 60 年代开始，这种情况才开始发生变化。这时的"绿色革命"将除草剂、杀虫剂和先进农业技术引入农业种植领域，把数以百万计的人口从营养不良、饥饿中解救出来，使低产的劳动密集型农业生产成为高产的高技术产业。与此同时，化学农业也开始受到批评。美国女生物学家卡尔逊（Rachel Carson）于 1962 年发表了《寂静的春天》，向美国总统及国民提出警告，杀虫剂 DDT 和化学品的滥用引发了生态和健康的灾难，人类可能将面临一个没有鸟、蜜蜂和蝴蝶的世界。随着这本著作的广泛传播以及化工事故频发，公众开始对二恶英、化学废水废料废气、农药、化肥、食品添加剂、合成药品等表示不信任、焦虑和厌恶，产生了"化学恐惧症"（chemophobia）。

进入 21 世纪以来，特别是 2008 年中国奶制品污染事件之后，化学恐惧症在我国蔓延开来。中国奶制品污染事件起因是很多食用河北三鹿集团生产的奶粉的婴儿被发现患有肾结石，随后在其奶粉中被发现化工原料三聚氰胺。中国国家质检总局公布对国内乳制品厂家生产的婴幼儿奶粉的三聚氰胺检验报告后，事件迅速恶化，包括伊利、蒙牛、光明、圣元及雅士利在内的多个厂家的奶粉都检出三聚氰胺。2011 年中央电视台《每周质量报告》调查发现，仍有七成中国民众不敢买国产奶。今天的中国公众，把"化学品"、"合成品"、"人工制造品"与有害物、有毒素和致癌物画上了等号，把"天然产品"、"有机产品"与健康或环境友好相等同。"天然的是好的，人造的是坏的"这类口舌相传，使化学恐惧症成为一种大众流行文化。即使化学家、医学家已经表明许多化学品与癌症毫无关系，也不能消除公众对化学品产生的健康风险的经验直观，也无法阻碍强劲的化学恐惧症的文化流行。

对于化学恐惧症，显然存在支持与反对两种态度。支持者除一般公众外，还有媒体、民间环保组织（如绿色和平组织、地球之友等）。反对者则来自化学工程共同体，主要包括化学家、化学工程师、化工企业法人和一些地方政府机构。在反对者看来，化学恐惧症是一种对化学品的非理性恐惧。荷兰社会学家艾利耶·瑞普（Arie Rip）把这种反对意见称为"化学恐惧症的恐惧症"（chemophobia-phobia）[4]。对这种化学恐惧症的恐惧症，化学工程共同体内部有不同的出发点。化工企业法人考虑的是企业利润，一些地方机构考虑的是其地方经济实力和竞争力，化学家和工程师则是非常在意公众对化学职业的信任程度。化学恐惧症的支持者中，一般公众考虑自身的健康和居住环境，至于媒体和民间环保组织则是基于一般公众的社会反应而对化学品风险的社会影响表明自身的关注。

3　化工事故的负面社会影响

化学恐惧症作为一种社会心理状态，源于化工事故的负面社会影响。一般来说，化工事故主要包括两类，即化学危险品运输事故和生产装置区事故。由于化工生产所需的原料、添加剂、催化剂、溶剂以及产品汽油、煤油和柴油等，大多是易燃、易爆、有毒害的化学危险品，这些危险品大多利用槽车、罐车通过铁路或公路运送，途经城市或乡镇的市区街道，一旦发生事故就可能造成危险物品外泄，引起扩散、燃烧、爆炸、中毒及其他无法预测的重大灾害。这类化工事故发生频率较高，几乎年年都有，每年都有多次发生。

与化学危险品运输事故相比，化工生产装置区事故，虽然频率较低，但其后果更加严重。特别是石油化工企业的相关区域（生产区、库房、设备、输送管道等），具有易燃易爆、有毒有害、高温高压、低温负压等特点，工作稍有不慎，就可能发生火灾、爆炸、中毒事故，甚至人身伤亡事故。

我国石油化工企业分为四个层次：一是国际跨国大公司以独资或合资形式新建的大型企业；二是我国石油、中石化、中海油三大公司；三是石油化工系统县以上企业；四是乡及乡以下个体、集体化工企业。第四层次的石油化工企业绝大多数管理没章法，法律法规意识淡薄，隐患多，事故也多。第三层次的石油化工企业有安全机构和专职安全管理和技术人员，管理有一定基础，但部分企业安全管理机构和人员较弱，员工素质也较低，设备更新和维护跟不上安全生产要求，隐患较多，事故也相对较多。第一层次石油化工企业设备和工艺技术先进，有先进的安全理念和管理方式。第二层次的石油化工企业也有一整套企业安全卫生标准和安全管理制度，注意汲取发达国家的经验和做法，改善安全管理。

尽管如此，大型石油化工企业也不能避免年久失修和操作失误而酿成重大石油化工事故，近年来这种趋势特别明显（参见表1）。这种事故不仅造成人员的巨大伤亡和财产的巨大损失，而且也影响社会安定。

表 1 我国石油化工化工生产装置区事故情况

时间	地点或单位	主要原因	损失
1979-12-28	吉林液化石油气厂	液化气球罐的设计制造、运行管理等方面存在问题，运行中球罐破裂，酿成大火。	36 人死亡，50 人受伤，直接经济损失约 600 万元。
1984-01-01	辽宁大连石化公司	丙烷脱沥青装置丙烷抽出管线因焊接质量差而运行中突然破裂，造成大量液化丙烷气体漏出，迅速扩散，发生空间爆炸。	死亡 5 人，重伤 18 人，62 人轻伤。
1997-06-27	北京东方化工厂	储罐区在装卸石脑油时，由于操作失误，造成石脑油外溢，石脑油气在大气中迅速扩散，遇火源发生爆炸和大火，邻近乙烯球罐受外部烧灼并发生爆炸，引发特大爆炸和火灾事故。	死亡 9 人，39 人受伤，直接经济损失达 1.17 亿元。
1998-01-06	陕西兴化集团有限责任公司化肥厂	II 期硝铵装置生产运行中发生爆炸事故，中和岗位被夷为平地，周围厂房、装置、设备等遭到严重破坏。	22 人死亡，6 人重伤，52 人轻伤，直接经济损失达 7000 万元。
1998-03-05	陕西西安煤气公司液化石油气管所	11 号液化气球罐底部阀门垫片损坏，液化气体发生泄漏并扩散到 58 米处，遇到配电室电火花发生爆炸燃烧。	14 人死亡，在西安城 10 万居民中造成重大影响。
1997-05-16	辽宁抚顺石化公司	乙二醇车间空分装置精馏塔主冷器发生粉碎性爆炸。	4 人死亡，3 人重伤，事故直接经济损失 400 万元。
2001-11-27	安徽合肥六方深冷公司	租赁的合肥化工机械-精工车间发生氢气外泄。	4 人死亡，5 人受伤。
2002-02-23	辽阳石化分公司烯烃厂	新聚乙烯生产装置因物料管线泄漏发生爆炸。	8 人死亡，19 人受伤。
2005-11-13	中石油吉林石化分公司双苯厂	硝基苯精制岗位外操人员违反操作规程，导致硝基苯精馏塔发生爆炸，引发其他装置、设施连续爆炸。	8 人死亡，60 人受伤，直接经济损失 6908 万元。引发松花江水污染。
2013-11-22	中石化公司青岛	中石化黄潍输油管线一输油管道发生破裂，造成原油泄漏，发生爆燃。	62 人死亡，136 人受伤。

4 化工项目选址的社会冲突

"化学恐惧症"来自人们对化工事故的负面社会影响的判断和认识，同时也基于这种认识对化学工程发展的社会过程起到一定的调节作用。特别是当化学恐惧症的支持者与反对者这两种社会力量，针对化学工程的具体项目，会发生社会矛盾甚至社会冲突。这种社会矛盾或社会冲突解决，反过来会影响到化学工程的社会建构。我国一些地方的反对 PX 项目事件，恰恰反映出这种情况。

PX 在化学上是指对二甲苯（para-xylene），它属于芳烃类化合物，是无色透明、芳香气味液体。工业上主要用于生产对精苯二甲酸（PTA）——生产聚酯的重要中间体。从冰箱里的聚乙烯保鲜盒、商场流行的聚酯纤维雪纺衣物到尼龙渔网，都要用到 PX 的下游产品。2000 年以前，PX 发展比较缓慢，但供需关系相对平衡，2000 年国内自给率为 88%；2000 年以后，PX 生产能力一跃成为世界第一，但国内市场需求持续走高，PX 建设却步伐放缓，产能开始无法满足需求。在这种背景之下，从沿海的上海、大连、青岛到沿江的南京、洛阳再到内陆的乌鲁木齐，PX 版图不断扩张。PX 的巨大市场需求缺口产生了丰厚的利润，吸引了国内许多地方不断发展 PX 项目。

就 PX 与公共健康的关系看，PX 在名称上虽然与高致癌物苯和甲苯相似，但在世界卫生组织国际癌症研究机构的可能致癌因素分类中，它仅被归为第三类致癌物，与咖啡、咸菜属于同一个类别。但是，PX 毕竟具有易挥发、易燃特点，且具有一定毒性，属于低毒类化工产品，因此公众对"PX"仍然表现出强烈的拒绝态度。特别是 2007 年以来，当成都、南京、青岛、厦门、大连、昆明各地陆续传出抗议 PX（对二甲苯）项目的声音时，对 PX 的化学恐惧症在各地得到流行。至于厦门和昆明反对 XP 项目事件（参见表2），更是格外为世人关注。

表 2　厦门和昆明反对 PX 项目事件情况

	厦门反对 PX 项目事件	昆明反对 PX 项目事件
项目情况	总投资额 108 亿元，投产后每年工业产值可达 800 亿元，号称厦门"有史以来最大工业项目"。该项目 2004 年 2 月经国务院批准立项，于 2006 年 11 月开工，原计划 2008 年投产。	中石油年炼油 1000 万吨项目，计划年产 100 万吨对苯二甲酸和 65 万吨对二甲苯，投资额约 200 亿，形成年产值约 1000 亿。其可行性研究 2013 年 1 月 10 日获国家发改委核准通过。
项目选址	该项目位于人口稠密的海沧区，临近拥有 5000 名学生的厦门外国语学校和北师大厦门海沧附属学校，5 公里半径范围内的海沧区人口超过 10 万，居民区与厂区最近处不足 1.5 公里。与厦门风景名胜地鼓浪屿仅 5 公里之遥，与厦门岛仅 7 公里之距。	该项目厂址位于安宁市草铺街道，距离昆明市市中心 45 公里。
争议问题	PX 项目离居区太近，如果发生泄漏或爆炸，厦门百万人口将面临危险。	处于有 700 多万人口的正上风方，有毒废气将可能被直接吹到昆明市区。

续表

	厦门反对 PX 项目事件	昆明反对 PX 项目事件
事件过程	2007 年 3 月，由厦门大学教授赵玉芬发起、105 名全国政协委员联合签名的"关于厦门海沧 PX 项目迁址建议的提案"公布。2007 年 6 月 1 日，在一条"为了我们的子孙后代，行动吧"的短信通过许多人的手机传递后，数千名厦门市民上街游行。6 月 7 日，厦门市政府宣布海沧 PX 项目建设与否，将根据全区域总体规划环评结论进行决策。12 月 5 日，国家环保总局环评报告披露海沧现有石化企业翔鹭石化（PX 项目投资方）五年前环保未验收即投入生产，其污染排放始终未达标。12 月 8 日，厦门市委主办的厦门网开通"环评报告网络公众参与活动"投票平台，有 5.5 万张票反对 PX 项目建设，支持的有 3000 票。12 月 13 日，厦门市政府举办第一场市民座谈会，49 名与会市民代表中，超过 40 位表示坚决反对上马 PX 项目。12 月 14 日，第二场市民座谈会举行，97 人参加，62 人发言，除约 10 名发言者表示支持 PX 项目建设外，其他发言者都表示反对。	2012 年 4 月 18 日，昆明"绿色流域"等环保组织介入调查，认为信息披露不充分和缺乏公众信息沟通渠道。4 月底，通过短信、微博、微信、QQ 群等方式，公众发起反对 PX 项目活动。5 月 4 日下午，众多民众戴着写有黑色 PX、红色叉的口罩，举着"PX……滚出昆明"、"春城拒绝污染项目"等标语牌走上街头。5 月 16 日，群众于市中心老省政府五华山聚集，再次游行。5 月 25 日，昆明市下辖安宁市工商局发布通知，安宁市公民购买口罩必须实名登记。此事被新闻媒体曝光之后，实施 5 天的口罩实名制被迫取消。27 日，昆明市在全市多个辖区实施"打字复印"实名制，同时禁止销售白色 T 恤衫。
公众要求	反对在厦门上 PX 项目的形式和方法，要求 PX 项目迁址。	多数人要求 PX 项目移出昆明，甚至整个炼油厂项目移出昆明。也有市民表示应该在提高安全标准情况下建设。
政府处理	2007 年 12 月 16 日，福建省政府决定迁建 PX 项目，PX 项目最终落户漳州漳浦古雷港开发区。	昆明市市长李文荣承诺："大多数群众说不上，市人民政府就决定不上"。

厦门和昆明的反对 PX 项目事件性质基本相同，都是当地市民对与 PX 项目选址相关的环境污染问题表示忧虑。PX 生产与石油密切相关，其生产步骤发生在"芳烃联合装置"的整套设备里。由于一系列工艺需要用水，加上为了便于运输，PX 项目一般多依水而建，而这些地方往往都是资源丰富、人口稠密的经济发达地区。与生产过程相比，PX 储存与运输环节也可能蕴含更大风险。PX 既是易燃液体，同时也容易凝固，凝固点只有 13.26°。贮运时既要远离火种、热源，避免阳光直晒，又要有保温设施并防止泄漏。单从 PX 项目自身特点出发，其选址原则是离炼油企业近，离下游 PTA 工厂近和离大江大海近。但是，这个"三近"原则并未考虑 PX 项目对当地社区居民健康和生活环境影响，不断出现的反对 PX 项目事件也是由此而起。在反对 PX 项目事件上，昆明市政府并未与市民展开对话，而是采取口罩、打字

复印实名制和禁止销售白色 T 恤衫等办法进行了封堵。与昆明相似，当江西省九江石化公司于 2013 年 4 月 28 日在浔阳晚报刊登"PX 项目"公告后，九江提前部署大批警员在游行地点（市政府门前和烟水亭）戒备，以防人群聚集；2013 年 5 月 14 日公示最后一天，当地市民被各单位、居委会等警告不能参与游行。相比之下，厦门从环评、公众投票、座谈会到最后迁址，地方政府与普通公众，从博弈到妥协，再到充分合作，留下了政府与公众互动的经典范例。它的成功当然取决于公众与政府对 PX 项目环境影响的认识深度，两者在这方面达成基本共识时，自然就取向于问题解决。中国最大的大连 PX 项目（福佳大化）搬迁，同样是基与公众与政府的共识。2010 年该项目紧邻的 7·16 油罐爆炸，数周后该油罐再次发生大火，之后 PX 项目发生毒气泄漏事件。2011 年 8 月 8 日上午，受台风"梅花"影响，福佳大化 PX 工厂的 500～600 米堤坝两段垮塌，两个 PX 储蓄罐离被毁南段堤坝只有 50 米上下，受到威胁。14 日，大连市民对这一项目进行游行活动。该事件促使大连市当天做出决定，让福佳大化 PX 项目立即停产并搬迁。

对于反对 PX 项目事件，在公众与法人利益和政府权力之间建立沟通协商机制，是避免社会冲突、修复政民互信的重要途径。就化学工程的社会问题解决来说，又必须要回到工程项目和工程共同体上来，既要从化工项目源头上做到科学评估规划、合理选址，又要做到生产、储运和使用环节的严格管理和按章操作，还要建立快速高效的应急救援体系。

5　工程的社会问题建构范式

通过以上考察，我们之所以从社会学上称谓"化学工程的社会问题"，不仅是因为化学工业的废水、废渣和废气对生态环境的污染和破坏，而且也因为化学工程的组成要素，如单元操作、化学反应工程、传递过程等，直接关系到化工与社会之间的利害关系。单元操作构成多种化工产品生产的物理过程，包括流体输送、换热、蒸馏、吸收、蒸发、萃取、结晶、干燥等，这些过程操作在工程上依赖于化工生产过程和设备设计、制造和操作控制。化学反应工程是化工生产的核心部分，它解决的问题是诸如氧化、还原、硝化、磺化等反应过程的反应器内返混、反应相内传质和传热、反应相外传质和传热、反应器的稳定性等问题。传递过程是单元操作和化学反应工程的共同基础，它要解决的问题是动量传递（流体输送、反应器内气流分布等）、热量传递（如换热操作、聚合釜内聚合热移出等）和质量传递（吸收操作、反应物和产物在催化剂内部的扩散等）合理化、整体优化、动态控制问题。这些工程问题如果解决不好、操作不当和外力影响，就会造成原材料、反应物、化学产品泄露和爆炸事故。

以上对化学工程的社会问题陈述，并不表明化学工程的社会问题就是既定的或给定的，因为化工事故即使有先在的客观问题事实，那通过这种事实也只能辨识出与化学工程相关的社会问题，如环境污染问题、健康卫生问题、社会突发事件等。与此同时，按照社会问题定义范式，又只能把化学工程界定为具有潜在负面意义的工程领域，并不能将它列入社会问题加以考察。事实上，社会问题定义范式主要停留在专家范围。化学恐惧症的产生和发展，最初正是源自化学家、生物学家、生态学家等，其社会学意义在于它识别的社会问题的大众传播，其缺点是缺乏对社会问题定义过程及定义权斗争的深度关注。与此不同，按照社会问题建构范式，化学工程的社会问题辨识与其利益关联程度相关，也即不同的利益相关群体，可以通过对话、协商来决定政府部门以何种方式驾御问题和以何种公共政策资源加以处理和解决。

把化学工程的社会问题辨识看作一个建构过程表明，它是一种具有负面意义的社会状态，它必定会影响许多人并必须通过集体行动予以解决。化学工程的负面社会影响认识，必然涉及客观和主观两个方面的理解、认知或期望。就主观要素看，化学工程共同体（主要是化学家、工程师、化工企业、政府机构等）和公众（主要是一般公民或社区居民、媒体、民间环保组织等）对化学工程的社会问题有不同的理解、认识或期望。假如客观认识充分暴露，主观方面可分为三种情况：

（AA）如果公众和化学工程共同体都有充分认识，那就是显性问题；

（AB）如果公众和化学工程共同体都缺乏较明确认识，那就是潜在问题；

（AC）如果公众有较明确的认识和期待，而化学工程共同体不太愿意承认甚至有意遮盖，那就是社会利益问题。

假如客观认识尚欠充分，主观方面可分为两种情况：

（BA）如果公众和化学工程共同体均缺乏较为明确的认识，那就是隐性问题；

（BB）如果公众基于经验做出判断，那就是猜测性问题。

在以上情况中，（AA）似乎表明化学工程的社会问题事实，但必须要看到达到这种状态的认知水平显然是社会问题建构过程的结果，当然也会成为进一步的社会问题建构的前提或基础。多数化工事故，均属于这种情况，且治理目标也非常明确。（AB）和（BA）两种情况意味着化学工程的社会问题建构过程启动，其不同在于前者关注的是安全意识强化和相关教育培训，后者需要伦理学和社会学家的介入，以强化人们对未来发展的风险预测。例如，对纳米材料使用的社会风险评估和治理研究就属于（BA）情况。当然目前有关化学工程的社会问题，特别是围绕化工项目选址产生的社会冲突多数属于（AC）和（BB）情形。（AC）纯粹是社会利益纠葛问题，解决起来也相对容易些；（BB）直接源于化学恐惧症，解决起来非常复杂。当然这两种情形有时缠绕在一起。PX项目选址引发的社会群体事件源于公众对该项目的惧怕，但并不能以消除化学恐惧症轻易地解决问题，因此需要各种对话、协商甚至妥协来加以调停。无论如何，化学工程的社会问题是一个社会建构过程，不能以一套既有的规范和指南解决问题，必须要针对具体的化学工程，对其负面的社会影响程度和范围进行专业性和社会性评估，以便为具体地认识化学工程的社会问题现象特征和发生过程，为调动社会力量解决问题奠定基础。

参考文献

［1］ R. Fuller，R. Myers. The nature history of a social problem［J］. American Sociological Review，1941，（6）：320-328.

［2］ M. Spector，J. I. Kitsuse. Constructing Social Problems［M］. NY：Aldine de Gruyter，1987：75，76.

［3］ 李伯聪等. 工程社会学导论：工程共同体研究［M］. 浙江：浙江大学出版社，2010：381.

［4］ Rip，Arie. Articulating images，attitudes and views of nanotechnology：enactors and comparative selectors［J］. European Workshop on Social and Economic Research on Nanotechnologies and Nanosciences，Brussels，2004，4：14-15；Retrieved July 23，2004 from http：//www. stageresearch. net/STAGE/PAGES/Nano. html.

The Social Problems of Engineering：The Case in Chemical Engineering

Abstract：Sociology of engineering is an emerging discipline，but does not become a new branch of sociology. This situation is partly associated with the lack of any study and assessment to the externally social problems of engineering，and then it is necessary that the social problems of engineering be taken as a theme of sociology of engineering. In the present sociology of social problem，social problems are recognized as existing facts rather than as ones by defining and constructing. This paper divides the social problems of engineering into the external and the internal，and highlights the external problems of engineering. And then we takes chemical engineering as a typical domain of engineering in which its external social problems happen, providing supports for the socially constructive paradigm of social problems through the identification and resolution mechanism of social problems of chemical engineering. In the meantime, it is suggested that we should not solve social problems of chemical engineering with the existing norm and guidance, but carry on particular and social assessment to the extent and scale what concrete chemical engineering has negative effects on society, so as to lay the foundations for recognizing their characteristics or happening process of phenomenon and promoting social forces to solve them.

Keywords: Constructive paradigm of social problem, Chemophobia, Chemical accidents, Site selection of chemical project

技术风险的认知分析以及规避路径

闫坤如

（华南理工大学思想政治学院）

1 技术风险客观性和主观建构性

技术的应用都涉及人类的利益和目的。随着技术的发展，使得人类日益摆脱被自然界奴役的命运、改善了人类生活，促进整个人类社会的发展，这是技术的积极作用。技术除了为人类生活提供便利之外，也出现了很多负面效应，比如，生态环境的恶化、克隆人带给人类的伦理困扰以及核技术的潜在危险等。技术既具有获得成功的可能性，又具有不安全、不确定性。这就导致了技术风险的产生。Sitkin 和 Weingart 将风险定义为"决策中可能的重要结果和不想要的结果有不确定性的存在"[1]。Sitkin 和 Pablo 认为风险包括三个维度：结果的不确定性（Outcome Uncertainty）、结果的预期（Outcome Expectations）、结果的可能性（Outcome Potential）。[2]

技术风险一般来讲包括两方面的内容：一方面是技术发展的不确定性因素而导致相关主体利益的损失和损害的可能性，即客观意义上的技术风险；客观意义上的风险，是从对事件发生的可能性，即概率（probability）意义上来理解风险。风险从最一般的意义可表示为事件发生的概率及其后果的函数：

即：R＝F（P，C）

其中：R——风险程度

P——事件发生的概率

C——事件发生的后果

人们可以科学地估算事件发生的概率。比如，吸烟导致肺癌的概率，核泄漏风险的概率。因此客观意义上的风险来自于所谓的"科学的理性"。其概率由科学的确定性得以支持。

技术风险不仅仅是一个事实判断，还是一个价值判断。人们对这种不利影响可能性的认知与判断，这是主观意义上的技术风险。核技术、生物技术、空间技术和化学技术所造成的财产和人员损失，比起自然灾害、交通事故、局部冲突与战争以及煤矿事故等所造成的损失要小得多。转基因技术到目前为止还没有危害人类生存的明显证据，却被认为是有可能引发人类毁灭性灾难的技术。"灾难事件与心理、社会、制度和文化状态相互作用，其方式会加强或衰减对风险的感知并塑型风险行为。反过来，行为上的反应造成新的社会或经济后果。这些后果远远超过了对人类健康或环境的直接伤害，导致更严重的间接影响".[3]技术风险既是一种客观实在也是一种主体的建构。

2 技术风险的认知分析

技术风险既是客观的又是主观的，主体对技术风险的认识是有差异的，具有相对性，主体对客观技术风险的认识也是可变的，最后，大多数人在对技术风险经过一段时间的认识后，会逐渐趋同。下面我们从主观概率方面来解读人类对技术风险认知的相对性、可变性和趋同性。

2.1 风险认知的差异性分析

三里岛核泄漏事件没有造成任何人员的伤亡，但绝大部分公众对核能的应用持反对态度。经过专家的调查发现，车祸的风险是非常高的，但是公众对于车祸的风险认知远远低于对核技术的认知，这就存在风险认知差异。Paul Slovic 在 1987 年的《风险感知（perception of risk）》[4]这篇文章中论证了不同的认知主体的差异。他通过对妇女选民联盟、大学生、积极俱乐部成员和专家等四个不同认知主体对核能源、滑雪、游泳、X 射线等 30 个不同风险的对比发现：专家认为在 30 个不同风险中，核能源的风险排在第 20 位，而妇女选民联盟和大学生却把核能源的风险排在第 1 位。而专家认为风险最高的车祸，大学生却把车祸的风险排在第五位，专家把游泳的风险排在第十位，而大学生却把游泳的风险排在最后的第 30 位。专家把 X 射线排在第 7 位，而妇女选民联盟把 X 射线的风险排在第 22 位。这说明主体对风险的认知存在差异，如果我们认定具有专业的专家的认知是符合技术本来面目的话，那么，大学生等非专业人员就对这些技术的认知出现偏差，也就是认知主体对风险的认知出现了扩大或者缩小，马库斯·施密特（Markus Schmidt）总结了影响风险感知的扩大和缩小的心理因素。[5]

表 1　马库斯·施密特的影响风险认知缩小和扩大的心理因素表格

风险感知缩小	风险感知扩大
熟悉	不熟悉
自控的	他控的
自然的	人为的
统计的	突发的
有益的	无益的
公平的	不公平的

续表

风险感知缩小	风险感知扩大
自愿的	强加的
信源可靠的	信源不可靠的
媒体上的	非媒体上的

主体对风险的认知是综合各种因素得出的结果。某个技术风险发生的可能性有一个客观概率，这种概率是可以测度的，但是主体的认知却是一个复杂的过程。认知主体对风险的后果是否能够控制以及可控性程度，与风险是否具有灾难性、后果是否严重、主体的预见性、主体是否能够把握风险背后的科学技术知识等多个主客观因素有关。斯洛维克就风险熟悉性维度和风险的灾难性维度给出二维风险感知模型。

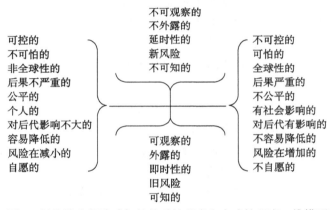

图1　斯洛维克风险感知的熟悉性程度和灾难性程度二维模型

认知的歧义性表明了主体之间存在差异，其表征如下："我们所接受的科学陈述总集 K 包含着不同的陈述子集，这些陈述能被用于刚才所考虑的概率形式论证的前提，并使逻辑上相互矛盾的结论都有高的概率"。[6]认知歧义性的基本特征是已接受的知识总集中包含的不同知识子集被用于解释某个具体的事件和命题时，导致逻辑上相互矛盾的结论都可能具有高概率，即两个真命题构成的不同的证据有时会对两个矛盾的命题都具有很高概率的支持。

认知歧义性的逻辑形式如下：

A 对某个技术风险的主体信念　　　B 对这个技术风险的主体信念

$P(G/F)=r$　　　　　　　　　　$P(\neg G/F)=r'$

$$\frac{Fa}{Ga}\qquad\qquad\frac{Ha}{\neg Ga}$$

根据统计概括我们可以知道，我们根据不同的统计得出不同的结果，出现了认知的歧义性。比如对于核泄漏的认识。90%以上的专家认为核电能源是清洁、高效的能源，是比水电能源更安全、比风电能源和太阳能更稳定的能源，并且核辐射和 X 射线辐射相比，对人类的危害并不大，但核武器的毁灭性后果，广岛、长崎原子弹爆炸的阴影，切尔诺贝利核泄漏事件等对公众造成的心理影响较大，引发核恐慌心理，使得公众的认知与专家的认知存在很大的差异，90%的公众认为核电能源非常危险，具有严重的辐射，一但泄漏后果不堪设想。因此，专家和公众对核泄漏和核电安全的认知存在很大的差异，这就是认知歧义性。也就是说认知存在个体的差异，公众认知具有相对性，这就直接导致公众对核风险的具有了相对性的认识。这种主观意义的技术风险不能仅仅考虑风险的客观概率，应该考虑到技术风险发生的公众的主体信念。核风险不仅仅与支持证据相关，也与主体能否接受或者信服这些证据有关，也就是与主体的信念度相关。不同个体即使有相同的理性，并且具有相同的证据 e，但可能对于 h 具有不同的信念度，因此，概率被定义为特定个体的信念度，具有同样的证据的个体被允许对同一项技术的风险赋予不同的概率。

一方面，不同的人对同一事件的信任度不相同，因此，信任度是相对的；另一方面，主观概率以归纳主体的个人信念为基础，可以根据任何有效的证据并结合自己对情况的感觉对概率进行调整。信念度又随个人的认识程度和所具有的知识状态的改变而改变，因此，信念度又具有可变性。信念度的可变性和相对性是概率主观解释的核心，信念会随着认知状态的改变而相应地发生改变。阿尔罗若（C. E. Alhourron）、加德福斯（P. Gardenfors）和梅金森（D. Markinson）共同建立了信念修正理论。这个理论本质上由就属性而定义的概率测度和命题的可信值测度所构成。加登福斯认为一个知识状态由三个部分构成。"①一个可能世界状态的集合 w；②对每一个世界状态 w，有一个概率测度 Pw，它是就 w 中个体的集合而定义的。一个信念函项 B，它是世界状态集合的概率测度。"[7]解释就是要有意义地增加被解释项的可信值。在判定一个有关 E 的解释时，在其中 E 未被料到为真。对 E 的期望值为 B（E），那么如何确定不知道 E 是否为真的知识状态的 B（E），我们不能借助客观概率测度来描述，应该借助主观概率测度 P 来表达。主体或者个体的信念是可以发生变化的，信念会随着知识状态或者认知状态的改变而改变，最后达到一个新的平衡。对技术风险的认识不能仅仅考虑技术风险的客观概率，应该考虑到公众对技术风险发生的主体信念度。技术风险不仅仅与支持证据相关，也拒绝与能否接受或者信服这些证据有关，也就是与主体的信念度相关。

2.2 风险认知的变动性分析

风险认知的变动性表现在公众对于风险的认知会随着证据的增加发生变化。永动机曾经被认为是一个理论上没有任何疑义的技术，但很多科学家付出毕生的心血到头来却是两手空空。解剖在某个时期的天主教被认为是恶的，身体的损坏会导致人的灵魂的损坏，因此不能被人类的伦理所容，堕胎作为一种技术给人类带来很大的风险，但后来堕胎对减轻人口数量和缓解粮食危机有重大的作用。随着人类的认知能力的增强和人类在不同时期的评价标准的不同，人类对技术的认识会随着主体信念度的不同而改变。

抗生素的发明和应用使得人类的寿命至少增加了 10 年，人类开始运用抗生素的时候，并没有意识到抗生素用在人体带来的风险，现在，我们都知道抗生素降低和破坏人类免疫力，给人类社会带来风险，抗生素所谓一种技术客体，随着人类认识和主体信念的不同，风险概率也发生相应的变化。DDT杀虫剂开始使用的时候，使得千万顷良田免受农业害虫的破坏，促进了粮食的增产和增收，对解决人类的粮食危机具有重大的作用，但最新科研成果充分证明，DDT 能损伤人类的大脑，降低人体免疫力，造成神经系统紊乱和其他严重后果。技术主体对技术风险的认识也会随着主体信念度而变动。

2.3 风险认知的趋同性分析

风险认知的趋同性表现在公众对于同一风险的认知会随着证据的改变和信念的改变而趋势和结果一致。德·芬内蒂的"意见收敛定理"就能很好地避免这种主观随意性。意见收敛定理表明，随着证据的增加，先验概率的主观任意性会被后验概率的客观确定性所取代，从而避免了主观随意性。意见收敛定理可以用来解释一个人或一群人拥有的知识程度、信念度或合理信念度不一致。意见收敛定理的核心理念在于"主体间性"，不同主体通过接受新信息，不断进行调整，逐步取得一致。德·芬内蒂提出意见收敛定理，即随着证据的增加，先验概率的主观任意性会被后验概率的客观确定性所取代。概率的主观性在长序列中趋于稳定值。

意见收敛定理的成立暗含了一个条件，它要求把后验概率等同于条件概率，即条件化要求，但对于先验概率和后验概率之间的关系却缺乏辩护。

至于不同群体之间信念度如何协调，作为主观贝叶斯主义扩展的主体相互概率理论可以得到解释。在吉利斯的主体交互概率理论看来，"这种主体交互观点是主观主义理论的发展，在这里，概率不是看作一个人的信念度，而是一个社会团体的一致信念度。"[8]不同个体"确立沟通与信息交流机制从而讨论形成共同意见（consensus），或者说主体交互概率（*inter-subjective probability*）。"[9]吉利斯除了定义了主体交互解释，还提出了形成这种解释的满足条件。在吉利斯看来，主体交互解释是关于一个社会群体的共同信念度，社会群体的共同信念度往往得到一个社会群体几乎所有成员的普遍支持，而且一个特定的个体常常通过与这个群体进行社会交互作用而获得一致的信念。同样，不同群体的信念度也会趋向一致。不同群体"确立沟通与信息交流机制从而讨论形成共同意见"。吉利斯认为他提出的主体交互概率理论可以解释社会群体的共同信念度。他认为群体信念度的形成需要两个条件：

第一，群体成员间具有共同的旨趣，群体的成员必须有被共同的目标所维系。这个共同的目标是使得群体内部相互团结相互协作，统一的信念使得群体成员行动一致共同进退。也许群体的规模和结构会发生变化，因为某个成员可能脱离群体，如果他认为他依靠自己就可以达到目标，同样的，新的成员可能加入集体，当他觉得跟共同体有一致性的利益时。重要的是，这个共同的目标必须有足够强的凝聚力把各个群体成员连结在一起。如果一个群体的规模够大，通常会有一个权威或潜在的领导来组织所有成员。另外一点是，这个主体间性信念度必须与共同的目标有关。

第二，群体成员间保持信息沟通。

信息在群体的成员之间必须是流通的。他们之间相互交流数据和想法，不论是群体特意组织的还是私下进行的信息沟通，还是两个个体之间的直接信息沟通，还是通过第三者的间接信息沟通。一个特定的个体常常需要与具有共同旨趣的群体通过信息交流形成的"公共知识"（common knowledge）来形成了群体的一致信念度。通过改变了这些认知个体的主体信念，认知主体具备了公共知识，达成了一致信念，主体对技术风险的认知具有了趋同性。我们可以用贝叶斯定理来表述这种技术风险认知的趋同性。贝叶斯定理可以表述如下：

$$\Pr(h_j/e) = \frac{\Pr(h_j)\ pr(e/h_j)}{\sum\limits_{i=1}^{n}\Pr(h_i)\ \Pr(e/h_i)} \quad (i \leqslant j \leqslant n)$$

在贝叶斯定理中，n 是相互竞争互斥的假设，并且是且穷举的，也就是说 n 中至多有一个是真的并且至少有一个是真的，也就是说对于某个具体的主体来说有个确定的概率值。对于任何一个 h_j 来说，$\Pr(h_j)$ 是获得新证据之前的初始概率，e 是后来获得的新证据，那么 $\Pr(h_j/e)$ 是主体获得新证据之后的主观概率。某个主体会根据信息量的变化而改变对某个风险的认知。在贝叶斯方法中，个人对技术风险的概率为 $\Pr(h_j/e)$。这个概率中的 e 包括组成个人知识背景的信念集合。主体间性信念度在形式上也是 Pr（hj/e），但现在 e 是包含着技术共同体的知识背景，这比共同体的任何一个成员所拥有的知识背景更广泛，同时，也避免了个体技术风险认知的随意性。既然共同体内部各成员间相互沟通信息和观点，如果一个个体有一条相关知识信息而其他人缺少或者存在偏差，那么个体通过与技术共同体的信息沟通得到纠正。这样，对于技术风险的认知具有了群体一致性。

3 技术风险的规避和控制

总的来说，技术推动了人类进步和社会发展，技术使人类摆脱自然界奴役的主导力量，技术创造了大量的物质财富和精神财富，技术促进了生产力的大力发展，技术在人类历史上主要发挥的是积极作用，特别是现代社会，技术的发展决定社会的发展，伽达默尔就曾经说过，"20 世纪是第一个以技术起决定作用的方式重新确定的时代，并且开始使技术知识从掌握自然力量扩展为掌握社会生活，这一切都是成熟的标志，或者也是我们文明的标志"。[9]但没有绝对安全的技术，那如何合理规避和控制技术风险呢？首先不能因为技术风险的存在就否定技术的积极作用，甚至放弃使用技术，这无异于因噎废食。其次，技术本身有价值负荷，技术的价值主要体现在技术的设计和应用过程中，应该提倡技术主体的责任。下面我们从主观方面和客观方面来说明对技术风险的规避和控制。

首先，提倡技术主体的责任。

"科学是一种强有力的工具。怎样用它，究竟是给人类带来幸福还是带来灾难，全取决于人类自己，而不取决于工具。"[10]作为科学应用的技术，究竟给人类带来幸福还是灾难，也取决于技术主体。如何对技术风险进行合理规避和有效控制呢？技术的发明和应用是为了满足人类某方面的目的，符合人类总的价值追求，技术在促进生产发展的同时，人类要避免"工具理性"的观念。所谓"工具理性"指的是"我们在计算最经济地将手段应用于目的所凭靠的合理性。最大的效益、最佳的支出收获比率，是工具主义理性成功的度量尺度"[11]。工具理性追求可计算性、可预测性和实际功效。工具理性坚持"这样的知识或信念：只要人们想知道，他任何时候都能够知道；从原则上说，再也没有什么神秘莫测、无法计算的力量在起作用，人们可以通过计算掌握一切。而这就意味着为世界除魅。"[12]但是这种一切以人类的利益为最终目的，没有考虑到技术风险的存在，这种观念容易导致技术在实际应用中脱离了人类的控制。人类应该认识到人类认识的有限性，人的认识的有限性对不确定性世界的把握是不全面的，所以，人类对技术的应用应该谨慎，只有这样，才能有效地弱化技术的负效应，才能有效对技术风险加以控制。

其次，通过技术主体的自律和他律相结合来对技术风险加以规避和控制。

技术除了具有自然属性外，还具有社会属性，通过对技术主体进行伦理宣传和教育，提高技术主体的认知能力和思想觉悟，提倡技术主体在技术设计、技术应用中的责任。使得人类对自身的欲望和行为进行合理的判断和控制。从而使得人类"在听到任何好消息时，我们都会预料到最糟糕的情况。风险感觉紧跟着进步的喜讯，就像影子紧跟着光一样。这就是说，人们只要一想到事物积极的一面，同时就得联想到风险即表面上看不见的东西"。[13]同时，政府相关法律部门制定相应的法规和制度，对滥用技术的行为进行惩治和规范，引导技术向着有利于整个人类进步的方向发展。

总之，技术风险的规避和控制的主观方面除了从主体的心理层面采取措施，构建和塑造技术文化、心理沟通和伦理规约外，还要从制度层面采取各种措施，通过完善制度和制度创新来规避和控制技术风险。

再次，对技术进行合理地评估和监控。

技术知识具有不确定性，技术的应用又关涉到技术主体的价值取向，因此，从客观方面对技术风险进行规避应该做到提前预防，所谓预防原则（precautionary principle）是指"即使存在不安全的科学证据，人们也必须对环境问题（也可以推及其他形式的风险）采取措施"。[14]在运用技术知识进行技术设计的时候，尽量应用确定性的技术知识，尽量对某项技术的风险进行提前预测，预测技术风险出现的概率，减小技术风险出现的可能性。避免技术主体高估技术的价值和作用，避免对技术的价值进行简单、孤立、静态的绩效评价，而应从多元、联系、动态的视角对技术的价值和作用进行合理的评价，从本体论和认识论根源上对技术风险进行控制。

为了防止技术风险的出现以及对技术风险进行有效规避和合理控制，还应该在某项具体技术广泛应用之前，进行小规模的试验，对技术风险出现的可能进行合理的预见。同时，还要对技术整个过程进行监控，从技术应用知识的确定性、技术开发和设计过程的合理性、技术应用的可控制性等动态方面对技术风险现象的出现进行合理的监督和控制，才能有效避免技术风险进行控制和规避。

第四，提高政府的公信力和保障沟通途径畅通规避技术风险

通过以上对技术风险认知的分析，风险认知偏差主要是由于风险的认知差异引起的，除此之外，还有对官方信息的不信任引起的，原因在于政府的

公信力较低，因此，通过提高政府的公信力和保障沟通途径畅通才能让不同技术主体以及公众对技术风险的主观认识与客观风险相一致，才能避免风险的社会放大。

技术风险有其客观根源和主观根源，只有深入挖掘其症结所在，通过系统、动态的方式对技术风险进行有效规避和合理控制，才能发挥技术的积极作用，让其为人类文明和社会发展做出巨大贡献。

参考文献

[1] Sitkin S B, Weingart L R. Determinants of risky decision-making behavior: A test of the mediating role of perceptions and propensity [J]. Academy of Management Journal, 1995, 38 (6): 1573-1592.

[2] Sitkin S, Pablo A. Reconceptualizing the determinants of risk behavior [J]. Academy of Management Review, 1992, 17 (1): 9-38.

[3] 谢尔顿·克里姆斯基, 多米尼克·戈尔丁. 风险的社会理论学说 [M]. 徐元玲等, 译. 北京: 北京出版社, 2005: 174.

[4] Slovic P. Perception of isk [J]. Science. 1987, 236 (4799): 280-285.

[5] Markus Schmidt. Investigating Risk Perception: A Short Introduction [D]. Vienna, Austria, 2004, (10): 9.

[6] Hempel C G. Aspects of Scientific Explanation and other Essays in the Philosophy of Scientific [M]. New York: The Free Press, 1965: 396.

[7] Gordenfors P. A pragmatic approach to explanations [J]. Philosophy of Science, 1980: 405.

[8] Donald Gillies. Philosophical Theories of Probability [M]. Routledge: London, New York, 2000: 2.

[9] 伽达默尔. 科学时代的理性 [M]. 薛华等, 译. 北京: 国际文化出版公司, 1988: 63.

[10] 爱因斯坦. 爱因斯坦文集（第3卷）[M]. 许良英, 译. 北京: 商务印书馆, 1979: 56.

[11] 查尔斯·泰勒. 现代性之隐忧 [M]. 程炼, 译. 北京: 中央编译出版社, 2001: 5.

[12] 马克斯·韦伯. 学术与政治 [M]. 冯克利, 译. 北京: 生活·读书·新知三联书店, 1998: 29.

[13] 乌尔里希·贝克, 约翰内斯·威尔姆斯. 自由与资本主义 [M]. 张瑞玉, 译. 杭州: 浙江人民出版社, 2001: 160, 161.

[14] 安东尼·吉登斯. 失控的世界 [M]. 周红云, 译. 南昌: 江西人民出版社, 2001: 28.

Analysis of perception of technical risk
and avioding path

Abstract：Technical risk is caused by uncertainty of technical activities，which can be expressed as a function of occurrence of multiple uncertain factors and their consequences. We analyze cognitive bias through subjective probability of technical risk，thus explaining the difference between objective risks of technical risk and risk of perception，the difference between experts and the public perception of the risk，the changeable and convergence of risk of perception etc. Finally，I would like to find the way to avoid and control risk，trough advocating technical subjective responsibility and social policy and other measures to eliminate and control technical risk.

Keywords：Risk，Technical risk，Subjective probability

工程伦理和技术伦理

情感设计的伦理意蕴

王　健，刘瑞琳

（东北大学科学技术哲学研究中心）

随着时代的发展和科技的进步，科学技术与设计的关系愈来愈紧密，当代众多优秀的设计更是科技与艺术的完美结合。用户的情感体验和心理需求得到了前所未有的关注。好的设计不仅要考虑功能性和满足人的物质需求，也要关注和改善人的生存发展的质量，对人的精神、情感和价值诉求充分考量和关注，为人类提供和创造更好的生活方式。情感设计正是这样一种设计，它从用户的需求出发，从心理上理解使用者的物质、情感需求，使设计更好地为用户服务。

1　情感设计的理论缘起及其实现路径

1.1　情感设计的理论缘起

情感设计中的"情感"，"是人对客观事物是否满足自己的需要而产生的态度体验"[1]。从哲学视角出发，情感是一种主观体验、主观态度或主观反映，属于主观意识范畴，包括道德感和价值感两个方面，具体表现为喜爱、幸福、怨恨、厌恶、美感等，既包括个人化情感也包括社会性情感，且常交叉并存，表现形式通常为喜、怒、哀、悲、恐、惊等情绪。人的情感具有丰富性和易于激发性等特点，成功产品的衡量标准除了具备基本的质量保证和使用功能等特性，更重要的是能否将用户的情感体验融入产品设计中，赋予产品情感，与用户产生心灵的沟通和共鸣，激发用户的购买欲。情感设计正是这样一种研究和分析如何将情感效果融入产品的设计中的设计理念。

情感设计理念起源于欧美工业设计领域，以美国科学家、交互设计师唐纳德·诺曼为代表，主要代表性著作为《情感化设计》。《情感化设计》从三个层面对"情感设计"进行了区分[2]：本能层、行为层和反思层。本能层关注的是产品外观设计对用户的感官刺激，如色彩鲜艳、造型新颖、香气宜人的产品更容易引起消费者的感知和触觉注意；行为层是指用户通过在使用产品过程中学习和掌握了某种技能，并能使用该技能解决问题，在学习和使用技能的动态过程中获得成就感和愉快感，例如宜家家居大受欢迎的 DIY 自主组装家具；反思层是最高的层次，是基于本能层和行为层的综合作用，往往与用户个人的情感、经历、理解力、文化程度、成长背景等交织在一起，从而对用户形成更深度的复杂影响，例如苹果公司系列产品：iPhone 手机、iPod 音乐播放器、iBook 和 iMac 系列电脑在全球拥有一大批忠实用户，这些用户以拥有全套苹果公司的产品为荣，并在使用苹果产品的过程中获得了身份认同和积极舒适的使用体验。

1.2 情感设计实现的路径

情感设计把人的情感需求作为产品设计的重要因素，这是一种关照人类情感的新的设计理念，但人类情感这一复杂的非理性因素很难通过设计活动"物化"到产品中。当消费者接触到某商品时，得出对该商品的评判意见和购买意向，从而形成对不同商品的不同倾向和态度，如厌恶、偏好或无感。然而消费者的需求和偏好是不稳定的、含糊的、细微的和不易察觉的，甚至连消费者本人也往往无法对此给出确切的描述和界定。因此许多设计师和生产商认为消费者的感性需求是非理性的、虚无飘渺、难以琢磨的。因此，需要一种有效的途径将情感设计理念转化为实践，这方面较为的成功的努力要数日本的感性工学（Kansei Engineering），它是运用工程和计算机技术手段研究人的感性与技术人工物的设计之间关系的理论及技术方法。

Kansei 为日本语中意为"感性"，即カンセィ的音译，是一个包括认知和视觉、听觉、味觉、嗅觉与触觉五种感官感觉的综合的心理学概念[3]。1986年，马自达汽车集团前会长山本健一在美国密歇根大学发表的题为"汽车文化论"的演讲中首次提出了"感性工学"的概念。感性工学将人们对技术人工物（既包括实体的工业设计产品，也包括虚拟产品如网站、网页等）的感性意象，即难以量化定性的无逻辑非理性的感性反应和情感因素，定量、半定量地表达出来，并与产品设计特性相关联，以实现在产品设计中体现人（这里既包括消费者也包括设计者）的感性感受，设计出符合人的感觉期望的产品，应该说，感性工学为情感设计的实现提供了科学的理论基础和技术方法，为情感设计实践提供了路径。

一方面，感性工学设计一整套的工作程序，使得设计师与用户进行最充分的有机互动，进而使用户的情感得到完整表达。过去的产品设计和研发模式的过程中，设计的话语权掌握在公司高层主管或设计师个人手中，设计师无法真实全面的了解产品使用者的心理诉求和情感，仅依据个人想法和主观想象主导设计，使得产品无法真正为顾客所接受，甚至给用户带来不便。感性工学，通过输入感性词汇、建立相关性、选择设计要素等步骤对消费者需求进行科学分析，能使设计师真正看到、想到并有效实现消费者的需求。消费者也在使用精心设计的产品的过程中获得愉悦舒适的情感体验，并将这些体验和感受再次反馈给设计师，促进产品的改进和创新，有效优化产品设计和更新周期。

另一方面，感性工学利用现代技术对用户的情感因素进行"定量"化，将用户的情感"翻译为设计要素的技术"[4]。感性工学通过科学分析、总结和归纳研究用户的情感、心理等感性因素，运用基于人机工程的实验方法和相关设计技术，将其翻译和转化为数据、文字、表格和模型等，转化为设计要素，使设计结果形式化和规范化，将情感要素体现于产品设计之中，实现了用户情感的"物化"。

2 情感设计的伦理价值

从上面对情感设计的阐述中，我们可以明显地看到情感设计具有的特殊的伦理价值。

首先，情感设计是对快乐主义的一种回归。快乐主义（hedonism）源于古希腊哲学家德谟克利特的道德哲学，伊壁鸠鲁将其发展为理论体系，英国功利主义者 J. 边沁等人进一步发展和完善了这一学说。快乐主义伦理学认为，趋乐避苦、追求快乐是道德的基础和内容，是人类一切行为的动因，也是人生的目的。工业大发展和科学技术进步带来了生活水平的提高和物质条件的极大丰富，面对琳琅满目多种多样的产品，人们对产品的选择不再仅仅基于基本的物质需求的满足，而是越来越倾向于能够带来"愉悦"（Enjoyment）体验的产品。例如，人们去往超市购物，即使出门前列了详细的购物清单，回家之后仍然发现买回来许多样子有趣、颜色鲜艳的无用的小东西，而原本要购买的生活必需品却被遗漏了。人们很容易只因为喜欢和好奇而购买某些外观或功能很吸引人但需要花费时间精力研究怎么用甚至不好用的产品。在这个过程中，人们在乎的并不是产品的功能性和实用性，而是产品"让人高兴"的特性，即趣味性、快乐和美。这种"让人高兴"的特性带给用户的是"愉悦"的体验，用户在观赏和使用产品的过程中获得欢乐、喜悦和身心放松的感受，这种感受所带来的效果远远大于产品的功能的重要性。情感设计正是从用户快乐情感体验的激发切入，通过对产品的形态、颜色、纹理等设计要素的形塑，将快乐情感融入产品设计中，在用户在使用产品的过程中获得精神上的愉悦和情感上的满足。

其次，情感设计是对道德感的一种陶冶。道德感是一种高级情感。一般说来，使用者的道德情感可以划分为正面和负面两种，正面的道德情感包括"同情"、"尊敬"、"慷慨"、"舒适"、"安全"、"温暖"、"喜悦"等，能够激发正面情感的情境一般有：明亮、温暖、舒适的环境；温和宜人的气候；甜美的气息；纯正、饱和、明亮的色彩；舒缓悦耳的声音和乐曲；简单的音调、节奏和旋律；圆润、光滑、对称的物体；柔软、舒适的触感等；负面的道德情感有"丑陋"、"低俗"、"怨恨"、"痛苦"、"寒冷"、"厌恶"、"愤怒"等，引发负面道德情感的情境一般有：危险、陡峭的高处；突发的巨大声响或刺眼的光线；黑暗、潮湿、闷热、黏稠的环境（如荒凉的沙漠或茂密潮湿的热带丛林）；狭窄逼仄的过道；拥挤嘈杂的人群；刺鼻或腐烂的气味；尖锐的物体；刺耳的不协调的声音；畸形的物体等。情感设计通过设计者与使用者的有效沟通给出上述情感与产生情景的关联性，最后将其转化为设计元素毛衣达到陶冶使用者道德情感的目的。

再次，情感设计是对"人性化"的一种坚持。哲学上讲的人性即人的特性，是指可以把人与动物区别开来的各种特性，主要强调人的社会属性。在情感设计语境中的"人性化"概念，主要是从人的生理、心理、社会、精神等需要层面界定的。现代美国人本主义心理学家马斯洛曾用生命存在心理学的方法，分析了人性化需求的过程和内容。马斯洛认为，人的内在需求是一个开放性、多层次的主动追求系统。人的最基本的心理需求是物质的满足和生理需求，人的第二层次的心理需求是对安全（包括财富和权力）的追求，基本上仍然是物质性的追求，并不具备较为明显的精神道德性。人的心理需求的第三个层次是对归属、合群与爱等精神价值的要求，人性的社会伦理价值开始彰显。而情感设计主要从本能、行为、反思三个层面满足用户的情感体验，而反思层面主要就是指其满足人的第三个层次的心理需要。因此，情感设计是对人性化的一种坚持，是对人的需求的全方位满足。情感设计的人性化的努力，代表了赋予物质产品以伦理意蕴的努力。

3 情感设计与价值敏感性设计的差异

情感设计主要应用于工业设计领域，而从 20 世纪 80 年代在信息技术领域开始出现与情感设计有着密切关联的价值敏感设计（VSD），作为具有家族相似性的两种设计在伦理视角下又呈现出怎样的差异性。

第一，二者涉及的"利益相关者"有所不同。情感设计涉及的利益相关者主要为设计师和用户。情感设计的研究对象主要是技术产品的用户即消费者的情感诉求，以满足消费者的偏好、个性、审美、多元化和愉悦体验为重点。价值敏感性设计不但强调技术中的直接利益相关者，而且还将潜在的间接利益相关者纳入考虑范围，调和不同利益相关者的关系，使各类利益相关者都能有效参与到技术设计进程中，解决技术使用中产生的伦理问题。

第二，设计关注的主要因素有所不同。情感设计侧重于用户的情感和心理要素。价值敏感性设计着重于道德要素，主张设计师能够将各个利益相关者的价值诉求"写入"技术设计的过程中。价值敏感性设计围绕义务论、后果论和美德论等道德哲学理论展开对有关这类价值因素的道德意义的阐释。在 2008 年出版的《信息与计算机伦理手册》中的《价值敏感设计和信息系统》一章的 6.8 节"系统设计通常涉及的人类价值（道德输入）"里，给出了价值敏感设计中所涉及的 13 个价值及示例文献（见表 2），包括 9 个基于道义论和因果道德取向的传统价值，4 个人机交互领域里的非传统价值，目的是在研究过程中引导和启发对价值的考量[5]。

表 1   系统设计通常涉及的人类价值（道德输入）[5]

人类价值	基本释义
人类幸福	指的是人的生理、物质和心理的幸福感
所有权和财产	指拥有对某个对象（或信息）使用、管理、从其获得收入和赠予的权利
隐私	指某个人有权要求、有资格和权利决定自己的信息或者自身是否能与他人交流
不偏不倚	指的是加诸于个体或群体的不公平行为，包括预先存在的社会偏见，技术偏见和新出现的社会偏见
普适性	是指是所有人都能成功使用信息技术
信任	指的获得人与人之间的善意的期望，即使处于脆弱的状态和遭受过背叛，仍然给予他人善意
自主性	指人为了实现自身目标而具备的决定、计划和实践的能力
知情同意	指得到同意，包括信息公开的准则和理解（知情），自愿、能力和协议（同意）
责任	指的是确保每个个人、人群或机构的行为能溯源到特定的个人、人群或机构
礼貌	指对待人的礼貌和体谅
身份	指的是随着时间的推移人们对自身的理解，接受其连续性和非连续性
冷静	指的是平静和沉着的心理状态
环境可持续	指的是持续的生态系统，既能满足当代人的需求，又不损害子孙后代的利益

第三，二者应用具体领域不同。情感设计最早和被集中应用于日本的汽车制造业，然后亚洲的韩国、中国（包括台湾地区）、新加坡，以及欧美地区的工业设计领域广泛推广。如建筑设计、室内家居设计、家具设计如座椅、沙发等；通讯设备设计，如电话机、手机等；生活产品设计，如剃须刀、服装、首饰等；办公用品设计，如复印件机等。价值敏感性设计的应用范围也以计算机信息系统相关技术领域为主，如移动计算、植入式医疗设备、泛在计算和计算机基础设施等多维系统设计。近几年，价值敏感性设计逐渐趋向

高技术设计问题，以"会聚技术"为主要研究域，关注高新技术的价值负载。[6]

4 结论

情感设计强调人的情感和情感意识，力求在赋予产品人的情感，既满足人对于物的需求，也满足人对于情感的需求，让产品成为使人愉悦的技术人工物，已成为工业设计和产品设计的主要趋势。感性因素中蕴涵着丰富的人类伦理价值诉求，如安全感、审美、社会地位等，与价值敏感性设计的设计理念有一定的相似性又各有侧重。情感在充分尊重和适应用户个性化情感需求的同时，也应借鉴价值敏感性设计多重利益相关者的伦理视角，对设计进行再审视，促进设计的规范和完善。

参考文献

［1］林崇德. 心理学大辞典（上）［Z］. 上海：上海教育出版社，2004：940.

［2］诺曼. 情感化设计［M］. 付秋芳，程进三译. 北京：电子工业出版社，2005.

［3］赵秋芳，王震亚，范波涛. 感性工学及其在日本的研究现状［J］. 艺术与设计（理论），2007，（07）：32-34.

［4］Mitsuo Nagamachi. Kansei Engineering：A new ergonomic consumer-oriented technology for product development［J］. International Journal of Industrial Ergonomics，1995（15）：3-11.

［5］Friedman B，Kahn P H Jr，Borning A. Value Sensitive Design and Information Systems［M］. Himma K E，Tavani H T. The Handbook of Information and Computer Ethics. Hoboken：WILEY，2008：1-27.

［6］乔布·梯曼斯，赵迎欢，尤瑞恩·范登·霍文. 伦理学与纳米制药：新药的价值敏感设计［J］. 武汉科技大学学报（社会科学版），2012：381-389.

Ethical Implication of Emotional Design

Abstract：Emotional Design（ED) materializes the perceptual demands of users into design elements and ensures the effective implementations of these demands in the new technology products. It embodies rich ethical implications which purpose is to make the design of technology adapting the user's individual needs preferably and enhancing human welfare. Emotion design contains the rich ethical value that comparing with the Value Sensitive Design（VSD) there are many common points，and still some differences. In this paper we have make a comparative analysis between ED and VSD from the ethical perspective. This will be conducive to promoting the two design concepts of integration and improvement.

Keywords：Emotional design，Kansei Engineering，Emotion，Ethics

工程安全的伦理问题透视

——以 PX 项目的社会影响为例

王 前，张 卫

（大连理工大学人文与社会科学学部）

1 问题的提出

近些年来，全国各地由于 PX 项目引发的群体事件呈现不断增长的势头。先是厦门市民的"散步"致使 PX 项目未建就移址，然后是大连 PX 项目遭到市民游行抗议而提出搬迁，接着是宁波市政府声明"坚决不上 PX 项目"，后来彭州、昆明等地也出现了类似事件。2013 年 7 月 30 日，由厦门搬迁到漳州古雷的 PX 项目发生"闪燃"事故，使本来就处于风口浪尖的 PX 项目更是雪上加霜。显然，PX 项目已从一个工程安全问题演变成为一个有较大影响的社会问题。纵观这些事件可以发现，它们在不断地重复着一个类似的模式：政府在公众不大了解的情况下批准企业的项目建设，后来当地居民在得知相关情况或出现事故后表示抗议，然后政府出面干预，最终的结果要么是"一闹就停"，要么"迁址复出"。可以说，我国的 PX 项目已经陷入了某种"怪圈"，如何跳出"怪圈"成了当前亟待解决的一个难题。

从工程哲学的角度考虑，工程活动涉及经济因素、技术因素、管理因素、制度因素、社会因素、伦理因素等诸多因素[1]。下面分别考察这些因素对造成当前这种局面的影响。从经济层面来看，我国是聚酯纤维的需求大国，合成聚酯纤维的重要原料正是 PX（"对二甲苯"英文名称"para-xylene"的简称），国内产能目前不能完全满足社会需求，每年都需要从国外大量进口，原料受制于人，这就导致化纤产业链的利润整体前移，更多地向 PX 生产环节聚集。因此，我国近年来不断地新建、扩建 PX 项目。从技术层面看，PX 属于易燃易爆低毒类化学品，其毒性与汽油、柴油同属低毒类别，许多国家未把 PX 列入危险化学品，目前也没有足够证据证明其有致癌性。在国外，有些 PX 项目就在居民区的附近，如美国休斯敦 PX 装置距城区 1.2 公里、荷兰鹿特丹 PX 装置距市中心 8 公里、韩国釜山 PX 装置距市中心 4 公里、日本冈山县水岛工业区内有两个 PX 项目，离居住区最近只有不到 2 公里、位于川崎的 PX 工厂与居民区之间的距离不到 5 公里[2]。PX 虽然具有一定的危险性，但是和其他有危险性的化工产品相比并没有多少特殊性，甚至还低于许多化工产品，并且我国的技术也并不比国外落后，是继美国、法国之后第三个掌握核心技术的国家[3]。可见，技术因素并不是导致此问题的主要原因。从管理层面看，我国虽然在技术上不比国外落后，但是一些企业在安全生产管理和制度落实上不如国外某些企业，比如韩国三星道达尔公司制定了高于政府规定 6 倍的安全管理标准，对新员工每年进行 8 次安全培训，对于雷击、海啸等自然灾害都有预案[4]。而我国的某些企业安全意识则比较薄弱，不严格执行规定的安全标准，甚至偷工减料，以次充好。据媒体报道，漳州古雷的 PX 事故就是因为高压加氢装置管线的弯头质量不合规格造成的[5]。

可见，目前我国的 PX 困境其主要原因不在于技术，而在社会因素。诚如曹湘洪院士所认为的那样，PX 困局已非技术范畴内的问题，专业人士对其安全性不存在争论，反而是地方政府、企业的行为惯性以及社会心态等复杂因素形成的信任危机，最终形成了 PX 困局以及化工恐惧症[5]。下面将以 PX 的社会影响为例，透视工程安全的相关伦理问题。

2　从 PX 困局看工程安全的伦理因素

工程活动作为多因素的"系统集成"活动，其中的经济、技术、管理等因素容易被人所重视，而社会、伦理等因素则容易被忽视。"在工程活动中，伦理要素是一项基本要素，伦理内容是一项基本内容，因而，伦理标准也应该成为评价工程活动的一个基本标准。"[6]目前 PX 项目遇到的难题，在很大程度上正是忽视工程安全的伦理因素造成的。下面将分别从责任伦理、决策伦理和商谈伦理三个方面，分析 PX 项目的社会影响中存在的问题。

第一，从责任伦理角度看，政府主管部门、企业管理者、工程师都应增强责任伦理意识，承担相应的社会责任。

德国哲学家汉斯·尤纳斯和伦克等人有关责任伦理的研究，对于从伦理角度了解企业工程活动的社会责任有重要意义。责任伦理强调要对科技应用可能产生的后果承担预防性的责任，防范对公众利益的侵害[7]。有些企业或政府主管部门在进行工程决策时，往往为了追求短期利益最大化而忽视可能出现的工程安全问题，这种做法从短期看会使这些企业本身获益，但从长期看却使国家和更多的民众不得不为此付出代价。相关企业或主管部门都需要为消除这种违背工程伦理的不公平现象承担相应的社会责任。PX 项目生产企业的社会责任在于对生态环境和周围居民的安全负责，防范意外事故和可能造成的灾害，因而需要强化质量要求和安全生产标准。在有些 PX 项目中，相关企业虽然也在环境保护、安全防护等方面做了一定的努力，但是与国外企业在这方面所关注的程度相比，还有一定的差距。比如大连 PX 项目的码头防波堤在台风过后发生两处局部严重坍塌，漳州古雷的 PX 项目厂区发生"闪燃"，这些事件的出现都加重了公众对企业在环境保护和安全性承诺上的不信任感。

造成这种状况的一个重要原因，是有些企业或政府主管部门的决策者缺乏相应的责任伦理意识，他们对企业社会责任的认识相对滞后。传统的企业理论认为企业与其他社会组织的最大不同之处在于它以盈利为目的，"企业有一个并且只有一个社会责任——使用它的资源，按照游戏的规则，从事增加利润的活动，只要它存在一天它就如此。"[8]诺贝尔经济学奖获得者弗里德曼是这种观点的代表，在他看来，在自由企业制度中，企业管理者必须要对股东负责，而股东想尽可能多地获取利润，因此，管理者的惟一使命就是力求达到这个目的[9]。

然而，这种企业责任观显然已经不适应当今的社会。20 世纪中叶出现了新的企业理论——"利益相关者理论"。该理论认为任何一个公司的发展都离不开各种利益相关者的投入或参与，企业追求的是利益相关者的整体利益，而不仅仅是某个主体的单一利益。这些利益相关者包括企业的股东、债权人、雇员、消费者、供应商等交易伙伴，也包括政府部门、本地居民、当地社区、媒体、环境保护主义者，甚至还包括自然环境、人类后代、非人物种等受到企业经营活动直接或间接影响的客体[10]。像 PX 项目这样的重大工程项目，其工程安全问题可能会带来广泛而复杂的社会影响，包括对生态环境的影响，对周围居民人身安全的影响，对社会经济状况和文化环境的影响，这些影响都联系着具体的利益相关者特别是公众，都涉及企业的社会责任问题。如果企业或政府主管部门的决策者忽视这种社会责任，造成工程安全方面的事故屡屡出现，威胁到公众的切身利益，就会使工程安全问题演化成比较严重的社会问题。

在工程安全的问题上，工程师的社会责任同样值得关注。作为工程活动的直接参与者，工程师比其他人更了解某一工程的基本原理以及所存在的潜在风险。他们在企业或公司里就职，当然应该对所在的企业或公司忠诚，这是其职业道德的基本要求。可是如果工程师仅仅把他们的责任限定在对企业或公司的忠诚上，就会忽视应尽的社会责任。工程师对企业或公司的利益要求不应该是无条件地服从，而应该是有条件地服从[11]。当他发现所在的企业或公司进行的工程活动会对环境、社会和公众的人身安全产生危害时，应该及时地给予反映或揭发，使决策部门和公众能够了解到该工程中的潜在威胁，这是工程师应该担负的社会负责和义务。在 PX 项目中，如果从事设计和生产的工程师能够尽职尽责，努力消除安全隐患，避免出现重大事故；在发现存在严重质量问题和重大风险时，主动向上级决策部门反映；必要时向公众说明 PX 项目的真实情况、存在的问题和可能的风险，他们的"出场"都会化解工程安全引发的社会问题，进而消除公众对该项目的理解和接受上的偏差。

第二，从决策伦理的角度来看，工程项目决策过程需要民主参与，使公众的利益诉求得到合理有效地表达。

工程决策是决策主体针对拟建工程项目确立总体部署，并通过不同工程建设方案进行比较、分析和判断，对实施方案做出选择的行为。传统的工程决策往往只注意到科学性方面的要求，而没有注意到民主性的要求，这是导致许多工程无法顺利实施的主要原因。所谓民主性的要求，是指在工程决策中倾听并吸收各利益相关者特别是弱势群体的意见，将其合理要求纳入到决策方案中，从而使所形成的方案为各利益相关者所普遍接受和认可。民主性要求中要体现出人本主义精神，它要求工程决策中考虑工程的环境、社会效益，尊重人的尊严与权利，不伤害人的情感与生命，给人以生命层面的终极关怀，努力做到以人的价值为中心，实现工程造福于人的终极目标[12]。如果工程决策中缺少人本主义精神，即使一项工程在技术层面上十分合理，经济效益非常显著，最终也会由于出现严重的社会问题而难以顺利实施。一些地方的 PX 项目之所以最终会被叫停，就是因为工程决策中只注意到了工程在技术和经济层面的可接受性，而没有给予利益相关者的民主参与以足够的重视。作为决策者，政府主管部门主要考虑 PX 项目能给当地带来多少财政收入，而公众主要关注当地的环境和人身安全。在工程决策中，如果只是政府部门拍板，企业管理者和工程师执行，没有充分考虑到公众的利益诉求，往往工程决策已经形成或出现重大事故之后才向社会发布，那么公众出于对决策结果的不满，就可能出现游行抗议等过激活动，最终迫使政府放弃或搬迁该项目，从而给整个社会造成巨大的经济损失。

第三，从商谈伦理的角度来看，政府需要与利益相关者各方特别是公众之间建立"对话平台"，化解公众的抵触情绪。

随着我国工程活动规模的不断扩大，工程活动利益相关者之间的价值冲突也会日益常态化。这类利益冲突可能造成利益分配的不公正，损害弱势群体的利益，阻碍工程项目的顺利开展。如果民众的利益长时间得不到补偿，就会演变成严重的社会的问题。从哈贝马斯的商谈伦理学角度看，商谈是解决争端的社会机制[13]，也是解决工程活动中利益冲突的必由之路，为处理工程活动利益相关者之间的关系提供了必要基础。通过商谈对话，相关各共同体之间可以增进相互理解，消除各共同体之间信息的不对称性，使各共同体之间的实际利益矛盾得到相对完善的解决，有助于处理工程实践所带来的利益冲突与分配不公正问题。同时，商谈作为一种方法，还有助于促进工程实践的民主化。

在有些地方的 PX 项目立项和实施过程中，由于有关部门没有意识到与公众进行对话的重要性，没有及时向公众解释和通报 PX 项目的真实情况，致使民众获取有关 PX 项目信息的渠道缺失。在正常的信息通道被堵塞的情况下，其他信息渠道就会乘虚而入。一些缺乏社会责任意识的个人和媒体为了吸引公众的关注，就可能在缺乏科学证据的情况下随意夸大 PX 的危险性。比如造成厦门 PX 事件的一个主要环节，就是夸大 PX 危险性的信息通过手机短信的方式在厦门市民中间迅速传播。诸如"PX 项目犹如原子弹"、"一百枚导弹也远远抵不上对二甲苯储存罐爆炸的威力"、"按国际惯例，PX 建厂应该离城市 100 公里以外，而中国的 PX 离市区仅 20 多公里"这样的虚假信息加剧了人们对 PX 的畏惧心理[14]。当很多市民已经对 PX 产生恐惧心理时，政府有关部门再来辟谣和解释 PX 的真正危险程度，反而被公众视为是有意掩盖真实的情况，是欺骗公众和为 PX 项目进行辩护的表现。如果 PX 项目从立项到实施的整个过程中都让公众充分地了解到相关的信息，就不会造成这种局面。

3 从工程伦理角度增进工程安全的对策分析

通过以 PX 项目困局为例分析工程安全的伦理因素，可以提出从工程伦理角度增进工程安全的相应对策。

首先，工程师行业协会的介入，可能有助于解决单个工程师想反映和揭露工程安全隐患却感到力不从心的现实问题。工程师既要为工程决策提供专业的知识和建议，又要承担维护公众利益的社会责任。但是，在某些情况下，工程师为了公众利益而大胆揭露工程安全问题，往往会给自己带来某种损失，轻则丢掉职位，重则人身安全受到威胁。由于担心受到打击报复，大多数工程师就会选择沉默。为了克服这个难题，工程师可以寻求行业协会的帮助。工程师的行业协会有责任为其会员的这种道德行为提供支持和保护[15]。当某个工程师发现工程安全存在问题的时候，如果其意见得不到所在企业领导人的重视和接纳，就可以寻求其所在的行业协会帮助，通过协会面向主管部门和公众揭发相关问题。如果某个工程师由于揭露工程安全问题而受到打击报复的时候，行业协会有必要通过政府主管部门和社会力量，应该及时伸出援手，帮助工程师度过难关。政府主管部门也应建立相应的保障机制，激励和保护为了公众利益勇于揭露所在企业工程安全隐患的工程师的正当权益[16]。

其次，政府要建立与工程利益相关者进行对话的机制与平台，使所有的利益相关者都能够参与到工程决策之中。造成 PX 项目困局的一个主要原因，是工程决策中缺少公众参与，信息沟通平台缺失，致使公众的呼声和利益诉求不能通过合理渠道得以表达。因此，在工程决策和实施中必须建立利益相关者对话的平台和机制。对话的模式可以在职业层面、舆论层面和制度层面进行。职业层面的对话主要是指围绕工程师的职业活动而开展的商谈对话，如围绕某一工程的建设而开展的工程师、管理者、当地居民之间的对话。舆论层面的对话主要是指围绕工程实践的社会伦理后果，由公众、媒体人员、人文学者、非政府组织成员等与工程共同体的商谈对话。其中，公众的参与范围更加广泛，从原来与工程项目直接相关的居民扩展到与工程社会后果相关的公民。制度层面的对话强调以听证会等制度设计为实现途径，这也是最为有效和便捷的途径之一。听证会的形式可以采取不同的形式，如基层的民主恳谈会、民主听证会、城市居民议事会等[17]。如果在 PX 工程的立项过程中增加一个听证会的环节，政府、企业、市民、专家、媒体在听证会上平等地发表意见，政府和企业的管理者和技术专家通过听证会及时了解民情并吸纳公众的合理化建议，就会及时化解矛盾，消除情绪对立和误解，避免非理性因素经过传播产生"放大效应"。工程伦理学者应该在对话中发挥中介作用，帮助公众在参与工程决策中合理、准确而有序地表达着自身意愿。他们需要了解工程项目本身的基本情况和社会影响，理解技术专家的解释，并向技术专家、利益相关者和媒体阐明工程项目伦理问题的性质、意义和可能的解决途径，及时发现相关的制度和程序安排上的问题，引导对话不断深入。

最后，建立完善的经济补偿机制也有助于化解工程项目建设中收益与付出不对称的矛盾。人们在对待具有重大经济价值但会影响环境的工程，有一种矛盾的心理，一方面明明知道生产生活中离不开它，但是又都希望不要在自家附近生产，即所谓的"邻避情结"（Not in My Back Yard）[18]。如果人人都想获得工程带来的好处，而不愿意承担工程本身带来的负面影响，那么工程项目将无处选址。如何解决这一矛盾也是工程活动中必须给予考虑的难题。从经济学的角度来看，居民在对环境和人的健康有负面影响的工程项目周边生活，要比远离该项目的公众付出更高的代价。如果不能得到一定补偿，他们自然就会反对工程建在他们的周围。所以，应该通过建立相应的机制对工程周边的居民给予一定的经济补偿，这样才体现公平公正原则。通过经济补偿手段，可以很好地缓和当地居民的心理抵触情绪。

4 结论

PX 项目当前遇到的困境充分说明，如果忽视工程活动中伦理的因素，工程安全问题就会变成社会问题，造成社会资源的极大浪费，增加社会不安定的因素。工程决策者应该吸取 PX 项目事件中的经验教训，在以后的工程决策中强化责任伦理意识，重视决策伦理和商谈伦理。积极引导公众参与重大工程项目决策。只有这样，才能有效降低工程风险，提高工程安全水平，更好地推进工程的顺利实施。

参考文献

[1] 李伯聪. 略谈科学技术工程三元论 [J]. 工程研究—跨学科视野中的工程，2004：42-53.

[2] "PX" 正在被妖魔化：揭开 PX 的神秘面纱 [N]. 人民日报，2013-6-24（1）.

[3] 张黎. 如何跨过 PX 这道坎 [J]. 环境保护与循环经济，2013，（5）：20-22.

[4] 路晓宇. PX 项目非洪水猛兽 [N]. 中国能源报，2013-8-12（4）.

[5] 曹湘洪院士谈 "PX 困局"：已非技术范畴内问题 [EB/ OL]. [2013-9-18] http：//science. china. com. cn/2013-08/27/content _ 29834513. htm.

[6] 李伯聪. 工程与伦理的互渗与对话——再谈关于工程伦理学的若干问题 [J]. 华中科技大学学报（社会科学版），2006，（4）：71-75.

[7] 甘绍平. 忧那思等人的新伦理究竟新在哪里？[J]. 哲学研究，2000，（12）：51-59.

[8] Friedman M. Capitalism and Freedom [M]. Chicago：University of Chicago Press，1962：133.

[9] 陈宏辉，贾生华. 企业社会责任观的演进与发展：基于综合性社会契约的理解 [J]. 中国工业经济，2003，（12）：85-92.

[10] 乔治·斯蒂纳，约翰·斯蒂纳. 企业、政府与社会 [M]. 张志强，王春香，译. 北京：华夏出版社，2002：137.

[11] Mitcham C. Engineering design research and social responsibility [J]. In：K. S. Shrader-Frechette, Research Ethics, Totowa, NJ：Rowman & Littlefield, 1994：153-168.

[12] 安维复. 工程决策：一个值得关注的哲学问题仁 [J]. 自然辩证法研究，2007，23（8）：51-55.

[13] Finlayson J G. 哈贝马斯 [M]. 邵志军，译. 南京：译林出版社，2010：88.

[14] PX 为什么 "越来越危险". 香港《凤凰周刊》官方博客 [EB/ OL]. http：//blog. sina. com. cn/s/blog _ 4b8bd1450102e9ep. html. [2013-9-20]

［15］ Hively William. Profile: union of concerned scientists ［J］. American Scientist. 1998, vol. 76, no1 (January-February): 8-22.

［16］ Robert M, et al. The BART Case ［J］. in Stephen H. Unger. Controlling Technology: Ethics and the Responsible Engineer, 2nd ed. New York: John Wiley, 1994: 20-27.

［17］ 谈火生. 审议民主理论的基本理念和理论流派 ［J］. 教学与研究, 2006, (11): 50.

［18］ 陶鹏, 童星. 邻避型群体性事件及其治理 ［J］. 南京社会科学, 2010, (8): 63-68.

Analysis of Ethical Problems in Engineering Safety: A Case Studyof the Social Impacts of PX Project

Abstract: PX project, which is now paid great attention by society, have involved into an extensive influential social problem from an engineering safety problem. It bears typical meaning in respect of the ethical problem in engineering safety. From this case, it can be found that, government departments, enterprise managers, engineers and other stakeholders should be equipped with responsibility ethical consciousness and undertake relevant social responsibility; decision-making process of engineering project needs democratic participation, providing a channel for the public to express their interest appeal rationally; a "dialogue platform" should be set up between government and stakeholders especially the public, following the principles and methods of discursive ethics and defusing the inimical mood of the public; further, the engineering decision-making and implementation process should give play to the mediating effect of engineering ethics scholars and improve the negotiation mechanism and corresponding financial compensation mechanism.

Keywords: Engineering Safety, Engineering Ethics, Ethics of Responsibility, Ethics of Decision-making, Discursive Ethics

技术伦理和工程伦理学科发展报告

于 雪

（大连理工大学 人文与社会科学学部）

技术伦理和工程伦理是研究工程技术活动与伦理道德之间关系的学科。不同于科学伦理关注科学活动中的伦理问题，技术伦理和工程伦理则关注于工程技术活动中所产生的伦理问题，特别是具体操作过程中工具性、手段性的实践伦理问题。当前，工程技术活动引起了很多重大社会现实问题，对人们的生产和生活产生了显著的社会影响。与此同时，伴随着应用伦理学对工程技术主题的关注以及技术哲学中的伦理学转向，技术伦理和工程研究成为当前重要的研究内容。随着研究的深入与拓展，技术伦理和工程伦理学研究范式逐渐成熟，具有了相对稳定的学科建制和学科规范，并且关注技术伦理和工程伦理问题的研究者队伍也在不断增长。以下就技术伦理和工程伦理当前研究的主要问题、技术伦理和工程伦理教育现状、对外交流和国际合作、发展趋势与未来研究热点等问题进行分析和总结。

1 技术伦理和工程伦理的学科热点问题

技术伦理指的是技术活动过程引发的伦理问题，包括技术设计和试验中的伦理问题、技术产品生产中的伦理问题、技术产品使用中的伦理问题等。工程伦理则强调工程活动引发的伦理问题，包括工程设计和规划中的伦理问题、工程施工中的伦理问题、工程完成后使用中的伦理问题等。从近几年的学科发展看来，高新技术的伦理伦理问题、常规技术的伦理问题及工程事故中的伦理问题是当前的核心问题和学术热点，下面就这三个方面进行概括和总结。

1.1 高新技术的伦理问题

高新技术的伦理问题，是指高新技术研究与开发过程中产生的伦理问题，包括在防范高新技术可能产生的环境、安全、健康等方面负面影响的伦理责任；高新技术带来的社会（阶层、地区、国家）利益重新调整方面遇到的伦理困境；高新技术对人的全面发展（生理、心理、自我意识等方面）影响的伦理难题；对高新技术进行伦理评估的途径与方法等问题。近年来，我国学术界对高新技术的伦理研究主要集中于高新技术的特征、本质、伦理价值等方面。较为突出的是纳米技术中的伦理问题、网络技术中的伦理问题、生命技术中的伦理问题和认知技术中的伦理问题。

高新技术中的伦理问题实际主要集中于会聚技术。会聚技术（converging technology）是把当今四种重要的前沿技术（纳米技术、生物技术、信息技术和认知技术，简称NBIC）在"提升人类能力"的总目标之下"会聚"起来的技术集群。它是于2001年12月由美国商务部技术管理局、国家科学基金会（NSF）、国家科学技术委员会纳米科学工程与技术分委会（NSTC-NSEC）在华盛顿联合发起，由科学家、政府官员等各界顶级人物参加的圆桌会议上提出的。目前，"会聚技术"的这一概念已经得到世界各国的科技界、学术界的广泛认可和重视，它被认为是代表着当前人类技术发展的最高水准，是各国都努力争取的科技发展制高点。[1]由于会聚技术在提升人类能力上的巨大潜力，对人类未来发展带来巨大影响，这就决定了会聚技术是一种必然涉及伦理问题的实践活动，因此人类必须在发展会聚技术之前对其未来的结果和影响做好充分的评估和预测，尤其是对其可能对人、社会和自然所带来的消极影响给予充分的关注和重视。现代科技实践活动已经不再是一种单纯的技术活动，而是一种"技术-伦理"相互耦合的活动，二者是有机联系在一起的不可分割的整体。学术界对会聚技术所引起的哲学反思与伦理争论不绝于耳，东北大学的陈凡教授在《哲学视野下的会聚技术探析》一文中指出，技术会聚是技术发展的一种模式，会聚技术蕴含着物质性、系统性、综合性等特性，因此哲学界更关注会聚技术可能引起的伦理困境，妥善应对技术的"双刃剑"效应。会聚技术不仅从外部改造自然，而且对人本身具有再造的能力，如果处理人与技术的关系又一次成为技术哲学的核心问题。

20世纪90年代以来，随着纳米技术的迅猛发展，对纳米伦理的关注也与日俱增。在我国，纳米技术的发展更是突飞猛进，因此对纳米技术进行伦理反思的呼声也越来越高。作为一个交叉学科，纳米理论涉及纳米材料的安全问题、灰色黏稠物的可控性问题、个人安全的保护问题、利益风险与公正分配的问题等。2010年9月，《中国社会科学报》特别策划了"学科交汇视野下的纳米伦理"专栏，组织国内外科学家与人文学者一起深度探讨纳米科技的伦理问题及其社会治理。大连理工大学的王国豫教授以《纳米技术的伦理挑战》[2]为题，探讨了纳米技术引发的伦理问题，并且提出一种全球化的公共治理路径。中国社会科学院邱仁宗[3]研究员认为纳米技术可能引起环境问题、社会问题、伦理问题等，因此要直面纳米技术的"双刃剑"。中国科学院樊春良[4]副研究员总结了我国纳米伦理的发展情况，并倡导积极应对纳米技术社会和伦理问题。大连理工大学王前教授等以《实践有效性视角下的纳米伦理学》[5]为题，从实践有效性入手，提出了一种基于"解释—操作—对话"模型的纳米伦理研究方法。中国科学院院士、清华大学物理系主任薛其坤教授[6]从纳米技术自身的"小尺度"特征出发，提出了纳米技术的不确定性与伦理问题。此外，广州行政学院的李三虎教授在《哲学研究》杂志上发表了《纳米现象学：微细空间建构的图像解释与意向伦理》[7]一文，提出了运用"现象学—伦理学"方法进行纳米技术评价。清华大学曹南燕教授在《纳米安全性研究的方法论思考》[8]一文中提出，解决纳米的安全性问题，要从方法论入手，开展跨学科、跨层次的综合研究。作为学术热点，对纳米伦理的研究还有巨大空间。中央党校哲学教研部的胡明艳博士[9]同样指出，纳米技术的伦理研究应超越单纯的伦理学视角，实现跨学科合作，更应成为一种被整合进纳米技术实际发展过程之中的实践性力量。

　　网络技术具有便捷性、虚拟性、广泛性等显著特点，因而网络技术所涉及的伦理问题主要体现在：网络自由与舆论制约的矛盾、知识产权与知识共享的矛盾、隐私权和知悉权的矛盾等方面。对网络伦理的研究一直是学术界所关注的热点，网络伦理研究主要集中于"虚拟"的本体论研究，以及高校大学生的网络伦理教育。关于网络伦理研究的学术成果相当多，较有代表性的有湖南师范大学道德文化研究中心的李伦教授发表的《网络道德与和谐网络文化建设》[10]一文。他在该文中指出，网络道德作为一种渗透性的元规范力，在网络社会中起独特作用。中国社会科学院哲学研究所的孙伟平研究员在《哲学研究》发表了《论信息时代人的新异化》[11]一文，阐述了网络从政治、经济、文化等角度对人进行异化，特别是"虚拟交往"对人际关系的异化，因此需要探寻一条适合人类全面发展的网络伦理新路径。网络技术发展日新月异，新鲜事物不断涌现，"人肉搜索"、"网络暴力"、"黑客行动"等层出不穷。因而学术界对网络伦理的研究还需更为全面、及时、有效。另外，中南大学的刘玉梅[12]分析了当前网络道德惩罚的多样性，包括谴责性言论、顶帖、网络通缉令、对现实生活的干扰以及排斥等，并且指出通过给予话语权、从容的推理以及行动前的反思来确保网络道德惩罚的公正性。大连理工大学的王前教授于 2013 年 1 月出版了《网络中的真与善——网络环境下的社会伦理问题探析》[13]一书，指出网络和信息技术给人类带来了前所未有的便利，但也带来了诸多社会伦理问题，如涉及个人隐私、信息安全、垃圾短信、电话诈骗、网络侵权、计算机病毒、黑客攻击、网络色情等方面的问题。对这一背景下的网络社会伦理问题研究，就是对网络中的"真"与"善"的研究，因此应该包含四个方面的内容，即网络环境下的伦理主题问题研究，网络环境下的伦理意识问题研究，网络伦理视角下的社会行为研究，以及网络环境下的社会伦理问题对策研究。

生命技术引发的伦理问题简称为"生命伦理"，主要包括：转基因技术中的伦理问题、克隆技术中的伦理问题、器官增强技术中的伦理问题、器官移植技术中的伦理问题、生殖技术中的伦理问题、安乐死技术中的伦理问题等。邱仁宗研究员在《生命伦理学研究的最近进展》[14]中详细报告了干细胞研究、人—动物混合胚胎研究、生物信息库、合成生物学和汇聚技术中的伦理问题研究的最近进展，并指出这些新兴生物医学技术伦理学研究，包括"我们应该做什么"的实质伦理学研究，以及"我们应该怎样做"的程序伦理学研究。北京化工大学 STS 研究所所长张明国教授在《面向生命技术风险的伦理研究论纲》[15]一文中指出，生命技术具有风险属性，它是一种风险技术。生命技术在被使用时可能产生很多安全风险和伦理风险，要在研究生命技术风险致成因素的基础上，通过制定和实施严格的制度管理和有效的伦理规范，控制和规避生命技术风险。东南大学的田海平教授则致力于从原则——理论、问题——难题、政策——实践三大向度建构中国生命伦理学的理论体系和解释框架。他在《中国生命伦理学的"问题域"还原》[16]一文中率先提出，以一种"伦理分层"的方法解决生命伦理的困境。苏州大学的陆树程教授[17]则倡导建立一种以敬畏生命为基础，共同体成员积极参与、真诚合作，并且达成道德共识，自觉遵守共同伦理规范的当代生命伦理共同体。生命伦理所涉及的具体问题一直是学术界关注的焦点，近年来，对基因技术、器官增强、生殖技术的研究最为突出。中国社会科学院哲学所的甘绍平研究员[18]从生命伦理学领域引伸出"道德冲突"的概念，并指出在实际应用中，道德冲突使得哲学家更加明白自身的价值与局限性，从而使伦理学理论更好地武装自己。华中科技大学哲学系的程新宇教授[19]针对生命伦理学中涉及到的人的尊严进行了探析，他认为当代生命伦理学中关于人的尊严的争论有四个症结，其一在于混淆了作为存在价值的尊严和作为道德价值的尊严；其二在于混淆了人种尊严和位格尊严；其三在于争论双方分别采取了人类中心主义和非人类中心主义的立场；其四在于争论双方分别采取了平等主义和等级主义的立场。

东南大学樊浩教授的《基因技术的道德哲学革命》[20]，指出基因技术发展导致道德哲学革命的最深刻的原因，在于它颠覆了"自然人——自然家庭"这个"文明时代"一切道德哲学的基础。未来道德哲学的形态，将是"自然人—技术人"共生互动的"不自然的伦理"和"不自然的道德哲学"。中国科学技术大学的吴幸泽等人基于调查研究指出了转基因技术伦理的热点问题，包括：转基因技术本身的伦理问题、转基因技术相关的利益方的行为伦理问题、转基因技术相关的责任伦理问题。另外，中国科学院《自然辩证法通讯》杂志社和江苏省自然辩证法研究会、南京农业大学科技与社会发展研究所于2012 年 4 月 14～16 日在南京农业大学共同主办了"跨学科视野下的转基因技术学术研讨会"[21]，中国科学院大学肖显静教授在主题报告《转基因技术特征及其与环境风险关联的哲学分析——基于不同生物育种方式的比较研究》中比较了传统生物育种技术和转基因技术，并指出后者是由分子遗传学理论引导的现代技术，所产生的转基因生物人工性更强，可能带来更大的环境风险。南京农业大学生命科学学院强胜教授则从生物安全的角度作了《我国转基因生物环境安全风险探讨》的主题发言，并且指出转基因作物环境安全风险是客观存在的，但只要我们采取积极科学的研究、相应的科学决策、严格而科学的管理、应对预期风险的技术储备、以及提高公众意识等措施，生态风险是可控的。

上海行政学院哲学教研部的张春美教授在《人类克隆的伦理立场与公共政策选择》[22]一文中讨论了关于人类克隆的不同伦理立场及从"限制"到"自由"的五种公共政策，并指明了对我国克隆技术政策的两点启示，即推进国家级生命伦理委员会建设，形成克隆技术的伦理管理机制选择；建构中国式生命伦理原则与规范，引导克隆技术的善用方向。郑州大学的谈新敏[23]教授对人类辅助生殖技术的"异化"问题进行了讨论，他指出这种"异化"体现在通过多种医源性途径选择胎儿的数量、性别以及通过遗传检测与筛查和产前诊断获取胎儿遗传信息，并利用基因改造技术试图生育"完美婴儿"。这种"异化"造成了性别比例失调、婴儿身体素质低下等现实问题与涉及情感、经济利益等因素的伦理困境。针对安乐死所涉及的伦理问题，西南大学的任丑教授[24]提倡将苦难、自律、伦理委员会和临终护理等要素有机统一起来，构筑成一条具有一定可行性的安乐死立法的磐石之路。

认知技术主要包含人工智能技术、大脑芯片技术和虚拟实在技术。认知技术涉及的伦理问题主要包括智能机器人技术中的伦理问题、大脑芯片技术中的伦理问题、虚拟实在技术中的伦理问题等。对认知哲学的分析主要集中于山西大学科学技术哲学研究中心。山西大学的魏屹东教授在《认知哲学：认知现象的整合性研究》[25]一文中指出，认知哲学是当代西方哲学研究中出现的一个新趋向，它具有高度交叉性和整合性，因此有必要将"认知哲学"作为一个新概念进行研究。尤洋博士[26]则区分了神经哲学（Neurophilosophy）和神经科学哲学（Philosophy of Neuroscience），并介绍了神经科学哲学所关注的四方面内容，即：认知功能定位、意识解释、大脑的计算与表征、神经科学的解释机制。另外，在对认知神经科学哲学发展的预测上，尤洋指出认知神经科学哲学将更关注伦理与道德的研究。对认知技术进行伦理反思主要集中于对人工智能的哲学反思。浙江师范大学的郑祥福教授曾在《人工智能的四大哲学问题》[27]中指出，人的意向性问题、概念框架问题、语境问题以及日常化认识问题是人工智能的四大哲学问题。此外，中南大学田勇泉[28]教授在临床经验中总结了脑成像技术所涉及的伦理问题，包括隐私保护、安全性、知情同意和自主性等。在对虚拟实在的思考，江苏省社会科学院哲学与文化所朱珊在《作为人类一种存在方式的虚拟——对虚拟的哲学思考》[29]一文中给出了自己的见解。她指出，虚拟不只是电子信息技术建构的人机界面；作为一种特有的文化现象，它表征人类"自我存在"的冲动和能力，是人类克服存在焦虑、确证自我在世界中的位置并实现自由的一种手段和方式。

1.2 常规技术引发的伦理问题

常规技术是指已经成熟了的，其原理、方法、工艺标准都已经确定了的技术。常规技术能够在企业生产和工程建设中被重复应用，但其技术设计、加工、控制、使用等环节仍需要不断进行技术创新。常规技术中的伦理问题涉及技术活动中生产者与消费者、技术活动与社会生活以及技术活动与生态环境等方面的伦理关系，具体包括技术风险与安全的伦理问题、技术产品质量的伦理问题、常规技术引发的环境伦理问题。

大连理工大学王前教授在《STS视角的技术风险成因与预防对策》[30]一文中，以STS视角分析了技术风险的成因，主要包括：传统技术观念的影响；过于重视技术活动的效益，没有形成完善的技术文化；技术伦理作用的缺失；技术管理上就事论事，对违规现象惩治不力等，并以此提出了相应的对策，特别强调开展技术伦理教育，提高技术人员的责任伦理意识，将技术伦理、技术评估和技术管理有机地结合起来等。北京航空航天大学徐治立[31]教授指出为了有效防范现代技术风险，必须明确技术风险伦理的基本规范。这些规范包括：技术风险告知诚信规范、技术风险道义评价规范、技术风险公正分担规范、技术风险规避责任规范。而东北大学的王健[32]教授认为当代技术风险的根源在于技术社会化的单向度，对这种单向度的克服则要通过伦理规约，包括：用节制规约现代技术的经济取向、用公正规约现代技术的政治取向、用人道规约现代技术的军事取向。而华中师范大学的高杨帆教授[33]认为：现代社会的许多风险是由于技术决策过程中伦理缺位所引起的，因此要把伦理思想融入技术决策的过程。湖南师范大学的曾鹰在《"风险文化"：食品安全的伦理向度》[34]一文中指出，我国社会食品安全事件频发，表征着"风险社会"的来临，而借助"风险社会"的分析框架及其独特的自反性现代化思想，审慎透视"风险文化"，这标示着一种新型的技术伦理向度，且意味着人类在风险意识的促动下，人的真正自我觉醒以及人的类本性的提升，有助于缓解或克制食品安全问题。湖南师范大学的唐凯麟[35]教授则指出了当前我国食品安全伦理研究的热点问题是：关于食品生产和销售过程中安全问题的伦理研究；关于转基因食品安全问题的伦理研究；对食品安全传播的研究；关于食品安全的政府监管和行为自律等方面的研究。清华大学的雷毅教授等人在《伦理矩阵：一种技术评价工具》[36]一文中提出了一种评价技术的一般性方法——伦理矩阵。它既是一种分析伦理问题的思维框架，也是一种伦理维度的技术评价工具，其优点在于，它摆脱了技术评价和决策过程中专家一统天下的局面，尤其是评价技术的安全性、社会效应和伦理影响等方面，能够充分照顾各方的利益和诉求。随着伦理矩阵方法在技术上的改进日趋完善，这种方法在很大程度上将会成为我们综合分析与评价技术的一种可行性方案。

对技术设计中的伦理问题的关注是目前技术伦理研究的另一个新的学科热点，这是传统技术伦理走出"外在主义"研究模式困境的一个突破口。鉴于此，我们"应当超越工程伦理学中流行的外在主义观察，从而致力于技术发展的一种更加内在主义的经验性观察，考虑设计过程本身的动态性并探讨该语境下产生的伦理问题。"[37]。目前，荷兰代尔夫特理工大学、埃因霍温理工大学和特文特大学联合组建的3TU技术伦理研究中心开展了一系列与技术设计和研发有关的伦理问题研究，如"食品技术中的负责任创新"，"IT管理中的价值敏感性设计"，"劝导技术与社会价值"，"产品的影响：行为引导技术的理论与伦理学"等，这些子课题共同的问题可以概括如下：在多大程度上以及以何种方式，（道德）价值可以嵌入到技术设计和研发之中？如何使它们相对于已接受的道德价值变得具有更强的适应性和敏感性？2005年，代尔夫特理工大学主办了第14届国际技术哲学年会，会议的主题为"技术与设计"，在会上，与会学者就设计的本体论、认识论、伦理学以及设计与社会、政治的关系进行了广泛的讨论；他们以设计为主题发表了大量的学术论文和专著，如《哲学与设计》、《事物能做什么》、《使技术为善》等。维贝克和普尔在《科学、技术与人类价值》杂志上组织编辑了一期专刊（2006年第3期），集中发表了相关学者对设计伦理的研究成果。

我国学术界对该问题也开始有所涉及，山西大学的乔瑞金教授[38]在《技术设计：技术哲学研究的新论域》一文中指出，在技术化的社会中，随着技术设计越来越成为一个与周围环境相联系的整体系统，我们思考技术设计，也必须用一种整体性的哲学思维方式，立足于技术实践，多层次、多角度地推进技术设计的研究。大连理工大学的王前[39]教授等则指出传统的技术伦理学通常站在技术活动之外，对技术后果进行伦理反思和批判，而内在进路的技术伦理学则把目光投向技术活动之中，考察如何在技术设计中嵌入某种道德要素，使技术人工物能够在使用过程中引导调节人的行为，以实现一定的道德目的。这种"道德的物化"的研究范式，对于发挥技术伦理的实际效用有着重要意义。

最近几年，对技术哲学中又一重要环节——技术使用的关注也初现端倪。成都理工大学的陈多闻在《技术使用的哲学初探》[40]一文中指出了技术使用的本体论、认识论和伦理学意蕴。此外，湖南科技大学的陈玉林[41]副教授提出了从哲学范式、文化研究范式和经济管理学范式对技术使用的进行反思。从哲学范式看，使用者是伦理责任主体；从文化研究范式看，使用者是意义建构者；从经济管理学范式看，使用者是创新用户。

总体看来，目前学术界对常规技术所引发的伦理问题研究多集中于具体的事实案例，理论层面的探究还比较少。因而从技术伦理角度探讨技术产品的安全性、常规技术活动对社会环境的影响等问题十分有必要。

1.3 工程事故中的伦理问题

工程伦理主要指在工程设计、实施和使用过程中出现的，涉及工程与自然、工程与社会、工程中人与人之间关系的伦理问题。主要包括工程设计中的伦理问题、工程实施中的伦理问题、工程使用中的伦理问题、工程事故带来的环境伦理问题、工程事故带来的社会伦理问题。

最近几年，我国工程事故频发，因此对工程伦理的反思尤为突出。中国科学技术大学的徐飞教授与王永伟博士[42]以 CSSCI 和 CNKI 数据库为样本，分析了当代中国工程伦理研究的态势。自 2006 年起，关于工程伦理的论文及相关课题资助骤增，相继涌现出中国科学院、浙江大学、东北大学、大连理工大学等工程伦理研究的热点单位，且研究的主要热点集中在工程伦理教育、工程师利益、生物及环境工程伦理，另外，对包括基础理论研究与应用对策研究在内的学科建设问题也引起了学术界的关注。中国科学院大学李伯聪教授发表了《微观、中观和宏观工程伦理问题——五谈工程伦理学》[43]一文，指出在工程伦理学中，工程共同体成员的"个体伦理"是微观伦理问题，有关企业、组织、制度、行业、项目等的伦理问题是中观伦理问题，而宏观伦理则是指国家和全球尺度的伦理问题。微观、中观和宏观伦理问题既有性质、层次、范围上的区别，同时又相互渗透、相互纠缠、密切联系、相互作用。北京理工大学李世新[44]副教授提出了研究工程伦理学的两条进路：一方面，从伦理到工程，用伦理学的视角和方法去发现和研究工程中的伦理问题；另一方面，从工程到伦理的方向，要研究工程发展对伦理道德的影响。在对工程伦理的研究中，学术界比较关注工程设计的伦理问题。工程设计的伦理问题主要表现在工程项目的方案设计和决策上。如果设计和决策受到来自政府主管、企业主管或行业权威的影响或压力，可能导致违背伦理原则，损害公众利益，严重破坏生态环境的时候，能否仗义执言，维护伦理原则，就是一个伦理问题。东北大学陈凡教授在《工程设计的伦理意蕴》[45]中，提出工程设计不是单独的个人行为，而是富有文化意蕴的社会性的系统行动，工程设计伦理是环境伦理、技术伦理与社会伦理的融合统一。目前看来，学术界对工程实施、使用中所涉及的伦理问题研究尚显不足。工程事故所带来的环境影响与社会影响在当今十分突出，对这一问题进行伦理分析也成为学术界关注的话题。北京工业大学的张恒力副教授在《论工程设计的环境伦理进路》[46]一文中倡导"绿色设计"与"参与性设计"，从而遵循工程设计的可持续路径。在对工程事故带来的环境伦理问题剖析中，中央党校的赵建军教授在《工程的环境价值与人文价值》[47]一文中指出，在生态文明社会，应更加注重工程的环境价值与人文价值相统一，这种统一性应成为工程实践的价值导向。中国科学院大学的肖显静教授[48]也谈到了工程共同体对环境问题的伦理责任。他指出，工程共同体的各个组成部分都应该承担环境伦理责任。例如，工程师应负有一种从"对雇主不加批评的忠诚"走向"批评的忠诚"的责任，工程师协会应该负有对工程师进行环境伦理教育以及制定相应的工程师环境伦理规范的责任，工程管理者应该承担起对工程活动进行环境管理的责任，工人也应该承担避免因操作失误而引发环境灾难的责任。

另外，北京工业大学的张恒力副教授[49]对工程风险进行了伦理评估，他指出关注工程风险，维护工程安全是工程师的首要义务和基本责任，工程师关注工程风险常遭遇伦理困境，解决这种伦理困境不仅需要加强工程风险管理，促进工程师与管理者等工程共同体的合作与协商，更需要促进公众参与，加强工程安全文化建设。东南大学的何菁在《工程伦理生成的道德哲学分析》[50]一文中提出了一种"何以有善"到"善如何可能"到"善之必然"的工程伦理生成的存在论框架。浙江大学的潘恩荣副教授在《技术哲学的两种经验转向及其问题》[51]一文中指出继技术哲学的"经验转向"与"伦理转向"

后，未来技术哲学第三次转向的一个可能进路是就将经验转向嫁接到工程伦理研究中，发展出从外在进路与内在进路两条途径探讨工程伦理问题。

2　国内学术交流与国际合作

进入 21 世纪以来，技术伦理和工程伦理问题在我国受到了越来越多的关注，国内举办了一系列相关的学术研讨会。与此同时，国际交流与合作日益广泛，我国技术伦理和工程伦理研究的国际化程度不断提高。

针对工程伦理这一主题，较早的学术会议是 2007 年 3 月于浙江大学召开的"2007 工程伦理学学术会议"。本次会议由浙江大学和《哲学研究》杂志社共同发起，国内外的 30 多名与会专家学者就工程伦理学科界定与教学研究、工程实践中的伦理问题等新问题进行了讨论，并对中国工程伦理制度化建设进行了展望。2008 年成立了中国自然辩证法研究会科学技术与工程伦理专业委员会。2009 年 5 月，由中国自然辩证法研究会科学技术和工程伦理专业委员会主办，昆明理工大学社会学院承办的"利益、风险和工程伦理"学术研讨会在昆明召开，会议围绕工程技术的风险问题、工程利益分配问题、工程技术人员道德、工程伦理规范等问题展开了深入而广泛的探讨。2011 年 5 月，由中国自然辩证法研究会科学技术与工程伦理专业委员会和大连理工大学主办的"全国第三届科学技术与工程伦理学术研讨会"在大连理工大学召开。本次会议主题是"科学技术与工程伦理学的实践路径"，议题主要包括：科学技术与工程伦理学基础理论研究、科学技术与工程实践中的伦理问题研究和科学技术与工程伦理的社会影响。来自国内外近百名的专家学者对人工生命的本体论问题、基因增强的伦理问题、工程师的责任伦理和技术风险等前沿和现实性问题进行了有效路径的探求。

2009 年 11 月 29～30 日，中国自然辩证法研究会科学技术与工程伦理专业委员会与国家纳米研究中心联合主办，由大连理工大学欧盟研究中心承办的"纳米科学技术与伦理——科学与哲学的对话"国际学术研讨会在辽宁大连举行，与会专家就纳米材料的安全问题、纳米安全与伦理问题、纳米伦理的基础理论及社会治理以及纳米伦理的跨学科研究的可能性与方法等主题进行了广泛的交流。2010 年 11 月，由上海市自然辩证法研究会、江苏省自然辩证法研究会、中国自然辩证法研究会自然哲学专业委员会、上海市生物工程学会、同济大学生命科学与技术学院、同济大学马克思主义学院共同主办的"全国人工生命技术的哲学思考"学术研讨会召开。来自全国的 80 多名专家学者就人工生命技术引发的伦理思考各抒己见，百家争鸣，讨论热烈。另外，近几年关于认知哲学的主题研讨会也逐渐增多。2010 年 12 月，由华南师范大学、哈佛大学哲学系、澳门公开大学、中国自然辩证法研究会联合主办的"当代科学哲学与心灵哲学的交叉与前沿论题"研讨会在广州和澳门举行。会议讨论了心灵哲学、认知科学等相关问题。2011 年 5 月，由中山大学哲学系、意大利帕维亚大学哲学系合作主办，意大利特伦托大学认知科学学院、复旦大学哲学学院逻辑与科学哲学系、华南理工大学科学技术哲学研究中心协办的"第三届中山大学哲学与认知科学国际研讨会"[52]在广州中山大学召开，讨论了从认知观点考察科学理论的结构、模型的实质与功能、科学表征问题、科学中的数学表征、科学中基于模型的推理、溯因认知、跨文化认知研究的学术建模等问题。2011 年 11 月在武汉举行了"全国神经伦理学"学术研讨会，这次会议由中国自然辩证法研究会生命伦理学专业委员会和武汉理工大学共同举办，主要探讨神经伦理学的哲学基础、神经科学技术前沿（包括脑成像技术、脑机接口、神经增强和记忆控制等领域）的伦理问题、精神药理学中的伦理问题、伦理学的神经科学研究等问题。2012 年 9 月，"知觉与意识：2012 年心灵与机器北京会议"[53]召开，会议由中国人民大学哲学院、北京师范大学脑与认知科学研究院、认知神经科学与学习国家重点实验室、心灵与机器 Workshop 联合主办，讨论了视觉与注意、意识与无意识知觉、概念与知觉经验、机器觉知与机器意识、情感与道德的神经机制等专题。

在国际交流方面，我国学术界在工程技术伦理研究领域举办了一系列国际研讨会。由中德学术交流中心等单位资助的"中德科技伦理研讨会"，分别于 2003 年在柏林召开、2005 年在大连理工大学召开及 2009 年在德国斯图加特大学召开。2004 年 7 月，由中国自然辩证法研究会和东北大学主办，中国自然辩证法研究会技术哲学专业委员会、东北大学科学技术哲学研究中心联合主办的"技术哲学与技术伦理"国际学术会议在东北大学召开。来自美国、德国、日本、加拿大等国的学者与我国学者针对国内外相关研究现状进行了报告。2005 年 9 月由北京理工大学人文学院、清华大学哲学系等单位联合主办了"高科技时代的伦理困境与对策"国际学术研讨会。2007 年 7 月由北美中国哲学家协会、中国社会科学院文化研究中心、大连理工大学、《世界哲学》杂志社等联合主办的科技伦理与职业伦理国际学术研讨会在大连理工大学举办。会议针对当前工程技术伦理和职业伦理中存在的问题进行讨论，中美双方学者展开了深刻的交谈。2011 年 10 月在清华大学召开了"'为了卓越明天的科学和技术：东西方之间的对话'中德联合 STS 研讨会"。围绕"为了卓越明天的科学和技术"（Science and Technology for A Remarkable Tomorrow，START）这一主题，来自德国、日本、香港及中国大陆的 50 余名学者展开讨论。2012 年 11 月 2 日至 4 日，在北京召开了"fPET-2012 哲学、工程与技术国际论坛"。"fPET（Forum on Philosopy，Engineering and Technology)"（起初称 WPE）是哲学界与工程界合作举办的系列国际会议，旨在推动对工程问题的哲学思考，搭建哲学界与工程界之间的桥梁，促进有关学术研究的发展。往届论坛由荷兰代尔夫特理工大学（TUDelft）、英国皇家工程学院（Royal Academy of Engineering）和美国科罗拉多矿业学院（Colorado School of Mines）举办，本次论坛由中国科学院大学主办，十家中外单位协办。来自中国、美国、英国、德国、荷兰、法国、丹麦、俄罗斯、爱尔兰、瑞士、意大利、澳大利亚、巴西等国家的近百位学者参加会议。会议论文经过精选和编辑加工后将汇集为《工程哲学：东方与西方》一书，收入国际著名的波士顿科学哲学丛书中出版。[54]近几年，关于具体领域的国际会议也逐渐增多。2009 年 3 月在北京举行了中荷生命伦理学学术会议——"涉及受试动物的生物技术研究伦理问题"。2009 年 1 月 14～15 日，中英"纳米：治理与创新——社会科学和人文学科的任务"学术研讨会在北京举行，来自英国的 9 名专家和中国 10 多名专家对纳米科技所面临的多重挑战和人文社会学家的作用进行了深入研讨。2011 年 7 月，由中国自然辩证法研究会和北京自然辩证法研究会联合主办的"两岸青年科技工作者生物技术伦理与社会规制论坛"在中国农业大学召开，来自荷兰、中国（含台湾地区）的 40 余名专家学者对生命伦理学所涉及的具体问题进行了交流。

另外，近几年东亚地区应用伦理的学术交流也日见频繁。2010 年 7 月，在中国自然辩证法研究会科学技术与工程伦理专业委员会以及大连理工大学、日本神户大学、台湾大学等高校学者的共同倡导与努力下，"第一届东亚应用伦理学与应用哲学国际学术会议"在日本神户大学召开。本次会议涉及科技伦理基础理论以及科学伦理、技术伦理、生物伦理、环境伦理、工程伦理等领域的许多重要课题。"第二届东亚应用伦理学与应用哲学国际学术会议"于 2011 年 5 月在大连理工大学召开，此次会议致力于为解决全球性的科技伦理问题提供具有东亚文化特色的实践路径。"第三届东亚应用伦理学与应用哲学国际学术会议"于 2012 年 3 月在台湾大学哲学系举办，分别讨论了东亚历史文化资源与应用伦理、工程和职业伦理、应用伦理学和应用哲学方法论等问题。

2007 年，荷兰三所理工科大学（代尔夫特理工大学、埃因霍温理工大学与特温特大学）组成"3TU 联盟"（3TU Federation），其中设有"科技伦理研究中心"，负责科学伦理和工程技术伦理的研究与教学。受荷兰 3TU 科技伦理研究中心模式的启发，2011 年，我国大连理工大学、北京理工大学、东北大学、东南大学、哈尔滨工业大学五所高校共同成立了"科技伦理研究联盟"（简称 5TU），并且与荷兰 3TU 科技伦理研究中心建立了稳定、深入的合作与交流关系。这种学术联盟的合作模式在我国尚属首例，因此还需要不断地发展壮大。2012 年 10 月 29～30 日在大连理工大学举办的"负责任创新：3TU-5TU 科技伦理"国际会议，是我国首次以学术联盟的形式开展合作的会议。这次会议由来自荷兰、中国等 30 余位专家学者共同探讨了有关负责任创新、价值敏感性设计等技术伦理问题，并且就中荷两国科技伦理研究与教育进行了充分研讨，形成进一步合作的方案。

3　国内外工程技术伦理教育的研究现状

工程技术伦理教育是当前工程技术伦理学研究的另外一个热点。我国的工程技术伦理教育与国外工程技术伦理教育相比，还有一定的差距。回顾和梳理国外工程技术伦理教育的研究情况，有助于为了更好地了解我国现在的研究现状和今后的发展方向。

3.1　国外工程技术伦理教育的研究现状

在国外，无论是发达国家还是发展中国家，近年来都在积极探索一条适合自己本国实际情况的工程技术伦理教育途径。工程技术伦理教育已经成为一个世界性的热点问题。

美国是世界上较早开展工程技术伦理教育的国家，在工程技术伦理教育方面逐渐形成了一些比较成功的实践模式，主要有以下三种：跨课程伦理（ethics across curriculum，EAC）教育、服务学习（service learning）、人道主义工程（humanitarian engineering，简称 HE）教育和价值敏感设计（value sensitive design，VSD）教育。跨课程伦理教育是当前美国多数理工科高校采取的一种工程技术伦理教育模式。它的优势在于将伦理教育融入到工程技术专业课程的教育过程中，使得学生的伦理意识与专业课程教育紧密地结合在一起，增强伦理意识对于实践行为的指导作用。服务学习与人道主义工程教育使学生利用课余时间将其所学的科技工程知识服务于社区，从而使科技工程知识更好地给社区公众带来福利，同时，也使得学生更加深刻地理解科学与工程实践的内在伦理向度。价值敏感设计教育则是注重将价值因素融入到设计教育活动之中，目的在于通过这一过程使科技人员的伦理意识能够在实践过程中得到培养和提高。

荷兰在工程技术伦理教育方面，以代尔夫特理工大学、埃因霍温理工大学和屯特大学三所理工科大学组成的"3TU 联盟"（3TU Federation）为代表，形成了自己独特的教育模式。该联盟非常重视工程技术伦理意识的养成教育，认为对伦理意识的整体关注应贯穿于其技术创新的所有研究领域之中。荷兰 3TU 科技伦理研究中心在工程技术伦理教育方面主要关注 3 个问题：负责任创新（Responsible innovation）、伦理并行研究（Ethical parallel research）和价值敏感设计。此外，荷兰 3TU 科技伦理研究中心还出版了一本名为《道德和技术：在工程实践中的道德思考》的教材。该教材被多所大学使用。此书集中体现了 10 年来 3TU 科技伦理研究中心所开设的工程技术伦理教育课程的教学成果，是荷兰工程技术伦理教育方面的一部代表作。

德国大学的工程技术伦理教育主要体现在两方面。一方面，德国大学在文科教育方面，要求学生必须完成伦理学、政治学、法学、社会学、教育学等必修课程，从而培养专业的道德教育工作者；另一方面，德国大学在理工科教育方面，除了要求学生学习必要的人文社会科学的选修课，同时要求理工科学生以社会、历史、文化和伦理学的角度去研习主修专业。德国大学没有专门开设的道德教育课程，而是通过将道德教育渗透到具体专业，贯穿教学的全过程。德国工程技术伦理教育注重责任的培养，在大学期间将伦理意识融入专业课的教育方式提升大学生的责任感，特别是对于工程专业相关的科技工作者，责任意识是其职业道德最根本的要求。

在加拿大众多工程技术伦理意识养成教育中，较为完善的是在跨课程伦理教育的条件下，开展"角色扮演"（roles play）与"情景模拟"（scenarios）等方面的教育活动。[55]例如约克大学的罗伯特·普锐斯教授在科学与工程伦理的课程教学中，通过这两种方式，以"第一人称"的视角培养工程技术伦理意识中的"自我意识"。而且通过这种控制式的教育模式，教师可以很好地跟踪与干预学生工程技术伦理意识养成的全过程，从而指导和培养学生在实践中运用工程技术伦理意识，发现、分析与解决伦理问题的能力。

在智利，工程教育专业通常都是最优秀的高中生的首选，工程教育受到政府和全社会的普遍重视，并形成了一套比较完整的工程教育模式，这其中也包括了工程伦理教育。他们在工程伦理教育中提出并实施的"自我设计和管理"（design and management of self）课程模式，这对我们开展工程技术伦理教育具有很强的启发意义。另外，智利工程技术伦理教育还十分注重在专业课中渗透进伦理意识的教育，实现了伦理教育和专业之间的有机结合。

墨西哥在工程技术伦理教育方面有着自己的特色，其突出表现是在"卢卡斯模式"下开展的环境伦理教育。"卢卡斯模式"是由著名学者卢卡斯于1972 年提出的，它包括三个方面的内容："关于环境的教育"、"在环境中教育"和"为了环境的教育"。墨西哥环境教育工作的开展正是以卢卡斯模式为指导而进行的，但是她们结合本国国情进行了创造性的应用，其中许多做法值得我们学习和借鉴。

在法国，工程师享有比世界任何其他国家的工程师都高的社会地位，这是它不同于世界其他各国的一个很明显的特点。[56]因此法国传统的工程教育模式实施的是精英教育，只有部分高材生，且经过两年的预科学习，才有机会进入高等工程师学习。但随着时代的发展，这种精英教育模式很难满足社会全方位的需要，大量普通的工程学校开始出现。针对这种从精英教育到大众教育转变过程中工程伦理确实的情况，法国提出了一个工程教育的"非技术性教育"（non-technical education）模式，即由法国工程师文凭委员会（Engineering Title Commission）提出的，要求建一个"包括外语、经济、人文和社会科学的一般课程体系，教育学生如何与人交流的具体方法，以及提供一个对工程职业的伦理反思的开放性平台。"

丹麦技术委员会（Danish Board of Technology）是丹麦政府成立的国家技术评估与治理组织，它承担着在全国范围内推动公共理解科学技术与公共参会与科学技术决策。因此，在这种意义上，丹麦技术委员会也承担着在"公民"层面上从事工程技术伦理意识养成教育。伦理意识养成的"公民化"，也是当前国际科学技术哲学伦理学实践的一个重要方向，其目的在于使科技伦理意识不仅仅局限于科技人员，而是将其推广至一般公民层面，如公民在科技社会中的消费伦理意识和政治参与伦理意识。

日本许多大学都开设了有关工程技术伦理教育的课程。日本大学的伦理教育主要是一般从现实发生的案例入手，引导学生对社会伦理问题进行分析和探讨，使学生在具体的事件中理解工程伦理的意义，明白工程师所负担的社会责任及遵守工程技术伦理相关规章制度的必要性。日本的工程伦理教育致力于提升科技工作者对可能发生的事故的预测和处理能力，其比较有特色的做法是在部分企业中设置伦理办公室，用来专门调查和处理员工的伦理问题。此外，日本工程学会在工程伦理教育方面也起到了重要作用，通过制定相关伦理准则约束工程师的行为，使工程师将伦理意识作为行动指南，在实践过程中着重考虑社会影响，从而将工程事故防范于未然。

韩国的工程技术伦理教育一般包含在国民性的德育教育之中，尝试通过通识教育中的伦理课程使科技工作者了解自身的科技活动对于国家和民族的责任，以培养科技工作者的伦理意识。德育课程贯穿于韩国整个学校教育体系，称之为国民伦理课，随着年纪的增高，课时和学分都有所增加。在学校教育之外，韩国多个科学技术团体在"黄禹锡事件"后开始反思科技活动的伦理问题，并联合制定了统一的"科技人员伦理纲领"，这在很大程度上为韩国科技人员的伦理意识教育提供了制度保障。

3.2　我国工程技术伦理教育的研究现状

工程技术伦理教育在我国已经被许多人所关注，许多专家学者纷纷从不同的角度和立场对开展科技伦理的教育进行了有益和卓有成效的研究和探索。特别是工程伦理教育更是成为学术界的热点问题。

近年来工程实践引发的社会问题日益凸显，造成相当大的影响，其重要原因之一是工程伦理教育的薄弱以至缺失。由于某些工程技术人员在工程设计、施工、管理、监理等环节缺乏社会责任感，玩忽职守，造成桥梁坍塌、楼房变形、尾矿溃坝、有毒气体泄漏等重大工程事故的消息，屡见报端。在制售假药、假酒、假种子，违规使用食品添加剂，随意排放和处置工业废料造成重大环境污染等事故中，某些工程技术人员明知后果严重却不声张、不抵制甚至积极参与。还有一些高新技术领域里的工程技术人员，在试制和推广新产品时，并没有充分考虑可能引发的环境问题、社会问题和伦理问题。在纳米技术、网络技术、现代生物技术等领域，都存在此类问题。现在有关政府机构、专家学者和公众在分析这些问题和给出对策时，大都强调要加强法制、加强监督检查、加强规章建设等措施，但这些措施主要是针对工程事故后果的，注重外在约束力，可以"治标"而难以"治本"。如果工程技术人员缺乏工程伦理意识和社会责任感，这类问题还可能层出不穷，令人防不胜防。而要提高工程技术人员的工程伦理意识和社会责任感，就必须开展工程伦理教育。当人们为重大工程事故、食品安全、工程风险而大伤脑筋的时候，其实就应该意识到工程伦理教育的必要性和紧迫性。

2011 年 10 月，《自然辩证法研究》杂志与中国自然辩证法研究会科学技术与工程伦理专业委员会组织了我国部分重点高校的专家学者对工程伦理教育进行了有效对话。大连理工大学王前[57]教授指出，在很多发达国家，工程伦理教育是理工科学生的必修课。是否开设工程伦理课程，已成为工程教育专业认证中的一项重要指标。很多理工科学生的思想品行总体上表现很好，但对工程伦理方面的问题、社会影响和解决路径缺乏必要的了解，还没有形成自觉的工程伦理意识，更缺乏工程伦理实践经验。这种状况亟待扭转。理工科大学的工程伦理教育应该通过制度化的途径加以实施，得到保障。东南大学科学技术伦理学研究所的陈爱华[58]教授指出，工程伦理的教育应围绕工程伦理的核心"工程伦理责任"展开，同时应注重工程伦理原则及其规范的教育，还应进行工程伦理风险以及规避工程伦理风险的道德选择教育。武汉理工大学的杨怀中[59]教授工程伦理教育本质上是一种素质教育，加强工程伦理教育是现代高等工程教育的必然选择。因而，作为素质教育的工程伦理教育，旨在培养大学生正确的工程伦理观，以及在未来工程活动中的强烈的社会责任感，形成以伦理道德的视角和原则来对待工程活动的自觉意识和行为能力。华南理工大学科学技术哲学中心的闫坤如[60]副教授则从宏观与微观的角度指出我国目前工程伦理教育现状。宏观看来，工程伦理教育缺乏长效教育机制和政策支持，而且我国的工程伦理教育与发达国家的伦理教育存在很大的差距。而从微观视角，我国工程伦理教育的定位不明确；教学内容和教学方法陈旧理论，教学和实践教学脱节；工程伦理教育学校间差异明显；工程伦理教育与专业教育脱节；缺少统一的教材和系统的研究；教师缺位严重，师资队伍参差不齐。

我国的工程伦理教育目前还没有充分发展起来，许多人以为靠现行的大学思想政治教育就可以实现工程伦理教育的功能，提高工程技术人员的工程伦理意识和道德修养，因而没必要单独强调其必要性和紧迫性，这种看法是很成问题的。计划经济时代理工科大学的思想政治教育，可能在一定程度上起到工程伦理教育的作用，但这种模式在社会主义市场经济时期面临许多新的挑战。由于现代工程活动专业化程度不断提高、工程实践过程和后果具有很大的不确定性、工程技术风险难以掌控，工程伦理教育的内容、方法和评价标准也变得日益复杂和专业化。工程伦理教育的任务不仅在于培养工程技术人员的工程伦理意识和社会责任感，而且要使工程技术人员具备识别、分析和解决工程伦理新问题的能力，具备将工程伦理意识转化为工程伦理实践并产生实际效果的能力，具备通过协作有效降低工程技术风险的能力。而所有这些要求，并不是一般意义上的思想政治教育课程所能满足的。因此，不仅要求在思想政治课课程中强化关于科技伦理的教育，更要开设专门的大学通识教育课，还要与工程专业教育认证和"卓越工程师"计划相互配合。

针对当前的现实，我国部分高等院校特别是理工科高校开始进行行之有效的改革。特别是针对课程设置方面，近年来也开设了一些与科技伦理意识养成相关的课程，培养学生的伦理意识和社会责任感。

思想政治课和职业伦理课中的工程技术伦理教育主要体现在研究中教学中。据中国自然辨证法研究会 2013 年工作会议暨学科建设研讨会统计结果看，目前我国重点高校研究生科技道德类公共课程开课学校共有 6 所，分别是北京大学（科研诚信、医学伦理）、清华大学（科研规范、工程伦理）、中国科学院大学（自然辩证法与科研伦理、学术论文写作与发表规范、科研道德和学术规范）、中国农业大学（科技创新与学术道德规范）、北京理工大学（科技和工程伦理）、北京工业大学（工程案例解读——工程伦理学视角）。中国科学院大学的《科研道德和学术规范》一课是针对全校研究生而开设，主要介绍导师在科研活动中的地位和作用；实验数据的获取、共享、管理和拥有；研究中的不端行为；同行评议；科研中的伦理等内容。而北京工业大学的《工程案例解读——工程伦理学视角》一课则针对理工科学生而开设，选取建筑工程、水利工程、机电工程、软件工程、环境工程等领域的案例进行考察，从而提高学生的伦理意识和道德水平。另外，作为 5TU 之一的北京理工大学也针对研究生开设了"科学道德与学术诚信"公共必修课，这一课程为"科技和工程伦理"的第一阶段，即面向硕博新生介绍有关科研伦理和工程伦理的知识。这门课程以全国科学道德和学风建设宣传教育领导小组编写的《科学道德和学风建设宣讲参考大纲》为主要参考文献，结合相关案例、科学道德、科研伦理、学术诚信及科学精神、人文关怀等相关概念和理论。[61]除此之外，我国大部分重点高校均设有研究生"论文写作"相关课程，部分高校在此类课程中加入了学术规范、科研伦理等内容，从而普及科学伦理和工程伦理教育。例如，自 2011 年开始，兰州大学为全体硕士研究生开设《学术道德规范与形势政策》必修课程，对全校研究生开展学术规范教育。在吉林大学，从 2012 年开始在研究生教学中作为 1 学分的必修课开设了《科学道德与学术规范》课程。天津大学自 2012 年开始将《学术道德规范教育》作为博士生培养的必修环节，并对博士生进行课程考核。

此外，研究生自然辩证法课程自 1981 年教育部发布《关于开设自然辩证法方面课程的意见》后，确立成为理工科研究生马列主义理论课的必修课。因而，自然辩证法课程成为科技伦理教育的重要途径之一。而 2010 年 8 月，中共中央宣传部、教育部发布《关于高等学校研究生思想政治理论课课程设置调整的意见》，将"自然辩证法概论"课程从必修课调整为选修课，并且增加"马克思主义与社会科学方法论"课。[62]鉴于此，中国自然辩证法研究会教育与普及工作委员会、郑州大学共同主办的"2011 年全国自然辩证法教学与学科建设学术研讨会"召开。会议围绕"自然辩证法课程改革与学科发展"这一主题，对当前自然辩证法课程及学科建设展开了深入探讨。随着科学技术的不断发展，"自然辩证法"的研究领域也正相应地发生变化。以往人们经常将这门课程看作是和马克思主义理论课一样性质的政治课来对待，或者是将自然辩证法等同于科学技术哲学。这样都无法真正发挥这门课程的真正作用，不仅给该学科的建设与发展带来阻力，也无法通过这门课的学习培养理工科大学生的工程技术伦理意识和道德素养。由于现代工程活动的专业化程度不断提高、工程在实践和后果上都具有不确定性、技术风险难以有效掌控，工程伦理教育的内容、方法和评价标准也变得日益复杂和专业化。工程伦理教育的任务已不仅仅是培养科技工作者的伦理意识和社会责任感，而且还要使他们具备识别、分析和解决工程伦理可能出现的新问题的能力，具备将工程伦理意识转化为工程伦理实践并产生实际效果的能力和具备通过协作有效降低工程技术风险的能力。而这些要求不是一般意义上的思想政治教育课所能够满足的。中国人民大学的刘大椿[63]教授曾指出，我国自然辩证法研究已经拓展为包括自然哲学、科学哲学、技术哲学、科学技术与社会、科技思想史等主要分支的综合性交叉学科。但作为工程伦理教育主要阵地之一的自然辩证法课程对工程伦理的有关知识介绍却相对薄弱，因而加强自然辩证法课程中关于工程技术伦理的有关知识是解决当前高校学生科技伦理意识缺失的有效途径之一。

大学通识课程中的工程技术伦理教育主要体现在本科生的公共课中与专业课程教学中。目前我国高校针对本科生开设专门的工程技术伦理公共课相对较少，但大部分设有哲学专业本科的高校能够开设有关科技伦理的专业课程。例如5TU之一的东北大学则为哲学系本科生开设了32学时的《工程伦理学》课程。同样作为5TU成员的东南大学也为伦理学专业的本科生开设了《科技伦理学》选修课。而大连理工大学不仅为哲学专业的本科生开设《科技伦理》专业课，并且于2012年为全校本科生开设了《科学技术与工程伦理》通识核心课程。这门课程由大连理工大学人文学部的王前教授主讲，共分为8讲，32学时。其中第一讲为科学伦理，主要介绍科学伦理的特点、价值、基本原则等。第二讲为学术道德，介绍学术道德的历史演变、特点价值与基本规范等。第三讲与第四讲共同介绍高新技术伦理，主要涉及两部分，一部分为整体介绍高新技术的伦理问题，包括处理高新技术中的伦理原则与方法；另一部分是介绍具体的高新技术产生的伦理问题，主要包括会聚技术所涵盖的四个方面，即：纳米技术中的伦理问题、网络技术中的伦理问题、生命技术中的伦理问题与认知技术中的伦理问题。第五讲与第六讲为常规技术伦理，主要介绍处理常规技术中的伦理原则与方法、技术设计中的伦理问题、技术产品质量中的伦理问题、技术安全性的伦理问题、常规技术引发的环境伦理问题等。第七讲为工程伦理，包括工程事故中的伦理责任，工程设计、施工、使用、环境、社会等具体环节中的伦理问题，还包括如何发挥工程伦理作用的介绍。最后一讲为科技伦理意识的养成。主要是讲科技伦理教育的现状、意义，接受科技伦理教育的途径以及提高科技伦理素养的方法等。这门课是我国高校开展科技伦理教育的一个初次尝试，使用了案例教学的方法，使学生能够在具体的事件中感受到伦理冲突，从而提高自身的伦理素养。

　　另外，在落实工程专业教育认证和"卓越工程师"计划的过程中所涉及的课程也应该要加入科技伦理相关知识。2006 年中国教育部出台了《工程教育专业认证实施办法（试行）》，对土建类以外的工程专业领域进行认证试点，截至 2008 年底，中国已经在机械类等 10 类专业领域完成了 44 个工程专业点的专业认证试点。东北大学的王健[64]教授指出，工程教育专业认证是工程技术行业的相关协会联通工程教育者对工程技术领域相关专业（如土木工程、电子机械等）的高等教育质量加以控制、以保证工程技术行业的从业人员达到相应的教育要求的过程。但我国工程教育专业认证却存在着诸多不足，其中最重要的就是没有将工程伦理教育的相关内容纳入到工程教育认证中来。而工程伦理教育对工程教育专业认证是非常重要的。因此在工程专业教育认证中加入对工程师的伦理考核是非常有必要的，这样就要求我国高等院校在对高校大学生的素质教育过程中融入科技伦理意识的培养，从而使其明确自身的社会责任，在实践活动中作出正确的伦理抉择。而"卓越工程师教育培养计划"（简称"卓越计划"）则是贯彻落实《国家中长期教育改革和发展规划纲要（2010—2020 年）》和《国家中长期人才发展规划纲要（2010—2020 年）》的重大改革项目，旨在培养造就一大批创新能力强、适应经济社会发展需要的高质量各类型工程技术人才，为国家走新型工业化发展道路、建设创新型国家和人才强国战略服务。我国大部分高等院校均已启动该项目，然而在"卓越工程师"的培养过程中，对其工程伦理教育相对薄弱，使得高精尖的工程师往往缺乏基本的道德伦理意识，更加容易走上"高科技犯罪"之路。为此，浙江大学人文学院主办了"全国工程伦理教学与研究学术研讨会"[65]，对工程伦理教学和实践问题展开了讨论，有利地推动了全国工程伦理教育和卓越工程师培养计划的发展与完善。中国社会科学院朱葆伟教授指出工程伦理课程可在本科、硕士、博士阶段分层次全面开展，在本科阶段，让学生认识到工程活动有伦理意义，培养伦理意识和道德敏感性；在硕士阶段，导入重要的伦理学问题，培养问题意识；在博士阶段，培养伦理情怀，促进工程研究与伦理研究互动发展。浙江大学丛杭青教授则指出，以工程教育专业认证国际化趋势和卓越工程师培养计划试点为背景的工程伦理教育，应包含三大目标，即促进工程学生对工程的社会性和实践性有清晰的认知、增强学生的工程规范意识和伦理意识、提高学生的伦理敏感性和道德判断力和意志力。而北京工业大学张恒力副教授则提出三个建议，即形成"全国较为统一、规范的工程伦理课程大纲"、推广"较为典型的工程伦理课程教学方式方法"、成立"全国性工程伦理教学指导（交流）委员会"。北京大学周程教授呼吁在各个学校层面建立工程伦理学术和教学委员会，推进教育部工程教育认证，促进同行合作和交流，切实工程师职业素养。

参考文献

[1] 刘宝杰.论作为支撑"超"人类未来存在的会聚技术 [J].科技进步与对策，2012，（10）：14-17.

[2] 王国豫.纳米技术的伦理挑战 [N].中国社会科学报，2010-9-21（1）.

[3] 邱仁宗.直面纳米技术"双刃剑"[N].中国社会科学报，2010-9-21（3）.

[4] 樊春良.积极应对纳米技术社会和伦理问题 [N].中国社会科学报，2010-9-21（3）.

[5] 王前，朱勤.实践有效性视角下的纳米伦理学 [N].中国社会科学报，2010-9-21（4）.

[6] 薛其坤.纳米科技：小尺度带来的不确定性与伦理问题 [N].中国社会科学报，2010-9-21（2）.

[7] 李三虎.纳米现象学：微细空间建构的图像解释与意向伦理 [J].哲学研究，2009，（7）：85-93.

[8] 曹南燕.纳米安全性研究的方法论思考 [J].科学通报，2011，（2）：126-130.

[9] 胡明艳.早期纳米伦理研究的困境及其化解思路 [J].自然辩证法通讯，2013，（1）：62-68.

[10] 李伦.网络道德与和谐网络文化建设 [J].伦理学研究，2012，（6）：52-55.

[11] 孙伟平.论信息时代人的新异化 [J].哲学研究，2010，（7）：113-119.

[12] 刘玉梅.网络道德惩罚的公正性分析 [J].道德与文明，2010，（5）：127-130.

[13] 王前，徐琳琳.网络中的真与善——网络环境下的社会伦理问题探析 [M].辽宁：辽海出版社，2013.

[14] 邱仁宗.生命伦理学研究的最近进展 [J].科学与社会，2011，（2）：72-99.

[15] 张明国.面向生命技术风险的伦理研究论纲 [J].自然辩证法研究，2010，（10）：41-47.

[16] 田海平.中国生命伦理学的"问题域"还原 [J].道德与文明，2013，（1）：104-109.

[17] 陆树程.论敬畏生命与生命伦理共同体 [J].道德与文明，2009，（1）：22-25.

[18] 甘绍平.道德冲突与伦理应用 [J].哲学研究，2012，（6）：93-128.

[19] 程新宇. 生命伦理学视野中的人及其尊严辨义 [J]. 哲学研究, 2012, （10）: 118-123.

[20] 樊浩. 基因技术的道德哲学革命 [J]. 中国社会科学, 2006, (1): 123-134.

[21] 姜萍. 跨学科视野下的转基因技术研讨会会议综述 [J]. 自然辩证法, 2012, (8): 127-128.

[22] 张春美. 人类克隆的伦理立场与公共政策选择 [J]. 自然辩证法通讯, 2010, (6): 52-60.

[23] 谈新敏, 易晨舟. 人类辅助生殖技术的"异化"及其对策探析 [J]. 自然辩证法研究, 2012, (4): 73-77.

[24] 任丑. 磐路论证: 安乐死立法的可能出路 [J]. 道德与文明, 2011, (6): 101-106.

[25] 魏屹东. 认知哲学: 认知现象的整合性研究 [N]. 中国社会科学报, 2010-8-10 (6).

[26] 尤洋. 当代认知神经科学哲学研究及其发展趋势 [J]. 科学技术哲学研究, 2012, (6).

[27] 郑祥福. 人工智能的四大哲学问题 [J]. 科学技术与辩证法, 2005, (5): 34-37.

[28] 刘星, 田勇泉. 脑成像技术的伦理问题 [J]. 伦理学研究, 2012, (2): 104-108.

[29] 朱珊. 作为人类一种存在方式的虚拟——对虚拟的哲学思考 [J]. 哲学研究, 2009 (12): 82-85.

[30] 王前, 朱勤. STS视角的技术风险成因与预防对策 [J]. 自然辩证法研究, 2010, (1): 46-51.

[31] 徐治立. 技术风险伦理基本问题探讨 [J]. 科学技术哲学研究, 2012, (5): 63-68.

[32] 王健, 陈凡, 曹东溟. 技术社会化的单向度及其伦理规约 [J]. 科学技术哲学研究, 2011, (6): 52-55.

[33] 高杨帆. 论技术决策的伦理参与模式 [J]. 自然辩证法研究, 2012, (9): 34-38.

[34] 曾鹰. "风险文化": 食品安全的伦理向度 [J]. 伦理学研究, 2012, (6): 14-17.

[35] 唐凯麟. 食品安全伦理引论: 现状、范围、任务与意义 [J], 伦理学研究, 2012, (2): 115-119.

[36] 雷毅, 金平阅. 伦理矩阵一种技术评价工具 [J]. 自然辩证法研究, 2012, （3）: 72-76.

[37] 朱勤. 技术中介理论: 一种现象学的技术伦理学思路 [J]. 科学技术哲学研究, 2010, (1): 102.

[38] 乔瑞金, 张秀武, 刘晓东. 技术设计: 技术哲学研究的新论域 [J]. 哲学动态, 2008, (8): 66-71.

[39] 张卫, 王前. 论技术伦理学的内在研究进路 [J]. 科学技术哲学研究, 2012, (3): 46-50.

[40] 陈多闻, 陈凡, 陈佳. 技术使用的哲学初探 [J]. 科学技术哲学研究, 2010, (4): 60-64,

[41] 陈玉林，陈多闻. 技术使用者研究的三种主要范式及其比较 [J]. 自然辩证法通讯，2011，（1）：75-80.

[42] 王永伟，徐飞. 当代中国工程伦理研究的态势分析——以 CSSCI 和 CNKI 数据库中的工程伦理研究期刊论文样本为例 [J]. 自然辩证法研究，2012，（5）：42-50.

[43] 李伯聪. 微观、中观和宏观工程伦理问题——五谈工程伦理学 [J]. 伦理学研究，2010，（4）：25-30.

[44] 李世新. 工程伦理学研究的两个进路 [J]. 伦理学研究，2006，（6）：31-35.

[45] 陈凡. 工程设计的伦理意蕴 [J]. 伦理学研究，2005，（6）：82-84.

[46] 张恒力，胡新和. 论工程设计的环境伦理进路 [J]. 自然辩证法研究，2012，（2）：51-55.

[47] 赵建军，丁太顺. 工程的环境价值与人文价值 [J]. 自然辩证法研究，2011，（5）：73-77.

[48] 肖显静. 论工程共同体的环境伦理责任 [J]. 伦理学研究，2009，（6）：65-70.

[49] 张恒力，胡新和. 工程风险的伦理评价 [J]. 科学技术哲学研究，2012，（2）：99-103.

[50] 何菁. 工程伦理生成的道德哲学分析 [J]. 道德与文明，2013，（1）：121-125.

[51] 潘恩荣. 技术哲学的两种经验转向及其问题 [J]. 哲学研究，2012，（1）：98-105.

[52] 虞法. 第三届中山大学哲学与认知科学国际研讨会综述 [J]. 自然辩证法通讯，2011，（4）：119-120.

[53] 张志伟，张佳一. 心理学与哲学的互动——"知觉与意识：2012 年心灵与机器北京会议"纪要 [J]. 哲学研究，2012，（11）：125-126.

[54] 惠迅. "fPET-2012 哲学、工程与技术国际论坛"在北京召开 [J]. 自然辩证法研究，2012，（11）：82.

[55] Prince R H. Teaching Engineering Ethics using Role-Playing in a Culturally Diverse Student Group [J]. Science and Engineering Ethics，2006，（12）：321-326.

[56] Didier C. Engineering ethics at the catholic university of lille（France）：research and teaching in a european context [J]. European Jamal of engineering education，2000，25（4）：352-335.

[57] 王前. 在理工科大学开展工程伦理教育的必要性和紧迫性 [J]. 自然辩证法研究，2011，（10）：110-111.

[58] 陈爱华. 工程伦理教育的内容与方法 [J]. 自然辩证法研究，2011，（10）：111-112.

[59] 杨怀中. 作为素质教育的工程伦理教育 [J]. 自然辩证法研究，2011，（10）：115-116.

[60] 闫坤如. 工程伦理教育的评价 [J]. 自然辩证法研究，2011，（10）：118-120.

[61] 裴森. "科学研究伦理"课程：培养研究生科研伦理素养的有效途径 [J]. 学位与研究生教育，2009，（8）：28-31.

[62] 徐治立. 关于自然辩证法教学和学科建设策略问题 [J]. 自然辩证法研究，2011，（12）：19-21.

［63］刘大椿. 自然辩证法研究在实践中不断开拓［J］. 自然辩证法研究，2011，(12)：10-12.

［64］王健. 工程伦理教育与工程教育专业认证［J］. 自然辩证法研究，2011，(10)：117-118.

［65］张恒力. 探索工程伦理教学与研究规律 促进卓越工程师培养计划发展——全国工程伦理教学与研究学术研讨会综述［J］. 自然辩证法通讯，2012，(6)：120-121.

The Development Report of Technology Ethics and Engineering Ethics

Abstract：Ethics of technology and ethics of engineering are two different subject areas but have close relationship. Many scholars in China explicitly distinguish "technology" and "engineering", thus they regard "ethics of technology" and "ethics of engineering" as different subject areas. Meanwhile, other scholars, including some scholars in Europe and America, don't explicitly distinguish these two areas. In this paper, I take both opinions into account, analyze the development of "ethics of technology and engineering" as a whole, and point out both of their commonalities and differences, especially the dialectical relation of interaction and interstimulation.

Keywords：Technology Ethics，Engineering Ethics，Development Report

下篇　学术动态

年度研究综述

2011 年技术哲学元理论研究综述

于 雪

（大连理工大学人文与社会科学学部哲学系）

技术哲学元理论研究是指对技术哲学这门学科本身各种一般性、共同性、普遍性、基础性问题的研究，主要探讨技术哲学的演进历史、研究对象、研究内容、研究范式、发展趋势、跨学科研究等。本文从技术哲学的一般理论、技术哲学的跨学科研究、技术哲学研究的新视域以及技术理论的反思与批判四个方面对 2011 年国内学者的研究情况进行综述。

1 技术哲学的一般理论

技术哲学的一般理论研究主要包括技术本质、技术存在方式、技术研究对象、技术发展趋势等领域。

1.1 技术哲学的发展趋势与时代特征

当代技术哲学的发展出现了一系列新的变化，特别是西方技术哲学出现了四个明显的转向，分别是：经验转向、伦理转向、认识论转向和身体转向。其中，技术哲学的经验转向强调将哲学反思建立在对现代技术的复杂性与丰富性的经验描述之上，是当前技术哲学研究的主流。易显飞[1]从技术的本体论、认识论和价值论三方面分析比较了工程传统的技术哲学与人文传统的技术哲学，并以此为基础，采纳"经验转向"与现象学的视角为主要认识维度，从而真正全面的反思技术，以实现两种技术哲学的融合。张卫，朱勤，王前[2]通过对国际技术学会出版物 Techné 特刊的分析，提炼出当代西方技术哲学的伦理转向，即开始关注具体的技术对人类生活的伦理后果，并涌现出了信息论理学、纳米伦理学、生物伦理学等一系列交叉学科。然而，"经验转向"与"伦理转向"都存在片面性，如何将经验转向的描述性研究与轮伦理转向的规范性研究结合起来，则成为技术哲学家们关注的重点。文章介绍了荷兰技术哲学思想家皮特·费贝克的观点，即不仅要"分析"技术伦理，还要"做"技术伦理。我们不能仅限于反思技术伦理，更应该将技术作为实现道德的一种手段，在技术人工物的设计过程中嵌入道德理念，以使其发挥引导功能。

与此同时，国内学者十分重视技术哲学领域的学术交流与国际合作。2010 年 9 月 11～13 日，以"技术、城市与人类未来"为主题的第 13 届技术哲学学术年会在上海大学召开。会上,东北大学的陈凡教授指出,21 世纪的技术哲学应该立足本土,面向全球,为此要考虑几个原则:一是"新兴技术发展"与深化"传统技术认识"相结合;二是通晓"国外技术哲学"与直面"当下中国实践"相结合;三是"经验转向"与"经验升华"相结合;四是"专一化"与"多元化"相结合,在此基础上加强技术哲学的本土化、国际化和建制化。清华大学的高亮华教授谈到了技术哲学的代际嬗变和当代技术哲学的研究进路。他认为技术哲学是一个包括描述性主题、规范性主题和批判性主题的内在结构,具有两个精神气质,即批判精神和实践品格。上海社会科学院的成素梅教授对技术实在进行了解读,她认为技术实在有三个意义的分类:一是人造物;二是唯物主义形态的技术实在;三是借助技术手段再现的虚拟实在,因此对技术实在开展专门研究可能对哲学具有促进意义。[3]

可以看出,我国技术哲学领域的研究人员对当代技术哲学的发展趋势与时代特征把握的十分精准,并且试图融合工程主义传统与人文主义传统,发展出具有中国文化特色的技术哲学思想。

1.2 技术哲学的研究对象

技术哲学的研究对象涉及器物、知识、技术活动等多重维度,这也是构成技术本质的要素。盛国荣[4]围绕技术本质进行思考的维度主要有技术、自然、社会和人。这四个方面构成技术思考的主要框架并有机联系在一起,每个方面又充斥着各种已经被思考、需要再思考和需要继续深入思考的问题,从而构成技术思考的图景。

工具与技术人工物也是技术哲学研究的对象。王丽[5]对技术工具的相关知识进行了建构与解读。文中提出,技术工具是技术智慧的物质化体现,是物质形式的知识智库。工具设计者制造适宜的技术工具,嵌入自己的理论学识、操作技巧和表达风格,建构技术工具知识。制作完成的技术工具被置于不同的情境,面向广泛的异质的使用者,以不同方式,从不同方向,按不同程度被解读。刘宝杰[6]对技术人工物的两重性理论进行了评述。技术人工物的两重性是指技术人工物具有功能和物理结构双重属性,其探究的是技术功能与物理结构之间的关系,技术功能与设计者、使用者的意向之间的联系。文章指出,技术人工物两重性的划分及其所探讨的设计者与使用者的意向关系,开启了技术——伦理实践的征程。

2 技术哲学的跨学科研究

技术哲学的跨学科研究涉及多个领域,2011 年的文献突出集中在语境论与技术哲学、现象学技术哲学、生存论与技术哲学、技术设计与使用中的哲学反思四个方面。

2.1 语境论与技术哲学

朱春艳、陈凡[7]从语境论出发，对技术哲学发展的当代特征进行了总结。文中指出，"语境"的元哲学问题虽不是技术哲学研究的内容，但将这一理论应用于技术哲学研究，使技术哲学研究从抽象走向具体，从单一性走向系统性，从两极对立到相互融合，从而影响了当代技术哲学研究纲领的形成和研究范式的更替，同时对技术哲学未来的发展趋势也起到不可忽视的作用。文章认为，技术哲学将更加关注技术情境的具体化、系统化，即在技术哲学的经验转向路径的导引下，运用语境论的方法论原则对技术作动态的考察，尤其考察技术创新的各个具体阶段上文化因素如何影响技术创新的问题。这意味着，技术哲学将会关注更为微观层面的技术的认识论、价值论和伦理学研究，并在这一研究的基础上进一步展开技术的本质论研究。

殷杰、董佳蓉[8]将语境论应用于对人工智能的分析中。文章指出，人工智能的发展历程中贯穿着鲜明的语境论特征，现有的范式理论已无法对人工智能的发展状况做出正确描述，语境论有望成为人工智能理论发展的新范式。语境论范式的最大特征，就是所有问题都围绕语境问题而展开。人工智能中的语境，可分为表征语境和计算语境。建立在现有范式之上的语境论范式，必然以表征语境和计算语境为主要特征。文章中分析了人工智能范式的发展过程，总结出符号主义范式从表征的角度对人类智能进行模拟，连接主义范式从计算的角度进行模拟，而行为主义则是在连接主义和控制论的基础上，试图从反馈式智能中进化或突现出更高级的智能形式。这三种范式虽从不同角度出发，但深入研究不难看出，他们都殊途同归地走向了语境问题上。因此，表征语境与计算语境围绕智能模拟的语境问题逐步走向融合，将是语境论范式下人工智能发展的主要趋势。

2.2 现象学技术哲学

现象学技术哲学是近年来关注的重点和热点。邓波[9]对西方哲学的诞生进行了技术现象学的考察。文章从语言技艺的技术现象学视域，尝试探索了从柏拉图到亚里士多德之原初形而上学"制作"的隐秘。文章指出，从把现象学与实用主义结合起来的技术现象学立场看，语言，包括高贵的哲学语言，仍是某种技艺。这种技术现象学旨在从技术的立场来看待人与世界的境域性构成，即主张探讨人作为有机体与环境世界如何在技术中在场，认为技术是我们原始地经验人与世界的视域。这意味着我们将以生活世界中的各种具体技术给予的原初经验为视域来理解人的行为、人的存在和世界的构造。在这样的技术现象学视域下，语言不仅是"表达"技艺，而且是能够"生产"多重复杂意义、构建人的思维方式的技术力量。

林慧岳、夏凡、陈万求[10]从现象学视阈下解析"人—技术—世界"的多重关系。文章指出，在现象学视阈下，"人—技术—世界"呈现具身关系、解释关系、它异关系、背景关系、赛博关系、合成关系和替代关系等多重关系。多重关系中的人、技术和世界是相互关联着的三个要素，任何一种单因素决定论都会打破人—技术—世界关系的结构平衡，并导致人与技术的双重异化。在多重关系中的技术的意向性反映了人类实践活动中进入世界的指向性。现象学"回到事物本身"的主旨就是要求从人与技术关系回到人与世界关系，其进路是通过调适技术的 意向性来重建生态、友好和可持续的人与世界关系。

张春峰[11]对技术意向性进行了分析。文章指出，意向性作为现象学的基本概念也是现象学技术哲学重要的研究对象。伊德在胡塞尔、海德格尔和梅洛-庞蒂的基础上提出了技术意向性的概念，用以说明技术在人与世界的关系之中的中介作用。后现象学的倡导者费尔贝克则在伊德的基础上进一步提出技术制品意向性的概念。技术制品不仅具有伊德所说的技术意向性，而且对人类存在与世界之间的关系起到相互塑造的作用。因此，技术意向性的研究都是在具体的技术实践活动中展开的。

2.3 生存论技术哲学

对技术哲学进行生存论的分析最为典型的是海德格尔，我国学者对海德格尔生存论技术哲学的研究成果也比较显著。包国光[12]从海德格尔生存论存在论立场和视角出发，通过此在的"在世"阐释技术的本质，并探讨生存论的技术与生存论的真理之间的关系。文章总结到，生存论视域的技术的本质规定，即技术作为揭示：对器具上手性的揭示；对缘于上手性的有待制作的独立外观形式的揭示；对自然材料的现成性和适合性的揭示；对制作方式和制作步骤的揭示。技术作为展示和揭示是真理的一种形式，同真理一样也系缚在此在的存在上。"此在的存在——真理——存在"这条生存论的追问路径中，技术作为真理的一种形式，也起着联系此在与存在的作用。技术的存在论意义显示在"此在的存在——技术（真理）——世界（存在）"这条生存论的追问路径中，此在的"在世界之中存在"，包含着"此在在技术中"。

贝尔纳·斯蒂格勒受海德格尔哲学的影响，进一步发展了生存论技术哲学，我国学者舒红跃[13]解读了贝尔纳·斯蒂格勒的技术观。文章指出，法国哲学家贝尔纳·斯蒂格勒认为，技术之于此在不仅不是消极、沉沦的因素，反而是一种积极的和历史的建构；人是在"谁"与"什么"的延异中被发明的。斯蒂格勒指出，技术发明人，人也发明技术。作为发明者的技术也是被发明者。斯蒂格勒的技术观有两个来源：一个是海德格尔的生存哲学，一个是吉尔、勒鲁瓦—古兰和西蒙栋的技术分析。他从技术"之上"进入技术"之内"，用"延异"将被海德格尔割裂开来的技术与人、人与自然联系起来，提出了一种新的此在生存性论证。这一理论开启了存在（此在生存）和时间的新型关系，从而为技术哲学开辟了一条更加广阔的大道。

王治东、萧玲[14]则以马克思主义生存论解读了技术研究的哲学进路。文中指出，技术问题实质上就是人的问题，技术的多面性源于人的多面性，技术的复杂性根源于人的复杂性。理解技术本质的逻辑前提是理解和追踪人的本质，确切地说，技术本质要从人的生存本性中去寻找。文章认为，马克思生存论统摄了技术理论和实践双重问题，涉及到需要与创造、目的与手段、人与物、人与自然、物质与精神、自然与社会、个性与共性、主体与客体这八对范畴。人与技术的关系就在这八对范畴中得以展现，因此正确认识与处理这八对范畴，才能从根本上促进技术进步与人类发展。

2.4 技术设计与使用的哲学思考

朱红文[15]对设计的哲学性质、视野和意义进行了梳理。文章中指出，设计作为一种发源于或基于生产劳动的广义的创造活动，与人类的认识活动和能力一样，是人类的基本活动及其内在机制之一。传统哲学中的认识论主义和先验的道德主义，使得哲学基本上丧失对这一基本人类活动领域的洞察力，这是哲学的一个严重的疏漏和错误，但这种错漏的根源在于社会历史本身的局限性。在工业社会和高技术时代，设计或广义的创制活动越来越成为工业世界以及整个人类社会的存在基础。探讨设计和创制活动的机制和社会文化意义，不仅可以恢复哲学应有的宽阔视野和文化活力，而且对于理解和应对当代社会和文化的诸多矛盾将发挥极其重要的作用。

陈多闻[16]对技术使用的三种情境进行了思考。技术使用的情境实际上是人类使用者通过技术的使用所建构出来的一个实践语境和社会境域。随着使用者主要使用的技术所展现出来的不同历史形态，技术使用也展现出三种面貌的情境——经验型技术使用情境、实体型技术使用情境以及知识型技术使用情境。陈玉林，陈多闻[17]进而对技术使用者进行了三种主要范式的研究和比较。文章集中对国外有关技术使用者的研究进行梳理，概括出三条来自于不同学科传统与范式的研究路径。第一种是哲学范式，强调使用者作为伦理责任主体。第二种是文化研究范式，强调使用者作为意义建构者。第三种是经济管理学范式，强调使用者作为创新用户。文章指出，这三种范式既是相互竞争的研究传统，又具有交叉、渗透、互补、整合的逻辑可能性和现实趋势。因此，对这三个范式展开深入比较，并探索它们互补与整合的路径，这将对三个范式各自的发展以及共同解决技术创新、技术的发展与变迁问题、技术发展与社会文化的相互作用问题产生积极的影响。

3 技术哲学研究的新视域

当前技术哲学的研究呈现出多维发展的趋势，我国技术哲学研究者在结合西方技术哲学先进理论的同时，对当前的现实问题加以关注，特别是技术引发的元伦理学思考。杨庆峰，闫宏秀[18]分析了多领域中的物转向及其本质。文章指出，物转向是当前哲学研究的一个重要动向。伦理学中"物伦理学"、符号学中的物体语义学、分析哲学语境中的人工物研究等都是这一动向的展现。但是物转向的实质却不相同。在科学技术哲学中物转向意味着其摆脱先验研究路向，关注经验研究；在伦理学中，物转向意味着其摆脱人类中心主义，关注物的伦理性；在生存哲学中，物转向意味着开始摆脱理性传统，关注身体研究。现象学的物转向意味着摆脱先验意识，关注语境。文章进一步阐释，以物为转向的技术哲学研究现象实际上是技术哲学领域内经验转向的纵深表现。

盛国荣、石天[19]分析了技术控制主义的思想渊源及其流变。文章指出，作为当代技术哲学中一种新的技术理念的技术控制主义，具有其产生的历史渊源，并在发展中经历着思想内容的变化。手工工具技术时代，在技术以伦理道德为目标并遵循适中原则的要求中，体现了对技术进行控制的思想萌芽。蒸汽——机器技术时代，对技术进行控制的意识开始觉醒。电气技术时代，随着技术问题的凸显，技术悲观主义盛行，对技术进行控制成了一种理性诉求。自动化技术时代，技术控制主义开始逐渐成为一种新的技术理念，对技术进行控制成了人们的共识。进入 21 世纪以来，对技术进行有效控制的手段问题得到了深入思考。

王前、朱勤[20]通过比较中国传统哲学的"道"与亚里士多德的"实践智慧"，指出了二者的差别直接导致了中国和西方技术发展的不同模式。在现代技术发展过程中，"道"和"实践智慧"通过不同方式发挥其应有的作用。"实践智慧"立足于西方文化传统，对于逻辑思维是非常有效的补充。而"道"的观念则提供了控制技术发展后果的另一种思路，具有更大的启发性。

以"道"来引导现代技术的发展，关键在于从技术发明、技术设计、技术决策开始，就充分考虑到技术活动各种相关要素的和谐，及时发现和消除各种相关要素的不和谐关系，使技术活动在人类可控的范围内合理发展。但同时，发挥"道"对现代技术活动的引导作用，还需要注意三方面的问题。一是需要理性的选择，也需要深刻的洞察力，后者是直观体验的产物。二是需要理性选择与德行修养的有机结合。三是应该使道德层面的"实践智慧"与技术层面的运作智慧融为一体。这对于人类更合理、更有效地把握和控制技术发展的未来方向，显然是极为必要的。

4 技术理论的反思与批判

由技术引发的思考是技术哲学关注的主要问题，技术对伦理责任、道德困境、现代性危机的影响成为当前反思与批判的主题。G. 罗曼[21]从技术的两面性入手，追问该如何界定我们的责任。罗曼认为，技术的两面性包含结果的两面性、中介的两面性与本质的两面性。由技术两面性引发的责任难题涉及三种具体情境。第一，由于匿名可能引起危害，个体的道德责任变得难以确定。第二，我们应对结果负责这一点变得不明确了，因为从长远来看，我们行为的作用和副作用变得复杂、混乱和不可预测。第三，在一些基本领域中，各种难题最终不仅是关乎道德，而且还涉及"伦理"，涉及我们以何种方式把自己看作人类。基于以上种种困境，反思技术的两面性，明确主体责任，才能有助于技术的可持续发展。

张成岗[22]论述了鲍曼现代性理论中的技术图景，并提出解决现代性危机的技术伦理路径。文章指出，技术是鲍曼现代性理论的重要主题。沿着技术本质、起源、发展、后果及问题应对的逻辑线索，鲍曼绘制出一幅动态技术图景。技术是一个具有自我确证性的整体系统，在技术内在逻辑中，在技术上能做就做的指令具有无条件性。技术与现代性具有互动，现代性提供了现代技术起源与发展的文化境遇与动力，技术则进一步构建了现代性文化。技术碎片化运动导致了风险社会的凸现和道德自我的退隐。适应现代技术行为模式，从现代伦理学转向后现代伦理学，倡导技术责任有望解决现代性危机。

吕乃基[23]对技术理性进行了后现代的解读，并对中国的技术理性提出了看法。技术理性不只是抽象概念。技术理性是处于特定关系中的三大博弈即人与自然、他人，以及与自身博弈的产物。与自然的博弈具有第一性的地位，与他人特别是消费者的博弈赋予技术理性以价值和方向，与自身博弈遵守规则是题中应有之义。技术理性与语境相关，与主体相关，是西方文化的产物。

文章中指出，中国没有技术理性。以前从未有过，现在在很大程度上依然没有。因此，批判中国的技术理性是不能成立的。

  总体看来，我国的技术哲学正在由"边缘学科"向"学术中心"转变，正在由"自然技术哲学"单一研究向自然技术哲学、人文技术哲学、社会技术哲学整体研究转变，研究对象正在由外在于人的"技术"或"物质手段"向"人的技术活动转变"。同样地，我国技术哲学元理论的研究较之以往有很大突破。在注重引进西方先进技术哲学理论的同时，不忘发展符合中国文化特色的中国技术哲学理论，始终保持问题视域多样化、方法视角多元化的发展方向，力求促使工程传统与人文传统的有机融合，以实现技术哲学的内核硬化与外壳软化的发展思路。

参考文献

[1] 易显飞. 论两种技术哲学融合的可能进路 [J]. 东北大学学报（社会科学版），2011，13（1）：18-22.

[2] 王佩琼. 论异化的技术史观 [J]. 自然辩证法通讯，2011，33（3）：53-59.

[3] 周丽昀，杨庆峰. 第13届全国技术哲学学术年会综述 [J]. 哲学动态，2011，（1）：111-112.

[4] 盛国荣. 技术思考的主要维度：技术，自然，社会，人 [J]. 自然辩证法研究，2011，27（2）：32-38.

[5] 王丽. 技术工具知识的建构与解读 [J]. 自然辩证法研究，2011，27（8）：17-22.

[6] 刘宝杰. 关于技术人工物的两重性理论的述评 [J]. 自然辩证法研究，2011，27（5）：51-56.

[7] 朱春艳，陈凡. 语境论与技术哲学发展的当代特征 [J]. 科学技术哲学研究，2011，28（2）：21-25.

[8] 殷杰，董佳蓉. 人工智能的语境论范式探析 [J]. 自然辩证法通讯，2011，33（4）：16-23.

[9] 邓波. 形而上学的原初"制作"——西方哲学诞生的技术现象学考察 [J]. 哲学研究，2012，（12）：68-77.

[10] 林慧岳，夏凡，陈万求. 现象学视阈下"人—技术—世界"多重关系解析 [J]. 东北大学学报（社会科学版），2011，13（5）：383-387.

[11] 张春峰. 技术意向性浅析 [J]. 自然辩证法研究，2011，27（11）：36-40.

[12] 包国光. 海德格尔前期的技术与真理思想 [J]. 世界哲学，2011，（6）：149-157.

[13] 舒红跃. 人在"谁"与"什么"的延异中被发明——解读贝尔纳·斯蒂格勒的技术观 [J]. 哲学研究，2011，（3）：93-100.

[14] 王治东，萧玲. 技术研究的一种哲学进路——马克思生存论之视角，思路与方法 [J]. 哲学动态，2011，（2）：64-69.

［15］朱红文．设计哲学的性质，视野和意义［J］．北京师范大学学报（社会科学版），2010，(6)：72-79.

［16］陈多闻．论技术使用的三种情境［J］．长沙理工大学学报（社会科学版），2011，26 (2)：17-21.

［17］陈玉林，陈多闻．技术使用者研究的三种主要范式及其比较［J］．自然辩证法通讯，2011，33 (1)：75-80.

［18］杨庆峰，闫宏秀．多领域中的物转向及其本质［J］．哲学分析，2011，(1)：158-165.

［19］盛国荣，石天．技术控制主义的思想渊源及其流变［J］．科学技术哲学研究，2011，28 (2)：76-81.

［20］王前，朱勤．"道"与"实践智慧"：技术发展模式的比较［J］．东北大学学报（社会科学版），2011，13 (4)：283-288.

［21］G·罗曼．技术的两面性与责任的类型［J］．刘钢，译．哲学研究，2011，(2)：93-99.

［22］张成岗．鲍曼现代性理论中的技术图景［J］．自然辩证法通讯，2011，33 (3)：69-75.

［23］吕乃基．技术理性在中国——一种对技术理性的后现代解读［J］．东北大学学报（社会科学版），2011，13 (6)：471-481.

2011 年技术与社会、文化的互动关系研究综述

王文敬

（大连理工大学人文与社会科学学部）

技术与社会、文化的互动关系，是技术哲学研究的重要领域。技术哲学从根本上探讨了技术与社会、文化之间的关系。对该领域的探讨将有助于对技术进行哲学反思，并将技术的发展放在社会、文化的大背景中进行考察。本文对国内学者在 2011 年内关于技术与社会、文化的互动关系的研究情况进行综述。

1 技术与社会的互动关系

赵剑英[1]在《马克思主义与现实》的创刊 20 周年笔谈中明确指出要加强对技术社会形态的研究。文章指出：当今技术社会形态的崛起，是以生产力、科技发展水平以及与之相适应的产业结构为标准的社会形态。当今资本的全球性扩张以及信息技术的迅速发展和广泛运用，使得全球化、信息化、网络化成为当今社会最显著的特征，并构成人类历史最为深刻的社会变迁，造就了一个崭新的社会历史形态，即技术社会形态。因此，我们有必要加强对技术社会形态的研究。同时，文章提到技术社会形态起码有几种表现：第一，人类生产方式的高度技术化，主要是以信息技术为主要内容的科技革命，它导致了人类生产方式的技术化。第二，人类的生产方式、交流方式和产业结构组织体系也正建立在像信息、交通等一系列现代技术为手段的基础上，人们的交往对象和认识活动日益信息化，社会组织形式也实现了网络化。第三，信息运动已经成为社会运动和物质运动的主要方式。可以说当今社会已经变成了高技术社会，这种高度技术化的社会必然会演化为一个风险社会。由此，对技术社会形态的研究应当成为哲学的一个课题。

刘啸霆[2]总结了 STS 研究的新进展。就 STS 理论研究的进展而言，国际上 STS 的基础研究进路已经越来越多地呈现出多元化的趋势。例如一些学者认为，STS 研究的哲学基础不同于科学哲学和技术哲学研究的基础，它有自己的哲学背景。同时，许多学者开始反思欧美的 STS 研究传统，主张建立多文化视角中的 STS 研究。国内的 STS 的基础研究跟进也比较快，主要工作表现在关于 STS 研究的方法论探究：一是对 STS 研究的哲学反思，如对现象学进路、实用主义进路和文化进路的反思；二是对 STS 学科进路，其中的核心是比较 STS 两种"传统"，一个是通常的 STS 传统，另一个是科学技术

学传统。后者是以科学技术为对象的全面研究，与通常的 STS 在内容和取向上存在很大差别。另外，国内学者近年还作了一项比较重要的工作，就是借助 2009 年中华人民共和国成立 60 周年所引发的总结与回顾的热情，而对 STS 进程的回顾。就 STS 应用研究的进展而言，应用性研究是国内外学术探究的重点，表现出了区域化、复杂化、多元化、经验化和现实化等特征。国内 STS 界除了跟踪国际学术研究外，也从社会的、方法论的、文化的、政策与管理的、伦理的、风险的视角等探讨了一些具有"结合"特征的论题，如国际交流中的民生科技合作，科技政策背后不同主体利益的诉求，我国区域自主创新能力的评价体系构建与实际测度等国计民生问题，具有一定的中国特色和发展潜力。就 STS 教育和课程的进展而言，与国际 STS 的广泛推开相比，国内 STS 教育进展也非常迅速，特别是在中小学的课程改革中发展更为迅猛。同时，以 STS 为题的学术活动也开展了很多。

所谓人类主义的 STS 主要是指以"强纲领"STS 为代表的各种社会学、人类学的研究，其主要特征关注孤立的科学或技术，并把科学与技术的本质归属于"人类社会"中某种政治、经济因素或文化形态，以社会利益、性别、地域文化或传统等为中心，取代了以自然为中心的传统科学哲学。这些就是所谓"科学的社会或文化建构"。后人类主义的 STS 去除了"人类社会"这一中心特征，也反对以"自然"为中心的做法，强调科学、技术、自然物、科学家、社会等全都不可分割地处在一个可见的动态异质性网络中。它唯一固定的含义就是：科学技术与社会相互缠绕在一起，不可分割。蔡仲和肖雷波[3]在分析了 STS 从人类主义到后人类主义的转向后认为，人类主义的 STS，尤其是社会建构主义，其分析视角是"人类社会"的某种政治经济因素或文化形态，分析单位是孤立的科学或技术，结果不仅导致了文化相对主义，同时也无法支撑起其广泛的研究主题与范围。然而，近年来兴起的 STS 趋向于后人类主义的研究，即技科学研究。其具有一种整体的动态分析视野，关注的对象不再是孤立的科学或技术，而是整个技科学网络过程中各个异质性要素的博弈，强烈表现出一种彻底去中心化的世俗现象特征。这种后人类主义研究在哲学上与传统的二元论进行了决裂，认识论上用干预性介入取代了表象性反映，本体论上走向辩证法。技科学研究这种去中心化的丰富视角使其展现出较强大的生命力，因此，国内许多学者已经开始广泛把技科学作为一种方法论的工具，用来重审各式各样的现实问题。

盛国荣[4]在文中指出，作为人类基本文化现象的现代技术已经渗透到人类生存的各个方面，构成了人的"生活世界"并拓展为一个"技术的社会"；

而且，随着现代技术的进一步发展及其在不同文化间的传播和扩散，一种全球性的"技术霸权"现象正露端倪。因此，作者从什么是技术、技术与自然的关系、技术与社会的关系以及技术与人的关系等主要维度而展开，向各自的纵深领域拓展，力图描绘一幅广阔而复杂的技术思考的图景。通过对技术的概念及其本质探究的过程进行梳理，作者指出，要想真正详尽地知道什么是技术，就需要挖掘技术史以探究技术的一切表现形式。同时，对于技术的考察，不仅要从技术史的角度去挖掘，同时还要从技术观的角度去开拓，以技术史为基础，以技术观为主导，两者的结合才能认识技术的本质。而就技术与社会的关系而言，作者指出，技术总是一定社会中的技术，社会总是有一定技术的社会。技术的存在是一种社会性的存在。技术不是什么独立于社会之外的力量，而是社会存在的一个无法分离的部分，而且是借助于一定物质载体的社会存在。一切技术活动，按其实质来说都是一种社会性的活动。一方面技术变革会引起社会变革，另一方面技术发展本身取决于现有的社会条件。同时，技术是一种重要的社会文化现象和文明因素，广泛存在于人类生活的各个领域，技术的作用从来都与社会关系相干。然而，由于技术后果的不可避免性，社会中的技术必然也会带来一定的社会后果。为此，我们需要"技术批判理论"这样的东西。只有运用这样一种理论，我们才能开始破解这种既普遍又特殊的现代性悖论，同时又能开始破解理性和文化悖论。由于技术天然地与人、与自然、与社会有着难以分割的内在和外在联系，对技术进行思考仅仅局限于技术是无法获得技术的完整认识的。因此，技术、自然、社会和人必然地成为技术思考的主要维度。

万长松[5]对苏联技术哲学与其工业化道路错综复杂的关系进行了历史考察与逻辑分析，指出在社会主义发展史中，苏联在看待和处理技术哲学与其工业化道路之间的关系问题上经验丰富、教训深刻，对发挥自然辩证法"为国服务"的功能具有启发和借鉴意义。文章指出，苏联技术哲学与其工业化道路的关系是非常复杂的。首先，二者之间并没有直接的联系，不能把苏联技术哲学当作其工业化道路的指导思想；其次，二者存在着间接的、内在的联系，认为苏联工业化道路与其技术哲学思想没有任何关系的观点也是错误的；第三，苏联技术哲学与其工业化道路之间是一种共生共荣、一损俱损、相互作用、互为因果的关系。由此，在处理经济、政治与文化、学术的关系问题上，科学技术哲学研究要保持相对的独立性，不要失去哲学应有的批判功能。同时，我国自然辩证法工作者要以"为国服务"为宗旨，切忌脱离实际"闭门造车"。

1.1　技术对社会的作用

肖峰[6]在文章中对信息技术决定论的社会作用进行了一番论述，认为广义信息技术决定论认为，信息技术不仅决定着当代社会的面貌，而且也决定了不同历史阶段的不同特征，不同的信息技术是不同时代的重要标志。从历史观角度而言，麦克卢汉的"媒介决定论"和波斯特的"信息方式决定论"具有一定的影响。麦克卢汉一反过去人们只重视内容不重视媒介的做法，认为怎样接收信息（即使用什么媒介）比接收什么样的信息更重要，因为人类有了某种媒介才有可能从事与之相适应的传播和其他社会活动。也就是说，媒介不仅是信息的传播方式，而且也是信息的生产方式，从社会信息的普遍性来看，一个社会的特征也必然表现为其信息的传播和生产的特征，从而表现为媒介的特征。而波斯特则用"信息方式"来说明信息技术对社会和历史的决定作用。他将信息方式类比于马克思的生产方式，认为可以从这个新的视角来考察社会的变化。而从当代社会中的信息技术决定论而言，可以从经济、政治和文化三大社会领域去加以具体描述。一是信息技术所决定的"信息经济"或"信息化经济"；二是由信息技术所决定的"信息政治"；三是信息技术所决定的"信息文化"。最后，文章指出，在走向信息技术决定论时，也不是要倡导一种绝对化的观点，因为即使是用信息技术来解释社会历史的发展，也不是万能的，影响或决定历史以及当今社会的，应该是多方面的因素，这一点对于我们正确地分析和评价信息技术决定论是非常重要的。

赵玉强[7]从社会之域，分析庄子对技术异化、技术道德以及技术的相关社会政策等问题的沉思。文中指出，庄子提出"技兼于事"，在原则上肯定了技术的社会作用，在具体生活层面，也认同技术能够便利社会生活。但总体看，在社会场域，庄子对技术的正面作用所论极少，他是以批判的眼光来审视技术的。同时，庄子对技术戕害社会众生的现象愤然揭露。庄子将仁义礼智等视为技术，认为此类技术已成为儒家谋取私利的工具。在感性层次上，庄子以激愤的言辞表出破除知识技术负面作用的基本立场。庄子对技术扰乱社会众生深为忧虑，主张通过破除文化技艺来恢复社会众生的本真生命状态。就庄子技术哲学的整体思想而言，弃绝技术并非庄子的真实意图，但它却借此激烈的言辞确立起对技术扰乱社会的现象进行批判与反省的严肃态度，并由此奠定了进一步理性分析的基调。在理性层次上，庄子提出"至德之世"的思想，对如何解决技术作乱社会的问题进行了深思。在技术哲学层面，首先，庄子对技术异化进行了坚决批判。其次，就技术道德而言，庄子批判了世俗技术道德，主张建构超越性的技术道德。再次，庄子提出以实施"无为而治"调整社会政策的方式解决技术作乱社会的问题。庄子发现技术异化有社会原因，世俗的政治施为是残害民生的祸因。由此，立足于对社会众生切身生活的关注，庄子的技术哲学经过对技术和文化（道德）的反思，进入到对政治治理与相关社会政策的反思，展现出庄子技术哲学的理论深度与广阔视野。

吴红[8]从技术社会学的角度对发明社会学的奠基人吉尔菲兰进行了介绍，并从发明的社会原因、社会后果、发明的预期等角度展开对吉尔菲兰发明社会学进行具体的分析，为我们提供了一个探寻技术社会的新的方向。吉尔菲兰认为发明是在社会环境中产生和发展的，同时指出政治、经济、文化等各种社会因素对发明都有作用。吉尔菲兰考查了影响发明的诸多社会原因，可以分为对发明起促进作用和阻碍作用的两方面因素。促进发明产生和形成的因素包含有以下几个方面：第一，是"改变"的力量。人们需求的改变，健康、战争、教育、工业化和商业活动等社会因素的改变和环境的改变都能激发发明。第二，劳动专业化，即劳动力专业化和集中化有助于发明的进步。第三，人口和工厂的增长。第四，工业化生产。同时，标准化、资金投入和耐久材料的使用在对现代大工业生产中带来益处的同时，也会对发明起到阻碍的作用：首先，标准化和固定不变的趋向往往会抵制发明的进行。其次，耐久材料的使用，延长了设备的更新周期，延缓了发明的速度。关于发明的社会影响，吉尔菲兰的突出成就表现在以下两个方面。第一，全面地阐述发明和社会的相互作用。第二，在发明社会学的诸多研究成果中，"对等发明"探讨在别处从未出现，吉尔菲兰就"对等发明"做出了细致的分析。最后，文中阐述了吉尔菲兰关于发明的预测，包含两个方面：发明本身的预测和发明社会影响的预测。他意识到需要建立一个数据库，采用外推法，按照检验的规则和规范预测的原理来给发明进行预测。吉尔菲兰对发明的预测的研究从三个方面进行，即发明预测的可能性论证、预测的时间机会选择、不同层面的发明预测，这三个方面是按照逻辑关系层层递进的。并认为吉尔菲兰所作的努力是技术社会学研究的初次尝试，也代表了技术社会学历史上的一个高峰期。

周善和[9]指出，技术上升为信仰是现代技术最明显的特征之一。技术信仰对人类社会发展产生了广泛而深刻的影响，对技术的顶礼膜拜也造成了唯技术论、效率崇拜、物质至上和道德沦丧等诸多自然社会问题。技术信仰既是技术系统对社会"敌托邦"式扩张的结果，更是人类思维缺陷和伦理信仰缺失所致。解决技术信仰导致的诸多问题，就要重塑人的伦理信仰，规范技术行为，推进技术民主化，进而建立非人类中心主义的文化学来实现。文章从现代技术上升为信仰的表征入手，指出，现代技术作为一种信仰对社会的冲击表现在如下几个方面：一，技术在广泛影响社会各领域时出现唯技术论倾向；二，人类在对自然的"解蔽"中手段代替了目的；三，技术作为一种信仰时表现为对绝对效率的疯狂追求；四，技术上升为信仰造成社会道德沦丧；五，技术信仰的后果还表现在人工欲望对人的控制。最后，文中给出了降格技术信仰的路径考究。文章指出，作为一种常识的技术观，既不能完全否定现代技术同时也不能把技术神化为包治百病的良药。要克服技术的问题，就要摒弃对技术的盲目崇拜，降格技术信仰到合理的程度。因此，需要从重塑人类对天、地、人、神的敬畏之心，切断资本追逐利润与技术研发之间的联系，建立以是否有利于自然社会可持续发展为标准的技术评价机制，建立一种技术民主化的政治学，建构一种摒弃人类中心主义的文化学等多渠道多方面的共同努力。

1.2　社会对技术的作用

凌小萍[10]认为，技术的发展根植于特定的社会环境，在技术与社会之间存在着相互影响、双向作用的关系。随着社会的日益技术化，我们往往容易注意到技术对社会的影响，而忽略社会是如何影响和造就技术及其发展的。技术发展不仅仅是基于技术自身发展的内部逻辑，社会因素也在影响和造就技术及其发展。文中列举了技术发展的社会选择形式，主要有三种，即市场选择、政府选择和文化选择。同时，技术发展社会选择亦具有复杂性。作为决定技术命运的一种社会活动，其既有市场、政府的选择，也有文化的选择，其复杂性就表现在：①社会选择何种技术的不可预测性；②选择的主体的不确定性；③选择情景（如市场）的不确定性。然而，技术选择是一切选择中最重要的选择，社会对技术的选择能力的低下和滞后都会形成对技术发展的不利性制约。因此，就需要选择的主体既遵循技术选择的价值标准、系统标准及时效标准，也需要国家不断完善宏观调控＋营造有利于技术选择的人文环境，企业建立现代企业制度及企业信息系统等提升我国社会的技术选择能力。

吴红[11]指出发明创造是技术活动中的一个主要部分，随着工业革命的发展，英雄主义的发明创造思想开始受到追捧。20 世纪 80 年代中期，技术的社会建构理论在国外兴起，之后备受国内学者关注。技术的社会建构理论从一个新的视角分析技术发明的创造过程，很大程度上克服了英雄主义发明创造观的局限。文章解析了社会建构主义技术发明创造观的两个理论来源：早期的发明社会学和强纲领科学知识社会学，并从发明的结构、发明的社会经济形成和发明的主体特征三个角度分析发明思想的产生，揭示发明思想如何在社会诸多因素的作用下被建构并最终形成人工物。文章对技术发明的内涵进行阐述。文中指出，技术发明应该包含以下三个方面的含义：第一，发明要满足个人或者社会的需求。第二，发明要对基础现象建立可信赖的解释，并总结出可以应用的新原理。第三，一项发明需要次一级的组成部分以及次一级的科学原理来共同产生效用。同时，技术发明的社会经济形成因素包含四个方面：①阶级和政治的利益。②性别的利益。③发明者的利益和使用者的作用。④专利管理的影响。最后得出结论：社会建构主义技术发明创造观有助于理解技术的社会建构理论；社会建构主义技术发明创造观与创造力研究具有一致性；社会建构主义技术发明创造观对创造教育具有积极的启示作用。

2 技术与文化的互动关系

张成岗[12]从鲍曼的现代性理论入手，沿着技术本质、起源、发展、后果及问题应对的逻辑线索，指出了技术与现代性的互动关系，即现代性提供了现代技术起源与发展的文化境遇与动力，技术则进一步构建了现代性文化。从技术人类学角度来看，技术与人类在起源上具有同时性，人因为选择了技术而成其为人，具有与动物不同的生活方式。从技术社会学角度来看，人因为选择了技术而成其为一种社会性存在，技术开始对社会施加影响。而鲍曼将技术起源与现代性文化框架紧密联系起来，提供了现代技术起源的文化语境，或者说技术本身就是现代性文化的组成部分。在现代性的文化环境中，现代技术获得了发展的必要动力，并进一步构建了现代性文化。同时，技术实践活动的发展以理性解放为首要条件，鲍曼认为，使人类适合技术处理是控制自然的"技术革命"的一个后果，随着技术理性的扩张，以自然为对象的技术活动开始扩展到对社会和人类的统治。与理性解放一样，自然的"祛魅"同样是现代技术发展的必要文化条件。现代世界是一个技术化世界，技术发展过程也是对世界进行"分割"与"组合"过程。实际上技术碎片化运动在当代社会中仍在进行着，甚至一直被看做具有"属我性"的人类经验也被进行着"分割"与"组装"。

邢冬梅[13]依据 STS 发展的三阶段：科学实在论——社会建构论——科学实践文化，从历史与逻辑相统一的视角，对科学与技术的文化主导权之争及其根源进行分析，并最终从"技科学"的视角去消解这种"无果之争"。科学的文化主导权的显现出现在 20 世纪 50 年代之后的大科学时代，表现为科学相对于其他文化形态具有文化主导权，并且能够充分地代表技术所拥有的能力。把"领导权"赋予科学，把"附属性"归于技术，这已经成为现代社会中人们普遍的共识。当工业的代言人以纯科学家的形象出现，就进一步强化了科学对于技术的主导性。而到了 20 世纪 80 年代，随着"社会建构论"的出现，技术逐渐取代科学，占据主导地位。"技科学"这一术语，消解了"科学与技术"之间文化主导权之争，让 STS 回到真实的物质世界。从哲学上来看，它不仅超越了传统的科学实在论的表征主义，而且还摆脱了社会建构论的实用主义的功利导向。在这种"辩证的新本体论"中，科学或技术仅是科学实践过程中的两种异质性要素，它们之间并不存在单向度的因果决定关系，也不是作为一种外生变量，一种预先存在的解释性框架，统领着对方甚至人类文明的发展。科学与技术只有内生在科学实践过程中，才能获得其存在的价值，也只有在"人-自然-机器"的共生关系中，科学与技术共通才能彰显出人与自然共生共塑的历史图景。

王飞[14]在文章中分析并评述了从文化哲学的视角考察技术的代表人物卡西尔的技术论，指出他把技术置于文化哲学的大框架下，分析科学、艺术、语言、巫术等各种文化形式与技术的关系，探讨技术的本质。因此，卡西尔的文化哲学就是希望通过探讨技术与各种文化的关系，最终达到揭示技术的本质、意义与技术的任务的目的。卡西尔在对技术的本质与文化的其他形式语言、巫术、宗教、科学、艺术等做了对比分析后，最后回到价值尺度上对技术进行定位。他认为，技术劳动或技术文化的真正内涵就是"通过劳动获得自由"。由此，卡西尔呼吁技术的"非物质化"与"伦理化"。然而，在卡西尔看来，技术作为文化的一部分其自身的地位、作用与文化的其他部分一样具有两面性：一方面，现代技术以文化中名列第一的身份影响、改变着现代文化的精神；另一方面又同其他部分一样受实用主义思想的控制，受齐一化、一体化理念等文化整体精神的影响，无意识地成为暴力、混乱力量的帮凶，加剧了暴力与混乱。因此，技术的"伦理化"是一个长期而艰难的过程。技术在本质上乃是人的"愿望"与"意志"的集合体。技术使人类获得自由，同时又奴役人的精神；精神在本质上总是要求打破这种奴役的枷锁，然而在某些时候又会甘愿接受它的奴役。技术与精神冲突与斗争以及地位的转换恰恰表明了人类不同的生存状态。

易显飞[15]指出，工程的技术哲学与人文的技术哲学在其本体论、认识论和价值论的理论基础上体现出了各自的特点与不足。工程的技术哲学传统走向技术自我；人文的技术哲学则走向非技术。要解决这个问题，可以从三个方面着手：首先，从研究内容上促进两种技术哲学融合，推动技术创新哲学研究。技术创新一方面体现了工程技术哲学的技术本体，另一方面又包含了人文技术哲学的"非技术"因素，技术创新是工程技术哲学与人文技术哲学内容的二重化。其次，借鉴"经验研究"与现象学的研究方法可以从方法上促进两种技术哲学融合。技术哲学研究中的"经验转向"要求现象学的技术哲学应注重对具体技术的规范性和描述性研究，并在此基础上探讨各技术系统的人文社会意义；反过来，"朝向事物本身"的现象学对技术的研究由抽象的形而上学层面转向描述层面，为技术哲学研究的"经验转向"提供了可能性和必要性。最后，加强"两种文化"的教育：从研究主体上促进两种技术哲学融合。工程的技术哲学与人文的技术哲学研究主体本身应该同时兼具"两种文化"。因此，从教育入手，使我们的教育真正转向现代意义上的教育，二者取长补短才是工程技术哲学与人文技术哲学的融合之道。

于春玲和李兆友[16]认为，马克思对技术价值的理解并非抽象、孤立地理解，而是将技术价值问题的思维向度从封闭的"技术本身"扩展到广阔的文化空间。文中指出，马克思对技术价值的追问始终与对人的价值的反思结合在一起，或者说，马克思是从人的价值出发来追问技术的价值的。在马克思看来，技术对人的最根本价值就在于，人类只有在技术活动中才能成为他自身。技术价值同样求真，求善，求美，亦最终指向人的自由。而从技术的真理价值而言，"真"是技术活动追求的一种基本价值。作为实践，技术活动遵循着双重尺度，人的尺度与物的尺度。从技术的道德价值来看，马克思肯定技术之"善"。他指出，道德存在于一定社会发展阶段的生产方式及技术活动中，判断一种道德是否合理，要看它在这种生产方式运作中所发挥的具体作用如何。从技术的审美价值来看，马克思认为人的审美感受是在技术实践中产生的，以及在技术异化的现实中，人的审美也异化了，而审美异化的超越同技术异化的超越走的是同一条道路。从技术的人类自由价值而言，文化的内在生命和终极价值正在于其中所蕴涵的人的自由，技术作为人类最基本的感性活动形式、历史的存在方式或文化形式，其终极价值亦在于人类自由。

2.1 技术对文化的作用

米丹[17]指出，当今世界进入了一个全球风险社会时期，科学技术和技术经济广泛深入发展对人类自身带来的威胁，正在改变传统工业社会的思考逻辑，并形成了一种区别于传统工业文化的另一种独特的文化形式——科技风险文化。科技风险发展为一种普遍的文化形态是在 20 世纪 80 年代之后。文章从科技体系内部科技价值观念的风险化和社会公众科技价值观念的风险化两方面对科技文化风险的产生和发展进行剖析。风险社会中专家系统科技观念的风险化表现在三个方面，首先，它使得专家理性在世界风险社会时期表现出越来越多的相对性和局限性。其次，它表现在专家方案选择的不确定性。最后，科学家或技术专家在创造知识中的功利倾向有可能使科学成为风险的生产者。而社会公众科技价值观念的风险化表现在科技批判思潮上，由科技引发的风险文化理论，科技政策的风险化和公众科技价值观念的风险化上。由此指出，科技风险文化已经成为当代社会文化的一部分，而这种文化必然又将带来新的社会组织秩序。新的科技风险为当代科技发展带来了巨大的挑战，而与此同时新的制度和规范也必将真正打破科学技术以及技术经济发展的垄断，这便标志着科学技术的成熟与完善。

2.2 文化对技术的作用

杨明和叶启绩[18]倡导对技术风险进行文化反思。文章认为，人类在技术应用形成的非平衡性、不可逆性、复杂性过程中，重启在自然中发生又回到自然的理性过程，既是人类文化实践的过程，又是技术自然化的过程。从技术风险的自然理解，到技术风险的唯理性、隐喻性和实践性，技术运用的不确定性与人类生存方式紧密的联系在一起。文中指出，基于自然主义理性前提的技术风险是科学文化实践的逻辑演进过程，技术风险的文化反思是复杂性、多元性、特色性的理性路径，它兼容自然主义文化实践机理。因此，文章从当代技术风险的自然主义理性、自然主义隐喻和自然主义诉求三个方面对技术风险的自然主义文化范式的本质特征进行揭示。指出技术风险在自然主义迷惘中已经超越现象的描述，进入人类文化的反思路径当中。文章认为，确立科学的文化实践观，从文化实践出发对文化实践主体的地位与作用进行肯定与否定的辩证认识，用系统思想观念对技术风险进行文化意义的研究，也许才是解决技术风险的自然主义之殇的可行路径。

林慧岳、刘利奎和易显飞[19]认为，只有通过文化溯源和文化分析的角度入手，才有可能解决社会引发的社会现实问题。文章明确指出，解决技术社会的现实问题单纯依靠新技术来完成是不可能实现的，它忽略了技术理性实现人文理念的可能性，使发现和解释当代技术社会问题的过程陷入死循环。因此，技术社会的文化建构这项工作需要很多的理论基础：1. 保持对技术决定论的批判；2. 拒绝过分单一的文化领域描述方式；3. 强调技术的复杂性、不可预见性、可动性在当代社会中的影响作用，更要强调文化维度与文化元素在技术——社会中的参与作用；4. 关注技术的可选择性和技术文化的多样性；5. 注重"技术"与"社会"的互动关系中的文化功能。在此基础上，文章总结并提出了三种可能的解决路径：首先，以绿色生态为方向，一方面对已推广的技术进行生态化引导与改进，使"技术生态化"将工具理性和价值理性协调统一，以价值理性引导工具理性，来调和"人——技术——环境"之间的关系；其次，为加强对技术的伦理控制力度，应将对技术的伦理规约放在技术后期影响和技术开发之初两个层面，即"技术伦理化"与"伦理化技术"；最后，提倡正确的技术价值观是解决技术社会问题最紧密、最关键的途径。

林慧岳和夏凡[20]同时又通过对荷兰技术哲学"特文特模式"的介绍力图推动技术哲学的"文化转向"。文章指出，荷兰技术哲学从"经验转向"范式，在后现象学分析框架下形成的"特文特模式"具有描述性维度与规范性维度，通过双重聚焦技术价值的伦理和非伦理部分，提供了一种技术哲学的研究视角。描述性维度（descriptive dimension）的重心是提供一种技术社会影响的视角，涉及与技术相关的诸多社会层面。而规范性维度（normative dimension）重视价值的伦理与非伦理两部分，在技术本身的应用和发展过程中，权衡好各价值的配比权重，注重价值生态多样性，超越原先的道德规范评估体系。并且，"经验转向"在"特文特模式"的后现象学纲领下引入文化元素，使其具有了文化上的延伸。由于技术产品的功能、形式、内涵已被多维度拓展，延伸至人类所有生活领域，赋予了生活世界新形式和新秩序。在这新型的技术化生活世界里，需要带入文化的价值考量，规范新形式和新秩序的框架，使技术产品维建的生活世界能够承袭人类文化的内外价值。由此，技术哲学有必要结合人类自身的文化沉淀，考量技术在文化元素渗入后出现的综合性、系统性、交叉性等情境特征，分析技术与广域社会背景下大文化的锲合以及与其他亚文化的互动。

周雪和张新标[21]在文章中运用芒福德技术哲学思想的反思指出回归生活才是技术发展的未来进路。文章指出，芒福德认为人类的劳动，社会运动的矛盾，哲学和科学的发展促进了技术的产生和发展。要消除技术的异化需要厘清技术的范围，应当从人的生活的角度进行反思。文章从三个方面对技术进行了反思。首先，从人性的基础角度指出，随着近代以来大量机械发明的增加，人们开始习惯于把人定义为一种工具制造和工具使用的动物，将制造和使用工具、技术发明视为人区别于动物的最主要标志。我们反思当今的技术应该回归人性，机器本身没有任何过错，机器所产生的罪恶，归根到底还是人的罪恶。只有调整人本身，回归人性，才能破除机器的"恶语"。另一方面，历史上的技术分为两类：一种是民主的综合技术，另一种是集权的单一技术。以单一技术为特征的现代技术的意识形态基础，是一种机械化的世界观。因此导致技术哲学的本体研究注重了物理意义或工程意义上的技术机制、技术效率的探讨，而忽略了技术与艺术的关联。而摆脱巨机器的全方位控制的第一步就是要用一种有机的世界观来代替机械的世界观。最后，提倡用更好的文化来整合技术。将机器更紧密地作为一种文化的成分来考察，建立起与生态圈能相容的技术圈，以此谱写技术的未来。

参考文献

［1］赵剑英．加强对技术社会形态问题的研究［J］．马克思主义与现实，2011，（1）：15.

［2］刘啸霆．科学、技术与社会研究的新进展［J］．学习与探索，2011，（5）：32-34.

［3］蔡仲，肖雷波．STS：从人类主义到后人类主义［J］．哲学动态，2011，（11）：80-85.

［4］盛国荣．技术思考的主要维度：技术、自然、社会、人［J］．自然辩证法研究，2011，（2）：32-38.

［5］万长松．苏联技术哲学与其工业化道路的关系问题研究［J］．自然辩证法研究，2011，（2）：44-49

［6］肖峰．论信息技术决定论［J］．长沙理工大学学报（社会科学版），2011，（2）：5-10.

［7］赵玉强．庄子生命本位技术哲学的基本面向与内在理路探赜［J］．云南社会科学，2011，（4）：38-43.

［8］吴红．吉尔菲兰的发明社会学——技术社会学发展的早期贡献［J］．自然辩证法研究，2011，（7）：60-67.

［9］周善和．技术信仰的表征与降格技术信仰的路径考究——从社会文化学视角探究现代技术［J］．自然辩证法研究，2011，（7）：19-24.

［10］凌小萍．论技术发展的社会选择［J］．理论与实践（理论月刊），2011，（8）：87-89.

［11］吴红．论社会建构主义技术发明创造观［J］．东北大学学报（社会科学版），2011，（5）：388-393.

［12］张成岗．鲍曼现代性理论中的技术图景［J］．自然辩证法研究，2011，（3）：69-75.

［13］邢冬梅．科学与技术的文化主导权之争及其终结——科学技术与技科学［J］．自然辩证法研究，2011，（9）：93-98

［14］王飞．卡西尔论技术与形式［J］．自然辩证法研究，2011，（8）：28-32.

［15］易显飞．论两种技术哲学融合的可能进路［J］．东北大学学报（社会科学版），2011，（1）：18-22.

［16］于春玲，李兆友．马克思的技术价值观：指向人类自由的技术价值与文化价值［J］．自然辩证法研究，2011，（4）：42-47.

［17］米丹．世界风险社会之下的科技风险文化［J］．武汉理工大学学报（社会科学版），2011，（6）：794-799.

［18］杨明，叶启绩 . 当代技术风险的自然主义之殇［J］. 自然辩证法研究，2011，（12）：
53-56.

［19］林慧岳，刘利奎，易显飞 . 当代技术社会问题解决的文化进路［J］. 贵州大学学报
（社会科学版），2011，（5）：11-14.

［20］林慧岳，夏凡 . 经验转向后的荷兰技术哲学：特文特模式及其后现象学纲领［J］.
自然辩证法研究，2011，（10）：17-21.

［21］周雪，张新标 . 回归生活——基于芒福德技术哲学思想的反思［J］. 湖北经济学院
学报（人文社会科学版），2011，（5）：18，19.

2011 年技术认识论研究综述

晏　萍

（大连理工大学人文与社会科学学部）

　　技术认识论是关于技术认识的发生、发展及其规律的理论，是关于技术中的认识如何能够成为可能的理论，是技术哲学的理论基础和核心。1980 年代以来技术哲学的"经验转向"开辟了技术哲学研究的新的路径，然而"经验转向"之后的技术哲学仍然面临一系列问题，作为对此类问题的纠正，技术哲学界又相继出现了"伦理转向"以及以"文化转向"为代表的"第三次转向"。这一系列转向表现在认识论领域有其自身特有的关注范畴，包括技术知识、技术设计、技术发明、技术问题、技术规则、技术原理、技术评价、技术预测、技术进化等。基于此，本文综合 2011 年国内技术认识论研究的相关成果，从以下几方面对该年度的研究动态展开综述。

1 "经验转向"后的技术哲学

　　当代技术哲学中的"经验转向"即为转向技术本身，确立描述性主题，为技术的批判与规范奠定坚实的基础。经验转向之后，技术哲学界又相继出现了"伦理转向"以及以"文化转向"为代表的"第三次转向"。

　　张卫等[1]在国际技术哲学学会（SPT）成立 35 周年，Techne 创刊 15 周年之际，从 Techne 于 2010 年出版的特刊的角度来看现代西方技术哲学的转向问题。SPT 的建立推动了"经典技术哲学"到"当代技术哲学"的转变，后者主要是指 20 世纪 80 年代以来实现了"经验转向"的技术哲学，表现为两种类型，即"面向社会的经验转向"和"面向工程的经验转向"。然而"经验转向"之后的技术哲学出现了重描述轻规范的倾向，丧失了技术哲学的社会价值。作为对这一倾向的纠正，当代西方技术哲学在世纪之交又出现了"伦理转向"，开始关注具体的技术对人类生活的伦理后果。然而技术的后果不仅具有伦理方面的影响，因此"伦理转向"之后的技术哲学仍然面临许多问题。在这一背景下，许多技术哲学家指出技术哲学需要"第三种转向"，这一转向并没有统一纲领，而是呈现理论多元化的局面，比如费贝克提出"物化道德"概念，布瑞支持继续推进"技术中介理论"，皮特主张技术"透镜"说以及弗雷认为技术哲学应该保持多元的研究进路。

　　黄柏恒、林慧岳[2]也在这一大的历史背景下关注技术哲学的发展，指出荷兰特文特大学两位教授伯雷及维尔贝克对技术哲学的未来发展进行了展望，他们认为当代技术哲学比 20 世纪初的经典技术哲学有所改进，但是，当代技术哲学的规范性维度处理仍有不足，他们分别对当代技术哲学提出理论性与实践性修正，反映了特文特模式的技术哲学专注在价值化技术的改善层面的研究特色。简而言之，荷兰特文特的伦理与技术研究模式是对当代技术哲学的"经验转向"和"伦理转向"的超越。

林慧岳、夏凡[3]继续关注经验转向之后的荷兰技术哲学，认为荷兰技术哲学追随"经验转向"范式，在后现象学分析框架下形成的"特文特模式"具有描述性维度与规范性维度，通过双重聚焦技术价值的伦理和非伦理部分，提供了一种技术哲学的研究视角。并且"经验转向"在"特文特模式"的后现象学纲领下引入文化元素，将推动技术哲学的"文化转向"。未晓霞[4]认为技术哲学的文化转向表明，传统的技术哲学发展到一定程度，必然要溢出其本身的亚文化圈而面向整个技术文化。技术哲学文化转向的意义对于技术本身来说，能够使技术更加的人性化，规范化。

朱春燕、陈凡[5]以分析"语境"的含义为切入点，论述了语境论对当代技术哲学研究产生的深远影响，具体说，就是在技术哲学的经验转向路径的导引下，运用语境论的方法论原则对技术作动态的考察，尤其考察技术创新的各个具体阶段上文化因素如何影响技术创新的问题。指出技术哲学未来的发展趋势将是从关注技术"本身"转向关注技术创新，尤其关注技术创新和文化的相关性问题。

高亮华[6]分析了当代技术哲学的代际嬗变、研究进路与整合化趋势，认为进入 21 世纪，技术哲学已发展成为一个获得广泛关注的、兴旺繁荣的专业领域。如果依据人类代际的观点，技术哲学家可以区分为四代：第一代是技术哲学的创立者；第二代是技术的批判者，致力于对技术的人道化；第三代是所谓的经验转向的技术哲学家，他们的哲学反思建立在对现代技术的复杂性与丰富性的适当的经验描述上；而最新一代的技术哲学家正为技术哲学的发展带来一轮新浪潮。如果从横向的角度看，当代技术哲学是一个涉及广泛的哲学分支的哲学领域，而且因为各种哲学资源卷入到技术哲学领域，使得技术哲学在当代哲学的主题与方法的"异花授粉"中具有独特的作用，或许正在构建一个重新联结的世界哲学共同体。面对未来，以促进技术文明范式的重建与转换为指归，通过对各种研究进路的整合，技术哲学将最终建构出一个以规范性、批判性与描述性三大研究主题为核心内容的整合化的框架体系。

2 技术认识的研究

要阐明技术认识论的性质、内容和理论系统，必须从技术认识开始，这是研究技术认识论的基点，在此基础上，以技术内部路径与外部路径分别作为切入点来探究技术认识的本体论意义以及其与媒介环境和权力视域的关系。

陈凡、程海东[7]认为明确技术认识的一个前提是准确把握什么是技术，澄清技术认识与非技术认识的界限，以此为基础才能明确什么是技术认识。首先，从技术与技术认识的关系来看，技术属于一般社会生产力的范畴，既可表现为社会进步的推动力，也可表现为一定地域的文化传统，还可表现为先进的方法等等；技术认识则属于特殊类型的社会意识或社会活动，表现为形成以理论形式或经验形式存在的技术知识。其次，技术认识不是对"理念世界"的模仿，也不是先验地存在于理性中，而是具体的实践的产物。可以说，人类在改造自然的实践中形成了技术认识，这一认识随着人工自然的创造而逐渐深化。对技术理论的理解和解释离不开技术实践活动，对技术实践活动的考察也不能离开技术知识。第三，指出技术认识是研究技术认识论的基础和出发点，无论是阐释技术认识的主-客的辩证统一问题，还是研究技术认识的真理性问题、精确性问题以及综合性问题，都需要对技术认识的双重涵义加以准确地分析。

李曦珍、王晓刚[8]从媒介环境学的角度分析了技术认识论的争论，认为媒介环境学对媒介技术之于人类认识的作用充满了争议。争议集中在对技术与人的关系的认识，即"技术究竟是'放大'抑或'遮蔽'了人的认识"，然而，不论是从媒介的"尺度"还是在技术属性中都无法对人类的认识机制进行全面的解释。指出为了走出技术认识论的理论误区，解释媒介技术在认识论意义上的"二重性"问题，也就是"延伸"或"遮蔽"的问题，就必须抛弃对媒介技术的尺度与人的类本质的迷恋，才能深入认识人类社会的权力结构及其具体的社会关系。

谈克华[9]从权力视域内来认识技术，认为现代哲学家对于技术的经典分析凸显出对于技术理解的一种"权力"视域。20 世纪中的许多现代哲学家如海德格尔、马尔库塞、哈贝马斯、芬伯格和约瑟夫·劳斯等人都对权力视域下的技术认识论有所描述："海德格尔认为现代技术作为'座架'拥有'摆置'的权力；马尔库塞和哈贝马斯认为现代技术作为一种不自觉的意识形态而宰制着人；芬伯格主张技术体现出一种'知识与权力'的双面特征，在'技术的定形'中体现的是一种类似于游戏的权力的运作；约瑟夫·劳斯则在科学技术的'实践'形相的背景下细致阐述实验室内外知识、技术与权力的互渗关系。"作者继而指出对于技术权力化趋势可能产生的更复杂的后果，我们还没有足够的时间距离来进行审视。

3 技术知识的研究

技术知识是人们在改造和控制自然的实践过程中形成的技术原理、技术规则、技能的综合。对技术知识的研究是研究技术认识论其他范畴的基础，分析并探讨了多元视域下的技术情景，对传统技术知识的新的认识，以及技术知识与企业创新的关系问题。

王丽、夏保华[10]认为从技术知识的视角出发，技术情境的生成来源于技术知识的嵌入，构建技术情境的知识要素包括分布在"技术场域"中的技术共同体、显性知识、隐性知识、工具知识、行动知识和技术范式等，指出技术主题能够被技术情境塑造，能够减小思想和行动的盲目性，从而具有积聚和传承技术知识的价值和意义。

赵志成、吕乃基[11]认为将技术作为一种知识来研究，具有难言性的特征。因为技术知识与知识主体、技术对象以及具体情境的关系是一种嵌入关系，所以技术知识难言的部分也是其主要的部分。指出难言技术知识在技术创新中具有重要的意义。克服技术知识的难言性及其在时空维度上存在的障碍是使难言技术知识得以传播的主要动因，并且认为传播的途径可以从组织、个人和媒介的角度中找到。

成素梅[12]认为近年来，科学知识社会学、现象学以及关乎人工智能的哲学研究对传统的科学认识论提出了挑战，其中关于技能性知识（skillful knowledge）的讨论成为主要的关注点之一。指出从知识获得的意义上来看，认知者的体验或行动与技能性知识相关，而技能性知识获得的过程是"从无语境地遵守规则、到语境敏感地'忘记'规则、再到基于实践智慧来创造规则的一个不断超越旧规范、确立新规范的动态过程"，因此认为技能性知识是比命题性知识更为基本的命题。在这一背景下，专长哲学（philosophy of expertise）正是在当前关于技能性知识的哲学研究的基础上生长出的一个新的跨学科哲学领域，这种哲学是"关于包括科学家在内的专家的技能、知识与意见的哲学，同时也把关于知识问题的讨论带到了知识的原初状态，潜在地孕育了一种新的认识论——体知合一的认识论（epistemology of embodiment）"，指出这种认识论从一开始就内在地融合了传统意义上的主体、客体、对象、环境甚至文化等因素，继而使长期争论不休的二元对立失去了存在的"土壤"，并为重新理解直觉判断和创造性之类的概念提供了一个新的视角，为走向内在论的技术哲学研究或形成一种真正意义上的科学技术认识论，提供了一个重要维度。

从企业技术创新视角开展技术知识研究，宋宝林、李兆友[13]分析了二者之间的关系问题，认为企业技术创新的起点是技术知识的生成与获取，这关乎企业技术创新的成败。在企业技术创新的过程中，技术知识生成的主要方式包含个人构思和组织研发两种模式。为了利于企业的技术创新，企业应该从外部获取显性和隐性的技术知识。指出在企业技术创新的过程中，因为技术知识的生成与获取体现的哲学思想不同，从而对企业技术创新周期也将产生不同的影响。

宋宝林、谈新敏[14]从技术知识共享的角度，认为技术知识共享成为促使企业内部技术知识储量增多的方法，并且可以为企业技术创新提供智力支持。指出在企业技术创新的过程中，个人、团体和组织是技术知识共享的主体，显性技术知识、隐性技术知识以及二者的相互转化是技术知识共享的内容，传统技术知识共享手段和现代技术知识共享手段两种是技术知识共享的主要手段。技术知识共享的模式分为正式创新网络和非正式创新网络，其中"编码化策略和协调机制可以促进技术知识在正式创新网络中的共享；依靠情感、信任等因素维系的非正式创新网络有利于拓展技术知识共享的广度，加深技术知识共享的深度。"

王丽[15]从技术工具知识的建构与解读角度，认为技术工具是技术智慧的物质化体现，是物质形式的知识智库。工具设计者制造适宜的技术工具，嵌入自己的理论学识、操作技巧和表达风格，建构技术工具知识。制作完成的技术工具被置于不同的情境，面向广泛的、异质的使用者，以不同方式、从不同方向、按不同程度被解读。

4 技术设计、技术发明、技术创新的研究

对技术认识的讨论不能缺少对技术生产过程中的具体环节的分析，技术设计、技术发明是技术生产过程中的灵魂和核心，技术创新是动力，直接影响技术的价值形成以及进化方向。

卫才胜[16]认为温纳对传统技术困境的解决途径进行了批判，在对"专家治国论"进行质疑与反对的过程中提出了"技术民主控制"的思想，认为在现代技术社会中的决定者并不是技术专家，而是技术本身，因此提出在技术设计、应用和管理等领域应当更多地使普通人、非专家人士具有发言权，使

其能够积极地参与到技术决策中，决定技术并且决定技术对其生活的影响。这一思想直接受到芬伯格的影响，后者在对技术民主化的实施方式进行探讨的过程中也强调在技术设计过程中的民主变革，提倡在技术设计过程中的公众参与，认为只有通过公众参与，才能在设计过程中纳入多元的利益和价值，因此非技术人员参与技术设计非但不是不利于技术发展，恰恰相反，这一行为有助于解决目前我们面临的技术困境问题和去实现更加公正、合理的社会，可以看出芬伯格的这一思想是对技术霸权阶主义的反驳。

陈玉林、尹恩忠[17]针对国内一些学者对于在技术史和技术哲学研究中，要用技术创新概念来取代技术发明和技术实体概念的呼吁，认为应该从考察人们理解技术的历史意识入手，以历史意识为分析工具，通过对技术概念的话语分析，考察了技术历史意识的变迁谱系。从历史视角和文化实践的角度澄清了技术创新在技术史中的焦点地位问题、研究路径问题以及技术创新的"新"、"旧"关系问题。作为历史意识中的技术，指出技术发明和技术创新都是历史的、动态的过程，从文化实践的视角来看待技术创新，一方面是对技术物和技术知识概念的重构，另一方面体现了创新主体的能动性。最后指出技术创新作为历史意识，最根本的含义也就在于，技术成为我们协商历史意义、规划未来的根本路途。

林慧岳、万觉鸣[18]从技术创新的角度探讨技术规范问题，认为技术创新是工业社会的推动力，熊彼得针对工业技术创新描述了五个方面的特征，然而其在当下带来了新的问题，而问题的解决需要"后现代"批判精神和多重视角的方法论。在对苏伯拉塔·达斯古珀塔建立的分析框架进行借鉴的基础上，在对贝尔、斯各特·拉什等人针对这一框架中不同层次的特征的后现代描述中，指出"知识化、生态化、人性化和文化化为后现代技术创新提供重建框架的规范"，指出"技术创新的后现代活动模式是文化重建的过程"，继而对技术创新后现代四重活动模式进一步进行分析。

5 技术问题的研究

对技术的认识研究离不开对技术诸多问题的研究，这是技术认识论的主要内容之一，具体包含技术的本质问题、思考技术的维度问题、技术物体的特征问题、技术生态与技术共生的关系问题以及对技术概念的理解如何影响技术教育进路问题。

包国光[19]认为海德格尔前期思想中包含着"技术问题"。在《存在与时间》中，海德格尔已经涉及了"技术"现象，只是技术还不是主导性的问题。

从海德格尔前期的思想来看，其通过"此在的寻在论"，也就是生存论的视角阐述了日常"在世"中的技术形成的条件，揭示了器具和技术的本质，并且分析了二者的关系，认为"此在的在世生存要求着技术，通过技术让器具上手，通过技术'在世界之中'生存"，同时，技术也维系着世界的结构即"意蕴"。

盛国荣[20]以技术、自然、社会和人的四个角度作为切入点，从四个维度探索了对技术的思考问题。认为现代技术以其无孔不入的渗透性，塑造并影响着人类的生活世界。对于技术的思考与认知，也从近代以前的边缘状态转向认知的中心并成为哲学的事业。围绕着什么是技术、技术与自然的关系、技术与社会的关系以及技术与人的关系等问题，论述并构成了技术思考的图景。认为技术思考的最终归宿是获得人之为人的真实存在。

郑雨[21]评析了技术物体的特征——空间性的问题，认为"我们当下的生活世界，最为重要的特征就表现在技术物体所带来的空间性变换上"，分析了动态性空间和事务性空间作为技术物体的空间性的内涵，强调了人的身体体验与空间性的关系；继而分析了人的身体从空间中抽离导致了空间的虚拟化和海德格尔所说的近前空间的出现；而身体的抽离使得空间失去了感知形体验，从而具有超越感觉的空间继而成为伊德所指的解释性的空间。指出所有这些空间的变换，都成为我们目前生活感受的主题，所以技术物体的空间性就成为当下要讨论的生活世界最为关切的话题。

毛荐其[22]等认为从共生理论的视角而言，技术生态就是技术共生的体系，包括共生理论的三要素：共生单元、共生模式和共生环境。技术的关联性和协同性使得不同技术在一定的环境下通过共生界面形成共生关系。技术共生是一个动态过程，经历了共生关系的识别、适应、发展、共生解体及新的共生关系的形成。从共生理论的视角探讨技术共生机理，目的在于理解和把握技术存在和发展的客观规律，从而为技术开发或技术管理等实践活动提供指导意义。

陈向阳[23]基于米切姆技术概念框架探讨了当代技术教育，认为技术与技术教育关系密切，但直至现在，技术仍被视为人们手中的中性工具，或者至多不过是科学发现的应用，技术本身所蕴含的育德、益智、审美等教育价值被遮蔽或丧失。因而对技术内涵的深度揭示将开启技术教育圆融自足的可能进路。基于米切姆对技术作为人工物、技术作为知识、技术作为过程、技术作为意志这一技术概念框架的构建，可以开掘出当代技术教育的四种可能进路。

6 技术规范、技术原理的研究

技术认识论研究的主要内容之一，包括对技术规范和技术原理的认识与研究，这一研究既包括将技术作为整体理解的研究路径又包含从技术内部出发进而进行探索的内部研究路径。

吴跃平[24]提出了一个理解技术整体上的存在方式的基本概念，叫做"技术规范"，并从这样一个概念出发去理解《齐民要术》所要表达的中国技术文明的精神实质。表达了中国技术规范的总纲，及其对于礼教文明的构成原则和构成方法。一种客观的理性文明应该建立在一种公正健全的技术体系的基础之上，并且只有这样一个基础真正地建立起来才可以真正实现礼教文明的任务。在这个意义上，我们学术界大大地低估了这部文献的价值，实际上，因其奠定了中国礼教文明的一个方面的基础，其价值远在培根的《新工具》之上。

张春峰[25]分析了技术的意向性，指出意向性作为现象学的基本概念，也是现象学技术哲学重要的研究对象。伊德在胡塞尔、海德格尔和梅洛-庞蒂的基础上提出了技术意向性的概念，用以说明技术在人与世界的关系之中的中介作用。后现象学的倡导者费尔贝克则在伊德的基础上进一步提出技术制品意向性的概念。技术制品不仅具有伊德所说的技术意向性，而且对人类存在与世界之间的关系起到相互塑造的作用。

盛国荣、石天[26]指出技术控制主义是当代技术哲学中一种新的技术理念，以历史的视角分析了其思想渊源和流变。指出手工工具技术时代产生了对技术进行控制的思想萌芽，这一观点在柏拉图技术应该适中的理念中体现出来；以工业革命为标志的蒸汽-机器技术时代出现了技术控制意识的觉醒，从霍布斯、莱布尼兹、伏尔泰、卢梭到康德，诸多哲学家意识到技术的负面影响，并且开始提倡确立技术的责任伦理；电气技术时代，伴随着机器的大量出现和马克思等人对技术的异化作用的分析，出现了对技术的恐惧和悲观的态度，在此背景下对技术进行控制成了一种理性诉求；在第三次技术革命的引领下，技术进入自动化时代，技术控制主义作为一种新的技术理念开始出现，雅斯贝尔斯、杜威、罗素、弗洛姆、拉图尔等众多哲学家都对这一技术理念的产生与发展做出了贡献，使得对技术进行控制成为了人们的共识；进入 21 世纪以来，对技术进行有效控制的手段问题进一步得到了深入思考。

7 技术评价的研究

在历史的发展过程中，人们对技术的评价直接体现了具体时代下人们对技术的态度和认识，这是技术认识论的重要问题。

吕乃基[27]对科学技术的"双刃剑"说进行评析，认为在由自然到社会的生成过程中，认清科学技术兼具自然性和社会性，认清其在这一谱系中的位置，就会对所谓"双刃剑"有较为清晰的认识。所谓"双刃剑"指向人的三大关系，即人与自然的关系、人与人的关系以及人与自身的关系，在这三大关系上，所谓技术的"双刃剑"就是：人利用一部分自然反对另一部分自然，一部分人反对另一部分人，人反对自身。科技"双刃剑"的基本特征是"不对称"，有五个含义，分别为时间不对称、空间不对称、可预见性不对称、剑的知识含量与持剑者对此所具有的知识不对称，以及对"双刃"的价值判断不对称。因此，科技"双刃剑"的根本原因在于技术的本性、利益集团的冲突以及人自身的得失。与其说科技是"双刃剑"，不如说人自身就是"双刃剑"：一刃是善，另一刃是恶；一刃是自我控制，另一刃是放纵自我；一刃是对世界无穷的认知与控制的欲望，另一刃是有限的认识和实践能力；一刃是对不确定未来的向往或恐惧，另一刃是对确定往事的留恋或背离。所以，科技将永远发展，"双刃剑"也不能收回。

章梅芳、高亮华[28]分析了瓦克曼的技术女性主义，指出对技术的整体评价传统上存在技术乐观主义和技术悲观主义的区分，朱迪·瓦克曼的"技术女性主义"的提出，是从女性主义视角对上述传统观点进行的的解构。瓦克曼的技术女性主义思想始于批判技术决定论和本质主义性别观，并在此基础上以"社会技术"的概念体现了其社会建构的思想。瓦克曼的"技术女性主义"的核心是"探讨技术与性别之间的相互关系"，也就是"相互形塑"的关系，目标是"试图避免陷入技术恐惧与技术崇拜的困境，并消解性别身份差异性与政治立场统一性之间的冲突及其给女性主义政治实践带来的挑战"。

8 技术预测、技术进化、技术发展的研究

对技术预测、进化和发展的研究是从技术的发展过程来认识技术，技术的不断进步与发展给技术哲学带来了诸多新的主题。

秦艳艳[29]基于对技术发展模型的考察，分析了技术预见何以可能的问题。认为要做到对技术预见有较为深刻的理解，首先要对它的目标客体——技术有清晰的了解，技术唯物主义模型、认知主义模型、社会构造模型这三种不同的技术发展模型从不同理论学派的视角告诉我们技术发展的历史、构成、存在形态以及和社会的关系。若回答技术预见何以可能的问题，首先通过技术发展模型的分析为技术预见奠定理论基础，然后从不同的技术发展模

型对"技术预见为什么是可能的"做出回应，同时通过技术预见案例给出有力的证明。接着通过技术预见方法与技术模型的结合来阐述"技术预见是怎么可能的"。只有清楚了技术的发展规律以及与技术预见的逻辑联系，才能够更有依据的开展技术预见这一具有意义的实践活动。

王前、朱勤[30]从"道"与"实践智慧"的角度比较了技术发展的模式。认为中国传统哲学的"道"与亚里士多德的"实践智慧"有某些共同之处，同时在比较哲学的视野下分析了二者的根本差别，认为"道"是知情意相贯通的范畴，是客观存在的，虽不可言说但是可以领悟的；而"实践智慧"只体现了知情意中的"知"，体现为认识主体的机智，是一种理性选择。比较"道"与"实践智慧"的异同，有助于理解中国和西方技术发展的不同模式，认为"'实践智慧'立足于西方文化传统，对于逻辑思维是非常有益的补充；而'道'的观念则提供了控制技术发展后果的另一种思路，具有更大的启发性"，最后指出"道"与"实践智慧"的相互补充，"将有助于引导技术走向和谐的发展模式"。

陈玉林、陈多闻[31]研究和比较了技术使用者的三种主要范式，指出当前科学技术论领域中的关注点从科学技术的"生产"转向科学技术用户及其"使用"，即出现技术使用的转向。通过对三种技术使用研究路径的概括，即使用者作为伦理责任主体的哲学范式，使用者作为意义建构者的文化研究范式和使用者作为创新用户的经济管理学范式，并且从各自的理论背景、分析视角、核心概念、基本观点和方法论进行审视和分析，并且比较探讨了它们共存与竞争、互补与整合的态势。

张学义、倪伟杰[32]关注行动者网络理论视域下的物联网技术，指出物联网技术是一项旨在通过射频识别（RFID）系统、红外感应器、全球定位系统、激光扫描器等信息传感设备，按照约定的协议，把任何物体与互联网相连接，进行信息交换和通信，以实现对物体的智能化识别、定位、跟踪、监控和管理的技术形态。从行动者网络理论的视角审视物联网技术，不仅能够给我们带来深刻的哲学启示和诸多新的哲学命题，还能够为该技术的发展提供新的对策思路。

王国豫[33]关注纳米技术从可能性到可行性的问题，首先对"可能性"概念的历史追溯，总结出可能性的 5 方面的特征，继而分析了纳米技术的可能性问题，接着对可行性概念进行阐述，指出当前可行性研究包含的 4 个维度及其局限性，认为在这一基础上的可行性概念不适用于纳米技术的相关研究，从而提出在中国哲学的视域内对可行性进行释义，指出"中国哲学中关于可行性条件和要素的思考，对于我们今天应对纳米技术发展中的可能性挑战具有十分重要的启迪意义"。

参考文献

[1] 张卫，朱勤，王前. 从 Techn 特刊看现代西方技术哲学的转向 [J]. 自然辩证法研究，2011，(3)：36-41.

[2] 黄柏恒，林慧岳. 超越"经验转向"和"伦理转向"：略论特文特的伦理与技术研究 [J]. 科学技术哲学研究，2011，(10)：56-61.

[3] 林慧岳，夏凡. 经验转向后的荷兰技术哲学：特文特模式及其后现象学纲领 [J]. 自然辩证法研究，2011，(10)：17-21.

[4] 未晓霞. 技术哲学文化转向研究 [D]. 长沙：长沙理工大学，2001.

[5] 朱春燕，陈凡. 语境论与技术哲学发展的当代特征 [J]. 科学技术哲学研究，2011，(4)：21-25.

[6] 高亮华. 当代技术哲学的代际嬗变、研究进路与整合化趋势 [J]. 学术月刊，2010，(12)：54-59. 转载自人大复印资料，2011，(4).

[7] 陈凡，程海东. "技术认识"解析 [J]. 哲学研究，2011，(4)：119-128.

[8] 李曦珍，王晓刚. 媒介环境学对技术认识论的争论 [J]. 云南社会科学，2011，(5)：44-48.

[9] 谈克华. 权力视域内的技术 [J]. 自然辩证法研究，2011，(2)：26-31.

[10] 王丽，夏保华. 从技术知识视角论技术情境 [J]. 科学技术哲学研究，2011，(10)：68-72.

[11] 赵志成，吕乃基. 难言技术知识及其传播途径探析 [J]. 长沙理工大学学报（社会科学版），2011，(5)：32-36.

[12] 成素梅. 技能性知识与体知合一的认识论 [J]. 哲学研究，2011，(6)：108-128.

[13] 宋宝林，李兆友. 技术知识共享研究——基于企业技术创新视角 [J]. 科学管理研究，2011，(4)：21-29.

[14] 宋宝林，谈新敏. 论技术知识的生成与获取——基于企业技术创新的视角 [J]. 长沙理工大学学报（社会科学版），2011，(1)：89-93.

[15] 王丽. 技术工具知识的建构与解读 [J]. 自然辩证法研究，2011，(8)：17-22.

[16] 卫才胜. 技术的政治——温纳技术政治哲学思想研究 [D]. 武汉：华中科技大学，2011.

[17] 陈玉林，尹恩忠. 作为历史意识的技术创新 [J]. 东北大学学报：社会科学版，2011，(2)：112-117.

[18] 林慧岳，万觉鸣. 技术创新的后现代规范及四重活动模式建构 [J]. 科学技术哲学研究，2010，(3)：63-68. 转载自人大复印资料，2011，(3).

[19] 包国光. 生存论视域下的器具和技术 [J]. 科学技术哲学研究，2010，(6)：52-55. 转载自人大复印资料，2011，(2).

[20] 盛国荣. 技术思考的主要维度：技术、自然、社会、人 [J]. 自然辩证法研究，2011，（2）：32-38.

[21] 郑雨. 技术物体的空间性评析 [J]. 科学技术哲学研究，2010，（6）：65-68. 转载自人大复印资料，2011，（4）.

[22] 毛荐其. 技术共生机理研究——一个共生理论的解释框架 [J]. 自然辩证法研究，2011，（6）：36-41.

[23] 陈向阳. 论当代技术教育的四种可能进路——基于米切姆技术概念框架的启示 [J]. 自然辩证法研究，2011，（10）：38-42.

[24] 吴跃平. 《齐民要术》与中国的技术规范 [J]. 自然辩证法研究，2011，（7）：94-99.

[25] 张春峰. 技术意向性浅析 [J]. 自然辩证法研究，2011，（11）：36-40.

[26] 盛国荣，石天. 技术控制主义的思想渊源及其流变 [J]. 科学技术哲学研究，2011，（4）：76-81.

[27] 吕乃基. 科学技术之"双刃剑"辨析 [J]. 哲学研究，2011，（7）：103-128.

[28] 章梅芳，高亮华. 瓦克曼的技术女性主义思想评析 [J]. 自然辩证法研究，2011，（1）：29-34.

[29] 秦艳艳. 技术预见何以可能——基于技术发展模型的考察 [D]. 上海：复旦大学，2011.

[30] 王前，朱勤. "道"与"实践智慧"：技术发展模式的比较 [J]. 东北大学学报：社会科学版，2011，（4）：283-288.

[31] 陈玉林，陈多闻. 技术使用者研究的三种主要范式及其比较 [J]. 自然辩证法通讯，2011，（1）：75-80.

[32] 张学义，倪伟杰. 行动者网络理论视阈下的物联网技术 [J]. 自然辩证法研究，2011，（6）：30-35.

[33] 王国豫. 纳米技术：从可能性到可行性 [J]. 哲学研究，2011，（8）：97-128.

2011 年技术伦理学研究综述

李良玉

（大连理工大学人文与社会科学学部）

技术伦理主要是对人类在技术实践活动中所面临的伦理问题进行道德反思，其目的是探讨如何保证或增进技术活动的正当性，以使得技术能够真正造福人类。随着人们对技术伦理问题的日益关注，现代技术伦理研究逐步走向专业化和系统化。国内学者立足于伦理学的基本理论，对现今的技术问题展开深刻的伦理反思。从 2011 年 1 月至 2011 年 12 月，我国学者围绕着技术伦理学的基础理论、信息技术中的伦理问题、生物技术中的伦理问题、纳米技术中的伦理问题、生态环境中的伦理问题以及其他有关问题进行了深入研究，加深了人们对技术伦理学的认识。

1 技术伦理学的基础理论研究

技术伦理学作为一个独立的研究领域，其首要问题是探讨该学科的前提和基础。学者们通过对技术伦理学的内在维度分析、技术伦理学的伦理体系建构以及现代技术伦理评价原则等问题的考察，探讨了技术伦理学的前提和基础。

郭芝叶、文成伟通过技术的三个内在伦理维度分析，阐述了技术对伦理的诉求是技术自身的内在要求。伦理作为技术的内在维度随着技术的发展而不断呈现，技术诉求于伦理是技术自身的内在要求，主要表现在三个方面：一是技术的好坏最终是由自然来检验，技术应该是与自然和谐的技术。二是技术的自由特性决定了技术必须自律。三是技术的伦理意向性相对技术实践活动具有先在性。因此，伦理维度是技术的内在维度，对伦理的诉求是技术自身发展的必然要求。具有适当的伦理意向性的技术实践活动才是真正智慧的实践活动，这样的技术也才能够克服自身的缺陷而成为与自然和谐的技术[1]。

管开明、李锐锋从技术与社会的融合角度对现代技术伦理评价原则进行判定和分析。技术的伦理评价是指人们基于一定的伦理道德标准，对特定的技术做出善与恶、应该与不应该的价值衡量和判断，旨在为人们达成一致的伦理评价找到结合点，从而为各国制定科技发展战略、发展规划提供决策依据，为国家编制相关法律法规及管理政策提供理论基础。作者分别从技术与人、技术与自然、技术与社会三个层面提出和阐述了现代技术伦理评价的三个原则，即技术与人层面的技术人道主义原则、技术与自然层面的技术生态主义原则和技术与社会层面的责任原则。这些原则相互独立、不可替代，它们各自侧重于技术与伦理道德发生联系的不同层面，共同构成了现代技术伦理评价的原则体系。技术人道主义原则强调技术对人自身的关怀，技术生态主义原则强调技术与自然的协调发展，责任原则强调技术评价主体对自然和社会的责任，这三个原则是一个相互联系与相互制约的统一整体，它们统一于技术作为人类生存和发展的手段而为人类服务，满足人类全面发展的需要之中[2]。

赵迎欢对当代荷兰技术伦理学研究的最新成果进行汇集和梳理，以整体视角建构技术伦理学的理论体系，并对创新责任进行责任分配理论研究，以传统义务论和德性论伦理为基础，创建技术美德论的新责任伦理学理论。首先，梳理荷兰技术伦理学的理论概念，如价值敏感设计、元责任、情感可持续、负责任的创新等，从元伦理学层面进行概念的判断、推理和诠释。其次，总结概括荷兰技术伦理学理论的体系框架，沿着技术对社会的影响这条主线，从实践的层面把握技术伦理的现实意义。第三，从技术引发人们价值观变化的层面，探析和提炼诸多技术对人们思想观念的改变和对生活方式、行为的影响。从技术的价值到对人的价值的认识，衔接起关联它们演化的本质理论，进行次一级理论层面研究。在进行基本研究之后，采用哲学思辨与逻辑分析方法，以传统义务论和德性论伦理为基础，创建技术美德论的新责任伦理学理论，进行理论创新[3]。

此外，王国豫从启蒙与技术关系的建构模式入手，借助哈贝马斯商谈伦理学的形式原则和正义论的实质原则，解析并诠释了哈斯泰特基于义务论的技术伦理学理论框架[4]。袁红梅、杨舒杰和金丹凤论述了海德格尔思想中的技术伦理之维，并为其思想进行技术伦理复位，进一步从技术伦理的实践维度、审美维度及环境维度三个方面探讨了"栖居"作为人的向世生存方式[5]。杨慧民、王飞对柏格森的技术伦理思想进行了比较简明的梳理和评论，辩证地阐述了柏格森基于对社会进化的期望而进行的技术伦理反思，并认为用道德力量来规范技术的发展对于解决社会问题具有启发意义[6]。胡东原、吴银锋从古希腊罗马时期的科技伦理思想入手，详细阐释了这一时期科技伦理思想的主要内容，并从根源角度与目的角度探讨古希腊罗马时期科学技术与道德的关系，最后论述了古希腊罗马时期对后世科技伦理思想产生的重要影响和作用[7]。

2 信息技术中的伦理问题研究

信息技术的崛起推动了信息社会结构的快速发展，在给人类带来便利的同时，也产生了一系列道德风险和伦理问题。学者们对信息技术的伦理考察主要包括：网络信息伦理的建构，网络空间中的虚拟自我问题，信息技术伦理的隐私权问题，信息权利与信息伦理规范，网络伦理学的发展状况和理论视野。

龚群将自利契约论作为信息伦理的哲学前提，假设所有网络信息世界的参与者都是怀着自利的目的参与网络信息世界的建构活动的，并提出确立一个合理的关于自我善的观念对追求自我利益进行道德约束，从而建构一种网络信息伦理，以此来维护网络世界健康有序发展。他还指出，网络信息伦理的基本原则是自由平等地追求自我利益的权利原则，即每个人在网络信息世界追求自我利益的平等自由与人类的自由体系相容，与社会安全利益相容；每个人的平等自由以他人自由为限，也以人类的最高善为限；自由只因自由之故以及善的目标之故而被限制，个人权利必须与他人的权利相容，并受到他人权利以及社会安全利益的限制。这一契约承认公民自由平等地追求自我利益的权利，同时要求所有立约者尊重他人利益与社会安全利益[8]。

徐琳琳、王前针对网络空间中的虚拟自我问题进行了哲学思考和解读。他们首先将网络中的虚拟自我分为依赖网络环境的虚拟自我和自主的虚拟自我，并对网络环境下虚拟自我何以存在的哲学基础进行哲学透视；其次，分析并考察了网络中虚拟自我的功能，认为网络中的虚拟自我具有"二重性"，能带来对人们所缺乏事物的心灵补偿，成为新的健康人格诉求途径，同时促进对自我价值的全面理解。最后指出，重塑社会健康发展需要的虚拟自我需要理性自觉和道德自觉，也需要社会教育和舆论导向共同发挥作用；网络中虚拟自我的发展，应该经历一个由初级到高级、由实然到应然的过程，使网络活动成为真正由自我意识主宰的活动，成为自我整合、自我协调和人格升华的活动[9]。

吴玉平从隐私的视角对信息技术的伦理问题进行探究。他首先对信息技术视域下的隐私权概念进行分析和界定，认为信息隐私权是指计算机用户、网络用户在使用计算机和网络时其个人隐私信息不被侵犯的权利，并从历史的、动态的视角赋予隐私权新的内涵。其次，他着重强调了在信息技术时代，隐私作为实现人类某种目的的工具其本身所具有的内在价值，以及由此带来的挑战。最后，他对信息技术带来的隐私问题进行伦理分析，认为由信息技术引起的隐私权问题包括侵犯消费者的隐私权、侵犯员工的隐私权和政府部门对公民隐私权的侵犯等形式，并以侵犯消费者隐私权为例，从康德主义、行为功利主义、规则功利主义和社会契约论四个角度对信息隐私问题进行道德透视和伦理分析[10]。

冯粤、张怀承对信息侵权问题进行研究，认为公民信息权利危机的根源主要在于信息伦理观念的紊乱、信息道德评价的困难、信息伦理规范的失效与信息伦理教育弱化四个方面，并且有针对性的提出相应的伦理规约对策：营造健康的舆论导向、重塑把关人角色和培育公民责任感、他律与自律相结合、加强对公民的信息伦理教育等，以此来遏制信息侵权行为的泛滥，建设和谐的伦理环境，并有效促进信息社会的健康发展[11]。

此外，李雅梅对网络道德及其相关问题进行总结和分析，意在通过这些研究成果引起人们对网络道德更多的关注和更深的思考[12]。黄少华、刘赛和袁梦瑶在概要介绍国外网络伦理学的发展状况、理论视野和核心议题的基础上，对近年来有关网络道德行为的实证研究成果进行了梳理和分析[13]。梁修德探讨了信息伦理生成与演进的历史逻辑：信息伦理以计算机伦理诞生为肇始，经历了计算机技术与网络通讯技术融合下的网络伦理，通过整合，最终形成信息技术全面社会化和社会全面信息化背景下的信息伦理[14]。基于对信息的本体论分析，范春萍认为如今的信息世界与宇宙大爆炸早期的浑沌无序有某种相似，需要与物理世界"麦克斯韦妖"具有某种相似功能的"信息妖"来抵抗信息熵，以使信息世界达到稳定可持续的秩序性[15]。

3 生物技术中的伦理问题研究

在生物技术伦理的研究中，学者们关注的问题有转基因作物的风险与伦理评价，人类药物增强的伦理社会影响，基因芯片技术下药物兴奋剂应用的伦理审视，创造生命的社会伦理规约，治疗性克隆技术与伦理的关系，人兽嵌合体的道德地位及其道德合理性问题和人类基因干预技术的应用价值等。

朱俊林对转基因食品安全的决策问题进行研究，认为转基因食品安全决策的不确定性根源在于：①经济效益与健康效益的不确定性；②知情选择中标签管制方式的不确定性；③转基因食品可专利性的不确定性。而针对转基因食品对人类健康和生态环境影响的不确定性，需要确立符合社会公德的伦理准则，即"尊重生命健康，避免遗传物质跨物种感染"和"不伤害其他生命，保持生物多样性"。同时，转基因食品潜在风险的不确定性要求政府不断调整转基因食品安全发展政策，在伦理决策中建立道德责任追踪制度、完善效益与风险评估检测制度、尊重知情选择的合理标识管理制度以及健全公平公正的利益分配制度[16]。毛新志对转基因作物产业化作了伦理学透视和分析，主张建立一种合理的程序伦理，对转基因作物的产业化进行科学与有效决策，并规范管理，使其为人类带来更多的福祉[17]。

冯烨、王国豫在探讨当代高新科学技术下人类增强的三种明显特征的基础上，考量了人类药物增强对人的健康和安全、自主与尊严以及社会的公平竞争制度、社会稳定等可能的伦理社会影响，并进一步分析了人类药物增强在技术上、伦理上以及法律上的可行性条件[18]。

申建勇对基因芯片技术的药物兴奋剂应用进行伦理审视。基因芯片技术在新的药物兴奋剂研制中的作用主要体现为：①基因芯片技术应用于新的药物兴奋剂作用靶点的发现；②基因芯片技术可加速化合物有效成分的筛选和对新设计的药物兴奋剂的测试过程；③基因芯片技术可以实现运动员药物兴奋剂使用的个性化；④基因芯片技术有可能降低药物兴奋剂的毒性。和许多科学技术所固有的"双刃性"一样，基因芯片技术的负效应也将逐渐显现在我们面前；对基因芯片技术所表现出的"双刃性"，以及新的药物兴奋剂的发明可能产生的加速之势，应保持高度的警惕性。他还指出，在加快包括基因芯片技术在内的新的反兴奋剂检测技术研究的同时，促进伦理教育的发展，加强体育科技伦理的规范和应用研究是目前亟待解决的课题[19]。

段栋峡、张笑扬对"创造生命"进行伦理解惑和哲学探微。对生命的自然生成而言，人造生命表现出来的是一种高度的自我扬弃，是人普遍意识的一次再呈现，同时也是一种由"物性"向"人性"的"回归"。然而，人造生命的诞生引发了巨大的伦理困惑，犹如"潘多拉魔盒"在伦理领域打开，亟需新的社会伦理对其进行规范；为此，必须辩证思考技术理性，把道德判断和文化选择应用于生命技术伦理的规范性分析，以此来实现人类道德律的自我扬弃和人类的彻底解放[20]。

此外，滕菲、李建军基于现代生物技术发展的应用研究，在直觉的、文化的和理性的社会意识层面上给予人兽嵌合体高度的伦理关注，并对人兽嵌合体的道德地位及其道德合理性和社会规制问题进行了再思考[21]。田海平对人类基因干预技术所展现的现代生命伦理境域进行道德辩护，并认为生命伦理学介入后人类时代的道德合理性论辩关键在于：如何在干预中守护人的自由生命本质[22]。

4　环境中的伦理问题研究

现代科学技术在为人类带来福音的同时，也引发了一系列负面效应，导致了环境问题的恶化，因此，环境伦理也应放入技术伦理的范畴中加以考察。环境伦理研究的方面主要包括：环境伦理的原则和规范，环境伦理内在进路，环境伦理对哲学的影响和改变，环境伦理的价值本体与实践。

彭立威从环境伦理的原则和规范方面探讨环境伦理的人格指向。他认为，环境伦理在传统伦理发展的基础上拓展了传统道德人格概念的内涵，这种拓展意味着对道德人格的规定不能仅仅局限于人际道德的领域，而应扩展到自然道德的层面上。从环境伦理的原则来看，环境伦理在自然观上确立起遵循自然、保护生态平衡的重要原则，在发展观上确立了人和自然可持续的发展原则，在公正观上坚持代内公正、代际公正、种际公正与男女公正，确保维持人与自然的和谐相处与可持续发展。从环境伦理的规范来看，环境伦理的具体规范合理生产、合理消费、控制人口、维护和平是对传统伦理在道德规范上的拓展和超越，这一拓展和超越为生态人格的具体内容作出了恰当的说明。生态文明时代必然通过环境伦理这种新型道德形态来塑就人，而生态文明又必须通过生态人格来反映这个时代的特征和内涵[23]。

徐海红从历史唯物主义方法论出发，对当前生态伦理的价值本体研究现状进行反思，在此基础上探讨了生态伦理价值本体的实践转向，以物质变换来重建生态伦理的价值本体。物质变换具有内在目的性，它是人类在协调自身与自然伦理关系时的最高价值追求，是生态伦理得以生成的基础，是生态伦理何以为善的根据。从物质变换出发所确认的生态伦理原则应包含两个方面，一是人与自然之间权利与义务的公平交换，二是人们的生产和生活必须合乎物质变换。生态伦理的价值本体是生态伦理的核心问题，从实践的层面来确立生态伦理的价值本体，有助于我们摆脱生态伦理研究无现实根基的理论困境，为人类合乎道德地改造自然提供理论根据[24]。

秦红岭从环境伦理的进路出发，探讨低碳城市的人文路径，旨在为低碳城市建设奠定价值基础，使低碳城市建设走向更加和谐公正的发展之路。作为一项系统的社会工程，低碳城市建设包含三个重要的路径选择，即技术路径、制度路径与人文路径。以环境伦理为核心的新价值观重塑、环境美德培育以及消费主义生活态度和社会风尚变革等方面的人文路径，是真正意义上的低碳城市实现的保证。低碳城市的环境伦理进路可从环境伦理的理念引导、规范制度化以及环境美德培育三个层面展开。在环境伦理理念引导方面，秉承城市生态共同体共生和谐理念、城市环境正义理念和城市代际公平理念；在环境伦理规范制度化方面，一是应将环境伦理规范融入低碳城市建设相关从业者的职业道德与职业实践之中，二是应将环境伦理评价贯穿于低碳城市建设的全过程之中，三是应有限度地使环境伦理规范法制化；在环境美德培育方面，大力倡导以节俭为荣、以简朴为美、以简约为品味，提升人们的生态良知，逐步实践低碳生活方式[25]。

詹秀娟介绍了"环境进入伦理"的两种典型方式和内在底蕴，并对环境伦理的本质及其现实可行性进行了哲学解读[26]。孟庆涛以康德法权哲学为视角对生态中心主义环境伦理进行批判，并详述了不道德的环境伦理与无伦理的环境权[27]。龙翔探讨了工程师由于受到名利观、实践能力观和技术效率观三种功利观的局限和影响，遮蔽了其对自然环境的伦理责任[28]。

5 纳米技术中的伦理问题研究

随着纳米材料和纳米技术的迅速发展和广泛应用，以纳米技术为研究对象的纳米伦理学逐步引起了学者们的广泛关注，日益成为自然科学与社会科学工作者共同关注的热点问题。学者们关注的焦点包括：纳米技术的安全性问题，纳米技术共同体的伦理责任，纳米技术应用的可能性与可行性，纳米技术的风险与应对措施。

侯海燕等人为真实反映国外纳米技术伦理及社会问题研究的兴起与发展现状，借助信息可视化技术和科学知识图谱，清晰地展示了国外纳米技术伦理与社会研究的发展现状、高影响力学术群体以及热点研究领域，以期为中国纳米技术伦理与社会问题的研究者们了解国外动态、选择研究方向提供参考。通过对国外文献的梳理，作者认为应该呼吁中国哲学家、伦理学家和社会科学家以及纳米科学的研究者重视纳米伦理与社会研究的发展，加强国际合作与交流，有针对性的对纳米伦理与社会研究的核心热点问题进行伦理反思，在纳米伦理与社会研究的国际平台上发出应有的声音[29]。

赵迎欢、宋吉鑫和綦冠婷以追问纳米技术的伦理问题为起点，在探寻纳米技术对健康、环境和生态、社会影响的同时，从现代伦理学的新视角指出纳米技术共同体伦理责任的本质是融合美德伦理的现代责任论，旨在强调技术主体责任的自觉履行和品格塑造。随后论证了纳米技术共同体的使命是技术主体具有的发展伦理观，首先是科学的使命，其次是对人类健康负责的使命，再次是对环境和生态负责的使命，这是由客观上人类与自然的依存关系所决定的，纳米技术共同体保护环境和生态的同时也维护了人类健康和社会发展，由此从发展的视角揭示了纳米技术共同体使命的意义在于以"中道"的立场推动和促进人与自然和社会的和谐发展[30]。

刘颖、陈春英结合国内外各研究机构的实验结果和流行病学调查资料，就纳米安全性研究以及相关的一系列伦理学问题，从纳米材料本身的安全性、纳米材料合成及使用过程中涉及的其他物质与纳米材料的共同作用、纳米材料暴露的安全性评价、纳米材料的风险评估以及纳米材料和纳米技术的有力监管 5 个方面，简要阐述了如何正确认识纳米材料和纳米技术的安全性问题[31]。沈电洪、王孝平系统地介绍了纳米技术的健康、安全和环境的标准化进程，认为上述工作将促进社会科学和自然科学在纳米伦理问题上的交流与沟通，以期共同解决纳米伦理问题[32]。

此外，王国豫从潜在的可能性和现实的可能性两个角度阐述了纳米技术生成的所有可能后果，包括纳米技术的安全与自由等；在此基础上，通过对纳米技术的可行性矩阵分析，从多角度考察了纳米技术与物质方面的可行性要素，提出了具体化、即时性、动态性和整体性四个方面的战略原则，以期引导纳米技术从可能性走向可行性[33]。她在另一篇文章中还从纳米伦理研究的兴起、纳米伦理研究的主要内容、以及纳米伦理研究所面临的挑战与应对等三个方面详细评述了纳米伦理研究的现状、存在的问题以及未来发展的方向[34]。

6 技术伦理学的其他研究

除了技术伦理学的上述几个主要领域外，还有一些学者从其他的视角对技术伦理学进行了研究。

陈万求、柳李仙从当代价值视角对中国传统科技伦理进行审视，认为传统科技伦理具有超越民族和时代的价值和意义。一方面，中国传统科技伦理的活性元素对于现代科技伦理学、生态伦理学、建筑科学等学科的发展有重大的理论借鉴价值；中国传统科技伦理中的真知灼见也是解决人与自然的矛盾的一剂良方和克服当代人类科技异化问题的理性选择。另一方面，传统科技伦理在理论内容上存在着巨大的空缺，在实践方式上具有诸多不足，需要人们做出价值选择，使中国传统科技伦理文化中的思维方式和价值取向重新获得生命力[35]。

李宏斌把生态学的基本原理引入到现代体育之中，将生态体育界定为用生态的思维方式和人—自然—社会"和谐"的价值理念，以体育的可持续发展为旨归，最终实现人的自由全面发展的各种形式的体育活动。之后对生态体育的伦理底蕴进行探究和分析，认为生态体育在本质上是一种生态保护性体育，通过创建一个"生态"的体育发展模式来实现人—自然—社会和谐永续的生态体育追求，并从人类体育活动的生态化价值转向、体育规范和行为准则的生态伦理价值取向、体育价值目标的生态文明指向三个方面详细论述了生态体育的生态伦理价值，通过将体育活动、生态智慧和伦理关怀融为一体，形成一种集体育、生态和伦理于一体的新体育生态伦理观[36]。

基于军事技术发展所带来的技术伦理问题，闫巍、刘则渊对军事伦理、军事技术和技术伦理三个领域进行研究，分析并总结了三条显著的学术路径，一是立足现实问题开展理论思考，二是多学科视角解读，三是在不同语境中展开研究；通过对这三条路径可以正确把握军事技术、军事伦理、技术伦理的区别和联系，认识技术的适用范围和条件；考察现代军事技术引发的伦理现实的复杂性与传统伦理价值的规范性之间的矛盾，建立不同的伦理原则和政策，为消解军事技术异化服务。[37]

科技的发展需要伦理价值观的引导和道德规范的约束。熊英、余湛宁对我国科技伦理道德建设的现实障碍进行研究，指出公众基本科学素养水平低下、社会伦理道德缺失、教育偏误与机制缺乏等，是我国科技伦理道德建设的现实障碍。基于科学发展观的提出和"创新型国家"的基础性工程，作者强调加强科技伦理道德建设，需要以社会主义先进文化引领方向，营造良好社会氛围，发挥政府示范、引导作用，加强科技伦理道德教育及研究等[38]。

参考文献

[1] 郭芝叶，文成伟. 技术的三个内在伦理维度 [J]. 自然辩证法研究，2011，（5）：41-46.

[2] 管开明，李锐锋. 论现代技术伦理评价的原则 [J]. 武汉科技大学学报（社会科学版），2011，（5）：519-522，528.

[3] 赵迎欢. 荷兰技术伦理学理论及负责任的科技创新研究 [J]. 武汉科技大学学报（社会科学版），2011，（10）：514-518.

[4] 王国豫. 从技术启蒙到技术伦理学的构建 [J]. 世界哲学，2011，（5）：114-119.

[5] 袁红梅，杨舒杰，金丹凤. 海德格尔技术伦理思想初探 [J]. 科技管理研究，2011，（9）：202-204.

[6] 杨慧民，王飞. 柏格森的技术伦理思想研究 [J]. 前沿，2011，（24）：55-57.

[7] 胡东原，吴银锋. 古希腊罗马时期科技伦理思想研究 [J]. 伦理学研究，2011，（1）：57-62.

[8] 龚群. 网络信息伦理的哲学思考 [J]. 哲学动态，2011，（9）：63-66.

[9] 徐琳琳，王前. 网络中的虚拟自我新探 [J]. 自然辩证法研究，2011，（2）：90-95.

[10] 吴玉平. 信息技术的伦理探究 [J]. 自然辩证法研究，2011，（10）：22-26.

[11] 冯粤，张怀承. 信息侵权的伦理规约 [J]. 伦理学研究，2011，（3）：76-79.

[12] 李雅梅. 网络道德问题研究综述 [J]. 道德与文明，2011，（3）：152-157.

[13] 黄少华，刘赛，袁梦瑶. 国外网络道德行为研究述评 [J]. 兰州大学学报（社会科学版），2011，(7)：72-79.

[14] 梁修德. 信息伦理生成与演进的历史逻辑 [J]. 图书馆，2011，(4)：39-41.

[15] 范春萍. 信息妖与数字化世界的信息秩序 [J]. 自然辩证法研究，2011，(9)：82-87.

[16] 朱俊林. 转基因食品安全不确定性决策的伦理思考 [J]. 伦理学研究，2011，(6)：14-19.

[17] 毛新志. 转基因作物产业化的伦理辩护 [J]. 华中农业大学学报（社会科学版），2011，(1)：5-11.

[18] 冯烨，王国豫. 人类利用药物增强的伦理考量 [J]. 自然辩证法研究，2011，(3)：82-88.

[19] 申建勇. 对基因芯片技术应用于药物兴奋剂的伦理思考与对策 [J]. 河南社会科学，2011，(3)：193-195.

[20] 段栋峡，张笑扬. 科技助产术与人性辩证法——"创造生命"技术伦理困惑的哲学探微 [J]. 昆明理工大学学报（社会科学版），2011，(6)：14-19.

[21] 滕菲，李建军. 人兽嵌合体创造和应用研究中的伦理问题 [J]. 自然辩证法研究，2011，(3)：77-81.

[22] 田海平. 生命伦理如何为后人类时代的道德辩护——以"人类基因干预技术"的伦理为例进行的讨论 [J]. 社会科学战线，2011，(4)：18-24.

[23] 彭立威. 从环境伦理的原则和规范看环境伦理的人格指向 [J]. 伦理学研究，2011，(5)：95-99.

[24] 徐海红. 生态伦理价值本体的反思与实践转向 [J]. 伦理学研究，2011，(1)：134-137.

[25] 秦红岭. 环境伦理视野下低碳城市建设的路径探析 [J]. 伦理学研究，2011，(6)：93-97.

[26] 詹秀娟. "环境进入伦理"何以可能——对环境伦理的本质及其现实可行性的解读 [J]. 河南师范大学学报（哲学社会科学版），2011，(3)：31-34.

[27] 孟庆涛. 不道德的环境伦理与环境权——以康德法权哲学为视角对生态中心主义环境伦理的批判 [J]. 前沿，2011，(21)：166-169.

[28] 龙翔. 工程师的功利观对环境伦理的遮蔽 [J]. 自然辩证法研究，2011，(6)：59-64.

[29] 侯海燕，王国豫，王贤文，栾春娟，龚超. 国外纳米技术伦理与社会研究的兴起与发展 [J]. 工程研究——跨学科视野中的工程，2011，(12)：352-364.

[30] 赵迎欢，宋吉鑫，綦冠婷. 论纳米技术共同体的伦理责任及使命 [J]. 科技管理研究，2011，(1)：238-242.

[31] 刘颖，陈春英. 纳米材料的安全性研究及其评价 [J]. 科学通报，2011，(2)：119-125.

［32］沈电洪，王孝平. 纳米技术的标准化进程和伦理问题［J］. 科学通报，2011，（2）：131-134.

［33］王国豫. 纳米技术：从可能性到可行性［J］. 哲学研究，2011，（8）：97-103.

［34］王国豫，龚超，张灿. 纳米伦理：研究现状、问题与挑战［J］. 科学通报，2011，（2）：96-107.

［35］陈万求，柳李仙. 中国传统科技伦理的价值审视［J］. 伦理学研究，2011，（1）：63-66.

［36］李宏斌. 生态体育的生态伦理底蕴［J］. 伦理学研究，2011，（1）：119-121.

［37］闫巍，刘则渊. 近年来军事技术伦理研究的特点与趋势［J］. 军事历史研究，2011，（2）：151-155.

［38］熊英，余湛宁. 我国科技伦理道德建设的现实障碍与对策研究［J］. 湖北社会科学，2011，（6）：105-107.

2011 年技术创新哲学研究综述

万舒全

（大连理工大学人文与社会科学学部）

技术创新哲学是技术哲学的热门领域，对技术创新的哲学反思体现着技术哲学的实践向度。伴随着技术哲学的经验转向，学者们更加关注对技术创新的研究。对于技术创新的概念学术界至今仍然没有统一的看法，但纵观国内外学者的观点可以找到它们的相似处，这些学者都认为技术创新是新技术的首次商业运用，技术创新不单单是一个技术问题，更是一个经济问题。因此，以往对技术创新的研究更多地是从经济学、管理学的角度进行，并且取得了丰富的成果。但是如果技术创新没有哲学维度的思考，其必然缺乏思想的根基。加强对技术创新的哲学研究是时代给我们提出的课题，也是技术创新研究的必然逻辑指向。2011 年学术界对技术创新的哲学研究在以往研究成果的基础上有了进一步的突破。本文从技术创新体系、技术创新主体、技术创新动力、技术创新过程、技术创新知识和技术创新生态化等几个方面来对 2011 年技术创新哲学的研究情况进行介绍。

1 技术创新体系研究

技术创新实践活动是一个系统工程，需要从系统观点去研究技术创新过程。研究技术创新体系的构成要素、各要素之间的相互关系、创新体系的演进过程等问题对于把握技术创新的本质、指导技术创新的实践都具有重要的意义。

陈劲、李飞[1]认为，国家创新体系（NIS）涉及复杂的创新要素，创新体系中的各因素之间的关系纷繁复杂，国内外学者对国家创新体系的研究主要集中在各创新要素对创新绩效的影响以及创新体系的系统性上。他们参照生态系统理论，从生态物种进化的视角来重新审视国家创新体系，深入论述国家技术创新体系中生存、优化与演化的三阶段创新发展机理，进一步丰富与完善了国家创新体系研究。在这一理论框架下，构建了国家技术创新能力评价演化能力和优化能力双层指标体系，为国家创新能力测度指标体系提供了一些有益的启示。

刘海运、游达明[2]认为，企业的外部环境是不断演进和变化的，需要持续的技术创新来与动态的环境相匹配，从而使企业获得连续的竞争优势。他们从企业动态能力的视角研究企业的技术创新，强调其系统性、辩证性、过程性与动态性等特点，构建了支持动态能力的企业技术创新体系。探讨基于技术积累的企业动态技术创新能力形成过程、基于 SWOT（Strengths Weakness Opportunity Threats）分析的企业动态技术创新能力提升机理和基于生命周期的企业动态技术创新能力提升机理，进一步探讨企业技术创新与创新网络各要素之间的复杂关系，在此基础上建构了支持动态能力的企业技术创新体系。

李文元、梅强、顾桂芳[3]认为，随着参与技术创新的主体越来越多，技术越来越复杂，企业的技术创新活动越来越开放，开放式创新成为企业的战略选择。在此背景下，中小企业开始借助开放式创新改变自身的技术创新模式，扭转其与大企业竞争时所存在的创新资源上的劣势。中小企业技术创新的服务体系由核心层、松散层、衍生层和政府四部分构成。它是为了服务技术创新实践活动，营造良好的经营环境为目的，为技术创新提供多层次、多渠道、全方位的社会化服务网络。它具有提供创新资源和帮助中小企业提升吸收能力的功能。

吕玉辉[4]提出企业的技术创新活动是一个动态的生态系统，该系统与自然生态系统有着某些相似性。企业技术创新生态系统是一种耗散结构，具有开放性和目的性，系统要素之间存在着有序的流动，具有稳定性和平衡性的特征。企业技术创新生态系统由实施和影响技术创新活动的机构、制度以及周边环境等要素的总和构成。他认为用生态系统的眼光去看企业的技术创新活动将会发现我们未曾发现的东西，并且能够较好地指导企业的生产、经营、管理等各层次的技术创新活动。

孙冰、周大铭[5]在归纳国内外关于核心企业理论与企业技术创新生态理论的相关研究基础上，通过分析已有的企业技术创新生态系统结构模型的不足，提出了基于核心企业视角的企业技术创新生态系统结构模型。其包括核心企业、技术研发与产品应用、创新平台和创新环境四个部分。他们结合生态学理论，阐明企业技术创新生态系统与自然生态系统在结构上的相同和差异。他们指出在自然生态系统中，生产者、消费者与分解者的界限分明，不会有身份的交互与重叠情况，但是在企业的技术创新生态系统中这三者的关系要复杂很多，彼此界限不明，会经常出现身份交互与重叠情况。企业技术创新生态系统的信息交换，不仅在各个企业间传递，而且还可以通过创新平台来进行传递。自然生态系统的能量不能反向流动，而企业技术创新生态系统存在能量反向流动的特殊情况等。

2 技术创新主体研究

技术创新活动是各种创新要素相互作用的结果，其中创新主体起到主导作用。明确技术创新的主体是谁，研究技术创新主体的作用机制，探索创新主体能力提高的途径，都是技术创新哲学研究的重要内容。

文宗川、张璐[6]提出由政府、企业、高校三方，通过交互作用、相互延伸和相互交融，组成城市技术创新三元行为主体模型。他们认为作为技术服务的中介网络在城市创新体系中具有核心作用，一种创新技术从研发到应用推广的全过程，不只取决于企业的需求偏好、高校的技术可能性和政府的政策导向等优势环节，还有赖于中介服务所提供的技术信息支持、融资支持等"短板环节"的发展。他们还提出了建立以政府、企业、高校、中介为四方主体的城市创新体系四元模型。

陈雄辉、王传兴[7]运用生态位的理论和研究方法来探索技术创新人才的成长成才规律。生态位是指生物在群落中所处的位置和所发挥的功能作用。技术创新人才的生态位是指在人才中所处的位置及所发挥功能作用，包含三个层面的含义：技术创新人才在所有人才中，尤其在技术创新活动中的位置以及他所占据创新资源的状态；技术创新人才在所有人才中的地位和作用；技术创新人才与其他人才的功能关系。他们指出技术创新人才生态位的宽度是指技术创新人才所利用的各种创新资源的总和，在人才生态位超体积模型中，表示为每个生态因子轴上所截片段大小的总和。技术创新人才生态位的维度主要是时间维度、空间维度、自身维度和资源维度。通过技术创新人才生态位的 N 维超体积模型，表达 N 个生态因子相互作用后所形成的生态位宽度和竞争力态势。

孙兆刚[8]从技术主体的发展过程分析了技术创新主体从个体——企业家——企业组织——大众的变迁，以我国 1960 年为例探讨了技术创新的大众主体。该文认为大众主体的技术创新是个体能力、科学素养、创新环境、黄金时代的集成，提出强化大众主体的技术创新策略：一是激发大众主体创新活力必须解放思想、实事求是、与时俱进，坚持政府服务理念，推进政府职能转变，全面履行政府职能，努力培育全社会的创新精神；二是要注重从青少年入手培养创新意识和实践能力，发挥大众主体的创新作用，大力推进素质教育，积极改革教育体制和改进教学方法，鼓励青少年积极参与丰富多彩的科普活动和社会实践；三是发挥大众主体的创新作用必须坚持对外开放的基本国策，扩大多种形式的国际和地区科技交流合作，充分吸收国外文化的有益成果，有效利用全球科技资源。

陈云[9]认为我国以企业为主体的技术创新体系的雏形已经基本形成，各地在区域创新体系建设方面进行了一些尝试。他进一步提出以企业为主体的区域创新体系建设的"3＋2"主体模式，其中"3"指的是企业成为技术创新的活动主体、投入主体和科技成果转化主体，"2"指的是企业成为技术创新的利益承担主体和风险承担主体。强调以企业为主体的区域创新体系建设应该重视产业创新与产业技术跨越、开放式创新与区域技术创新协作和科技领军人物与创新团队建设。

宫留记[10]认为提升企业技术创新能力的关键是提高主体的技术创新能力，这种技术创新能力主要是指技术创新主体能够胜任设计、研发、生产、营销和管理等活动的主观条件。他提出麦肯锡 7S 系统思维模型的理念逐渐成为诊断政府、企业等组织的创新能力的有效标准，成功的企业至少应具有麦肯锡 7S 模型七个要素中的全部或者几个要素。这七个要素分别是：结构、制度、风格、员工、技能、战略、共同价值观。按照麦肯锡 7S 系统思维模型，可以把提升企业技术创新能力的七种方法当做是一个系统的七个要素，它们之间相互协同、相互影响。具体到某一企业，只有结合本企业技术创新的社会环境，在充分解读、吸收麦肯锡 7S 系统思维模型对提升企业技术创新能力途径研究的基础上，努力探索适合本企业技术创新能力的有效途径。

3　技术创新动力研究

技术创新是一个动态发展过程，是在一定的动力机制的作用下的演化过程，对技术创新的动力机制进行深入研究就变得非常重要。

周波、于立宏、黄炳艺[11]认为，就技术创新的市场条件来说，最重要的不是市场结构而是新旧技术的替代过程是否通畅，也就是过程竞争是否充分。只有过程竞争非常充分的市场才可能赋予技术创新以持久不竭的动力。制约过程竞争充分性的诸多要素中最为重要的是行政垄断情况。来自我国省级行政区域的经验数据证实，一个区域的行政垄断的程度越严重则技术创新的动力越低。因此，打破行政垄断、提高过程竞争的充分程度是激励我国企业技术创新的政策要点。

甘国勇、陈文钧[12]认为，后金融危机时代，企业的外部环境和内部环境发生了重大变化，加强技术创新是企业应对金融危机的根本途径。企业技术创新动力源包括外部驱动力和内部驱动力，它们的相互作用推动企业进行技术创新活动，企业获得新的竞争优势。内部驱动力是指企业内部各种技术创新动力要素共同作用而形成的一种推动力，其主要动力要素包括企业家意识、企业研究开发投入、企业创新管理制度和企业文化等。外部驱动力是指企业外部环境变化推动企业进行技术创新活动的力量，主要动力因素包括市场需求、竞争压力、科技发展和政府推动等。他们指出现有企业创新意识不强、企业技术创新能力较弱、政府推动力不足、企业技术创新的外部环境尚不完善等情况。他们认为构建企业技术创新动力系统应该从以下四个方面入手：创造有利于企业技术创新的体制机制和政策环境；推动企业成为技术创新的主体；大力发展科技中介服务机构；建立产学研合作机制。

潘海英[13]以荷兰生物燃料技术的发展为个案，通过对生物燃料技术发展历程和主要影响事件进行分析，提出建构可再生能源技术创新动力系统的构成要素，并进一步分析了要素之间的作用机理。研究表明，动力要素间存在正向和逆向两种可转换的循环机制；方向性引导和预期、市场形成、企业家行为和社会联盟行动是促进可再生能源技术创新系统发展的关键要素。

贺灵、邱建华、易伟义[14]认为，许多因素会影响技术创新动力，但各种要素的影响程度具有一定的模糊性，传统的聚类分析方法不能合理地对这些要素进行评价，应该在构建评价指标体系的基础上，通过调研获得各指标的相关数据，基于模糊聚类分析法、运用 Matlab 软件进行运算，对技术创新动力各种影响要素的影响程度进行测度和评价。

阮国祥、毛荐其[15]认为，技术创新进化的原动力来源于市场的选择，同时还来源于技术的底层因子（知识信息）以及创新主体的推动。技术创新与创新主体认知、社会评价准则、人工制品这三项因素密切相关。技术创新进化可以表征为创新主体认知的进化、社会评价准则的进化和人工制品的进化，它的三重维度之间存在着循环互动的关系，就好像是"先有鸡还是先有蛋"这样的问题所表征的状况一样。技术发展进程是无限的、连续的，原有主导技术的衰落、新的主导技术的诞生、技术体系的瓦解、技术体系的形成发展也总是交替进行的。

4 技术创新过程研究

技术创新活动体现在技术创新过程中。研究技术创新过程中产业集群、市场需求、社会文化、知识转移等因素对于创新的作用具有重要意义。

刘英基[16]从自组织理论的视角探讨了集群企业在技术创新过程中的动态重复博弈过程，认为产业集群主导企业的技术创新能力是企业创新推动性因素，而技术溢出效应、中小配套企业的模仿策略则是推进产业集群进行协同技术创新的障碍性因素。针对上述问题该文提出了提高产业集群技术创新能力的对策性建议：一是积极提高大型主导企业的技术创新能力；二是积极引导集群内部企业利用集群网络资源进行有效的信息交流，同时要深入地学习创新所需要的隐性知识，进而形成产业集群技术创新学习机制。

作为产品技术创新的源头之一，市场需求通过市场机制和价值规律对技术创新起着重要的推动作用。市场需求可以为企业提供创新思路和创新机会，促使企业制定创新发展策略，从而能够诱发企业创新的内在动力。游晓凌，周光勇，陈阳[17]借鉴技术路线图方法对市场驱动的技术创新过程进行研究，他们详细描述了由市场需求作为起点，逐步得到产品目标、技术壁垒以及研发项目的工作流程，同时阐明了属性列举法、TRIZ 等创新方法在工作过程中的应用策略。进一步给出了产品技术创新需求各阶段工作的模型表示和图形化方法。

王能能、徐飞、孙启贵[18]认为，社会文化是技术创新研究的重要视角，只有将技术创新放在整个社会文化的大系统中，才能够真正地把握技术创新的实践方向。他们从"社会学习"理论的新视角来研究技术创新过程，着重考察新技术如何适应各种地方情境和社会行为，最终获得认可并融入特定社会中的过程和规律。它所强调的是技术创新实践中多重异质性行动者对于成功创新的贡献，同时把社会——技术的变迁过程看成是不同行动者之间相互谈判和协商博弈的结果。他们提出不仅要分析技术创新的实践过程，而且还要求在实践中干预创新，这就为更好地揭示"社会——技术系统"复杂背景下的技术创新微观动力机制提供了新的视角，也为打开技术创新黑箱和技术创新的社会文化研究提供了可供借鉴的方法论。他们从"社会学习"理论的视角对技术创新中新技术的再创新、驯化与调控这三方面的社会学习过程进行了系统分析，揭示出地方多重异质性行动者对技术创新的贡献，也拓展了以往关于技术创新地方性的认知与理解。

在信息化时代，技术创新是企业立于不败之地的根本，在技术创新过程中形成的知识资源是企业核心竞争力的源泉。陈伟、杨佳宁、康鑫[19]在总结以往研究成果的基础上，对企业技术创新过程中的知识转移进行了深入地分析。他们对企业技术创新过程知识转移的概念进行了界定，构建了基于信息论的企业技术创新过程的知识转移模型，运用"知识量"与"知识熵"等参数对企业技术创新知识转移进行量化测度。并且在评价企业技术创新知识转移的有效性的基础上指出对"转移发生概率"与"不确定性"的控制是企业知识转移管理的重点。最后，他们给出提高企业技术创新知识转移效果的对策：一是增强对"不确定性"的识别能力；二是知识转移概率的控制。

5 技术创新知识研究

技术创新过程也是知识创新过程。技术的演化过程同样也是知识的演化过程，学界从知识群落、知识分布、知识管理、知识网络等视角展开研究，加深对技术创新的理解，深化了对技术创新的认识。

许振亮、郭晓川[20]运用最新可视化技术与科学计量学方法，绘制当代国际技术创新研究前沿知识图谱。该文认为存在 9 个知识群，形成了"核心知识群——次级知识群——边缘知识群"，即"核心——衍生——边缘"3 个层次的格局。他们通过对具有代表性的被引文献的内容以及施引文献的关键词的词频和内容的分析，计量出了各知识群的研究主题。核心知识群的研究主题为以知识理论和演化为基础的技术创新链；次级知识群的研究主题分别为基于资源观的企业研发与创新、创新三螺旋与核心竞争力、国家创新系统下的合作创新与成长；边缘知识群的研究主题为行为医学与人口质量、生态毒理学与微污染物处理技术、工程设计与工程教育、新型临床检验与诊断及胚胎干细胞与基因技术等。

薛捷[21]认为，在知识经济时代，知识以其独特性、价值性、不可替代性和稀有性等特征已经成为企业重要的战略性资源。企业技术创新所依赖的知识基础呈现出分布式的特点，技术与市场的快速变化使得企业更加重视对于外部知识的获取与利用。技术创新战略联盟是企业从外部获取知识、适应知识基础分布式特点的有效途径。以杜邦公司为例，分析了杜邦公司作为一家以科学技术为基础的公司在技术创新战略联盟的组建、知识的利用、联盟的类型与竞争性等方面所具有的典型特点，以此表明技术创新战略联盟在知识的获取和利用方面的优势。

徐建中、李荣生[22]认为，技术创新是企业获取竞争优势、培育核心竞争力的重要方法，而知识管理在企业技术创新过程中发挥着重要作用。它通过引导和约束环节，促进技术创新过程中知识的生产和流动，使知识在使用中实现价值，从而增强企业的产品创新能力、市场创新能力和工艺创新能力。其作用表现在企业进行技术创新的过程中，通过构建以技术创新与市场创新为中心的知识网络，以优化技术创新流程为基础等路径实现技术创新。将知识管理融入企业技术创新活动的各个过程，将从根本上改变企业过去的技术创新管理模式。他们提出建立知识管理人员队伍、搭建知识管理基础平台、选择适合本企业知识管理的模式和营造企业文化氛围等措施，以促进知识管理与技术创新管理的融合。

刘海运、游达明[23]提出企业的"创新尴尬"是影响企业发展的现实问题，强化企业的知识管理，实现企业的突破性技术创新，对于避免技术创新所带来的困境将具有重要的意义。企业突破性技术创新能力是知识积累、创新和转化相结合的产物。他们从知识管理的角度分析了企业突破性技术创新知识积累机制、创新能力培育机制以及知识转化机制，企业突破性技术创新能力的提升途径有以下：一是加强对突破性技术创新的识别能力；二是创新组织结构和组织学习；三是加强风险控制能力；四是加大政府政策支持。

任慧、和金生[24]认为，随着全球产业竞争格局与传统经济增长模式的改变，企业间的原有竞争模式在新的竞争环境下演变为网络层面的对抗与合作。在技术复杂性和企业技术专业化两个趋势的相互作用之下，企业技术创新过程的开放化成为创新过程发展的必然趋势，企业对外寻求的知识网络成为企业进行技术创新的新渠道和重要载体。作为知识网络构建的组织形式的知识联盟必然存在，并且将会在合作发展中不断衍生出新的组织形式。

6 技术创新生态化研究

伴随着科学技术与经济的快速发展而产生的生态危机对人类的生存与发展构成了威胁，技术创新走向生态化是技术发展的必然趋势，是解决生态危机的重要举措。学界对此进行了研究。

朱其忠[25]认为，传统技术创新的负面作用逐步显现，制约着我国经济的可持续发展。可以通过改变技术发展方向，实行生态技术创新，以此来弥补资源和资本上的不足，协调社会、经济、自然发展的关系，最终实现包容性增长。在环境的压力下，生态技术创新正逐渐取代传统的技术创新，成为可持续发展战略下企业和国家研究的新发展。生态技术是指充分发挥现代科学技术创新潜力，把生态系统理论应用到企业的生产经营过程中，开发保护地球生态环境和促进人类社会可持续发展的绿色产品。生态技术非常注重自然资源的合理开发、综合利用和保值增值，是发展清洁生产和无污染的绿色产品的技术支持。生态技术改变了传统工业以充分利用自然资源以获取最大利润为目的的模式，是一种综合考虑环境效益、生态效益和社会效益，促进人与自然协调的、可持续发展的技术。

潘建红、刘姗姗、高栋[26]认为，技术创新生态化是减少科学技术的负面作用、缓解生态危机的关键，对生态文明建设具有重要的意义。技术创新生态化是一个动态的技术创新系统，这一系统包含技术层面与管理层面这两个层面的生态技术创新。前者是在社会生产实践过程中将节能减排等相关技术放在生产的首位，把工业生产活动对环境的污染力度降到最低，缓解生态环境的压力，使现代技术成为符合生态要求的技术。后者则是指建立一种经济与生态环境和谐发展的新型管理模式，以实现企业的生产经营活动与生态环境相协调为目的。从技术创新来看，技术创新生态化强调人在技术创新和经济发展过程中的主导性地位和作用，把人的需要的满足、素质的提高和能力的发挥放到首位。其最终目的是要实现人的需要，这就要求在技术创新生态化过程中应把"以人为本"作为最高的价值原则。其遵循的原则包括：以人为本原则；生态关怀原则；可持续发展原则。其思路包括：政府发动；企业实施；公众参与；媒体宣传。

崔泽田、秦书生、张瑞[27]提出企业技术生态化是解决传统企业资源过度浪费、环境污染等问题的有效途径，是我国构建资源节约型和环境友好型社会的重要支撑。企业技术生态化具有丰富的内涵：一是其核心在生产环节，要求通过对生产技术体系的生态化改造，达到既节约利用资源，又不造成或很少造成环境污染和生态破坏；二是企业系统整体功能的生态化。企业系统的多要素和多层次性决定了企业技术生态化在注重生产环节的同时，也不容忽视非生产环节，其中包括企业管理、市场营销与企业文化等多方面；三主要是促进企业经济效益与生态效益、社会效益的协同发展。为了实现企业的技术生态化，企业就要增强环保意识，制定技术生态化的发展战略，大力发展生态技术，同时要建立生态化的管理体制。实现企业的技术生态化还要依靠社会的舆论、伦理及市场导向对企业技术的引领，需要政策法规与社会保障机制等外部环境的支持。只有企业技术生态化的内在要求与外部环境相互协同作用，才能最终促进企业技术生态化的实现。

孙育红、张志勇[28]认为，生态技术创新是在资源环境约束强度增大的条件下，能够满足人类的生态需求，减少生产与消费边际外部费用，支撑可持续发展的技术创新。生态技术创新离不开市场和政府的双轮驱动，根据生态技术创新外部性程度的差别，政府和市场对其调节机制的组合也不同。从总体上说，生态技术创新的实现路径有以下三种：一是市场内生的生态技术创新；二是政府提供的满足公共服务要求的生态技术创新；三是政府规制下通过发挥市场调节功能而实现的生态技术创新。

综上所述，2011 年我国学者对技术创新进行了深入地哲学思考，取得了丰硕的成果，特别是学者们结合新时代技术创新的现实情况和社会、生态环境提出的新要求，对技术创新展开了广泛的探讨。突破了原有的就技术创新谈技术创新的思维方式，能够把技术创新放在社会与自然的大背景下来探索，为技术创新理论的创新开拓了新的视野，同时也为进一步深入的研究奠定了良好的基础。当然我们也应该看到技术创新的经济社会环境不断变迁，资源、能源、环境、生态问题日益凸显，给技术创新实践带来了新的挑战，需要学者们立足于技术创新实践过程，更深刻地认识技术创新的本质，解读技术创新与社会、自然的关系，探索技术创新的发展规律，为技术创新过程提供有效的指导。

参考文献

[1] 陈劲，李飞. 基于生态系统理论的我国国家技术创新体系构建与评估分析 [J]. 自然辩证法通讯，2011，(1)：61-66.

[2] 刘海运，游达明. 支持动态能力的企业技术创新体系研究 [J]. 科技进步与对策，2011，(4)：10-13.

[3] 李文元，梅强，顾桂芳. 基于技术创新服务体系的中小企业开放式创新研究 [J]. 科技进步与对策，2011，(16)：5-8.

[4] 吕玉辉. 企业技术创新生态系统探析 [J]. 科技管理研究，2011，(16)：15-17，48.

[5] 孙冰，周大铭. 基于核心企业视角的企业技术创新生态系统构建 [J]. 商业经济与管理，2011，(11)：36-43.

[6] 文宗川，张璐. 基于"四元主体模型"的城市技术创新体系研究 [J]. 科技进步与对策，2011，(11)：37-39.

[7] 陈雄辉，王传兴. 基于生态位的技术创新人才竞争力模型分析 [J]. 自然辩证法研究，2011，(8)：77-82.

[8] 孙兆刚. 技术创新的大众主体分析 [J]. 科技管理研究，2011，(17)：155-158.

[9] 陈云. 以企业为主体的区域创新体系建设的范式研究 [J]. 江汉论坛，2011，(9)：63-67.

[10] 宫留记. 增强企业技术创新能力的途径研究——基于麦肯锡 7—S 系统思维模型 [J]. 自然辩证法研究，2011，(12)：40-45.

[11] 周波，于立宏，黄炳艺. 过程竞争与技术创新的动力 [J]. 厦门大学学报（哲学社会科学版），2011，(5)：51-57.

[12] 甘国勇，陈文钧. 后金融危机时代企业技术创新动力系统构建研究 [J]. 科技管理研究，2011，(17)：15-18.

[13] 潘海英. 技术创新动力系统的要素构成及其关键要素：基于荷兰生物燃料技术的发展 [J]. 科技进步与对策，2011，(2)：18-22.

[14] 贺灵，邱建华，易伟义. 企业技术创新动力影响要素评价及其互动关系研究 [J]. 湖南大学学报（社会科学版），2011，(11)：56-60.

[15] 阮国祥，毛荐其. 论技术创新进化的三重维度 [J]. 科技进步与对策，2011，(6)：6-8.

[16] 刘英基. 产业集群技术创新的自组织过程分析——基于动态博弈的视角分析 [J]. 科技进步与对策, 2011, (22): 62-66.

[17] 游晓凌, 周光勇, 陈阳. 基于技术路线图的技术创新过程研究 [J]. 科技进步与对策, 2011, (8): 5-8.

[18] 王能能, 徐飞, 孙启贵. 技术创新中的社会学习问题 [J]. 自然辩证法通讯, 2011, (3): 76-81.

[19] 陈伟, 杨佳宁, 康鑫. 企业技术创新过程中知识转移研究——基于信息论视角 [J]. 情报杂志, 2011, (12): 120-124.

[20] 许振亮, 郭晓川. 国际技术创新研究前沿的知识图谱透视 [J]. 管理学报, 2011, (5): 713-719.

[21] 薛捷. 基于知识观的企业技术创新战略联盟研究: 以杜邦公司为例 [J]. 科技管理研究, 2011, (20): 13-16.

[22] 徐建中, 李荣生. 基于知识管理的企业技术创新研究 [J]. 科技进步与对策, 2011, (7): 136-139.

[23] 刘海运, 游达明. 基于知识管理的企业突破性技术创新能力机制研究 [J]. 科技进步与对策, 2011, (12): 92-95.

[24] 任慧, 和金生. 知识网络: 技术创新模式演化与发展趋势 [J]. 情报杂志, 2011, (5): 104-107.

[25] 朱其忠. 从萨伊定律到供给学派: 生态技术创新推力演绎 [J]. 商业研究, 2011, (12): 50-54.

[26] 潘建红, 刘姗姗, 高栋. 论技术创新生态化与生态文明建设 [J]. 商业时代, 2011, (27): 113-114.

[27] 崔泽田, 秦书生, 张瑞. 企业技术生态化实现途径探析 [J]. 科技进步与对策, 2011, (17): 76-79.

[28] 孙育红, 张志勇. 生态技术创新: 概念界定及路径选择 [J]. 社会科学战线, 2011, (8): 245-247.

2011 年工程哲学和工程伦理学研究综述

朱晓林

（大连理工大学人文与社会科学学部）

工程活动是人类最基本的社会活动方式，它是人类社会存在和发展的物质基础。随着工程在我国的广泛展开，由此产生一系列正面作用和负面影响，工程哲学和工程伦理学成为我国科学技术哲学界研究的热点。本文对 2011 年中国社会科学引文索引（CSSCI）数据库中与工程哲学和工程伦理学相关的文献进行检索，试从工程哲学的基本理论问题、工程伦理的基本理论、工程伦理教育、工程师的伦理反思、工程演化论、社会工程哲学研究、工程哲学的其他问题研究等角度对 2011 相关文献进行简要的分析综述。

1　工程哲学的基本理论问题

工程活动可以划分为微观、中观、宏观三个层次。李伯聪从工程哲学和工程演化论的角度对工程层次和"微观、中观、宏观"研究框架问题进行具体分析。他认为工程的微观、中观和宏观三个层次相互渗透、相互影响、相互作用。在分析和研究微观层次的企业演化问题时，如果不能在中观和宏观的"大环境"分析、考察和研究微观的企业问题，则那种"纯微观"的研究几乎是不可能不"误入歧途"的；同时，在分析和研究"中观"和"宏观"问题时，如果离开"微观数据"和"微观基础"则"中观"和"宏观"研究根本无法进行[1]。

李伯聪、成素梅以访谈的方式回顾了工程哲学在中国的兴起及其当前进展。李伯聪回顾了《工程哲学引论》这本工程哲学领域第一本系统性理论著作的写作过程。他认为思想基础和现实基础方面的有利社会环境是工程哲学这个学科和方向在中国领先崛起的条件；科学、技术、工程三元论是工程哲学的逻辑前提和理论基础；在工程哲学与科学哲学的关系问题上，他提到工程哲学领域需要重视科学哲学中有"对待"关系的概念，应更加重视研究工程哲学中特有的概念和范畴；在工程知识问题上，他认为工程知识问题的性质、特征、作用和意义的认识会进入一个新阶段；对工程活动不但必须进行哲学分析和研究，而且必须从其他学科和跨学科的视角分析和研究。李伯聪畅谈了对工程哲学的未来发展的看法，包括工程哲学与其他相关学科或研究领域的相互关系问题；工程哲学当前的众多"内部"研究课题问题；可能和应该开创工程哲学领域的"两种传统"的问题[2]。

包国光提出从工程实践活动视角出发界定工程概念，并没有囊括工程本质的全部内涵。他认为工程是作为一个整体而"存在"的，工程物、工程活动和工程师作为工程的三个环节，分别包含了工程本质的一部分，通过分析工程物之为工程物、工程活动之为工程活动和工程师之为工程师，可以窥见工程的本质。工程在本质上是与人的生存及世界相关联的，工程不仅是人类的一种实践活动过程，还是对人类生存于其中的"世界整体"的敞开过程。工程通过工程活动建造工程物所开启的"空间"，聚集"世界整体"于一处，而让人的生存展开[3]。

工程活动不但涉及工程与科学、技术之间的关系，而且也涉及人与自然、人与人、人与社会的关系。因此，在工程活动的过程中，充满着工程管理。殷瑞钰认为认识工程活动的本质和规律离不开哲学思维。他提到我国通过四种方式开展和推进工程哲学的进展。一是召开各种形式和类型的学术会议；二是通过科研项目和出版学术著作推动基础理论研究；三是组织学术团体，推动工程哲学研究的制度化进程；四是努力推动工程哲学的传播和普及[4]。

杨水旸认为当代工程观与工程方法论是科学技术哲学的一个新的研究领域。其主要表现在以下三个方面：首先，从当代工程观与工程方法论的研究视角看，它有助于促进工程哲学的深化与发展。其次，从自然辩证法基本理论体系的研究角度看，有助于推进本学科的建设与发展，为工程教育和工程人才培养服务。最后，从加强哲学界与工程界联盟的研究角度看，有助于强化为工程实践服务[5]。

2 工程伦理的基本理论

随着当代工程对人类生活及其环境造成的广泛而深刻的影响，工程伦理领域中的功利、道义、责任、权利等各层面的矛盾冲突日益尖锐。任丑认为工程伦理学的伦理路径应该包括功利论、道义论、责任论和权利论四种基本路径。通过对四种价值取向的分析，他认为这四种路径从不同层面彰显出工程伦理学应当达成的基本伦理共识，即人权是工程伦理学的价值基准。他认为人权既是功利、道义、责任、权利等工程伦理学基本路径的价值基准，又是科学、技术、工程和工程师等工程伦理学诸要素的价值基准[6]。

陈爱华认为工程伦理的核心问题之一应该是工程活动主体的伦理责任。工程活动主体的伦理责任具有多重性，其一与工程活动的复杂性、综合性和多样性有关；其二是由于工程活动的具体性与特殊性，工程活动主体会遇到千差万别的伦理风险，因此道德选择也具有多样性；其三是工程活动的主体的伦理责任不仅是工程活动中的个体，也包括工程活动中的共同体。因此，应该将工程伦理教育转化为工程活动主体内心的道德信念和伦理精神[7]。

张玲认为对工程进行伦理规约有助于和谐社会的构建。她将工程伦理研究置于中国传统文化框架下来考量，以知行合一、和而不同、天（地）人合一分别作为工程与人的和谐、工程与社会和谐以及工程与自然和谐的伦理尺度，藉此，建构一种契合当代中国的核心工程理念[8]。赵建军、郝栋以绿色发展视域为研究视角讨论工程伦理的建构问题。绿色化是现代工程建筑的发展趋向，通过研究，他们认为，现代技术范式转型下的工程趋向低碳化的转型，对工程选择的模式也向低碳化演进。由此，重建绿色的新工程伦理成为可能[9]。

工程技术与伦理具有内在的关联，工程技术蕴含、渗透着伦理因素，离不开道德干预和伦理指导。朱海林、杨迎潮认为技术伦理是工程伦理学的核心范畴。技术伦理是以工程技术活动中的道德问题为主要对象的伦理价值研究，涉及工程决策、设计、施工、监管、验收等各个环节中的伦理问题。其中，最关键的环节是工程师的技术设计。认识和处理工程师与决策者、管理者之间的关系，成为工程技术伦理的核心议题。对技术的道德干预和伦理调节实质上就是要求工程技术人员在坚持技术标准的同时接受相应的伦理标准，对自己的技术活动承担相应的伦理责任[10]。熊志军探讨了科学伦理道德和工程伦理道德的内容与特点，并对两者的差异进行比较。他认为二者在程度、侧重点方面不同，工程伦理属于人类实践伦理范畴，科学伦理属于人类理论伦理范畴；二者主体所遵循的伦理道德规范不同，科学共同体的规范在共同体内和共同体外遵循不同的标准，而工程共同体强调团队合作并遵守共同的伦理道德规范[11]。

李世新试图通过与科学研究诚实问题的对比，来探讨工程中的诚实问题。他认为工程伦理中的诚实问题与科研中的诚实问题相比，既有相同的方面，也有不同之处。工程试验具有不同于科学实验的特点，造成工程试验中更容易出现不诚实行为。此外，工程师面临的诚实问题还与工程的商业运作、工程师承担法庭专家证人以及公共政策顾问等角色有密切关系，而这些都是科研诚实问题研究中没有或者很少涉及的[12]。

此外，李世新提到工程伦理学还需要开展一系统元问题研究。他首先探讨工程的内在价值问题，借以阐明工程价值双重性的来源。他认为，工程的内在价值取决于社会的要求和社会环境。其次讨论了（工程）工程师的地位和作用问题，针对现实情况，提倡工程伦理研究应以正面建设为主，继续大力提高工程和工程师的社会地位[13]。

3 工程伦理教育

工程伦理教育逐步引起国内外学术界和社会各界的广泛关注,正在成为研究的热点领域。王前讨论了在理工科大学开展工程伦理教育的必要性和紧迫性。他认为近年来工程实践引发大量的社会问题,工程伦理教育缺失是其中的一个重要原因。理工科大学的工程伦理教育一方面要培养工程技术人员的工程伦理意识和社会责任感,同时也要使工程技术人员具备识别、分析和解决工程伦理新问题的能力,具备将工程伦理意识转化为工程伦理实践,具备通过协作有效降低工程技术风险的能力。他提出在理工科大学实施工程伦理教育应该通过制度化的途径,可以考虑在自然辩证法课程内容中适当增加工程伦理教育的内容;或者通过教育教学改革试点的机会,增设工程伦理的课程[14]。

龙翔、盛国荣认为工程师通常需要具备三种基本的伦理素质,即伦理意识、伦理规范和伦理决策。大学的工程伦理教育应该培养工科大学生的工程伦理素质,使其具有工程伦理意识,即应该培养具有伦理责任意识或责任感、人格圆满且能"道德自主"的工程师。明确工程伦理教育的目标,可以引导学生认识到工程伦理素质的重要性,激励在校工科大学生自觉、主动地重视工程伦理学,使其具有工程伦理意识、掌握工程伦理规范、提高工程伦理决策能力[15]。

赵云红从价值理性、选择理性、实践理性三种向度讨论高校工程伦理教育的重要性。她认为在复杂、多价值取向的工程活动中需要选择理性,将这二者与工程实践理性结合,以确保工科学生做出正确的工程行为。她指出对价值理性的培养,目前主要是将价值观教育纳入到两课中;对选择理性的培养,"工程两难教学法"是被实践证明行之有效的培养策略;实践理性的培养路径是通过对经典的工程案例进行多维度、多因素、全过程、全方位的剖析和体现[16]。

庞丹认为在我国理工类型院校开设科技伦理与工程伦理等相关课程,加强对学生工程伦理教育,是学校德育教育的重要内容,也是塑造未来高素质工程技术人员必不可少的环节。在简单介绍国外高校工程伦理教育现状的基础上,结合我国基本国情,她提出应从教学理念、课程设置、师资培养及教学方式等方面加强我国高校工程伦理教育[17]。

闫坤如认为国内的教育者已经采取必修课、选修课及讲座等形式开设工程伦理方面的课程。但是，工科院校的工程伦理教育仍处于起步阶段。她从宏观和微观层面来分析我国目前的工程伦理教育存在的问题。宏观层面主要表现在：工程伦理教育缺乏长效教育机制和政策支持。从微观层面来讲，工程伦理教育的定位不明确、教学内容和方法陈旧、理论教学和实践教学脱节、工程伦理教育学校间差异明显、工程伦理教育与专业教育脱节、缺少统一的教材和系统的研究、教师缺位严重，师资队伍参差不齐等[18]。

陈爱华指出就工程伦理教育的内容而言，首先须围绕工程伦理的核心"工程伦理责任"展开教学；其次须重视工程伦理原则及其规范的教育；再次须进行工程伦理风险以及规避工程伦理风险的道德选择教育。就工程伦理教育的方法而言，应包括以下几种：一是须将主渠道式教学与渗透式课堂教学相结合；二是工程伦理理论教学与案例讨论、工程伦理行为选择的辩论相结合；三是将工程伦理教育与多样化的校园文化活动相结合[19]。

杨怀中强调素质教育在工程伦理教育中的作用。他认为工程伦理教育本质上是一种素质教育，加强工程伦理教育是现代高等工程教育的必然选择；同时，作为素质教育的工程伦理教育，是一种科学教育与人文教育交叉融合的教育，体现了高校全面发展教育的深入和拓展；另外，工程伦理教育的根本目的在于培养大学生在未来工程活动中的社会责任感。树立正确的工程伦理观，以及以伦理道德的视角和原则来对待工程活动的自觉意识和行为能力，是未来工程师的最基本的道德素质[20]。

李世新考察国外工程伦理教育的模式和途径。他主要从工程伦理教学的目的、主要内容、课程模式、工程伦理教学的主要方法、教学材料等方面介绍美国工程伦理教育的基本情况，从中可以看出，在美国，工程伦理教育不仅在工程教育中占有重要的地位，而且这种地位具有体制制度上的保证。也正因如此，促进了工程伦理教育在美国的发展[21]。胡文龙在分析美国工程伦理教育目标的基础上，对具有代表性的工程伦理教育评价工具和研究方法进行阐述，指出美国工程伦理教育评价具有五个特点，即重视评价学生的伦理推理能力、形成比较完整和科学的工科伦理教育评价工具体系、综合运用定量和定性评价方法、察觉到研究设计的局限性、重视评价主体和评价环境的多元性特点。他提出在中国开展工科生的工程教育应重视"软素质"教育的评价和伦理推理能力的培养与评价的建议[22]。王丽霞、于建军在揭示国际工程科学的变革的基础上，对我国工程教育中人才培养模式错位、工程伦理维度缺位、工程教育与工程职业化脱节三大问题进行了深刻反思，并对工程教育未来的发展路径提出深化工程教育理论研究、恢复工程教育本质，重视工程伦理教育、丰富工程教育内涵，开展注册工程师制度衔接教育、促进职业生涯良性发展三项建议与措施[23]。

此外，工程教育专业认证在工程伦理教育中的作用引起学者们的关注。王健认为工程伦理教育对工程教育专业认证有着重要的支撑作用。首先，工程伦理教育是工程教育专业认证的重要内容；其次，工程伦理教育为实现工程教育专业认证价值整合提供可能；最后，工程伦理教育是实现工程教育专业认证伦理标准的有效途径[24]。李艺芸、王前通过分析我国工程实践活动和工程教育中存在的问题，阐述伦理规范在我国工程教育专业认证中具有重要意义，包括弥补工程实践活动中价值理性的缺失、促进科学文化和人文文化的交融、推动工程教育体系的改革与完善。在此基础上，讨论欧美工程教育专业认证中的伦理维度的内容，包括人才培养目标中的伦理要求、审核工程伦理课程与师资要求、工程教育体系中教育效果的评价，并提出我国工程伦理教育的改进措施[25]。

4　工程师的伦理反思

工程师在现代工程活动中扮演的角色对社会发展起着突出和重要的作用，社会理所当然地对其提出了更高的职业素质要求，而伦理自觉就成为其中一个至关重要的问题。

工程师的名利观、实践能力观和技术效率观在功利主义价值谱系中表现的特别突出，龙翔分别探讨了工程师由于受到这三种功利观的局限和影响，遮蔽了其对自然环境的伦理责任。首先，工程师看重社会地位和提高自己的名利观，容易回避对生态环境的伦理关爱和伦理责任；其次，工程师为展示实践能力，追求技术上的成功，忽视由此给社会和环境带来的影响，容易掩盖与技术密切相关的环境伦理责任；再次，工程师在追求技术效率的功利观影响下，把最大效率与产出作为指导原则，排斥了其应该对自然环境担负的伦理责任[26]。

黄正荣以广州地铁质量验收事件为例，讨论了工程师的责任意识及实践转向问题。他认为责任是工程伦理的核心概念和基本范畴，既是工程师必须恪守的道德理性，又是工程师因过失或道德不作为而受到追究和拷问的伦理约束机制。他指出广州地铁质量验收事件凸显了工程师责任意识的淡薄和缺少，从另一个侧面证明了工程伦理教育应当成为工程教育不可或缺的重要部分[27]。

工程教育问题日益引起社会各界的关注，与此同时，学者开始思考应该培养怎样的工程师。范静波指出工程师的社会责任是一个历史性的概念，内涵与外延随着社会的发展不断扩展，并从前瞻性维度和后视性维度理解工程师社会责任的内涵。她认为工程教育中对工程师的社会责任意识的培养应遵从人类与自然的统一、个人主义和集体主义的统一、现实需要与长远发展的统一等原则[28]。雷庆、胡文龙以美国科罗拉多矿业学院"人道主义工程"副修计划为案例，以此获得工程应造福人类、工程教育应培养能造福人类的工程师的启示。工程教育要去培养有灵魂的工程师，构建工科院校的人文素质教育体系，通过社区服务实践提升学生造福人类的自觉性和自豪感[29]。

吴然、高杉认为工程师伦理自觉涵盖道德自觉，是对工程活动中伦理关系的高度重视和按照优良道德的要求去行事的高度自觉。在现代工程活动中，由于工程活动的高度复杂性和与世界联系的广泛性，作为工程的技术设计者和施工的组织者的工程师的伦理自觉已迫在眉睫。在工程师的培养过程中重视伦理教育、通过工程伦理制度建设规范工程师的伦理行为等，来推动工程师伦理自觉的实现，加强工程研究者与伦理研究者的对话，共同解决现代工程活动带来的各种伦理问题[30]。

汪志明从行动者网络理论来理解工程哲学。在他看来，行动者网络理论从研究科学家和工程师的行动过程展开对科学的研究。他分别从本体论、知识论、方法论层面探究行动者网络理论中的工程哲学思想，并论证了行动者网络理论中的工程合理性思想。可以说，借鉴行动者网络理论的研究成功是建构工程哲学研究范式的一个重要方向[31]。

工程师学是以工程师作为研究对象的学科。王续琨、常旭东认为有关工程师各种问题的研究为创建和发展工程师学提供了重要的基础。他们界定工程师学的主要研究内容，包括工程师辨识、工程师分类、工程师智能、工程师伦理、工程师素养、工程师管理和工程师培养等；阐述推进工程师学的发展所需要思考并廓清发展动力、学科定位及支撑条件等问题[32]。

5　工程演化论

近年来，工程演化论成为我国工程界、哲学界的一个新的研究领域。李永胜从研究对象、理论发展的内在逻辑和实践发展等角度讨论了工程演化论研究的缘起。他指出工程演化论的研究对象是工程活动的演变发展和历史进程，它是以生物进化论作为理论基础，用动态的、演化发展的观点对工程的产生、变化与发展进程进行系统研究。工程演化论从理论上深化了工程实在论、工程认识论，为处于演化发展中的工程活动及其本质、规律提供了一种更为科学合理的哲学认识论解释；从实践角度上，增强工程活动的价值自觉，导引工程活动健康发展[33]。

李伯聪、王晓松把工程演化过程理解为一种"双重双螺旋"过程，即由"技术链"和"非技术链"共同构成的"双螺旋"。工程演化过程由"技术发明-工程创新-产业扩散"三个环节组成，工程"技术链"的演化主要由作为软件的知识和制度以及作为硬件的机器双螺旋演化。选择与建构是工程演化过程的一个重要机制。选择机制使得在技术-经济进化过程中，技术创新成果经过市场的优胜劣汰，保证了工程活动和市场经济的健康演进。建构机制则体现为技术链与经济-社会链的"双重双螺旋"变革，形成新类型的"双重双螺旋"等形式[34]。

蔡乾和试图从演化论的观点来认识和理解工程，把握工程演化的特征与实质。基于工程史的考察，他认为工程的多样性、延续性和创新性揭示了工程的演化本质。他指出，工程演化在时间-空间尺度上具有社会历史性与地域性的特点；在结构-功能上具有集成性与整体性的特征；从过程-结果范畴来看，演化具有形式上的渐进性与突变性；演化过程的连续性与间断性等特征，它是一个现实的直接生产力的演变与人之为人的本质的不断展现过程[35]。

6 社会工程哲学研究

社会工程是人与人、人与社会关系的调整、改造和建构活动过程。田鹏颖、原亚纳从真、善、美三个维度来考量社会工程。他们认为"真"是社会工程的认识前提。体现为对人与人、人与社会关系发展规律的创新认识；"善"是社会工程的道德标准。社会工程求"真"的进程中，被社会工程主体嵌入了"善"的渴求，体现为以人为本的价值取向；美是社会工程的形上关怀，体现为现实社会工程和谐发展、实现社会世界持续发展、实现人的全面发展的理想目标。真、善、美的统一是社会工程的终极关怀[36]。

崔旸从社会工程哲学的视角来探析高校软实力的建设问题。他认为高校软实力建设是一个复杂的系统工程，把高校软实力纳入哲学视野，用系统化、规范化、科学化、技术化、工程化的社会工程视角对高校软实力建设进行的重思考、重认识、重设计、重建构的创新研究，对社会工程哲学的学科发展，对我国高校核心竞争力的全面提升，对我国高校更好地服务国家、区域的经济、政治、文化、社会发展具有重大理论价值和现实意义[37]。

7　工程哲学的其他问题研究

工程规则是工程哲学的基本范畴之一。郭飞、吕乃基认为从本体论、过程论、STS 的视角，考察工程规则的知识结构、合理性、生成、运行、变迁、社会文化意蕴等内容，是工程规则研究的具体路径之一。工程规则研究对于开启和促进工程的知识本体论研究、科学技术与社会研究、工程哲学的基础研究具有积极的理论意义，对于减免工程事故、促进工程安全、推进中国的和谐社会建设具有重要的实践意义[38]。

任宏，张巍等用工程哲学的思想方法探究巨项目决策问题。他们认为巨项目决策的价值观应该是关注社会、民生、发展等重大问题，评价的实质是能否促进社会的可持续发展。基于此，他们提出了巨项目决策的核心三原则，即以功能发挥时间最长为原则，以能否带来社会发展质变为原则，以民众和社会发展收益为原则，用这种思维方法简化纷繁复杂的决策问题[39]。

李永奎、乐云等从社会学视角研究大型复杂项目组织，主要从工程社会学观和哲学观、工程伦理学观以及社会网络学观等方面，研究对象包括工程、工程活动、工程活动主体等，这些研究大多为跨学科研究，对大型复杂项目组织的后续研究具有重要启发，由于成熟的理论体系尚未建立，对工程哲学、工程伦理学、工程社会学而言还是存在一些争议[40]。

王章豹认为工程精神从根本上影响着工程从业者对工程的认识、情感、意志和行为。他首先介绍了工程精神的内涵，分析了工程精神的特点和功能；从认识论层次、社会关系层次和价值观层次，重点探讨了工程精神的构成要素，即务实精神、创新精神、理性精神、学习精神、奉献精神、协作精神、风险精神、伦理精神、人文精神及进取精神；最后提出了培养工程精神的措施[41]。

王佩琼探讨认知视野下的工程故障问题。他将工程故障分为原发性与继发性两类，从认识论视角分析了原发性工程故障的必然性及继发性工程故障难防性的学理机制。他认为，人类认识能力的后觉性及人类活动结果的后种系生成性，是工程故障发生的随机性及某种程度上不可预见性的认知根源。工程故障不但不可能完全避免，而且是工程活动的必要环节，是工程知识的唯一来源，有其积极意义。他提出对于原发性工程故障，应认真分析成因，从中获取有用的工程知识。对继发性工程故障，应避免误操作；提倡工程小型化、多样化；对工程知识采取理性态度等建议[42]。

2011 年，无论在工程哲学领域的研究还是在工程伦理学领域的研究都有长足发展。对具体工程的哲学反思及对方法论的探讨都对工程哲学的发展起到重要的推动作用。工程伦理教育、工程师的伦理反思、社会工程哲学研究、工程哲学的其他问题研究在学界成为不可忽视的重要问题。

参考文献

[1] 李伯聪 . 工程的三个 "层次"：微观、中观和宏观 [J]. 自然辩证法通讯，2011，（3）：25-31.

[2] 李伯聪，成素梅 . 工程哲学的兴起及当期进展——李伯聪教授学术访谈录 [J]. 哲学分析，2011，（8）：146-162.

[3] 包国光 . 论工程的本质-海德格尔、亚里士多德和柏拉图视角的一种解读 [J]. 自然辩证法研究，2011，（4）：61-65.

[4] 殷瑞钰 . 科学发展观中的工程哲学 [J]. 中国科技奖励，2011，（5）：6-7.

[5] 杨水旸 . 当代工程观与工程方法论探讨 [J]. 南京理工大学学报（社会科学版），2011，（12）：57-60.

[6] 任丑 . 人权：工程伦理学的价值基准 [J]. 哲学动态，2011，（4）：78-84.

[7] 陈爱华 . 工程的伦理本质解读 [J]. 武汉科学大学学报（社会科学版），2011，（5）：506-513.

[8] 张玲 . 和谐语境下工程的伦理规约 [J]. 自然辩证法研究，2011，（7）：48-53.

[9] 赵建军，郝栋 . 绿色发展视域下的工程伦理建构 [J]. 长沙理工大学学报（社会科学版），2011，（7）：29-34.

[10] 朱海林，杨迎潮 . 工程伦理视阈下的技术与责任 [J]. 昆明理工大学学报（社会科学版），2011，（2）：6-9.

[11] 熊志军 . 论科学伦理与工程伦理 [J]. 科技管理研究，2011，（23）：184-187，197.

[12] 李世新 . 工程伦理中的若干诚实问题 [J]. 北京理工大学学报（社会科学版），2011，（10）：132-136.

[13] 李世新 . 正面建设是我国工程伦理学研究的当务之急 [J]. 武汉科技大学学报（社会科学版），2011，（6）：632-635.

[14] 王前 . 在理工科大学开展工程伦理教育的必要性和紧迫性 [J]. 自然辩证法研究，2011，（10）：110-111.

[15] 龙翔，盛国荣 . 工程伦理教育的三大核心目标 [J]. 高等工程教育研究，2011，（4）：76-81.

[16] 赵云红 . 高校工程伦理教育的三种理性向度 [J]. 自然辩证法研究，2011，（10）：43-46.

[17] 庞丹 . 科学发展观视域下的我国高校工程伦理教育 [J]. 高等教育研究，2011，（3）：9-11.

[18] 闫坤如 . 工程伦理教育的评价 [J]. 自然辩证法研究，2011，（10）：118-120.

［19］陈爱华．工程伦理教育的内容与方法［J］．自然辩证法研究，2011，（10）：111-112．

［20］杨怀中．作为素质教育的工程伦理教育［J］．自然辩证法研究，2011，（10）：115-116

［21］李世新．国外工程伦理教育的模式和途径［J］．自然辩证法研究，2011，（10）：113-114．

［22］胡文龙．美国工程伦理教育评价研究［J］．北京航空航天大学学报（社会科学版），2011，（11）：102-107．

［23］王丽霞，于建军．困境与走向：对我国工程教育现存问题的反思［J］．现代教育科学，2011，（6）：114-115，146．

［24］王健．工程伦理教育与工程教育专业认证［J］．自然辩证法研究，2011，（10）：117-118．

［25］李艺芸，王前．工程教育专业认证的伦理维度探析［J］．大连理工大学学报（社会科学版），2011，（12）：79-83．

［26］龙翔．工程师的功利观对环境伦理的遮蔽［J］．自然辩证法研究，2011，（6）：59-64．

［27］黄正荣．论工程师的责任意识及实践转——以广州地铁质量验收事件为例［J］．自然辩证法研究，2011，（7）：38-42．

［28］范静波．工程教育总工程师的社会责任：内涵、演变与培育［J］．现代教育管理，2011，（1）：75-78．

［29］雷庆，胡文龙．工程教育应培养能造福人类的工程师——美国科罗拉多矿业学院"人道主义工程"副修计划的启示［J］．清华大学教育研究，2011，（12）：109-116．

［30］吴然，高杉．大工程视野下工程师的伦理自觉［J］．石家庄铁道大学学报（社会科学版），2011，（12）：64-69．

［31］汪志明．行动者网络理论的工程哲学意蕴——布鲁诺·拉图尔思想研究［J］．自然辩证法研究，2011，（12）：57-63．

［32］王续琨，常旭东．关于工程师学的初步思考［J］．工程研究——跨学科视野中的工程，2011，（6）：182-188．

［33］李永胜．工程演化论的研究内容、范畴、方法与意义［J］．自然辩证法研究，2011，（8）：33-38．

［34］李伯聪，王晓松．略论工程"双重双螺旋"及其演化机制［J］．自然辩证法研究，2011，（4）：54-60．

［35］蔡乾和．什么是工程：一种演化论的观点［J］．长沙理工大学学报（社会科学版），2011，（1）：83-88．

［36］田鹏颖，原亚纳．真、善、美——考量社会工程的三重维度［J］．辽东学院学报（社会科学版），2011，（12）：17-19．

［37］崔旸．社会工程哲学视阈下的高校软实力建设［J］．沈阳师范大学学报（社会科学版），2011，（5）：54-56．

［38］郭飞，吕乃基．刍议工程规则研究的背景、意义和路径［J］．自然辩证法研究，2011，（2）：50-55．

［39］任宏，张巍，曾德珩．巨项目决策的核心原则［J］．中国工程科学，2011，（8）：94-96．

［40］李永奎，乐云，崇丹．大型复杂项目组织研究文献评述：社会学视角［J］．工程管理学报，2011，（02）：046-050．

［41］王章豹．论工程精神［J］．自然辩证法研究，2011，（9）：61-68．

［42］王佩琼．认知视野下的工程故障［J］．自然辩证法研究，2011，（4）：74-80．

2011 年技术风险研究综述

郑艳艳

（大连理工大学人文与社会科学学部）

现代社会是一个充满"风险"的社会，人们日常生活中风险无处不在，风险已经成为人们需要经常面对的重要事务。尤其在科学技术飞速发展的今天，技术风险已成为风险社会主要的风险源，因此，对技术风险的研究成为科学技术学术界不可避免的话题，从 2011 年 1 月到 2011 年 12 月，我国学者围绕着技术风险的一般性问题、具体技术领域的技术风险、同技术风险相关的其他问题进行了深入研究，加深了人们对技术风险的认识。

1 技术风险的一般性问题

在现代社会，技术风险已然是全球性的，在技术迅速发展并具有决定性意义的今天，技术风险也必将成为制约人类社会持续发展的不容忽视的力量，因此，必须引起足够的重视与全面的反思。对技术风险一般性问题的反思主要包括技术风险的定义及特征、技术风险的成因以及技术风险的预防及其规避。

1.1 技术风险的定义及特征

对于技术风险的定义，国内学者从宏观的角度对其进行定义，进而概括出技术风险的一般特征。从科学技术风险与科学技术价值的关系出发，米丹[1]探讨了技术风险的概念及特征。她认为，科学技术风险与科学技术价值及其实现有密切相关，科学技术风险是伴随科学技术价值实现的过程而产生的，是科学技术在应用过程中所可能引发的危害或损害。换句话说，科学技术风险是科学技术价值在实现过程即被消费、被享受中，科学技术对人或社会所产生的负面效应，这些负面效应的根源在于科学技术内在的不确定性。当代科学技术风险具有"不可感知性"和"知识依赖性"双重特征、"人为的不确定性"以及"不可计算性"的特征。张明国[2]通过区别技术风险与风险技术，指出技术风险指的是技术在被应用过程中因损害人和财务以及其他周围的生命体和环境而带来的威胁。不同于侧重于技术本身的风险技术，技术风险侧重于技术的社会性，因此技术风险具有自身特有的特征，主要表现为潜在性与显在性、突然性与渐变性、可控性与不可控性等特点[3]。

1.2 技术风险的成因

近年来，国内外技术事故频发，反映出技术风险呈现出不断上升的趋势，由于技术不是完全独立于社会系统存在的，所以对技术风险成因的研究也呈现出交叉学科研究的趋势。目前，学界对于技术风险形成原因或影响因素的探讨主要从 STS 的视角、技术文化发展的视角以及技术内部或者说技术自身展开研究。

王健、陈凡、曹东溟[4]从 STS 的视角指出当代技术风险的根源在于技术社会化的单向度，即非人文向度的技术社会化远远超出了人文向度的技术社会化。他们认为，仅作为工具存在的技术无所谓风险，即使有也是潜在的，只有当技术与社会因素结合，并被社会认可且得到广泛应用时，风险才显现出来，比如技术与资本的结合使得其对自然的破坏力远大于技术自身对自然界的影响，技术与政治的结合形成的权力意志也是技术自身单独无法实现的。所以，技术风险的根源在于技术的社会化，尤其是技术社会化的单向度，即较强的经济取向、政治取向和军事取向。

针对技术发展过程中出现的问题，杨明、叶启绩[5]从技术文化发展的视角把技术风险的成因界定为自然主义理性的张扬。自然主义主要指用自然原因或自然原理来解释一切现象的思想观念。自然主义的泛化，突显了人类在技术运用过程中不确定理性的张扬，而人类认识的不确定性又总是随着理性的变化而变化的，不确定性又在理性的变化中进一步得到印证，从而成为最为普遍的存在形式。由此可见，技术风险实质上是历史逻辑中所体现的不确定性，其本性在于其不断地生成和显现过程。所以，理解自然主义的前提在于如何理解技术与自然世界的关系，在某种意义上说，当自然主义理性涵盖一切的时候，技术风险就无孔不入了。

张学义、曹兴江[6]则通过反思日本的核辐射事件，指出技术风险源于技术的本质，隐匿于技术之中。在他们看来，技术具有解蔽的使命，这一使命使之能够以一种可化解一切技术风险的表象显现于人的面前。然而，技术在解蔽的过程中必然具有危险，所以其危险之命运必然会招致技术风险的产生，套用荷尔德林的诗句来说就是："哪里有技术，哪里就有风险"。现代高技术通过促逼自然而导致的技术风险不可避免地伴随我们左右，而人为因素常常成为技术风险现实化进程中的主要诱因。技术主体总是会因施展"理性的机巧"而导致对技术的误用、乱用、滥用，以致加速促成技术风险的现实化，日本核辐射的产生和扩散充分印证了这一观点。

1.3 技术风险的预防及规避

通过从 STS 的视角分析技术风险的成因，王健、陈凡、曹东溟[4]主张通过伦理规约来克服技术风险，他们指出，在技术社会化过程中，非人文向度对人文向度的过度挤压，引起了人文因素的反抗和觉醒，使得人们从人文的角度（譬如人类价值、情感、正义、公平等）来审视当代技术发展。当代技术带来的伦理道德冲突也使人们认识到道德力量是我们摆脱风险的一种重要力量之一，所以，伦理规约在某种程度上可以克服由技术社会化的单向度引发的技术风险，具体措施如下：首先，用节制规约现代技术的经济取向；其次，用公正规约现代技术的政治取向；最后，用人道规约现代技术的军事取向。

学界对日本由大地震引发的核泄漏技术灾难进行了反思。张学义、曹兴江[6]通过反思日本核辐射事故，主张着眼于系统整体来规避技术风险，倡导复归伦理精神来化解技术风险。具体措施如下：第一，反思促逼自然的技术之路。通过反省技术之路善待自然，与自然和谐相处。第二，警醒风险现实化中的人为因素。规避技术风险不能仅限于技术本身，还要考虑到政治、经济、社会、科学技术等多种因素，用整体论的观点系统地看待、应对和抵御技术风险。第三，转变观念、与风险共存。我们需要积极面对技术风险，通过化解风险而不断取得进步。第四，复归整体性的伦理精神。通过日本核灾难我们看到，灾难的传导是全球性的，这就需要普遍性的伦理精神，并以此为纽带去协调处理人与自然、社会、他人等多种关系。韩震[7]也对日本"3.11"大地震中的福岛核电站事故进行了反思，他认为技术风险源自于技术自身的不确定性，规避技术风险就是要重建新的确定性，而这种确定性的重建需要科学技术的进一步发展，并对技术注入价值观的正确导向。在他看来，我们必须持历史的态度和发展的观点来面对不确定性和风险的存在，我们既不能因技术带来的风险和不确定性而因噎废食，也不能对技术盲目乐观，而应该对技术加上价值观的引导，即技术必须以人为本，以人民的和谐幸福生活为目标，以人类的长久安全发展为旨归。人类将永远面对不确定性，并且只能在不确定性中审慎地博弈，然而只有持合理价值观的博弈，才是合理与合乎需要的。

另有学者从政治学的视角提出了风险治理的途径。许斗斗[8]认为技术风险的提出及其对策性反思应该是风险社会理论提出的根本旨趣，反思技术风险，就是对现代性的反思。防范技术应该在知识的建构中来防范，技术风险应该在新政治文化的建构中来规避。也就是说，人类为了规避技术风险，需全方位审思现有知识体系，需全面地关注技术风险的产生和知识背景。技术风险的全球化，也意味着人类选择了一种新政治文化方式，这也是规避技术风险的最为重要的路径之一。因为政治文化之路可以维护人类新的合作形式。

风险既是人类的危机，也是机遇。在某种程度上，技术风险意味着人类曾在思想、文化和政治上的分离以及人类与自然界的分离。

针对技术的生态灾难，学者们从复杂科学的角度探讨了成因及其规避的策略。周新成、陈彬[9]主要就技术生态风险的防范及规避进行了理论分析，指出要防范技术生态风险既要进行末端治理，更需开展源头防范。他们认为技术的生态风险的出现是由于内外部环境的不确定性，技术项目的难度和复杂性，以及技术创新主体自身能力与追求自身利益最大化的限制等导致的，并表现为复杂"突变"整体和非线性的特点。源头防范必须构建多方位的综合性防范体系：包括政府和企业的主体防范，科研院所、高等院校和社会个体防范，非营利组织以及其他方面的防范，构成技术生态风险多维式的源头防范体系。同时技术生态风险的末端治理要选择一定理论思想指导下的可持续实践路径，表现在产业规划、技术试验、企业经营、生产工艺四个层面。王世进、李先[10]则倡导通过建构起全球范围的"非零和"合作的技术风险共生社会，以适应技术风险参序量的内在要求，进而有效规避技术风险。他们认为，风险是人类社会生存和发展的内生序参量，对社会结构和功能的演化起着重要的作用和影响。人们在无数次风险的防范和抵御过程中，学会了从"零和"互动走向"非零和"合作，从简单互动到机械关联再到有机关联，构建起越来越复杂和完善的"非零和"合作共生关系。这种合作共生关系对于我们转向以资源和技术风险并重的社会模式，建构起全球范围的"非零和"合作的技术风险共生社会有重要意义，同时有助于各个社会组织进行更高有序化的社会结构改革和功能提升，适应技术风险参序量的内在要求，进而预防技术风险的产生。

在产品研发领域，丁旭、孟卫东、陈晖[11]考虑到存在因技术风险导致研发失败的可能，构建了基于技术风险的供应链纵向合作研发博弈模型来规避技术风险。他们通过研究供应链研发联盟成员在不同利益分配方式下的投资策略，分析利益分配方式以及技术风险等因素对联盟成员投资策略的影响，找出不同市场环境下的研发联盟最优分配方式，以防范供应链研发联盟成员道德风险，激励成员增加研发投入，促进供应链纵向合作研发成功。与此相类似，孟卫东、范波、马国旺[12]通过分析研发存在的技术风险，建立了合作研发博弈模型，研究了政府不同财政补贴方式（研发投入补贴和产品补贴）下的企业研发和生产策略。通过理论和数值仿真分析找出了不同补贴政策下的企业最优策略和相应的社会福利，并就政府的研发补贴政策提出了相应建议。研究表明，两种补贴政策均无法实现社会福利的最优解，研发难度较小的情况下宜采用研发投入补贴，研发难度较大的情况下应采用产品补贴，以此提高企业研发投入和社会福利。

与大部分学者期求寻找技术风险的规避之途不同，罗永仕[13]从风险社会的视角指出，技术风险的规避是一种悖谬。他认为，风险社会理论提出了新的风险逻辑，给人们重新审视技术的社会影响提供了截然不同的视角。与传统的技术"副作用"理念不同，风险社会语境下技术的不确定性后果被认为是一种现代制度发展成熟的正相结果。全球化进程中的"个体化"趋势加剧了这种不确定性，而人类并非万能的拉普拉斯妖，因此技术风险的规避就只能是个悖谬。技术产生的风险无法准确捕捉，因此，在这个日益全球化、同时又趋于个体化的社会中，人类对于风险的认识与规避不能单纯地依靠于专家，还有必要对风险进行自我审思。对技术风险的自我审思对整个社会而言都是极有好处的：第一，技术风险虽然难以规避，然而通过对技术风险的深入探讨，可以使人们更深刻地认识风险。其次，在认同风险难以规避的前提下，个体、组织、国家政府乃至整个世界就可以尽可能周详地制定预案，形成预警，从而"最大限度地"减少伤害。最后，技术风险规避的近乎无解的客观事实反而更能激发人们试图去消除它。总之，技术风险规避的谬误不该迫使人类向往归复到小国寡民的世界，或是不再应用与发展技术而无所作为。

2　具体技术领域的技术风险研究

在具体的技术领域内，学者们主要就纳米技术、产业技术、核技术、信息技术以及转基因技术的技术风险问题进行了研究。

王前、朱勤、李艺云[14]就纳米技术的风险管理从认识论和方法论的视角，提出走向"全局治理"是纳米技术风险管理走向"善治"的一条可能途径。他们认为，前纳米阶段经验、其他行业经验、纳米技术风险管理中的"知识鸿沟"现象、技术发展过程的线性思维模式——"流模型"，以及纳米技术风险控制的乐观主义倾向——技术控制主义都是影响纳米技术风险管理的因子。纳米技术风险管理应为一种"全局治理"（global governance）模式，主要包含两个方面：第一，全局思考，即从社会动力学视角综合考虑纳米技术产业上游、中游和下游的潜在风险，综合考虑纳米技术的技术、社会和商业多方面的不确定性，使各个相关专业的和社会的利益群体广泛参与到纳米技术风险管理的全局之中。第二，全球策略，即在国家安全性原则下，加强纳米技术风险数据的全球性交流与共享。

王京[15]从技术过程论的视角审视了产业技术风险的本质与特征、成因与机制以及规避措施，并以云计算技术风险为例进行了案例分析。首先，产业技术风险是技术发展到产业层面后，以产业的广泛性影响为平台，通过大规模的现代化生产与服务而造成的不确定的、不可预料的状态。产业技术本身作为一个动态变化的过程，其风险具有以下特征：产业技术风险的影响具有全球性；产业技术风险的影响程度更为深刻；产业技术风险是实质性的风险；风险呈现出扩大与恶化的趋势。其次，以技术过程论作为工具，生产技术的次优性、产业技术的利益化以及产业技术的推广与应用不规范分别构成了产业技术风险的过程性成因。再次，针对产业技术形成发展的各阶段的特点与风险成因，他提出了以下规避产业技术风险的方式：关注技术完善性、减小技术次优程度；避免价值单向化、树立全球风险意识；科学规划产业发展、规范产业技术应用。最后，以云计算为例，从致成原因和形成机制上分析了云计算的技术风险，并指出云计算所带来的转变也对人类构成了潜在的威胁，需要我们在推进云计算技术发展的同时注重云计算体系中的各项技术完善性，在经济利益与技术水平之间做出符合风险观的选择；兼顾云计算技术的外部影响，确保其外部效益的良性产出；合理、适宜地发展云计算产业，提高技术操作的规范标准。

核能发展是"双刃剑"，它在造福人类的过程中，存在着许多潜在的和现实的风险。刘宽红[16]立足于全球化风险传播、分配、危害等视域，深刻探讨了核风险的基本特征及其破坏性，并从资本负面效应与工具理性张扬相结合的维度，分析了核风险生成的原因，指明核风险的全球性对人类产生的破坏是巨大的、残酷的、深远的。藉此，强调加强民生安全文化建设的重要性，剖析了民生安全文化的人本价值取向及其道德规约功能。她指出在我国核能事业走向深入发展的关键阶段中，应重视民生安全文化的建设，这一理念有利于避免资本负面效应以及工具理性张扬，价值理性弱化的趋势，有利于重塑核能发展的价值理性与道德理性，来预防、规避和限制核风险的发生，保证人的本体性存在与环境可持续发展之安全，促进社会的和谐与稳定。

网络银行依托信息技术，具有低成本高效率等优势，但网络银行内在的技术风险，成为阻碍其发展最主要的原因。林辉、周勇、董斌[17]认为，网络银行技术风险的来源主要包括操作系统或系统软件的安全隐患、服务器的漏洞问题、网络和数据库系统方面的缺陷、网络银行作业流程管理缺陷导致的风险四个方面。为防止上述的技术风险，网络银行需要在物理安全、数据通信安全以及应用系统安全等方面采取有效的措施。我国的网络银行在自身发展过程中遭遇的最大威胁主要是技术风险，这种技术风险直接影响客户资金和银行交易的安全性，严重影响用户使用网络银行的意愿。虽然当下各家银行都采取了诸如防火墙、密码识别、网络检测等措施，但是犯罪分子仍能利用互联网技术的内在缺陷，仍能对网络银行进行不断地攻击。所以，商业银行仍需建立网络银行技术风险的长效管理机制，还需要建立银行间的合作机制，实现网络银行技术风险管理的规模效应。

洪进、余文涛、赵定涛、余文祥[18]就我国转基因作物的技术风险进行了分析，并探究了治理风险的路径。他们归纳并总结出影响转基因作物技术风险的主要因素，在此基础上首次提出了风险三维模型。在三维模型中，纵坐标社会危害表示转基因技术在市场化进程中，对人类健康、资源环境和社会稳定等造成的潜在隐患。横坐标刻画了转基因技术成熟度，即转基因技术处于不同发展阶段所表现出技术特征的总称，这一维度是从技术本身的自然属性来刻画其风险程度。技术成熟度的指标体系主要包括技术内容、规模、影响范围、专利数量，以及科研条件等。第三维坐标表示转基因作物技术的经济净收益，即政府或企业行动者的转基因技术投入所引起的经济价值与成本（包括企业私人成本和社会成本）之差。然后，针对三维模型中目前我国转基因作物技术高社会危害、低技术成熟度和低经济净收益的现状，主张尝试采用"行动者网络理论"来探讨风险治理的作用机制。最后，通过分析得出，我国政府处于转基因作物技术风险治理的"关节点"地位，而有效治理风险的关键则在于政府如何通过机制构建，使得各行动者的利益达到均衡，以实现政府协调的网络化综合治理。刘培磊、康定明、李 宁[19]则认为，随着生物技术的迅猛发展，发展转基因产业的战略选择与公众对转基因安全疑虑的矛盾十分突出。他们通过转基因舆情分析，指出我国转基因风险交流存在的不足主要为风险交流工作缺乏顶层设计，信息公开程度较低，风险交流方式和内容单调，公益机构未能发挥应有作用，在此基础上，他们提出了加强转基因风险交流的政策建议：第一，明确转基因风险交流的目标；第二，建立转基因风险交流协调框架；第三，建立转基因信息公开平台和信息监测平台；第四，完善管理部门和公益机构的风险交流职能；第五，改革科学技术项目政策。

3　同技术风险相关的其他问题

3.1　技术风险的认知与评估

科学技术给人类带来利益的同时也带来了各种风险，但是不同利益主体对风险的识别存在着差异，甚至存在着冲突，这就需要对技术风险的识别进行研究。方华基、许为民[20]以纳米科学技术为例，分析了多元利益主体，如政府、企业、科学技术工作者、公众等对纳米科学技术风险识别的目标、识别模式、以及风险归因等的差异，以期开展相应科学技术风险治理，从而实现纳米科学技术负责任的发展。首先，多元主体对科学技术风险识别的目标有差异，主要体现为：政府的风险识别目标是规避科学技术政策失败的风险；企业的风险识别目标是规避投资风险；科学技术工作者的风险识别目标是防范失去科学技术优先权的风险；公众与非政府组织的风险识别目标是追求科学技术发展的零风险。其次，多元主体对科学技术风险识别的模式差异表现为：政府科学技术风险识别模式是"政府——专家"；企业科学技术风险识别模式是"风险——收益比"；科学技术工作者科学技术风险识别模式是"实验——演绎"；公众与非政府组织科学技术风险识别模式是"类比——假设"。再次，多元主体对科学技术风险识别的归因差异表现为：政府对科学技术风险归因——科学技术竞争全球化；企业对科学技术风险归因——技术创新风险；科学技术工作者对科学技术风险归因——研发条件的局限性；公众与非政府组织对科学技术风险归因——科学技术"原罪论"。最后，科学技术风险识别差异与冲突的治理要遵循以下原则或机制：科学技术风险的选择——风险防范原则；科学技术风险的交流——最低阈值的预警机制；科学技术风险的分担——正义分配机制；科学技术活动主体合作的纽带——信任与协商体制。陈明、毛燕芬、林桂娟[21]则基于活动的产品研发过程建立了技术风险识别模型，为有效识别研发过程技术风险提供了有效的方法。他们以研发过程的基本单元——研发活动作为分析对象，把复杂产品研发过程技术风险，主要分化为活动内的技术风险与活动间的技术风险，从而通过分解活动和识别活动内技术风险因素，通过采用层次分析的方法算出活动之内的技术风险，继而从风险分析的视角，将活动间的各种关系的技术风险归拢为独立关系型和串联关系型的技术风险，从而建立活动间的技术风险的识别模型。

随着高科学技术企业在全球范围内的飞速发展，人类已经进入了一个崭新的高新技术产业时代。其中，高技术产品研发项目能否充分论证和评估，采取必要的防范措施，将风险减少到最低程度，是决定项目成败的关键。所以，在企业的高科学技术产品的研发和实际应用的过程中，预防和管理技术风险非常重要。迟嘉昱、张丰、吴汉洲[22]认为，从提出新技术，到开发出新产品，再到技术产品的商品化和社会化的过程中，始终有着不确定性。所以，任何企业都不可能彻底地完全地规避技术风险，只能在一定的范围内采取防范措施，并尽量避免那些超过自身承受能力的风险。他们以数码相机研发项目为例，提出了基于层次分析法与模糊综合评判法的高技术产品研发项目技术风险的综合评价方法。冯臻、邓忠民、吴强、黄小峰[23]将不确定多属性决策方法应用到风险评估当中，给出了一种定性与定量相结合的飞行器型号研制项目技术风险评估方法。他们采用基于广义导出的有序加权平均（GIO-WA）算子的模糊综合评价系统去处理风险评估中的专家语言信息，通过对风险概率与后果的分别量化并结合风险矩阵确定单个技术风险事件等级，从而进一步获得整个项目的风险状况。他们还结合一个航空研制项目分系统的风险评估实例，阐述了方法的详细实施步骤与实用性，为型号研制过程中技术风险评估工作的开展提供了一种方法。

3.2 技术风险的伦理问题研究

高科学技术活动在伦理道德领域引发了一系列的伦理风险和后果。赵素锦[24]指出，高科学技术在伦理道德领域所产生的伦理风险和后果不仅对传统的伦理道德观提出了新的挑战和难题，更重要的是将可能给人们的伦理道德生活带来一种颠覆性、毁灭性的打击和灾难。鉴于此，通过分析高科学技术背后的伦理风险，她探讨了高科学技术的伦理风险的形成原因以及合理有效规避伦理风险的策略。高科学技术活动是人类改变现实世界的最为重要的实践方式之一，其自身内部的科学性和知识性等特质，使科学技术实践活动具有了消除人类社会和自然世界中的不可预测性的倾向，从而构造一个精准而又科学的理想世界；但是，科学技术在提供确定性的同时，却又不断否定原先世界的确定性，并让之再次变为一种新形态的不确定性。以上这种不确定性和确定性之间的多次反复的转换，对人类社会现有的道德秩序、伦理关系等源源不断地提出新挑战，继而提升了社会伦理风险发生的可能性。除此以外，高科学技术活动在实践过程中带来某种显性的或隐性的消极负面价值；这种负面价值一旦扩散，将会给人类自身、自然世界带来不可估量的灾难性的后果。所以，高科学技术实践活动中潜在的伦理风险是不容忽视的，而其形式也是多变的。高科学技术伦理风险形成原因是多种多样的并且形成原因也较为复杂，这其中不仅有高科学技术活动本身的内在因素（主要包括在高科学技术实践活动准备阶段、研发阶段和应用阶段），还包括社会的伦理环境等诸多外在因素；其内在因素在大多数情况下是因为高科学技术自身发展过程中的不确定性的增大而生成，目前已经得到普遍关注和深入讨论，外在因素多是集聚在人类社会中的诸多因素汇合，从而呈现出复杂的变动性。具体来说，外在因素主要包括四个方面：第一，全球风险时代的到来；第二，传统伦理理念的滞后；第三，经济利益的幕后驱动；第四，"漂流"状态中的责任主体。虽然高科学技术进步所带来的伦理风险是形式繁多的，并且现象背后的生成原因也是不易把握、复杂多变的，伦理学领域的学者们提出的伦理道德批评也显得无力，但种种困难都不能阻挡人们规避伦理风险的责任意识和克服风险信心。这种探索不可阻挡最主要的原因是高科学技术活动是与人自身、自然世界和人类社会关系各个层面都最密切、影响最为深远的实践活动，它所带来的风险绝不是一般意义上的灾难，而是一种具有毁灭性的后果。所以，高科学技术的伦理风险问题是应该如何规避、怎样规避才更合理的问题，绝不是简单的应不应该的问题。针对于此，应从以下几个方面进行探索：第一，伦理思维范式的更新转换；第二，社会伦理环境的良性运行；第三，主体自我德性的完善提升。

王建锋，赵静波[25]就技术风险视域下的个体伦理责任问题进行了深入研究。他们认为，责任作为道德伦理价值的基础，绝不仅仅是一个纯粹的理论问题，更是一个实践层面的问题。如果责任脱离了实践，绝不是真正意义上的责任，同时也就失去了其自身的责任意义和价值。在当下实践过程中，技术化运作活动所导致的风险的不确定性特点，实践活动责任主体"有组织的不负责任"的这一丑陋现象所凸显的个体差异性的伦理责任，以及对风险社会的治理、避免技术化思维方式和技术化的实践活动所引发的负面效应，这些问题的研究就会显得极有价值。从技术风险的视阈看来，差异个体所承担伦理责任，应该以个体内在的责任意识来为伦理责任培育新的生长点，以个体占有资源的多少为权重，按照比例，合理地承担道德伦理责任。凸显主体性特征，培养出个体的良好伦理责任意识，是预防和规避风险社会的有效手段。

参考文献

[1] 米丹. 科技风险的历史演变及其当代特征 [J]. 东北大学学报（社会科学版），2011，（1）：7-11.

[2] 张明国. 技术风险及其规避对策研究综述 [J]. 武汉科技大学学报（社会科学版），2011，（6）：626-631.

[3] 张明国. 面向技术风险的伦理研究论纲 [J]. 北京化工大学学报（社会科学版），2111，（3）：1-7.

[4] 王健，陈凡，曹东溟. 技术社会化的单向度及其伦理规约 [J]. 科学技术哲学研究，2011，（6）：52-55.

[5] 杨明，叶启绩. 当代技术风险的自然主义之殇 [J]. 自然辩证法研究，2011，（12）：53-56.

[6] 张学义，曹兴江. 技术风险的追问与反思——由日本核辐射引发的思考 [J]. 东北大

学学报（社会科学版），2011，（5）：377-382.

[7] 韩震. 关于不确定性与风险社会的沉思——从日本"3.11"大地震中的福岛核电站事故谈起 [J]. 哲学研究，2011，（5）：3-7.

[8] 许斗斗. 技术风险的知识反思与新政治文化建构 [J]. 学术研究，2011，（6）：20-24.

[9] 周新成，陈彬. 技术生态风险防范的多维体系及路径选择 [J]. 自然辩证法研究，2011，（6）：42-46.

[10] 王世进，李先. 技术风险与"非零和"合作的风险共生社会 [J]. 兰州学刊，2011，（3）：23-27.

[11] 丁旭，孟卫东，陈晖. 基于技术风险的供应链纵向合作研发利益分配方式研究 [J]. 科技进步与对策，2011，（10）：19-23.

[12] 孟卫东，范波，马国旺. 基于技术风险的研发联盟政府补贴政策研究 [J]. 华东经济管理，2011，（11）：95-98.

[13] 罗永仕. 技术风险的规避是一种悖谬——以风险社会理论来看 [J]. 学术界，2011，（3）：28-34.

[14] 王前，朱勤，李艺云. 纳米技术风险管理的哲学思考 [J]. 科学通报，2011，（2）：135-141.

[15] 王京. 过程论视野下的产业技术风险 [J]. 自然辩证法研究，2011，（3）：60-64.

[16] 刘宽红. 反思核风险，重视民生安全文化建设——关于核风险及其规避相关几个问题的哲学思考 [J]. 自然辩证法研究，2011，（9）：53-59.

[17] 林辉，周勇，董斌. 网络银行技术风险的防范与监管问题研究 [J]. 科技与经济，2011，（3）：101-105.

[18] 洪进，余文涛，赵定涛，余文祥. 我国转基因作物技术风险三维分析及其治理研究 [J]. 科学学研究，2011，（10）：1480-1484.

[19] 刘培磊，康定明，李宁. 我国转基因技术风险交流分析 [J]. 中国生物工程杂志，2011，31（8）：145-149.

[20] 方华基，许为民. 科技风险识别差异及其治理，以纳米科技发展为例 [J]. 自然辩证法研究，2011，（6）：77-82.

[21] 陈明，毛燕芬，林桂娟. 基于活动的产品研发过程技术风险识别建模 [J]. 同济大学学报（自然科学版），2011，（5）：731-737.

[22] 迟嘉昱，张丰，吴汉洲. 高技术产品研发项目技术风险的综合评价——以数码相机研发项目为例 [J]. 华东经济管理，2011，（12）：151-155.

[23] 冯臻，邓忠民，吴强，黄小峰. 基于模糊评价与 GIOWA 算子的技术风险评估方法 [J]. 北京航空航天大学学报，2011，（6）：743-747.

[24] 赵素锦. 高科技时代的伦理风险及规避 [J]. 求实，2011，（4）：30-32.

[25] 王建锋，赵静波. 论技术风险视域下的个体伦理责任 [J]. 科技进步与对策，2011，（2）：105-108.

2011 年国内欧美技术哲学研究综述

马诗雯

（大连理工大学人文与社会科学学部）

美国技术哲学家卡尔·米切姆（Carl Mitcham）将技术哲学研究流派分为工程派技术哲学（Engineering Philosophy of Technology）和人文派技术哲学（Humanities Philosophy of Technology）两大类，米切姆教授的这种分类为我们清晰明确地梳理技术哲学思想流派提供了指导方向且有助于我们更好地理解与掌握相关知识。随着现代技术的迅速发展，技术哲学的研究领域也在不断拓展，对技术的反思引起了广泛关注。在米切姆的分类基础上，吴国盛教授又将第二类"人文派技术哲学"分成了三大"批判传统"："社会-政治批判传统"、"哲学-现象学批判传统"和"人类学-文化批判传统"。笔者将试图从"社会-政治批判传统"与"哲学-现象学批判传统"这两个方向对 2011年国内欧美技术哲学研究加以梳理和分析。

1 社会-政治批判传统

社会-政治批判传统将技术纳入到整个人类社会的政治与文化生活领域，在这一批判传统中，技术已经不仅仅是简单的改造世界了，而是逐渐发展成为对世界的"构造"，发展成为一种越来越不以人的意志为转移的强大力量。基于此，国内学者通过对马克思、马尔库塞、芬伯格、阿伦特等众多哲学家思想的解读提出了自己的见解。

1.1 关于马克思的技术哲学思想的研究

卡尔·马克思是技术哲学中社会-政治批判传统的开创者，我国学者对马克思技术哲学思想的探讨也是多维度的。

首先，在马克思技术哲学思想的基础理论研究方面，管晓刚[1]论述了马克思对技术进行的全方位的思考与批判，从本体论、认识论、生活论、价值论等多视角阐释了马克思技术思想的哲学意蕴，认为马克思的技术之思的价值论意义正在于：人的自由全面发展。于春玲和李兆友[2]对马克思的技术价值观作出了文化哲学的阐释。技术作为人类最基本的感性活动形式、历史的存在方式或文化形式，其终极价值亦在于人类自由。面对当代高技术社会的伦理困境，高尚荣[3]对马克思的技术伦理思想进行了分析，认为要消除科技异化和人的异化状态，不但要改变生产资料私有制的资本主义社会制度，还要重视先进技术对社会历史发展和人的解放所具有的伟大历史性作用，把握好技术实践的内在伦理维度，规范技术的发展方向，使技术真正反映人的本质需求并成为人的本质力量。

吴书林[4]从实践哲学视角阐释了马克思的技术本质观，指出马克思的技术概念始终是与实践概念相关联的，技术不是以纯粹的工艺上的标准而被确定为认识的对象，而是以其中是否融入历史性的因素而被论及。因此，我们必须在历史与实践的背景中来把握马克思所论及的技术本质思想。张晓红[5]对国内马克思技术实践研究进行了梳理与分析，将目前国内的已有研究主要概括为两条进路：从哲学层面出发，对马克思技术哲学思想进行形而上的研究；以及把马克思技术实践思想作为应用哲学或部门哲学。这些传统的研究都倾向于对技术进行静态分析，这不能解决技术在选择、评价、应用过程中的问题。因此应当将对技术本质的考察置于动态过程中，并在已有基础上将马克思技术实践思想进行整合。

其次，围绕马克思的技术批判理论研究，骆奎，刘同舫[6]探讨了马克思技术批判的方法论。他们指出，技术作为马克思社会批判理论中应有的主题经历了由人文主义传统向社会历史批判的转变。从历史唯物主义的视角来审视技术能够使我们对技术保持警惕，保持对技术异化的社会现实的批判维度。

在马克思技术哲学的比较研究方面，王艳华[7]对马克思与鲍德里亚在社会批判理论方面的差异与关联进行了论述分析。她认为，马克思与鲍德里亚对现代资本主义社会的批判分别表现为资本逻辑的批判与符号逻辑的批判。鲍德里亚仅仅在符号消费和文化意识形态的层面上批判现代资本主义社会，虽然开放了现代性社会批判的视阈，但却遮蔽了资本这一现代资本主义社会更具有总体性和根本性意义的存在论基础，马克思的资本逻辑批判难以被取代。乔瑞金，施文兵[8]立足于马克思主义技术哲学传统是一个开放的体系，就不同时代背景下马克思、马尔库塞和威廉斯分别从生产方式、意识形态和生活方式的不同视角对技术进行的阐释展开了讨论，认为他们揭示了技术本质的多重意蕴，投射出人在实现其本质过程中的现实境遇，凸显出马克思主义技术哲学传统为人类解放所作的不懈努力。

最后，我国学者也尝试以其他视角探讨马克思的技术哲学思想。陈一壮，周小清[9]认为，在马克思、恩格斯所生活的资本主义社会发展初期还没有出现严重的生态危机，所以马克思主义经典理论在生态思想上具有不足之处，而当今时代的发展要求把"自然资源有限性"的原则加入唯物史观的基本原理，以标志人类社会进入了生产力发展水平达到地球生态系统承载极限的阶段，这使人类面临着进行与社会主义-共产主义革命相交的可持续发展革命的任务。何炼成，庄静怡[10]指出，马克思主义绝不是一成不变的理论教条，而是随着社会发展而不断创新和发展的科学思想体系，即使是在经济社会发展伴随着生态环境日益恶化的当今时代仍具有积极的指导意义，即以科技的发展和创新为中介，实现人与自然的和谐统一。

1.2 关于马尔库塞的技术哲学思想研究

赫伯特·马尔库塞（Herbert Marcuse）是西方马克思主义的重要代表，法兰克福学派的著名左翼代表人物。他深刻地揭露了西方发达工业社会中技术对人的限制与统治，认为在现代工业技术社会中所造就的人是"单向度的人"，整个社会也成为了被艺术大众化与商业化所操纵的"单向度的社会"。

就马尔库塞的技术哲学思想与批判理论而言，黄岩[11]认为马尔库塞并没有局限于对科学技术本身的批判，而是更进一步力求从科学技术的合理性与资本主义关系中探寻出现这些问题的原因。但黄岩也指出，马尔库塞的技术异化思想只揭示了物和科学技术对人的统治，从而掩盖了发达资本主义社会固有的矛盾。关于马尔库塞的其他技术哲学思想，刘晓玉[12]还对马尔库塞的技术生态思想进行了研究，认为马尔库塞生态思想的核心是人道化的技术世界。他所提倡的人道化的技术世界体现了：人道化的技术世界是技术发展所带来的个人感官的快乐与社会整体文化发展的矛盾的解决；是一个技术与自然和谐的世界；是技术和文化和谐的世界这三个方面关系的和谐。马尔库塞的生态思想将生态文明与技术发展相结合，丰富了技术的内容。

1.3 关于芬伯格的技术哲学思想研究

安德鲁·芬伯格（Andrew Feenberg）是法兰克福学派的又一代表人物，致力于技术批判理论的研究，在继承马尔库塞和哈贝马斯等人的思想基础上将批判理论与现代性结合起来，提出了技术代码、技术民主化等思想，从而为技术批判理论提供了崭新的视角。我国学者计海庆[13]与高海清[14]分别翻译与引介了芬伯格的思想。在由计海庆翻译的文章《功能和意义：技术的双重面向》一文中，芬伯格通过分析马克思对市场合理性的批判、卢卡奇对科学知识合理性的批判、海德格尔的技术座架理论以及马尔库塞、柏格森、辛普森等哲学家的技术批判思想，认为这些哲学家都企图在功能化占优势的技术理解中恢复意义的地位。其中柏格森却认为这些方案都没有成功，而个体与技术规则和技术产品的自由互动则可以产生意义，人们对技术的创新行动展现了从功能化中重新找回意义的可能。在《马克思主义与社会合理性的批判：从剩余价值到技术政治》一文中，芬伯格则考察了马克思所贡献的方法论，马克思通过运用与"不充分确定"（underdetermination）概念非常相似的方法成功说明了"社会合理性"的沉默效应。芬伯格指出，不充分确定的概念最终在对当代科学和技术的研究中得到系统阐释，正因为技术的不充分确定，合理化必须导向再生产社会的多样性，如此，技术民主化的主题，一个赋予"不充分确定"论题以明显政治含义的主题开始得到了人们应有的关注，最后他得出结论：技术政治的新时代已经开始。

1.4　关于阿伦特的技术哲学思想研究

舒红跃[15]探讨了在《人的条件》一书中汉娜·阿伦特（Hannah Arendt）的技术观，他从劳动、工作与行动这三种生活方式对阿伦特的技术哲学思想进行了批评与质疑。他认为：首先，阿伦特对人类活动生命的划分是否适用于当今社会存在着很大争议，当今社会的劳动和工作已具备了"政治"特征；其次，阿伦特把行动与劳动和工作对立起来，而人之为人的三种活动生命是不可分割地"浑然一体"的；最后，针对阿伦特认为人类的非静寂活动在作用上低于沉思，人之为人实质在于沉思，技艺者应放下手中的工具而像哲学家那样进入沉思状态，作者反驳道：人类需要沉思，但人类不仅是理性的动物，而且是有身体、需要衣食住行的动物。对于技术的恰当态度，不是放下手中的工具而进行纯粹形而上的思辨，而是在举起所谓的"屠刀"之前对技术的可行性、后果和责任进行深入的论证和反思。詹妮弗·林[16]从异化的来源、关于工作和劳动的区分在异化理论中的地位等方面探讨了阿伦特和马克思异化理论的区别和联系，最后作者指出，两位思想家在异化理论方面有更多的相似性，一方面，他们都把理论建立在唯物主义或客观主义基础上，赋予行动以核心地位；另一方面，他们还给内心世界、纯粹的思考留下了大量的空间。

1.5　关于鲍曼的技术哲学思想研究

张成岗[17]认为技术是齐格蒙特·鲍曼（Zygmunt Bauman）现代性理论的重要主题。在鲍曼的技术图景中，既包含对技术整体层面的分析，又包含对技术方法论层面解读，还包含着对技术运动、技术世界、技术策略等具体内容的理解。鲍曼针对于技术所导致的系统风险的堆积提出了调控远距离行为模式的新伦理规范：以责任为核心概念的后现代伦理。在另一篇文章《后现代伦理学中的"责任"》[18]中，张成岗继续研究与探讨了鲍曼的后现代伦理学。后现代伦理学中的"责任"并非来自他者需要，而是来自内在道德推动力对道德本身的关注，责任具有非互惠性。后现代伦理中的责任要求从"与他者共在"转向"为他者而在"，要求回到道德原初场景去构建道德空间。此外，张成岗[19]还分析了鲍曼等人的技术系统思想，现代技术发展结果所带来的后果是朝向局部熵减、整体熵增的方向，整个世界正在越来越无序，其科学依据便是热力学第二定律（熵定律）。他指出，构建"低熵社会"模式要最少消耗不可再生能源，利用更多可再生能源重建一种可替代的现代性和环境友好的生态技术具有重要意义。

1.6 关于温纳与萨托利的技术哲学思想研究

李志红[20]收集与整理了与兰登·温纳教授的交流及访谈，访谈涉及温纳的技术自主论思想与埃吕尔的技术自主论思想的联系以及理解技术的政治本质，技术的政治性表现等问题。卫才胜[21]从政治的视角来探究西方信息技术哲学，认为温纳从技术政治学的角度，比较全面深入地分析了信息技术对社会政治造成的影响，提出了很多有价值的思想。但其信息技术政治思想总的来说是悲观的，就民主政治来说，他没有看到实际生活中信息技术对民主政治发展所起的促进作用。张爱军[22]对萨托利的消极民主观进行了分析，认为这种消极的技术民主观源于对唯科学主义的警惕和戒惧。唯科学主义分为客观主义、集体主义和历史主义，具有导致集权主义的可能性和现实性，易损害民主信仰、民主程序和民主过程。而要捍卫民主必须回归其本源，重视科学反对唯科学主义、重视理性反对唯理性主义，设置技术与民主的边界，以政治平等原则抵制专家治国的越界。作者指出，萨托利技术民主观的致命缺陷就是没有看到科学技术对民主的积极作用，科学技术为民主的发展提供了新的物质条件、精神动力，尤其是现代网络技术的发展，对网络自由和网络民主的发展提供了新的技术条件，而这一点是萨托利没有或不愿看到的，因此其缺憾是显而易见的。

2 哲学-现象学批判传统

现象学提倡通过意向性的分析面向事实本身，进行本质还原。这是 20 世纪哲学的一大流派，该传统主要包括胡塞尔、舍勒、海德格尔的现象学等，他们是"由于哲学本身的变革而导致用全新的眼光去打量技术的那些哲学家"。[23]

2.1 关于海德格尔的技术哲学思想研究

马丁·海德格尔（Martin Heidegger）的哲学思想一直是我国学者研究的热点，而其技术哲学思想亦是技术现象学领域中的重要部分。包国光[24]对海德格尔前期的代表性著作《存在与时间》进行了深入分析，认为海德格尔前期思想中涉及了"真理问题"，虽然没明确提出却也蕴含着"技术问题"。

袁红梅，杨舒杰，金丹凤[25]认为海德格尔的存在论哲学中包含着深刻的技术伦理思想。技术的价值就存在于"座架"中。技术所引发的深刻危机不在于技术工具本身，而在于技术作为此在的解蔽之"命运"，海德格尔这种追问本身就是技术伦理维度的建构过程。陈真君，高海青[26]通过重新阐释海德格尔的技术哲学思想，意欲从整体的视角审视从此在到存在再到座架的演变逻辑。认为，海德格尔对技术追问的思想逻辑进程可以概括为：存在——此在——此在的存在——此在的用具——此在对存在遗忘——此在的沉沦——自然科学——座架。李华[27]对晚期海德格尔的技术追问进行了分析。海德格尔认为在当今时代，将生产置于优先地位，屈从于技术的全面统治，将不可能避免地把人优先地置于存在整体中，导致作为主体性哲学之必然结果的人道主义在全球的极致进展。人们将顺从外在的强制而追逐资本化的财富，遗忘了作为存在的存在，在存在着的范围内沉沦，进而"带来了自身毁灭的危险"。对此海德格尔提出质疑：人的优先性问题是否可以破除？"此——在之出——离"在时代困局中到底承担何种角色？李华认为，在海氏的追问中，似乎还有可以继续追问的东西。

在海德格尔的技术哲学思想的比较研究方面，耿阳，洪晓楠和张学昕[28]将海德格尔与杜威在技术之本质问题，即技术的概念和技术在人与自然关系的作用上进行了分析对比。在技术本质概念上，海德格尔认为现代技术之本质乃是"座架"，而杜威则认为技术就是对工具使用的探究；而在技术与人之间的关系上，海德格尔指出技术之本质支配着人类，杜威认为技术能够增进人类的自由。在此基础上，进一步从追问技术之本质的渊源、研究方法和技术探究的意义三个维度，分析导致两种技术观点之对峙的深层原因。从突破形而上和人道主义视角，归纳两种技术思想对当下社会问题所具有的启发作用，为当代技术困境的解决提供的多元化出路。王飞[29]对海德格尔与马尔库塞的技术批判思想进行了比较，认为从"一种可能性"到"单向度"，绝不单单是文字上的耦合，在造成发达工业社会中人类生存现状的原因分析上，马尔库塞要比海德格尔更切中要害。吴书林[30]将技术视阈下立足在"实践"活动基础上的马克思与"人化自然"范畴和"存在"论基础上的海德格尔范畴进行对比，从唯物主义的向度、世界范畴的意蕴和技术异化的指向三个方面来深入分析了这两种思想的异同。

2.2 关于尤纳斯的技术哲学思想研究

汉斯·尤纳斯（Hans Jonas）的技术哲学思想一直为我国学者所关注，刘科[31]认为在技术强力与技术异化的影响下，越来越多的人对技术发展产生了恐惧心理。在对现实观察和人类社会前景进行深层预设的基础上，尤纳斯旗帜鲜明地提出了"恐惧启示法"，深入挖掘恐惧思维的正面意义，技术恐惧思维能刺激人们的想象、预见风险、呼唤责任和敦促行动。通过预测和化解技术风险，期望把灾难降到最低程度，从而把技术的发展纳入到宜人的轨道上，因此我们要在技术崇尚与技术恐惧的张力中，强化技术风险管理。郭菁[32]根据尤纳斯在《责任律令——寻求技术时代的伦理》中将生命纳入责任的范畴所提出的生命存在的责任律令："要如此行为以保证你的行为后果不摧毁未来生命的可能性"，认为它是存在的目的中体现出来的生命的价值，揭示了"生命必须存在"的价值，突破了人类中心主义。在当代生态危机面前，这要求人类必须倾听这种命令，将义务的对象扩展到所有生命的存在，承担起延续未来生命的责任，并为生命的持续审慎地发展。

2.3　关于鲍尔格曼的技术哲学思想研究

顾世春、文成伟与王爽[33]分析与论述了艾尔伯特·鲍尔格曼（Albert Borgman）在探寻解救现代生存危机的现实经验的过程中形成的焦点实践思想，梳理了生成焦点实践思想的理论进路。首先，鲍尔格曼从海德格尔技术现象学的形而上学层面研究转向了经验层面研究，把对技术的研究从先验的领域拉到了现实的经验世界，为重新审视技术和贪求解救生存危机的新道路创造了新途径。其次，他立足经验研究，从可经验的人工物出发，找到了现代技术的现象——设备，进而揭示出现代技术的本质是设备范式。再次，鲍尔格曼在海德格尔"物"的思想中看到了"物"的焦点力量，找到了在现实的经验世界解救生存危机的依靠力量。最后，他提出依靠设备的对立物——物之存在的展现来克服设备范式，解救危机的焦点实践，开辟了解救现代生存危机的实践之路。同时，顾世春，文成伟[34]还以物为切入点和视角，对鲍尔格曼设备范式与焦点物思想进行了探析，认为物是生活世界的聚集和展示，指出在现代由于设备范式的生成，物被割裂为手段和目的，丧失其原有的深刻性和完整性，沦丧为设备，从而妨碍人对生活世界全面而深刻地体认。倡导围绕焦点物构建焦点实践，克服设备范式，拯救物，使人对生活世界全面而深刻地体认重新得以实现。漆捷，成素梅[35]对阿尔伯特·伯格曼（Albert Borgman）的兼容实在论进行了评析，认为兼容实在论是其科学本质观和技术哲学思想的理论基础。兼容实在论以整体和微观的客观实在为物质基础，以聚集实践与公众欢庆的社会实在为行动方案，以精神信仰及非科学语言的精神实在为理论核心，从而构成对实在的全面理解。作者从以上三种维度全面考察了伯格曼的兼容实在论的研究路径，并剖析了这种实在论带来的启示与产生的问题。

2.4 关于斯蒂格勒与米切姆的技术哲学思想研究

舒红跃[36]对贝尔纳·斯蒂格勒（Bernard Stiegler）进行了解读，认为在坚持海德格尔此在分析的立场上，斯蒂格勒通过海德格尔未能掌握的大量古生物学、历史学和民族学领域的原始技术资料，从技术"之上"进入技术"之内"，用延异将被海德格尔割裂开来的技术与人、人与自然联系起来，提出了一种新的此在生存性论证。这一论证实际上涉及的就是有时间烙印的存在者——此在或"谁"，这也是一种关于存在和身体所以来的代具性的论证。技术或代具性是此在的已经在此的部分；已经在此本质上是代具性的；代具性对于此在的生存不仅不是消极和沉沦的因素，反而是一种积极的、不可或缺的组成部分。这一理论开启了存在（此在生存）和时间的新型关系，从而为技术哲学开辟了一条更加广阔的大道。

陈向阳[37]基于卡尔·米切姆（Carl Mitcham）对技术作为人工物、技术作为知识、技术作为过程、技术作为意志这一技术概念框架的构建，将技术与技术教育结合起来，利用技术本身所蕴含的育德、益智、审美等教育价值开掘出了当代技术教育的四种可能进路。即：技术人工物的教育，通过对人工物"结构"与"功能"的分析，促使学生获得对于人工物本质的深刻理解；从技术知识独特的认识论结构出发，进行技术知识分类；基于过程的技术学习不再仅仅注重动手操作能力的培养，而是强调创造性思维、问题解决能力和系统方法论的培养，真正实现了动脑与动手的结合；作为意志的技术（控制意志、求力意志、效率意志等）教育思想。

2.5 关于荷兰技术哲学思想研究

林慧岳、夏凡[38]论述了荷兰技术哲学追从"经验转向"范式，在后现象学分析框架下形成的"特文特模式"。这种模式具有描述性维度与规范性维度，通过双重聚焦技术价值的伦理和非伦理部分，提供了一种技术哲学的研究视角。"经验转向"在"特文特模式"的后现象学纲领下引入了文化元素，将更加关注技术的人性化层面，关注技术研发过程的人文价值，有利于推动技术哲学的"文化转向"，实现人类物质生活的满足和精神生活的愉悦。赵迎欢[39]研究了荷兰技术伦理学的理论以及负责任的科技创新，首先，她梳理了荷兰技术伦理学的理论概念，如价值敏感设计、元责任、情感可持续、负责任的创新等，从元伦理学层面进行概念的判断、推理和诠释。其次，她总结概括了荷兰技术伦理学理论的体系框架，沿着技术对社会的影响这条主线，从实践的层面把握技术伦理的现实意义。最后，作者从技术引发人们价值变化的层面，探析和提炼了诸多技术对人们思想观念的改变和对生活方式、行为的影响，在进行基本研究之后，采用哲学思辨与逻辑分析方法，以传统义务论和德行论伦理为基础，创建技术美德论的新责任伦理学理论，进行理论创新。

参考文献

[1] 管晓刚. 试论马克思技术之思的哲学意蕴 [J]. 科学技术哲学研究，2011，（4）：63-67.

[2] 于春玲，李兆友. 马克思的技术价值观：指向人类自由的技术价值与文化价值 [J]. 自然辩证法研究，2011，（4）：42-47.

[3] 高尚荣. 马克思的技术伦理思想及其当代价值 [J]. 云南师范大学学报（哲学社会科学版），2011，（1）：105-110.

[4] 吴书林. 马克思技术本质观的实践哲学解读 [J]. 学术研究，2011，（6）：8-12.

[5] 张晓红. 国内马克思技术实践思想研究综述 [J]. 科学经济社会，2011，（4）：115-117.

[6] 骆奎，刘同舫. 马克思技术批判的方法论转换及其启示 [J]. 中共四川省委党校学报，2011，（3）：33-35.

[7] 王艳华. 马克思与鲍德里亚：两种现代型社会批判理论的差异与关联 [J]. 东北师大学报（哲学社会科学版），2011，（5）：162-164.

[8] 乔瑞金，施文兵. 从人的解放看马克思技术哲学传统的多重意蕴 [J]. 科学技术哲学研究，2011，（3）：56-62.

[9] 陈一壮，周小清. 马克思主义与当代生态危机 [J]. 自然辩证法研究，2011，（3）：118-123.

[10] 何炼成，庄静怡. 马克思技术思想与当代科技创新关系刍议——基于生态视角的马克思技术观 [J]. 理论学刊，2011，（5）：4-8.

[11] 黄岩. 略论马尔库塞的技术异化思想 [J]. 前沿，2011，（19）：70-72.

[12] 刘晓玉. 从马尔库塞的人道化的技术世界看他的技术生态思想 [J]. 自然辩证法研究，2011，（1）：40-44.

[13] 计海庆. 功能和意义：技术的双重面向 [J]. 哲学分析，2011，（2）：141-157.

[14] 高海清. 马克思主义与社会合理性的批判：从剩余价值到技术政治 [J]. 哲学分析，2011，（8）：110-124.

[15] 舒红跃. 对阿伦特技术观的解读与追问 [J]. 自然辩证法研究，2011，（8）：23-27.

[16] 詹妮弗·林. 既需要马克思，也需要阿伦特 [J]. 陈文娟，译. 马克思主义与现实，2011，（5）：86-93.

[17] 张成岗. 鲍曼现代性理论中的技术图景 [J]. 自然辩证法通讯，2011，（3）：69-75.

[18] 张成岗. 后现代伦理学中的"责任" [J]. 哲学动态，2011，（4）：91-96.

[19] 张成岗. 现代技术系统的热力学透视 [J]. 系统科学学报，2011，（3）：30-43.

[20] 李志红. 关于技术自主论思想的探讨——访兰登·温纳教授 [J]. 哲学动态，2011，

（7）：96-99.

[21] 卫才胜. 政治视角的西方信息技术哲学——论温纳的信息技术政治思想 [J]. 河南社会科学，2011，（3）：66-68.

[22] 张爱军. 论萨托利的消极技术民主观 [J]. 自然辩证法研究，2011，（3）：42-47.

[23] 吴国盛编. 技术哲学经典读本 [M]. 上海：上海交通大学出版社，2008：7.

[24] 包国光. 海德格尔前期的技术与真理思想 [J]. 世界哲学，2011，（6）：149-157.

[25] 袁红梅，杨舒杰，金丹凤. 海德格尔技术伦理思想初探 [J]. 科技管理研究，2011，（9）：202-204.

[26] 陈真君，高海青. 此在·存在·座架——对海德格尔技术哲学思想逻辑的重新阐释 [J]. 长安大学学报（社会科学版），2011，（4）82-88.

[27] 李华. 拯救还是毁灭：对晚期海德格尔技术追问的再追问 [J]. 苏州大学学报，2011，（5）：43-48.

[28] 耿阳，洪晓楠，张学昕. 技术之本质问题的探究：比较海德格尔与杜威技术哲学思想 [J]. 自然辩证法研究，2011，（10）：27-32.

[29] 王飞. 从“一种可能性”到“单向度”——海德格尔与马尔库塞技术批判思想比较 [J]. 大连理工大学学报（社会科学版），2011，（3）：58-61.

[30] 吴书林. 技术视阈下的“人化自然”与“世界”——马克思与海德格尔的比较 [J]. 江西社会科学，2011，（7）：28-32.

[31] 刘科. 汉斯·约纳斯的技术恐惧观及其现代启示 [J]. 河南师范大学学报（哲学社会科学版），2011，（2）：35-39.

[32] 郭菁. 尤纳斯的责任律令对环境哲学的启示 [J]. 自然辩证法研究，2011，（1）：67-72.

[33] 顾世春，文成伟，王爽. 鲍尔格曼焦点实践思想生成的理论进路 [J]. 自然辩证法研究，2011，（11）：69-72.

[34] 顾世春，文成伟. 物的沦丧与拯救——鲍尔格曼设备范式与焦点物思想探析 [J]. 东北大学学报（社会科学版），2011，（5）：394-397.

[35] 漆捷，成素梅. 伯格曼的兼容实在论评析 [J]. 自然辩证法研究，2011，（1）：103-108.

[36] 舒红跃. 人在“谁”与“什么”的延异中被发明——解读贝尔纳·斯蒂格勒的技术观 [J]. 哲学研究，2011，（3）：93-100.

[37] 陈向阳. 论当代技术教育的四种可能进路——基于米切姆技术概念框架的启示 [J]. 自然辩证法研究，2011，（10）：38-42.

[38] 林慧岳，夏凡. 经验转向后的荷兰技术哲学：特文特模式及其后现象学纲领 [J]. 自然辩证法研究，2011，（10）：17-21.

[39] 赵迎欢. 荷兰技术伦理学理论及负责任的科技创新研究 [J]. 武汉科技大学学报（社会科学版），2011，（5）：514-518.

2012 年技术哲学元理论研究综述

于 雪

（大连理工大学人文与社会科学学部）

随着现代技术的迅猛发展，越来越多的学者致力于对技术的反思。技术哲学元理论的研究成果也更加丰富和细化，不同学者从不同的视角阐释了技术本身以及技术与人类社会的哲学关系。本文从技术哲学发展历史与研究现状、技术哲学的研究对象、马克思主义技术哲学思想、技术使用中的哲学反思以及技术理论的反思五方面对 2012 年国内学者的研究情况进行综述。

1　技术哲学发展历史与研究现状

1.1　技术哲学的发展历史

王续琨、常东旭、冯茹[1]对技术哲学元研究在中国的展开径迹进行了梳理和总结。作者以"技术哲学"、"技术论"作为检索词对《中国期刊全文数据库》进行篇名精确检索，分别检出 1980～2009 年发表的相关期刊文献 327 篇、41 篇，共计 368 篇。对该 368 篇论文的发表年份的分布图分析，可以看出 30 年来技术哲学元研究期刊论文的数量，在波动中呈现出明显的增长趋势。以 10 年作为一个时段进行统计，1980～1989 年、1990～1999 年、2000～2009 年三个时段发表的技术哲学元研究期刊论文依次为 30 篇、60 篇、278 篇。因此，三个时段可以分别称之为技术哲学元研究的缓慢起步、期蓄势待发期、加速发展期。纵观技术哲学元研究期刊论文的基本主题，主要包括：技术哲学一般性探讨、外国技术哲学概况、技术哲学分支领域、马克思主义技术哲学、技术哲学与社会的关系、技术哲学研究内容及其变化、技术哲学与相关学科的关系、外国技术哲学流派人物、技术哲学研究现状、中国技术哲学研究、技术哲学历史、中国技术哲学思想人物、技术哲学研究思路、技术哲学应用、技术哲学学科体系。技术哲学元研究期刊论文的多产作者主要有：陈凡、盛国荣（以上 12 篇）、高亮华（9 篇）、陈昌曙、田鹏颖、牟焕森、万长松、张明国（以上 6 篇）、黄欣荣（5 篇）、孟宪俊、陈文化、李刚（以上 4 篇）。另外，355 篇本土论文（不包含译文 13 篇）中有 109 篇合著论文，合著率为 30.7％。文章指出，近 20 年来，东北大学（原东北工学院）、哈尔滨工业大学、大连理工大学（原大连工学院）等高等学校利用科学技术哲学学位点的优势，不断培养技术哲学研究方向硕士研究生、博士研究生，为而后的技术哲学研究积蓄了一批难能可贵的新生力量，形成实力较强的研究团队。

1.2 技术哲学的研究现状

目前，技术哲学研究的新热点集中于荷兰学派提出的经验转向。刘宝杰同年发表了两篇相关论文，分别是：《试论技术哲学的荷兰学派》[2]、《试论技术哲学的经验转向范式》[3]。在这两篇论文中，刘宝杰首先介绍了荷兰学派的形成路径，即荷兰学派是以"技术哲学的经验转向"的提出为基点，并以此为研究范式，以技术人工物的两重性理论为逻辑起点，以技术人工物哲学为理论向现实转换的工具，以"会聚技术"及其带来或将要带来的社会效应为研究对象，进而走进以技术－伦理实践为核心的研究课题。随后，刘宝杰又对经验转向进行了分析。他认为，经验转向作为技术哲学的一种研究范式，有其出场的历史必然性、自身的理论特质及体系架构。就其出场的历史必然性而言，它是技术哲学发展中的自我诉求与学科借鉴的结果；就其自身的理论特质而言，它内蕴多层次、多语义的转向；就其体系架构而言，它拥有与学科自身及社会体系相观照的特质。经验转向开启着技术哲学研究的新路向，由批判范式转向经验范式，这种研究范式展现出显著的实践特质，其价值指向被置于并展现在"技术－伦理实践"之中。

潘恩荣[4]对技术哲学的两种经验转向及其问题进行了总结。文章指出，布瑞（P. Brey）将经验转向运动分为两类。第一种经验转向发生于 20 世纪 80 年代和 90 年代，代表人物有伯格曼（A. Borgmann）和拉图尔（B. Latour）等。他们继承了经典技术哲学的相关主题和问题，但他们对技术持非敌视的、更加实用主义的和全面的态度，借鉴了实用主义、后结构主义、STS、文化研究和传媒研究等理论和工具，关注具体的技术，致力于发展一种情境化的描述性的和非决定论的技术哲学理论。第二种经验转向起源于 20 世纪 90 年代和 21 世纪初，代表人物有米切姆（C. Mitcham）、皮特（J. C. Pitt）、克洛斯和梅耶斯等。第二种经验转向技术哲学家力图建立一种"内在的"技术哲学，强调对"工程"的关注和对技术本身的哲学描述。"面向社会"的技术哲学关注现代技术在社会中的应用；而"面向工程"的技术哲学则关注工程的实践和结果，即现代技术本身。两种经验转向都取得了巨大的成功。但是，不少技术哲学家认为，基于第一种经验转向和第二种经验转向的两种现代技术哲学过于突出描述性研究，丢失了批判的规范性研究。因此，作为对"经验转向"运动的一种矫正，技术哲学界发生了"伦理转向"，涌现出一批技术伦理学和工程伦理学。但是，"伦理转向"与"经验转向"的冲突迫使"第三次转向"的出现。潘恩荣指出，未来技术哲学第三次转向的一个可能进路是将经验转向嫁接到工程伦理研究中，这样将发展出两种新工程伦理学：从工程的外在进路探讨工程伦理与从工程的内在进路探讨工程伦理。

2 技术哲学的研究对象

2.1 技术的本质研究

技术的本质问题是技术哲学的核心问题，国内外学者对于这个问题进行了长久而艰难的探索。从当前的研究理论出发，可以总结出有关技术本质的四种解读方式，即技术的本质是器物、技术的本质是知识、技术的本质是活动以及技术的本质是意志。我国学者对其中的个别方面进行了探讨，陈凡、李勇[5]强调技术的意志维度，认为技术活动及其语境是意义之源。技术活动本身越来越居于理解的中心，甚至转变为需要理解和解释的问题。一方面，把技术解释为动态的活动，能更好地处理技术的社会方面和物质方面，强调物质生产与意义生产的不可分离性。另一方面，活动本身是技术必不可少的构成要素。文章指出，技术人类学已经对技术哲学研究产生了重要的影响，同时对于我国技术哲学研究具有启示意义。首先，从研究领域看，应当回归当代中国技术实践的中国语境。人类学视野中的技术观是一种社会技术系统观，它认为人或者物都没有一种静态的本质，其本质存在于人与物的历史的、动态的相互作用之中。因此，当代中国技术哲学要想进一步获得发展，必须在物—人关系的视角下深入研究中国语境下技术的具体表现形态，详细描绘中国语境下人与物之间具体的作用方式。只有以中国社会技术系统的具体生态为基础展开的中国技术哲学研究，才有中国特色，才能体现中国风味。其次，从研究方法看，应当借鉴人类学的田野工作法和深描法。过去，中国技术哲学为了获得认同和学术地位，侧重于形而上的哲学思辨，相对忽视了形而下的经验分析与案例研究。事实上，借助于案例研究，通过研究者的身体参与，可以翔实而生动地揭示技术案例背后隐秘的社会生产关系和文化语境。最后，应当努力培育中国技术哲学的一种以身体经验为基础的关于技术的交叉学科的、批判的、文化的综合路径。

杨艳明[6]强调技术的器物维度，对技术的本体论进行了解读。文章指出，技术本体论关注的三个问题，分别是：技术存在的前提、技术是什么、技术何以可能。文章指出，人与技术的关系越来越密切。两者之间相互促进，对自然和人本身产生了深远影响。技术一直呈现出进化的趋势，现有技术的提升和新技术形态的涌现是技术进化的主要表现形式，在关注和投入高新技术研究的同时，也应重视对传统技术的改造。技术是人和外在事物相互作用的中介，在运用技术的过程中，参与的人、工具、作用环境等因素处于一个动态的过程，人的素质、工具的革新、环境的改善等均可提高技术效率。

贺炳团[7]也谈及技术的本质。他认为，技术是人类文明进步的标志，也是人类生存的基本方式。从技术产生的那一天起，它就和人的生产生活紧紧地联系在一起，有力地促进人们生活水平的提高，带动了人类精神生活和政治生活的全面进步。由于技术是在人们生产生活中产生，把技术看成是实现某种目的的工具，技术的本质被遮蔽起来。特别是近代以来，人们在欲望和功利的支配下，技术变成了万能的无所不成的魔力，技术的工具作用发挥到了极致，其遮蔽的程度就更加扑朔迷离，导致了人与自然、人与社会和人与技术的异化、对抗以及不和谐。因此，对技术的本质作以清理，有益于清除技术遮蔽的屏障，使技术真正成为人们生存的基本方式和大地的守护者。在他看来，技术是人生存的基本方式，是人的本性和本质的外在表现，是人实现生产和生活解放的重要手段。因此，只有把技术上升到人的生存的高度，充分认识技术的本质是目的和手段的有机统一，是物质利益和社会利益的统一，是局部利益和整体利益的统一，是个人利益和人类利益的统一，人类才能够实现诗意地安居。

2.2 技术演化规律与发展模式

技术的发展演化是技术哲学元理论的重要研究范畴，赵建军、吴保来、卢艳玲[8]论述了技术演化的哲学路径。文章指出，演化是从时间维度上表现出的一个过程的展开。技术演化就是借助这种进化论来表达技术的发展历程，它通过使用遗传、变异、选择、环境等类比方式把技术的产生、发展及消亡过程呈现出来，为技术的发展变化描绘了一条演进的轨道。技术演化一般存在着一个从低级到高级从简单到复杂的过程，并且也有一个产生、发展、消亡的过程，这就表明技术不仅是进化的，而且可能出现退化现象，甚至消亡。在技术演化的历史中，有三种观点值得注意：一是用进化的或延续性的解释方法描述技术的发展，可称之为"技术演化的归纳主义流派"。二是用革命的或非延续的解释方法描述技术演化，可以称之为"技术演化的英雄主义流派"。三是用进化的和革命的延续的与非延续的解释方法描述技术演化，可以称之为"技术演化的综合主义流派"。

罗天强、殷正坤[9]认为，自然规律是自然生成的，而技术规律则是人工生成的。技术规律在人工创造的严格特殊的条件下生成，在人工自然物质的生成、运动和发展中，在人为建立的联系中生成，因而技术规律具有不依赖于人的意志但依赖于人的活动的人工性特点。技术规律的人工生成为技术的无限发展提供了可能，但也成为技术风险产生的深层根源。因此，技术规律的生成和应用，必须在不断提升其正价值的同时尽可能地降低其负价值，提高技术安全，降低人身风险，对自然界的改造必须控制在其自我调节能力的范围之内，即将技术发展与人的发展统一起来，将技术发展与生态和环境保护统一起来，将人工自然的创造与天然自然的保护统一起来，保持天然自然与人工自然适度的张力。

曹东溟[10]对技术思想家 W. 布莱恩·阿瑟关于技术本质及其演化的理论进行了阐释。布莱恩从技术黑箱的内部探究技术的本质，形成了一套完整的技术本质及其演化的理论。这个理论框架揭示了技术内部的三个基本原理及其逻辑结构的生成机制以及这个结构在其最深的本质上展现的演化的共性。在方法论上尝试通过打开技术黑箱来"看"技术所显现的技术本质及其演化机制。整个理论使得以往关于技术本质的技术哲学、工程哲学、设计哲学、经济学、社会学甚至科学上的众多观点在这个框架下得到极大程度的统一。

毛荐其、韩景梅[11]研究了产品技术的遗传与变异。技术演化过程是一个不断积累进化的过程。遗传与变异是进化实体必须具备的特性，技术也具有进化性也具有遗传和变异的特性。然而技术并不是有形实体，技术存在需要载体。产品是技术的一个重要载体，也是研究技术的重要维度之一。文章类比了生物基因的遗传变异过程，并通过研究由旧产品到新产品，技术的继承与变化，探讨了技术的遗传变异过程，并分析了产品中技术变异的方式，包括：技术突变、技术渐变与技术组合。

关于技术发展模式的研究，裴晓敏[12]总结了传统技术发展的模式。对于单项技术的发展模式，较为典型的是 1987 年，邓树增提出的"S 型发展模式"。对于技术系统的发展模式，国内外存在着三种普遍的研究视角。一是以技术系统为主体的技术系统发展模式；二是以技术与社会、经济等的互动为主体来研究；三是以生物进化为类比的技术创新进化论。针对传统技术发展模式的缺陷与不足，TRIZ 技术进化理论为技术创新过程提供了认识论基础。其核心思想主要体现在：①技术系统的发展不是随意的，而是具有客观的规律和模式；②各种技术冲突和矛盾的不断解决是推动技术进化的内在动力；③技术系统进化的方向是不断提高理想化程度，用尽量少的资源实现尽量多的功能。因此，研究开发 TRIZ 技术进化理论，通过技术进化模式对技术系统未来发展趋势作出准确预测，对于更有成效地开展技术活动推动技术创新具有重要的指导意义。

2.3 技术人工物

作为技术哲学研究的重要对象，技术人工物一直是学术界研究的重点。陈凡、徐佳[13]分析了技术人工物的功能归属。文章指出，技术人工物的功能是一个具有心理依赖性的范畴，其在本体论上是一种主观的存在，在认识论上是一种客观的判断。功能归属是认识论意义上技术功能的一种普遍形式。功能归属分为描述的功能归属和执行的功能归属，前者简称为功能归属，后者又称为功能指派。技术人工物功能的心理依赖性只能依据于执行的功能归属，而不能依据于描述的功能归属。

秦咏红[14]通过分析可用性概念，指出其对技术人工物主客体关系的影响。文章指出，可用性表征技术人工物在客观上与主体需求相符合程度，它经由三个阶段生成，促进技术人工物主客体的分化与联合。可用性以设计者的意向赋予人工物的潜在功能与使用者在操作中实际能发挥的功能两者间的比较为反馈，对技术人工物主客体互动关系产生影响。在工程领域，可用性对技术人工物主客体之间关系的影响主要表现为对人机关系的影响。第一，可用性调谐从"冲突"到"一致"的人机和谐发展关系；第二，可用性促成从"复杂"到"简单"的人机交互操作方式；第三，可用性促进"机"竞人择的人机关系演进模式。

3 马克思主义技术哲学思想

以马克思主义的哲学思考剖析技术哲学的相关问题，是本年度技术哲学元理论研究的另一热点。肖玲[15]分析了马克思主义人学思想对技术哲学元问题研究的价值。她指出，从历史唯物主义的观点看，技术活动本质上是人的重要创造性实践活动，人的本质展现不能脱离技术过程而完成，因而人的生存从一定的意义上也可以说是一种技术性生存，对生存本质的认识也是认识技术本质的钥匙，意味着这是一个能动性和受动性相统一的历史过程；人的本质就在于不断地创造生活，并最终创造出适合人的自由全面发展的社会环境，因而人性既是历史地变化的，同时又是连贯的有方向的过程；技术的本质和人的本质的一致性，表现为技术从根本上说是一种属人、为人的力量，技术的异化和人的异化是同一历史条件和社会根源的产物，技术异化的扬弃和人的自由全面发展走的是同一条道路。在马克思那里，技术内化为生产力的组成部分。技术的属人性与人的技术化生存，昭示技术与人性的一致性，人的本质和技术的本质具有内在统一性。在文章的最后，肖玲指出，对于当代中国科技发展和现代化进程的理论和实践而言，技术的人性本质的研究很有意义。

于春玲[16]基于文化哲学的视角谈及马克思对西方哲学技术价值困境的超越。文章指出，西方哲学关于技术价值问题的争论，形成了技术中性论与技术价值负荷说的对立及技术乐观主义与技术悲观主义的对立，造成了技术的正价值与负价值、物质价值与精神价值、现实价值与理想价值的割裂，陷入不可克服的理论困境，其原因在于西方哲学以二元对立的知识论方式抽象、孤立地看待技术价值。马克思从人的现实历史存在出发，将技术价值问题的思维向度从封闭的"技术本身"扩展到广阔的文化空间，通过文化价值系统整体来考察并完整揭示了技术价值的丰富内涵。

李宏伟[17]则从马克思主义技术思想中找到了超越工程与人文两种研究传统的技术哲学新理路。文章指出，身体维度的技术阐释超越了卡尔·米切姆技术哲学的两种研究传统划分，实现了工程学的技术哲学和人文主义的技术哲学在身体维度上的汇聚和整合。技术的身体维度阐释作为技术哲学研究的一种进路和方法，在工程学技术哲学以及人文主义传统的解释学—现象学研究方法上不断取得深化，但它要实现更大发展有待借鉴马克思主义对于人以及身体的社会、政治、经济分析方法，这样才有可能在社会实践和变革道路上发挥更为现实的积极作用。更重要的是，马克思主义技术思想的实践观点启示我们，技术的身体维度阐释不仅是一种思想理论的辩证，而且它更要直面现实、服务实践，实践是整合工程学技术哲学与人文主义技术哲学的现实出路。最后，马克思主义技术与人的本质的历史统一思想启示我们，工程学技术哲学与人文主义技术哲学的汇聚、统一是历史的实践过程，昭示中国技术发展以及中国技术哲学未来发展的工程与人文互补、并重的和谐发展道路。

4　技术使用中的哲学反思

技术设计中的哲学反思、技术使用中的伦理反思以及技术应用中的伦理反思构成了技术哲学的主要议题。近年来，有关技术使用中的哲学问题受到了学术界的广泛关注。陈凡、陈多闻[18]针对文明进步中的技术使用问题提出了新的观点。在现代社会里，技术已然成为人的存在方式，技术的本质却在于使用，因为只有在使用中技术才能获得其意义并实现其价值，使用则是一项技术性很强的人类实践活动，具有着技术的内涵，这样，使用实际上是技术的显现和寓身之所。人类通过对技术的使用，不但构造了生存处境，也生成了生活世界。在生活世界里所展开的技术使用实践，实际上是技术功能在生活世界的情境化。在社会科学领域里，技术使用是与技术设计相对应的一个重要范畴，是区别于技术发明、技术设计和技术生产的本体性概念，是具有生命特质的独立实存。我们正处于建设创新型国家的关键时期，创新不仅依赖于技术，更依赖于使用技术的人即使用者，科学发展的实质就是要实现技术与作为使用者的人类之间的可持续发展和协调发展，这一目标的实现具体蕴含在技术与使用者双向建构的活动过程中。

陈多闻[19]基于技术使用的哲学思考，提出了技术使用者的伦理责任。文章指出，人类对技术的使用既是现代社会里人与自然关系深陷囹圄的原罪肇始，也是人与自然关系修补的希望内在。而从价值论的角度来看，技术使用是技术价值的最终完满，在这种语境下，人类越来越彰显其技术使用者的身份角色，凸显其人性责任的主体觉醒。我们人类既然不得不使用并且也正在使用着而且还会继续使用着日益复杂的技术，我们就应该在行为上承担起对技术的义务和责任，在道德上背负起对自然的义务和责任。诚然，技术使用的情境建构不是哪一类使用者的专有责任，而是使用者整体的责任，每个使用技术的人都应该积极地有意识地参与到重新建构情境的行动中来，每个使用者都应该履行自己的义务，并获得自己的权利。

5 技术理论的反思

对技术的反思一直都是技术哲学领域研究的重心。王前、梁海[20]针对当前技术发展中的真善美断裂，提出了诗意的技术。文章中指出，"诗意的技术"，应该是一种真善美相统一的技术。维柯强调"诗性智慧"，海德格尔主张"诗意地栖居"，这分别代表了工业革命前后对诗意的技术的呼唤。而中国传统技术的思想特征展现了诗意的技术的一个曾经存在的范例，中国传统技术发展的一个基本特征是由"技"至"道"，以"道"驭"术"，这种"道"、"技"关系充分地体现了真善美的统一，即"诗意的技术"。文章中倡导现代技术向诗意技术的转化，这并不意味着倒退到近代以前的状态中去，而是应该重新建构一度被相对分离的真善美的统一。而促使现代技术向诗意的技术转化，有赖于科学文化和人文文化的沟通和交融，同时还需要引入制度因素的作用，包括技术评估媒体引导和通识教育，由此使人们不再受技术"座架"的摆布，进入一种本真、智慧、美好、自由的诗意境界。

文成伟、郭芝叶[21]则对技术如何影响我们的生活世界进行了全面地反思。文章指出，技术全面地影响了我们的生活世界，不仅构造了我们的生活方式，而且模仿了我们真实有效的经验存在。技术所呈现的物质实在性在一定程度上使经验失去了有效性，影响了人类对生活世界的有效判断；技术标准规定了人的技术性存在，量化的指标变成了海德格尔的技术"座架"。当现代技术的物质对真实自然世界的模仿从而遮蔽了物质自身的本质时，这种伪装行为必然需要有一种技术伦理的引导来维护生活世界的秩序性。当技术规定了我们的生活世界，我们的存在成为了一种技术规定性的存在时，技术的存在必然应该是一种德性的存在。技术对生活世界的规定性存在，框限了人和人的生活世界，预设了人与社会存在的方式和价值，消解了人的责任，改变了人们的信仰和价值尺度。因此，技术的存在应该是一种德性的存在，这是人类生活世界的需要，只有这样的技术才是适合人的技术，才是人性化的技术。

吴致远[22]从技术哲学的视角对技术现代性问题进行了反思。文章指出，历史唯物主义构建了一种"实际性"的解释历史的方式，技术则是这种"实际性"的十分重要的支柱。技术的"实际性"不仅体现在它提供了任何社会都要赖以生存的物质生产设备和方法，而且还体现在它以自身的方式推动了社会精神观念的演进，规定了精神观念影响、教化大众的方式与途径；同样，技术的"实际性"也是制度安排的根据，是制度创新的源动力和物质载体。文章强调，技术是人类的存在方式，因此从技术的广阔存在域出发去揭示现代性的机制与过程，发现现代性的问题与希望所在，必将形成新的学术领域，形成多条学术进路，从而在新的历史语境中把历史唯物主义推向新高度。

王伯鲁[23]反思了技术文化的当代特征带来的哲学问题。他指出，技术文化是当代的主要文化形态，技术化是时代潮流以及众多社会问题的交汇点。追求特定效果及其实现效率是技术创造活动的基本原则，其逻辑支点就是技术理性。技术精神是技术文化的核心和灵魂，与人文精神相冲突。在技术精神的驱使下，现代人越来越自觉地按照技术规则建构社会生活。日趋强大而复杂的技术系统潜伏着越来越大的风险，是当今风险社会的主要根源。在高新技术研发进程中，创新者应按照道德原则要求自觉规约开发行为，积极引导高新技术的健康发展。

较之于科学哲学，技术哲学的发展缺乏一个比较统一的研究范式。近年来，随着技术哲学的经验论转向和认识论转向，技术哲学的发展逐渐呈现体系化，对技术发明的逻辑、技术发展的模式、技术发展的机制和技术发展的动力等元理论问题有了较为系统的理论基础，涌现出一批技术哲学研究的领军人物，并集中于建够技术哲学的内在逻辑，让技术哲学成为对象明确、体系和谐、逻辑一致的学科。

参考文献

[1] 王续琨，常东旭，冯茹．技术哲学元研究在中国的展开径迹——基于《中国期刊全文数据库》的统计描述 [J]．西安交通大学学报（社会科学版），2012，32（1）：82-86.

[2] 刘宝杰．试论技术哲学的荷兰学派 [J]．科学技术哲学研究，2012：64-68.

[3] 刘宝杰，谈克华．试论技术哲学的经验转向范式 [J]．自然辩证法研究，2012，28（7）：25-29.

[4] 潘恩荣．技术哲学的两种经验转向及其问题 [J]．哲学研究，2012，201（2）：98-105.

[5] 陈凡，李勇．面向实践的技术知识——人类学视野的技术观 [J]．哲学研究，2012，（11）：95-101.

[6] 杨艳明．技术的本体论解读 [J]．科技成果纵横，2013，（6）：43-44.

[7] 贺炳团．论技术的本质 [J]．延安大学学报（社会科学版），2012，34（2）：38-41.

[8] 赵建军，吴保来，卢艳玲．技术演化与工程演化的比较研究 [J]．科学技术哲学研究，2012，（4）：50-57.

[9] 罗天强，殷正坤．论技术规律的人工生成 [J]．教育研究与评论：技术教育，2013，（6）：28-33.

[10] 曹东溟．"组合-创生-演化"的技术——打开"技术黑箱"的一个尝试 [J]．自然辩证法研究，2012，28（3）：44-49.

[11] 毛荐其，韩景梅．产品技术的遗传与变异研究 [J]．自然辩证法研究，2012，28（2）：34-38.

[12] 裴晓敏．技术发展模式的研究与启示 [J]．科学技术哲学研究，2012，29（4）：69-72.

[13] 陈凡，徐佳．论技术人工物的功能归属 [J]．自然辩证法通讯，2012，（3）：1-5.

[14] 秦咏红．可用性及其对技术人工物主客体关系的影响 [J]．自然辩证法研究，2012，28（5）：35-39.

[15] 肖玲．马克思主义人学思想对技术哲学元问题研究的价值 [J]．马克思主义研究，2013，（11）：95-100.

[16] 于春玲．论马克思对西方哲学技术价值困境的超越——基于文化哲学的视角 [J]．东北大学学报（社会科学版），2012，（2）：101-106.

[17] 李宏伟．技术阐释的身体维度——超越工程与人文两种研究传统的技术哲学理路 [J]．自然辩证法研究，2012，28（7）：30-34.

[18] 陈凡，陈多闻．文明进步中的技术使用问题 [J]．中国社会科学，2012，（2）：23-42.

[19] 陈多闻．论技术使用者的人性责任 [J]．科学技术哲学研究，2012，29（2）：56-60.

[20] 王前，梁海．论诗意的技术 [J]．马克思主义与现实，2012，（1）：98-102.

[21] 文成伟，郭芝叶. 论技术对生活世界的规定性 [J]. 自然辩证法研究，2012，(6)：41-44.

[22] 吴致远. 技术与现代性的形成 [J]. 自然辩证法研究，2012，28 (3)：32-37.

[23] 王伯鲁. 技术文化及其当代特征解析 [J]. 科学技术哲学研究，2012，(6)：62-66.

2012 年技术与社会、文化的
互动关系研究综述

王文敬

（大连理工大学人文与社会科学学部）

技术与社会、文化的互动关系，是技术哲学研究的重要领域。它从根本上探讨了技术与社会、文化之间的关系。本文对国内学者在 2012 年内关于技术与社会、文化的互动关系的研究情况进行综述。

1 技术与社会的互动关系

冯旺舟和吴宁[1]从三个维度论述了加拿大著名学者艾伦·梅克森斯·伍德对技术决定论的历史观的批判，阐述了马克思的历史观及其与技术的关系，并在此基础上构建了她的技术观。首先，伍德指出，技术决定论是一种单线发展论，将技术从生产力中抽象出来，夸大了技术在生产力和社会历史发展中的作用，抹杀了历史发展的阶段性和曲折性，将历史限定在静态和机械的发展轨迹上，最终走向了唯心主义和历史虚无主义。其次，伍德认为技术决定论否定历史发展的多样性，无法揭示资本主义社会的特殊性和运动法则。伍德没有否认资本主义社会技术革新的重要性，而是怀疑技术革新是历史变革的动力。技术革新的确对社会生产力的发展有推动作用，但这并不意味着较低的生产力会被较高的生产力自然代替，生产力无法决定历史变革的必然性和发展方向。技术决定论将资本主义的特殊的运动法则当成一切社会普遍的运动法则，将生产力和生产关系当成普遍的社会规律，是片面的。人们只关注技术的效用而不关注技术的社会和制度含义，技术成为资本主义社会最大的意识形态之一，遮蔽了对技术和资本主义历史发展的正确认识。最后，从社会主义维度的技术决定论批判角度入手，伍德指出，社会主义必然要否定单线的技术决定论，这不会对社会主义的正义性和必然性产生任何影响；社会主义具有普遍性，它建立在阶级消亡的前提下，而不是建立在技术决定论的终结目标前提下。因此指出马克思不是技术决定论者，马克思建立在资本主义社会批判基础上的技术哲学思想不是宣扬技术决定论，而是揭示技术在资本主义的剥削和扩张中的地位，以及技术的"自反性"。

田鹏颖[2]指出，STS 是人类把握现代世界的一种基本方式。由于科学技术与社会（STS）把科学和技术放到（本来就在）社会生产（物质生产、精神生产、社会关系生产等）和生活（物质生活、政治生活、精神生活等）中，把本来就由科学、技术参与或支撑的社会生产、生活视为（本来就是）科学、技术的活动场域、生成条件和整合基础。由此它深刻地揭示了人类科技认识的选择性、人本性、时空性和相对性，充分表明在科技全球化时代，STS 是人类把握现代世界的一种基本方式。文章从"斯诺命题"入手，将自然科学、技术科学、人文社会科学结合为一体进行方法论开拓，把"科学"、"技术"、"人"、"社会"整合到一起进行"四位一体"的研究，把现代社会中经济问题、政治问题、文化问题、社会问题、生态问题等融为一体进行整体把握，给破解"斯诺命题"提供了一个重要思维向度。总体而言，科学技术与社会（STS）具有鲜明的整体性、系统性和工程性，其根本宗旨在于改变科学和技术分离，科学、技术和社会脱节的状态，使科学、技术与社会有机结合，更好地造福于人类，特别是使社会更有利于科学、技术的持续健康发展。

刘琳和林东俊[3]在文章中就技术与社会的关系进行阐述，并从混沌理论角度探析技术与社会的整体性关系。文中指出，技术决定论和社会决定论，都是单向的，是机械的还原论思想。世界的本质不是简单线形的，而是非线形的，应该从非线形思维角度来考虑这个问题。因此，主张从混沌理论探讨技术和社会的关系。首先，混沌区别于其他运动的本质特征是系统长期行为对初始条件的敏感依赖性。认为技术与社会的发展是相互作用的，是一个整体。其次，混沌是一种确定性随机性。技术与社会的随机性在于不是技术的发展导致了社会的变化，就是社会的变化影响了技术的发展。因此，技术与社会的发展是相互作用，共同发展的统一体。最后，由于对初值的敏感依赖性，混沌的长期行为是不可预测的。因此，在讨论技术与社会的关系时，不能偏执地说是技术决定了社会的发展还是社会对技术的建构，因为系统的长期行为具有不可预见性。并总结指出技术与社会是整体的，是一个无缝之网，是一个有机的整体。

1.1 技术对社会的作用

吴致远[4]在文章中指出，历史唯物主义构建了一种"实际性"的解释历史的方式，技术则是这种"实际性"的十分重要的支柱。技术的"实际性"不仅体现在它提供了任何社会都要赖以生存的物质生产设备和方法，而且还体现在它以自身的方式推动了社会精神观念的演进，规定了精神观念影响、教化大众的方式与途径；同样，技术的"实际性"也是制度安排的根据，是制度创新的源动力和物质载体。首先，现代社会的物质生产体系除了具有机械化、自动化、规模化、体系化的外部特征之外，还具有效率性、创新性、科学性、扩张性的内在特性，这些特性与现代性的其他因素形成本质性关联，

现代社会生产模式自然产生了扩张的冲动，它不断地向新领域拓展，直接把
"全球化"作为自己的发展"战略"。不仅如此，现代生产的扩张性还表现在
它把自身的发展模式全面渗透到人类生活的其他领域，成为人类一切社会生
活活动必须参照的"标准模式"。其次，与物质生产相适应的社会组织结构模
式的形成。近代以来的西方社会呈现出这样一种逻辑演化关系：技术的发明
推广——生产装备的革新——生产组织的适应性变革——其他社会组织的相
应变革——社会管理体制的变革。这样一种关系开始显示出技术对人的一种
"反作用"，即技术对人的反向制约关系，技术开始反过来订制、规定人类的
行为与生活模式。可以认为，工业文明的形成是以工厂制度的滥觞为前提的，
现代社会的组织模式首先基于现代生产的组织模式。再次，工具理性与科学
主义的扩张事实上都奠基于近、现代技术的发展之上。由此理性与科学在技
术中获得了自己最稳定、最完整的形式——既展现自然，又支配自然。它们
不但在技术中可以获得自己的栖身之所，而且也可以在技术的繁衍增殖中扩
张自身。自然的"祛魅化"。工具理性的扩张与科学主义的张扬加速了世界的
"祛魅"化过程，如果说理性化改变了人类的思维方式的话，那么"祛魅化"
则改变了人类的世界图景。最后，进步历史观的确立。近代以来进步观念的
历史演进表明，进步观除了与科学的发展有关外还与技术的发展密不可分，
进步观从学术圈向社会大众传播渗透，最终确立为一种典型的现代意识，最
主要的还是由于技术的发展。因此文章指出：正是技术把这些现代性的早期
萌芽统摄、整合起来，并最终使其成为世界性的社会历史文化现象。

高海青[5]从社会合理性批判的历史逻辑解析技术对社会的影响。文中指
出，社会合理性批判的逻辑从卢卡奇的物化批判，演变为马尔库塞的技术理
性批判，又更新为芬伯格的技术批判。尽管批判的对象都是技术，但是批判
的策略和改革的策略却根据现实形式不断发生变化，这些批判理论都是对社
会现实展开批判和改革的尝试。从另一种角度上，通过梳理社会合理性批判
的历史逻辑，能够在技术的境域内更加历史地把握社会发展的脉络。社会合
理性批判的深化是以从物化批判到技术理性批判为标志。物化批判转向技术
理性批判，具体可归结为三点。第一，卢卡奇的物化意识的基础在于交换抽
象，商品的交换价值在意识形态领域内的反映，也就是社会存在决定社会意
识。而法兰克福学派则认为，主观理性和同一性思想才是基础，劳动领域的
交换抽象仅是主观理性在资本主义社会的特定历史形态。第二，决定物化意
识结构的是技术理性，在类的历史上为物化意识的产生机制找到了人类学依
据。第三，技术理性使得对内部和外部的控制成为生命的终极目标。马尔库

塞认为，只有将技术理性与批判性的艺术整合起来，构建新的后技术理性，人类才有可能走出目前困境。最后是从技术理性批判到技术批判：社会合理性批判的转向的角度进行论述。芬伯格汲取后现代主义和建构主义等新思潮的核心观点，超越传统的宏大叙事，以技术本身为批判对象，在一定意义上超越了马尔库塞的技术理性批判。芬伯格的理论创新在于将法兰克福学派与包括大技术系统理论，社会建构主义和行动者网络理论在内的"建构主义"整合起来。建构主义的"不完全确定的"概念挑战了技术自主理论的传统观点，而把技术当成像制度或法律一样研究，强调技术发展的社会依赖性。由此，建构主义对特定技术的分析为技术批判提供了经验支撑，而后现代的微观政治解剖学为技术批判提供了新的解放路径。

刘光斌[6]从技术合理性的社会批判角度入手为我们正确看待技术在社会发展中的作用提供了启示。技术合理性的社会批判经历了从马尔库塞、哈贝马斯到芬伯格的发展和转变。马尔库塞认为在发达工业社会中技术的合理性变成了统治的合理性；哈贝马斯认为技术合理性实际上只是一种工具合理性，技术统治被解释为生活世界殖民化；芬伯格一方面批判了马尔库塞技术实体论，另一方面又批判了哈贝马斯的技术工具论，他提出了技术批判理论，认为技术的发展能够走向一条技术民主化的道路。在解决技术带来社会统治这一问题上，马尔库塞求助于新理性方案，在技术内部对技术进行批判，但忽视社会对技术的影响；哈贝马斯诉诸于交往合理性方案，在技术之外寻找方案，离开技术探讨社会合理性问题；芬伯格提出了一种技术民主化方案，从技术自身中找答案，重视社会对技术的影响，较乐观地看待技术与社会的关系。由此，必须使技术置于合理的价值规范引导之下，在技术设计与应用的过程中，必须体现社会的价值和规范。

单美贤和叶美兰[7]就物联网的诞生及应用探讨其对社会的影响。文中指出，物联网技术不仅为人类提供了超越现实、实现自由而全面发展的条件和手段，而且它本身也构成了这种超越和实现活动的基本形式与内容。而物联网在使用中能有效地支持诸如云计算、注意力经济、个性化服务等多种新型的计算模式，这种智能型的服务模式将给人类带来巨大的经济效益，并创造出新的应用领域，人类可以以更加精细和动态的方式管理生产和生活，达到所谓的"智慧"状态，提高资源利用率和生产力水平，改善人与自然的关系。对于社会而言，物联网对社会生活也具有塑造作用。物联网进入人的日常生活，将发生两个层次上的变化：①在人与自然的关系上，借助物联网，人在自然面前获得了更强的自主性和应变能力。②在人与社会的关系上，技术进步是经济发展的主要动力。物联网的思想是"以人为本"——人是出发点，最终是"为了人"，而且要全面、协调、可持续地促进经济社会和人的发展。因此，物联网是作为主体的人的诸世界——人所感知、理解、欲求和建构的世界——的新发展。

同样从新技术入手进行理论分析的还有韩连庆[8]的文章。文章以新一代高清视频格式蓝光 BD 和 HDDVD 的竞争为例，阐述了技术的发展路径是多元的，是由技术标准和社会标准共同决定的，究竟选取哪一种技术，取决于占主导的利益集团。文中否定了"技术决定论"而引出"次级工具化"的概念。所谓"次级工具化"，就是将技术置于社会情境中来考察，由此发现影响技术发展和发挥作用的条件。因此，"次级工具化位于技术行为和其他行为体系的交叉处，只要技术是一种社会事业，它就与这些其他的行为体系密不可分。"技术的完整定义必须包含次级工具化。由此指出，技术的发展路径是多元的，它是一个社会斗争的舞台，"技术发展是由进步的技术标准和社会标准完全决定的，因此技术发展可以沿着许多不同的方向进行，这要取决于占主导的霸权。

1.2 社会对技术的作用

卫才胜[9]在文章中就温纳对技术社会建构论的批判进行了论述，并通过批判和论争，推动技术社会建构论的发展。文章首先就技术社会建构论的思想进行梳理，并归纳各个分析框架的共同特征，主要表现为以下几个方面。第一，人造物解释的弹性原则。第二，对称性原则。第三，技术设计的待确定性原则。其次，温纳认为技术社会建构论的研究主要存在以下几个方面的问题：第一，对技术选择社会后果的忽视。批评他们很少关注新技术的出现对人们自身、对人类社会、对日常生活和对更大权力分配的意义。第二，对非相关社会群体研究的缺失。技术社会建构论者忽视了非相关群体的利益对技术创新的影响，更为重要的是他们并没有追问为什么这些群体被排除在外，为什么这些群体的利益诉求不受重视。第三，对技术变迁包含的动力因素的漠视。技术社会建构论者忙于揭示特定群体和社会行动者在技术变化中的直接需要、利益、问题和解决方案，而不去揭示技术变化背后更深层次的东西。第四，对技术不诉诸道德或政治原则的分析。技术社会建构论者明显地鄙视任何评价或者运用任何道德或者政治的原则帮助人们对技术进行判断。最后，该文主张对待技术的解释我们既要看到其确定性的一面，也要看到其非确定性的一面，要把绝对和相对统一起来，才能对技术作出合理和正确的解释。

2 技术与文化的互动关系

林慧岳、未晓霞和庞增霞[10]通过对《自然辩证法通讯》、《自然辩证法研究》、《科学技术与辩证法》（科学技术哲学研究）三大专业期刊刊发的技术哲学论文，山西大学和东北大学两大科技哲学研究中心发表的技术哲学论文进行分析和梳理发现，我国技术哲学研究兴趣的变化轨迹和技术哲学文化转向的发展趋势。文章通过对科学技术哲学三大期刊"技术并含文化"论文进行了数据统计和分析，发现"技术并含文化"的论文数量皆呈现逐年上升的趋势。三大期刊刊发技术与文化论文基本持平，表明三大期刊对技术与文化的关注度相当。同时，文章对山西大学科技哲学研究中心和东北大学科技哲学研究中心，这两大技术哲学研究机构也进行了"技术并含文化"研究状况统计分析。发现我国科技哲学研究者对技术文化的持续兴趣，表现了技术哲学的文化转向趋势。由此，我国开启了从技术的哲学研究到技术文化的哲学研究的进程。我国技术哲学文化转向的实证分析呈现了一幅技术文化哲学研究的图景。在对"技术的研究的研究"中融入文化的考量，开辟了文化视野下技术哲学发展的新方向。文章指出，技术既具有着社会向度又关联着人文意蕴。因此，工程学层面的技术研究需要文化维度的渗入，探寻与技术相联系的社会价值，在工程项目决策中进行文化权衡，在技术文化的语境中消解工程技术发展与应用中产生的各种问题。同时，技术哲学应当通过技术文化哲学来发展一种全新的分析方式和实践方式，技术哲学家应当致力于"构建技术哲学的社会，在社会中为积极地行动维护一条通道，避免形成有限的技术哲学团体。"技术哲学的文化转向促进了科技与人文的沟通与融合，将技术的工具价值与人文价值并轨推行，提供了一种理解人的生存和社会发展的思维新视角。

曾鹰和乔瑞金[11]在文章中对技术文化进行了分析，指出"技术文化"这一专门概念的提出具有自觉性、实质性和全局性，承担着基础性的、核心的解释功能。技术文化的合理性诠释，能够克服理性主义和人文主义在合理性问题理解中的偏颇。从合理性的视角看，技术文化是对自然的认识、改造、利用和控制的选择，是对自然最新的改造、利用和控制能力的最大限度的最优选择。从认识论看，技术文化以两种形式存在：一方面，技术文化是世界物质图景的表达和表述；另一方面，技术文化又是人类自我意识的显现。为此，技术文化可以划分为四个层次：①技术精神，至高的理想，信仰是技术文化的核心与灵魂；②技术价值观，代表技术态度技术观念；③技术知识，以文字符号为工具的人类技术知识，思维和创作层次；④技术产品，意指具体的人造实物。技术文化的范畴确立了人的生存意义，人成为将技术与文化相联系的关键。同时，技术文化关系到对未来社会的设计、对未来文化的设计。文中指出，以往的分析和研究都存在着一个缺陷，即过多地把技术的理性观念纳入到"技术中心"的单向思维轨道中，把技术的实用性、功利性合乎逻辑地推崇为现代价值观念的主导，效益、功能等成为现代的社会组织方式和规范，消弭了技术的人文主义精神。因此，应当把技术放在一个更大的历史文化哲学框架中进行考察。由此，在全球范围内，文化研究最紧迫的任务就是对技术给人类日常生活带来的影响作"本土的、然后是比较的和高度经验化的研究"，阐释由技术造成的一种潜在文化，以及这种文化对于改变世界——包括自然界和人类社会的思想、观念——的巨大作用。

2.1 技术对文化的作用

王伯鲁[12]对技术与人文的分裂进行了阐述和分析。文中指出，技术文化是当代的主要文化形态，技术化是时代潮流以及众多社会问题的交汇点。日趋强大而复杂的技术系统潜伏着越来越大的风险，是当今风险社会的主要根源。因此，在高新技术研发进程中，创新者应按照道德原则要求自觉规约开发行为，积极引导高新技术的健康发展。首先，从技术的效果原则与效率原则出发，探寻其逻辑支点。指出，正是技术理性不断蚕食传统的价值理性与意义世界，导致科学文化与人文文化的分裂。其次，文章对由众多社会领域同步展开的技术创新实践以及历次技术革命，逐步孕育出的技术精神进行了详细阐述，指出立足创造、注重实效、鼓励多元、宽容失败和精准可控的技术精神是技术活动在社会意识层面积淀与结晶的结果，是技术文化模式的核心和灵魂。但同时，今日之技术世界已逐渐远离和替代了生活世界，人们也为技术所"绑架"和奔忙，淡忘了生活的主要目的、意义和价值，进而出现了技术精神与人文精神的尖锐对立。而社会的技术化进程必然带来精神文化的技术化，即技术对其他文化形态的侵袭与重塑。首当其冲的便是科学的技术化和人的技术化。一方面，新技术的创造与应用，使人的肢体、感官与大脑的生理功能得以延伸和放大；另一方面，技术理性也逐步改变了人们的思维方式，技术精神开始影响社会生活，简约的技术化生活不断侵袭内涵丰富的生活世界与意义世界。因此，就容易诱发以技术风险为代表的社会风险。它既是社会风险的一种具体形态，也是诱发其他社会风险的主要根源。由此，对高新技术开发的法律和道德规约成为规范和引导人类实践活动的两支力量。但目前的情况却是法律与道德在技术研发的前沿领域却是跛足的、软弱的，从而使高新技术开发活动处于一种危险的境地，成为当代众多社会风险的一

大策源地。因此文章提出，早在技术规划和研发阶段，开发者就应当未雨绸
缪，自觉按照道德原则的要求规约自己的创新行为。秉承不伤害、全面评估、
动态跟踪的原则，逐步克服技术设计缺陷，降低技术风险或负效应。

　　刘晓玉[13]对马尔库塞的技术文化批判思想进行了评述，指出技术文化批
判是一个新的批判维度。技术文化问题是一个全新的概念、范畴和研究领域。
技术文化问题作为意识形态批判的一个方面，既具有意识形态批判的共性，
同时也具有技术文化的特性。所谓技术文化即把技术以及与技术相关的东西
综合到一起，即成为一种文化，称之为技术文化，强调的是技术的文化氛围。
而技术文化批判就是从技术的角度分析和批判资本主义的文化意识形态，解
读资本主义的文化发展和文化现状，以及存在的问题和前景分析，而资本主
义社会里最主要的现状就是合理的技术文化空间的缺失。具体表现在：其一，
技术文化缺失。马尔库塞重视文化的创建，这里同时也可以看到技术主体的
文化意识的薄弱，精神和肉体只是社会的工具而没有个体的快乐。其二，技
术文化沦为一种消费文化。消费文化是技术文化的主要表现方式之一。其原
因有两点：一个是产品的丰富和科技的发展所带来的好处，这是必然的；另
一个原因则在于时代的精神状况，虽然科技发展但是人的精神状况反而更加
失落。其三，技术文化沦为肯定的文化。马尔库塞认为技术文化已经沦为一
种肯定文化，即一种顺从的文化，一种服从统治者统治和服务的工具性的
政治文化，失去了技术文化原有的中性性质和有益的造福于人类社会的作用，
变成为一种服务于资本主义统治的手段和可操作的工具。其四，马尔库塞的
目标是要建立一种与肯定文化相对的社会秩序。他主张取消肯定文化，弘扬
真正的文化。在肯定文化中，克制以及个人的外在堕落，与他向恶劣现实秩
序的屈从相联系。最后，马尔库塞又针对技术文化批判从前技术文化和后技
术文化的角度作出评论，认为前技术文化和后技术文化都是令人羡慕和向往
的，惟有现行的资本主义社会的技术文化是需要被批判的。综上所述，马尔
库塞批判技术文化意识形态，归根结底，都是要批判资本主义利用技术文化
来巩固和加强他们统治的目的和动机；批判资本主义使得技术文化变成了一
种政治的工具；批判资本主义把技术文化变成了一种服务于资本主义统治的
顺从的"绵羊"式的文化。

　　王凤才[14]翻译并发表了希奥多·阿多尔诺的重要文章再论文化工业。指
出，该文是阿多尔诺于1963年撰写的再论文化工业的重要文章。他指出，为
了避免"大众文化"的通常诠释，必须用"文化工业"代替"大众文化"概
念。大众文化，即文化工业并不是从大众自身中自发成长起来的、服务于大

众的通俗文化，也不是大众艺术的当代形态，而是为大众消费量身定制的、并在很大程度上规定着消费本身的文化工业产品，是技术化、标准化、商品化的娱乐工业体系，具有重复性、齐一性、欺骗性、辩护性、强制性等特征。尽管它在某种程度上能够填充人们的生活，但本质上是为了经济利益（即利润）而人为地制造出来的。因此，它试图通过人为刺激的虚假消费满足给人们带来虚假幸福，但最终成为一种消除了人的反叛意识、维护现存社会秩序的意识形态，从而阻碍了个性的形成发展和人的解放。

2.2 文化对技术的作用

在王前与梁海[15]的文章中，提倡诗意的技术是真善美相统一的技术。促进现代技术向诗意的技术转化，是科学文化与人文文化协调发展的一个重要方面。在维柯看来，"诗性"不仅是美的，而且纯真质朴，具有善的特征。因此，"诗意的技术"，那就应该是一种真善美相统一的技术。维柯强调"诗性智慧"，海德格尔主张"诗意地栖居"，可以看作是从更深层次上挖掘技术的真善美相割裂的原因，体现了对诗意的技术的呼唤。在中国传统技术发展中，有一个非常重要的思想范畴一直在起作用，这就是中国文化特有的"道"。如果说诗意的技术是真善美相统一的技术，这种真善美的统一是需要由"道"加以统摄和支撑的。中国传统技术发展的一个基本特征是由"技"至"道"，以"道"驭"术"。从技术活动角度看，"道"是"技"的理想状态，是符合事物本性的合理的、最优的途径和方法，体现为技术活动相关要素之间的完美和谐。同时，在中国传统技术发展过程中，还采用很多具体的规范以及制度化措施，来保证真善美的统一。技术的"真"在于顺应自然，体现天性，古朴淳厚；技术的"善"在于经世致用，利国利民，有益于文明教化；技术的"美"在于巧夺天工，出神入化，充满灵性。文章指出向诗意的技术转化，需要探索新的路径和方法。其一，如何解决现代技术"真"与"善"的矛盾。实际上是技术与伦理的关系问题。其二，如何解决现代技术"真"与"美"的矛盾。实际上是技术与美学的关系问题。其三，如何解决现代技术"善"与"美"的矛盾。实际上是技术的功利价值和审美价值的关系问题。因此，促使现代技术向诗意的技术转化，必须重新理解"真""善""美"的含义；依赖于科学文化和人文文化的沟通和交融；还需要引入制度因素的作用，包括技术评估、媒体引导和通识教育。

黄嘉[16]在文章中对技术归化这一新概念进行了阐述，指出，它把握住了用户在技术消费使用过程中的能动性，为理解用户与产品关系提供了关键的视角。技术归化是指将技术产品融入到应用环境，使其成为用户所处实践与文化网络一部分的过程。文章指出"技术归化"理论形成于文化与传媒研究领域，该领域研究学者们的中心观点是技术必须承载文化之后才能发挥作用。它一方面强调技术物在创造与型塑社会身份、社会生活以及更为广义的文化中所扮演的角色，另一方面强调用户所面临的多样化选择和创新空间。因此，技术归化可能带来两方面的社会可能性。第一种可能性是技术的根深蒂固，即某一技术成为稳定的社会技术安排的一部分，越来越难以被排除掉。第二种可能性是技术的"祛稳定化"。根深蒂固的技术的稳定地位是相对的，它仍需要得到用户的归化，因为新的人群可以拥有新的愿景。因此，面对这种状态，要求人们要解放思想，不断探索技术发展的多种可能性以及技术——社会目标实现的多种途径。从中进行最优选择，突破可能的"锁定"状态，将自己从"路径依赖"中解放出来。

于春玲[17]从文化的角度就马克思对西方哲学技术价值困境的超越进行了评析。文中指出马克思从人的现实历史存在出发，将技术价值问题的思维向度从封闭的"技术本身"扩展到广阔的文化空间，通过文化价值系统整体来考察并完整揭示了技术价值的丰富内涵。文章指出西方哲学关于技术与价值关系问题的争论可以归纳为两个基本方面：技术是否负荷价值以及技术负荷何种价值。关于前者的争论，形成了技术中性论与技术价值负荷说的对立；关于后者的争论，则形成了技术乐观主义与技术悲观主义的对立。由此，西方哲学关于技术价值问题陷入了两极对立。然而，马克思技术价值观的文化整体视野将技术置于现实历史条件下，置于人的现实生活世界之中，置于人的文化价值系统之中，揭示技术的价值。首先，马克思考察了技术价值与文化价值的关联性。马克思将技术视为一种"文化形式"，这意味着，技术是以"技术文化"的角色存在于文化之中的，技术是文化系统中的要素。因此，技术价值从根本上是由文化价值来规定的。其次，马克思考察了技术与其他文化形式之间的相互作用。技术作为文化系统中的要素或曰亚系统，与其他亚系统之间是相互作用的关系。最后，马克思从"技术-文化"价值系统的动态发展中考察了技术价值的历史变迁。在马克思看来，不同的技术包含不同的价值，不同时代的技术体系在与文化的互动中形成了不同的价值观念。一种新技术体系的建立必然带来经济生活、社会生活以及财产制度、政治制度、社会规范等的变化，引起人们的社会关系、交往方式、休闲方式、娱乐方式、思维方式、情感方式的变化，从而从根本上引起文化的变迁。由此，马克思做到对技术价值的完整揭示：置于文化系统中的技术，其价值具有多维性，是正价值与负价值、物质价值与精神价值、现实价值与理想价值的辩证统一。

参考文献

[1] 冯旺舟，吴宁．艾伦·梅克森斯·伍德对技术决定论的批判［J］．南京政治学院学报，2012，（2）：17-21.

[2] 田鹏颖．科学技术与社会（STS）——人类把握现代世界的一种基本方式［J］．科学技术哲学研究，2012，（3）：97-101.

[3] 刘琳，林东俊．技术决定还是社会建构？——从混沌理论角度探析技术与社会的整体性关系［J］．淮海工学院学报（人文社会科学版），2012，（2）：139-140.

[4] 吴致远．技术与现代性的形成［J］．自然辩证法研究，2012，（3）：32-37.

[5] 高海青．社会合理性批判的历史逻辑：从物化批判到技术批判［J］．自然辩证法研究，2012，（3）：38-43.

[6] 刘光斌．技术合理性的社会批判：从马尔库塞、哈贝马斯到芬伯格［J］．东北大学学报（社会科学版）.2012，（2）：107-112.

[7] 单美贤，叶美兰．技术哲学视野中物联网的社会功能探析［J］．南京邮电大学学报（社会科学版），2012，（2）：7-12.

[8] 韩连庆．新一代高清视频技术的社会建构［J］．自然辩证法研究，2012，（7）：35-39.

[9] 卫才胜．技术社会建构论的批判与论争［J］．河南社会科学，2012，（3）：78-81.

[10] 林慧岳，未晓霞，庞增霞．我国技术哲学文化转向的实证研究——"三大期刊"与"两大中心"技术文化类论文分析［J］．自然辩证法通讯，2012，（6）：94-100.

[11] 曾鹰，乔瑞金．技术文化：事实与价值双重领域的结合体［J］．内蒙古社会科学（汉文版），2012，（4）：139-142.

[12] 王伯鲁．技术文化及其当代特征解析［J］．科学技术哲学研究，2012，（6）：62-66.

[13] 刘晓玉．技术文化批判：国外马克思主义研究中一个新的批判维度——兼谈马尔库塞的技术文化批判思想［J］．武汉科技大学学报（社会科学版），2012，（6）：646-651.

[14] 希奥多·阿多尔诺，王凤才．再论文化工业［J］．云南大学学报（社会科学版），2012，（4）：4-8.

[15] 王前，梁海．论诗意的技术［J］．马克思主义与现实，2012，（1）：98-102.

[16] 黄嘉．技术归化：理解用户与产品关系的关键视角［J］．自然辩证法研究，2012，（1）：52-56.

[17] 于春玲．论马克思对西方哲学技术价值困境的超越——基于文化哲学的视角［J］．东北大学学报（社会科学版），2012，（2）：101-106.

2012 年技术认识论研究综述

晏 萍

（大连理工大学人文与社会科学学部）

"经典技术哲学"的研究范式自 20 世纪 80 年代发生了"经验转向"之后，并没有停止其脚步，而是相继出现了"伦理转向"、"文化转向"以及在此基础上的"第三次转向"，这一认识已经在国内外达成了共识。在此背景之下，技术认识论的研究内容也相应得到扩展，比如技术创新问题受到越来越多的关注。一般认为技术认识论的研究范畴包括技术知识、技术设计、技术发明、技术创新、技术问题、技术规则、技术原理、技术评价、技术评估、技术预测、技术发展和技术进化等。基于此，本文对 2012 年国内技术认识论研究的相关成果，从以下几方面对该年度的研究动态展开综述。

1 技术哲学的"转向"问题

20 世纪 80 年代的技术哲学的"经验转向"成为了当代技术哲学的转折点，影响了技术哲学的研究对象、研究主体、研究范式等一系列问题，相继出现的"伦理转向"、"文化转向"，以及学者呼吁的"第三次转向"已然在当代技术哲学研究中占有重要地位和影响。

刘宝杰、谈克华[1]认为经验转向作为技术哲学的一种研究范式，有其出场的历史必然性、自身的理论特质及体系架构。就其出场的历史必然性而言，它是技术哲学发展中的自我诉求与学科借鉴的结果；就其自身的理论特质而言，它内蕴多层次、多语义的转向；就其体系架构而言，它拥有与学科自身及社会体系相观照的特质。经验转向开启着技术哲学研究的新路向，由批判范式转向经验范式，这种研究范式展现出显著的实践特质，其价值指向被置于并展现在"技术-伦理实践"之中。

林慧岳、丁雪[2]考察了技术哲学从经验转向到文化转向的发展，认为技术哲学研究突破经典时期的困境后实现了其经验转向。认为"经验转向过程中，在现象学的酶促下技术哲学研究呈现出明显的文化倾向。文化转向后的技术哲学从一个文化的多元视角来开启技术哲学的新的研究范式，通过对技术的文化背景和文化影响进行双重聚焦，从细节上描述技术与文化的互动，关注人的价值和人的生活世界，提供解决技术社会问题的哲学思维。"

李宏伟[3]从技术阐释的身体维度的视角来探讨工程与人文两种研究传统的技术哲学理路，认为"发现身体"是传统形而上学终结和哲学转向标志，身体不再是笛卡尔灵与肉对立意义上的身体，而是物质与精神、工程学的技术哲学与人文主义的技术哲学汇聚、整合的契合点。技术阐释的身体维度研究要实现从解释世界向改造世界的转变，就要借鉴马克思主义人的社会存在、技术实践思想，从马克思主义技术思想中汲取更多思想养料和现实力量。

艾亚伟、刘爱文[4]对技术哲学根基的历时之变进行了分析，认为"技术的哲学之基发生了由朴素整体论向构成系统论，再由构成系统论向生成总体论的转变，技术发展也完成了由自在阶段到自为阶段，再由自为阶段到自在自为阶段的升华。由于实践水平不断提高，人们对技术的认识也在不断的加深，技术不再被看作绝对的、僵化的形态，而是被看作实践的、生成的形态"。最后总结出技术的本质即为实践性的知识体系。

2 技术认识的研究

对技术认识的研究是技术认识论的基点，本年度对技术认识的关注是从技术与现代性、技术人工物的主客体关系以及资本视域中的现代技术等几个方面展开。

秦咏红[5]从可用性角度，探讨了可用性对技术人工物主客体关系的影响，认为可用性表征技术人工物在客观上与主体需求相符合程度，它经由三个阶段生成，促进技术人工物主客体的分化与联合。可用性以设计者的意向赋予人工物的潜在功能与使用者在操作中实际能发挥的功能两者间的比较为反馈，对技术人工物主客体互动关系产生影响。

尚东涛[6]探讨了资本视域中的现代技术，认为"资本时代"的技术在总体性上是现代技术，现代技术在"资本时代"能否成为技术现实，支配于在资本循环中依次执行货币资本、生产资本、商品资本职能形式的资本。在资本循环的三个阶段中，现代技术因被资本购买而成为"资本的要素"，是其成为技术现实的必要前提；现代技术因被资本使用而执行生产资本的职能，是其成为技术现实的普遍根据；现代技术的产品作为"商品产品"因被资本出售而执行商品资本的职能，是其持续成为技术现实的关键环节。据此，被海德格尔视为"座架"的技术现实地存在于"资本座架"之中，或当且仅当支配于资本时，现代技术才能成为现实的技术。如果当代的技术哲学没有超出它所处的"资本时代"，那么技术与资本的关系或许是技术哲学研究的一个重要领域。

3 技术知识的研究

技术作为一种知识或知识体系，是技术认识论的核心范畴，也是研究技术其他范畴的基础，技术知识的得出与其观察视角相关，其中一个全新的视角就是技术标准。

陈凡、李勇[7]从人类学视野，分析了从从业者视角得出的技术知识的确与从观察者视角得出的知识不同，它是一种面向实践的知识。指出近 30 年来，人类学对技术的研究已经将人们的技术观从人工物中心观和建构主义中心观推进到社会技术系统观。通过活动棱镜或者身体中介的引入，人和物被铸造成一个更加紧密的无缝之网，它是身体的、生理的、心理的、社会的、文化的以及物质的有机整体。这种新形成的技术观是一种更具经验性的、更少决定论的、更多建构论的和语境依赖性的技术意象。

毕勋磊[8]从技术知识论角度，将技术标准看作一种技术知识，具体探讨技术标准作为编码化知识的特征以及技术标准与人工制品之间的关系，从而开拓对技术标准认识的全新视角，为解决技术标准研究领域的问题提供新的思路。要有效使用技术标准，就需要掌握与技术标准相关的技术知识。将技术标准看作一种技术知识为研究技术标准的作用和发展演化机制等提供了一个全新的视角：首先，技术标准被企业采用而得到扩张不仅仅受到企业收益的影响，也受到企业所掌握的技术知识的影响。其次，技术标准的发展演化也不仅仅是经济规律的体现，要受到技术知识的组织性特征、积累性特征、路径依赖特征等影响。最后，以购买技术标准文件、专利许可等方式企图掌握技术标准的发展方式由于忽略了与技术标准相关技术知识尤其是隐性技术知识的掌握会难以奏效。

4 技术设计、技术发明的研究

技术设计、技术发明是技术产生的基础，处于技术生产活动的"上游"领域，对技术设计和发明的认识历来是技术认识论的中心问题之一，尤其是技术设计问题，诸多学者对此做过论述。

邓线平[9]认为产品设计如何进行，关系到功能与结构的关系问题。指出克罗斯只看到功能的意向属性，没有看到功能的物理属性，认为功能与结构间存在着逻辑鸿沟，这与从设计到产品实现过程存在矛盾。功能既有意向属性，也有物理属性。产品设计是从功能意向开始，到功能结构，再到结构演绎，最后归于结构活化的过程。任何一项的产品的设计和完善，都是四个阶段不断反复的过程。完成最后一个阶段后，设计制造出的产品，要被使用者使用，然后使用者提出合理意见，又开始在原有基础上的重新设计过程。周而复始，直到产品被相对固定下来。

陈圻、陈国栋[10]指出技术设计的环节在创新领域的作用日益突出，这已成为一种发展趋势，在回顾技术创新驱动理论的发展和与评价新兴设计驱动创新理论的基础上，引入"技术-文化"系统观，突破创新动力的工具化诠释，对功能与创新的概念进行广义化，提出设计与技术的解耦和分拆概念，把创新驱动模型区分为驱动因素模型和创新模型两类！初步建构两类模型驱动关系和机制的元模型，建立了技术推动、市场拉动和设计驱动的 6 条路径。

5　技术创新的研究

技术创新是科技创新中的一种表现方式，而重大的技术创新往往会导致社会经济系统的根本性转变，在经济、政治、社会等多元领域中具有重要作用，近年来技术创新问题亦成为技术认识过程中越来越受到关注的范畴与问题。

裴晓敏、刘仲林[11]探讨了技术创新过程中的第一性与第二性问题，认为"在国内技术哲学界，人们对技术创新能否作为技术哲学的合法性问题曾存在不同看法；但近来人们意识到，问题不在于技术哲学要不要研究技术创新，而在于究竟如何研究'哲学视野中的技术创新'，"从西方创造工程学角度、技术创新规律与技术可控论的角度以及创新过程认识论的角度思考了技术创新过程的第一性与第二性的问题，指出"第一性问题"即为稀疏系统的进化规律问题，是技术创新的认识论基础；指出对"第一性问题"研究的目的，是为了强调创新过程的同一性思想，"为哲学视野下的技术创新研究开辟了一条新的途径"。

许为民等[12]分析了大科学计划与当代技术创新范式的转换，指出 2003年，美国学者切萨布鲁夫提出著名的"开放式创新"概念，并且借用科学哲学中"范式转换"的概念，论述了技术创新当代的新变化。指出"以科学历史主义的视角考察这一范式转换过程，我们可以发现：大科学计划的实施对工业技术创新有着至关重要的影响，它改变了工业技术创新过程中工业技术知识的生产、分布、传播和市场化等各个重要环节，改变了大学的形态，推动了由封闭式创新到开放式创新的范式转变。"

王能能、徐飞[13]以技术的社会型塑研究（SST）为出发点，探讨其对技术创新研究的作用。指出技术的社会建构论、行动者网络理论和技术系统理论是 SST 研究的三条研究路径，分析了技术的社会型塑研究的背景及其三个新特征，论述了技术发展的竞技场、创新旅程和社会技术系统演化这三个新的分析框架，指出其"对更好的干预技术发展和技术创新提供了理论基础和新工具"，从而具有积极的启示意义。

王彦君[14]分析了自然辩证法中的"技术创新"问题，认为技术创新理论已经成为当代自然辩证法的教学内容之一，但是它在充实这一教学领域的同时也带来了相关的理论问题，需要认真考察二者的内在联系，确定技术创新理论在自然辩证法中的位置和教学方法，实现二者的有机统一。

6 技术问题、技术规则、技术原理的研究

从认识论的观点来看，技术问题、技术规则和技术原理是技术发展的开端和基础，与科学问题、工程问题既不同又有联系，对其进行研究分析有助于探索技术与认识的关系问题，技术本质的问题，以及技术与人和世界关系的问题。

程海东、陈凡[15]解析了技术问题的认识论地位和作用，首先对技术问题进行了阐释，认为技术问题作为多方面因素构成的矛盾综合体，"是技术认识活动的起点"，指的是"技术发展过程中出现的矛盾……以及其形成、展开和解决的过程"；认为技术问题隐含着技术认识的信息，而技术问题的解决则需要对其隐藏的信息尤其是情景进行分析；分析了技术问题是对技术认识展开的引导，其中包含作为正方向的指引和作为反方向的限制；与此同时，指出技术问题对技术认识的进程起到合意识合目的的调节作用。

毛牧然、陈凡[16]认为在技术本身是否有价值负荷的问题上，存在技术工具论和技术价值论的争议，进而产生了技术价值统一理论，它将技术本身所具有的工具价值属性和社会价值属性统一起来。不过，技术价值统一理论也只是停留在宏观静态层面，研究工作有待进一步深入。论述了由两种状态——量变状态和质变状态所构成的技术本身价值负荷的演化模式，以此为基础，继承并发展了以往的技术价值负荷理论，将其深入到微观动态的层面，使人们对技术本身价值负荷问题有一个更加清晰的认识，为技术管理实践提供了新的理论依据。

文成伟、郭芝叶[17]分析了技术对生活世界的规定性，认为技术全面地影响了我们的生活世界，不仅构造了我们的生活方式，而且模仿了我们真实有效的经验存在。技术所呈现的物质实在性在一定程度上使经验失去了有效性，影响了人类对生活世界的有效判断；技术标准规定了人的技术性存在，量化的指标变成了海德格尔的技术"座架"。技术对生活世界的规定性存在，框限了人和人的生活世界，预设了人与社会存在的方式和价值，消解了人的责任，改变了人们的信仰和价值尺度。因此，技术的存在应该是一种德性的存在，

这是人类生活世界的需要，只有这样的技术才是适合人的技术，才是人性化的技术。

罗天强、殷正坤[18]讨论了技术规律的人工生成问题，认为自然规律是自然生成的，而技术规律则是人工生成的。技术规律在人工创造的严格特殊的条件下生成，在人工自然物质的生成、运动和发展中，在人为建立的联系中生成，因而技术规律具有不依赖于人的意志但依赖于人的活动的人工性特点。指出技术规律的人工生成为技术的无限发展提供了可能，但也成为技术风险产生的深层根源。

7 技术评估、技术评价的研究

对技术的评价和评估，既有事前的，也有事后的，可以说是技术过程中的反馈活动。对技术的评价性认识实际成为技术认知建构活动中的一个不可分割的组成部分。

雷毅、金平阅[19]分析了一种技术评价工具，即伦理矩阵，认为现代技术的应用导致了众多的伦理争议，如何解决这类争议已成为学界日益重视的问题。伦理矩阵作为一种兼顾个人和团体的多元综合评价方法，在转基因技术的伦理评价中已较传统技术评价方法显示出更多的合理性。充分认识这一方法的思想内涵，掌握系统操作程序，有助于我们对技术做出合理评价，对科学决策有积极的帮助。

孙岩[20]对科学技术社会评估进行了分析，指出"随着科学技术的迅猛发展，'科技评估'越来越多地受到了国家政治层面、学术研究界的关注"，而"'社会评估'的概念更加开放，允许更多的意愿表达"，在此背景下分析了科学技术社会评估的背景，介绍了科技评估的争议以及了科学技术社会评估的内涵并指出其复杂性、跨学科性和综合性，继而介绍了科学技术社会评估的方法，最后针对纳米技术和福岛核事故处理过程对科学技术社会评估展开案例分析，指出"保障科学技术评估的全面性，对于科学技术的发展有重要意义"。

郑晓松[21]指出技术的社会塑形论实现了传统技术哲学的社会学转向，它具有三重批判维度：一，对现象学技术哲学的形而思辨的批判，强调经验描述的重要性；二，对技术决定论的技术自主思想的批判，提出技术的社会建构；三，对传统技术发展观的线性模式的批判，主张技术发展的多向模式。

于雪、王前[22]从机体主义哲学的视角对技术哲学进行了探析，认为在哲学史上有着长久影响的机体主义哲学，在技术哲学的演化和发展中也产生了不容忽视的作用。从机体主义视角解释技术实践的本质、发展规律和价值取向，会带来很多重要启示。在梳理机体主义思想演变的基础上，从古代、近代和现代角度分析机体主义在技术哲学发展中的重要作用，特别是对行动者网络理论、"赛伯格"理论、责任伦理等方面的影响。

8　技术进化、技术发展、技术演化的研究

技术进化与技术发展相关，可以说，技术进化能够比较全面地说明技术发展的相关规定性。技术在进化过程中又涉及演化的问题，技术演化与工程演化既存在联系又有区别。

裴晓敏[23]对当前技术发展模式的研究现状进行了分析与论述，在现有研究成果进行概括的基础上，总结了传统技术两大发展模式：单项技术的发展模式和技术系统的发展模式。从技术创新的视角对基于发明问题的解决理论（TRIZ）的技术进化模式进行了深入分析，揭示技术系统进化的目的、进化法则、技术系统的变革以及发展的规律和趋势，指出其对于技术创新具有重要指导意义。

叶芬斌[24]基于生态位思想，对技术进化进行了研究，以工程学视角和多学科观点相结合的方法，从技术问题和技术现象出发，结合生态位的思想研究技术进化的问题。内容包括"生态位思想（Ecological Niche）如何运用于技术进化研究；技术的利基现象的存在形态，明确技术领域存在的利基现象及特征；利用生态位思想及案例，分析不同技术范式变迁和技术进化机制，并结合产业案例中技术的利基现象，分析技术体系的建构过程。"

毛荐其、韩景梅[25]认为技术演化过程是一个不断积累进化的过程。遗传与变异是进化实体必须具备的特性，技术也具有进化性，也具有遗传和变异的特性然而技术并不是有形实体，技术存在需要载体。产品是技术的一个重要载体，也是研究技术的重要维度之一。通过类比生物基因的遗传变异过程，并通过研究由旧产品到新产品，技术的继承与变化，探讨了技术的遗传变异过程，并分析了产品中技术变异的方式。

赵磊[26]研究了技术压力问题，指出技术压力是以计算机为标志的新技术给现代人们带来的不良影响或适应性疾病。该现象已引起国外学者较多的关注和研究。研究内容涉及到技术压力的内涵界定、类型和结构、形成原因、解决策略以及研究方法等。综观国外技术压力研究，在理论探讨、文化背景、信息通信技术外的其他技术压力、技术压力的作用和落后国家的技术压力研究等方面存在着不足，应当成为今后技术压力研究的重要内容。

王金柱[27]认为技术系统在其进化过程中呈现一定的内在逻辑，依照丹尼特的理论，似乎技术系统本身具有心智和目的，但事实上是技术系统及其功能体现人类投射与之的主体意向。对系统行为进行解释和预测，可以根据系统的不同类型及其复杂程度分别按照三种不同立场来操作：物理立场、设计立场和意向立场，但意向性解释立场是有潜在风险的，这种风险是使主体漠视和遗忘了对象简单功能背后的复杂性及与复杂性伴生的风险的认知。

赵建军等[28]比较分析了技术演化和工程演化，认为"演化是从时间维度上表现出的一个过程的展开，无论是技术还是工程都是随着时间的发展而产生及演化"，首先界定了技术演化与工程演化，认为"技术演化的路径和形态有着不同的表现方式，表明了演化的动态性"，而"工程演化是以科技演化为先导的，它可以依据不同的标准划分为不同的阶段"，指出对二者的比较有利于各自的演化并且能够促使二者进行良性互动；继而对技术演化和工程演化的路径、形态、动因等因素进行了历史的考察；最后指出技术演化和工程演化的联系与区别，指出应该从理论上对二者加以区分，从现实角度更应关注二者的联系，因为"只有把握住它们的联系，才能使之形成一种良性的互动，才能促使自然-社会-技术-工程的和谐演变"。

参考文献

[1] 刘宝杰，谈克华. 试论技术哲学的经验转向范式 [J]. 自然辩证法研究，2012，（7）：25-29.

[2] 林慧岳，丁雪. 技术哲学从经验转向到文化转向的发展及其展望 [J]. 湖南师范大学社会科学学报，2012，（4）：31-35.

[3] 李宏伟. 技术阐释的身体维度——超越工程与人文两种研究传统的技术哲学理路 [J]. 自然辩证法研究，2012，（7）：30-34.

[4] 艾亚伟，刘爱文. 技术哲学根基的历史之变 [J]. 广西社会科学，2012，（11）：44-47.

[5] 秦咏红. 可用性及其对技术人工物主客体关系的影响 [J]. 自然辩证法研究，2012，（5）：35-39.

[6] 尚东涛. 资本视域中的现代技术 [J]. 自然辩证法研究，2012，（11）：19-23.

[7] 陈凡，李勇. 面向实践的技术知识——人类学视野的技术观 [J]. 哲学研究，2012，（11）：95-101.

[8] 毕勋磊. 论作为知识的技术标准 [J]. 自然辩证法通讯，2012，（5）：84-100.

[9] 邓线平. 产品设计是如何进行的？ [J]. 科学技术哲学研究，2012，（12）：72-76.

[10] 陈圻，陈国栋. 三维驱动的创新驱动力网络：一个元模型——设计驱动创新与技术创新的理论整合 [J]. 自然辩证法研究，2012，（5）：66-71.

[11] 裴晓敏，刘仲林. 技术创新过程中的第一性与第二性问题 [J]. 科技进步与对策，2012，(4)：13-16.

[12] 许为民，崔政，张立. 大科学计划与当代技术创新范式的转换 [J]. 科学与社会，2012，(2)：90-98.

[13] 王能能，徐飞. 技术的社会型塑研究及其启示 [J]. 科学技术哲学研究，2012，(6)：106-110.

[14] 王彦君. 自然辩证法中的"技术创新"问题 [J]. 自然辩证法研究，2012，(4)：114-118.

[15] 程海东，陈凡. 解析技术问题的认识论地位和作用 [J]. 东北大学学报（社会科学版），2012，(1)：1-5.

[16] 毛牧然，陈凡. 论技术本身价值负荷的演化模式——兼论对以往技术本身价值负荷理论的发展 [J]. 科技进步与对策，2012，(10)：4-7.

[17] 文成伟，郭芝叶. 论技术对生活世界的规定性 [J]. 自然辩证法研究，2012，(6)：41-70.

[18] 罗天强，殷正坤. 论技术规律的人工生成 [J]. 自然辩证法研究，2012，(9)：28-33.

[19] 雷毅，金平阅. 伦理矩阵：一种技术评价工具 [J]. 自然辩证法研究，2012，(3)：72-76.

[20] 孙岩. 科学技术社会评估引论 [J]. 科学技术哲学研究，2012，(4)：92-96.

[21] 郑晓松. 技术的社会塑形论的三重批判维度 [J]. 自然辩证法研究，2012，(4)：35-39.

[22] 于雪，王前. 机体主义视角的技术哲学探析 [J]. 自然辩证法研究，2012，(11)：30-35.

[23] 裴晓敏. 技术发展模式的研究与启示 [J]. 科学技术哲学研究，2012，(8)：69-72.

[24] 叶芬斌. 基于生态位思想的技术进化研究 [D]. 浙江大学，2012.

[25] 毛荐其，韩景梅. 产品技术的遗传与变异研究 [J]. 自然辩证法研究，2012，(2)：34-38.

[26] 赵磊. 国外技术压力研究的梳理与前瞻 [J]. 自然辩证法研究，2012，(3)：26-31.

[27] 王金柱. 技术系统的意向性解释立场 [J]. 自然辩证法研究，2012，(1)：91-95.

[28] 赵建军，吴保来，卢艳玲. 技术演化与工程演化的比较研究 [J]. 科学技术哲学研究，2012，(8)：50-57.

2012 年技术伦理学研究综述

李良玉

（大连理工大学人文与社会科学学部）

技术伦理学是用于调整技术活动中人与人之间关系的一门交叉学科，主要是对人类在技术实践活动中所面临的伦理问题进行道德反思，具体包括技术设计和试验中的伦理问题、技术产品生产中的伦理问题、技术产品使用中的伦理问题等，涉及技术工人、技术设计人员、技术管理人员、技术发明家以及技术产品消费者之间的伦理道德关系。国内学者立足于伦理学的基本理论，对现今的技术问题展开深刻的伦理反思。从 2012 年 1 月到 2012 年 12 月，我国学者围绕着技术伦理学的基础理论、信息技术中的伦理问题、生物技术中的伦理问题、纳米技术中的伦理问题、生态环境中的伦理问题以及其他有关问题进行了深入研究，加深了人们对技术伦理学的认识。

1 技术伦理学的基础理论研究

技术伦理学作为一个独立的研究领域，其首要问题是探讨该学科的前提和基础。学者们通过对技术伦理学的内在进路分析、技术伦理与技术决策的关系以及技术伦理实践路径等问题的考察，探讨了技术伦理学的前提和基础。

张卫、王前对技术伦理学的内在研究进路进行探视和分析。内在进路的技术伦理学把目光投向技术活动之中，考察如何在技术设计中嵌入某种道德要素，使技术人工物能够在使用过程中引导、调节人的行为，以实现一定的道德目的。他们认为在技术设计中实现道德的物化有赖于"设计者的想象"和"扩充的建设性技术评估"两种方法。在第一种方法中，通过想象，设计者可以尽量估计产品在使用中可能遇到的各种可能性，从而在设计意图和产品将来被使用的具体情景之间建立起一种联系；第二种方法相较于第一种方法更具有系统性，通过系统化的评估方法，可以使技术设计过程更加民主化。这种"道德物化"的研究范式对于发挥技术伦理的实际效用有着重要意义[1]。

高杨帆将伦理思想融入技术决策过程，并讨论了技术决策的伦理参与模式。技术决策过程是当代技术面临的重大课题，它是为了实现一定的经济和社会目标，对各种技术路线和技术方案进行分析比较，选取最佳方案的过程。有意识地让伦理参与技术决策过程可以最大限度避免技术灾难的发生。三种常见的伦理参与模式有价值观模式、功利主义模式和道义主义模式，这三种伦理模式在不同情形下都能起到决定性作用，但对于大型技术项目的决策则必须采取综合伦理模式，以便能够更全面地分析诸因素相互作用的过程，从而更为有效地决定技术决策的可能结果[2]。

陈首珠、陈斯妮通过梳理有关期刊和著作，将国内学术界关于技术伦理问题的研究归结为两个方面：一是对技术伦理的内涵、性质、研究对象与研究方法进行适意性解读，并对计算机技术、生物技术、纳米技术等具体技术伦理问题进行反思；二是在有关技术伦理问题的应对措施上，对技术工作者的职业道德、责任伦理、技术引导进行专题研究，并对技术与伦理之间矛盾的必然性进行分析。同时，技术伦理体系的逐步完善也为人们从新的视角解决技术与伦理问题提供了可能[3]。

此外，王前、王娜对中国文化语境中的技术伦理实践路径进行了探索和分析，并将这种实践路径概括为以下三个方面：一是对技术产品的评价上批判"奇技淫巧"，二是对技术人员的行为评价上注重"知行合一"，三是对技术与社会关系的评价上强调"以道驭术"。这种技术伦理实践路径有助于协调中国传统技术与社会的关系，对现代技术伦理也具有重要的启发意义和价值[4]。雷毅、金平阅将技术应用伦理评价的最大难题归结于技术应用过程是否充分考虑和体现了各方利益诉求，试图建立一种新的伦理矩阵评价方法，以此来衡量各方利益和化解利益各方矛盾，并对伦理矩阵的适用性进行解读[5]。

2 信息技术中的伦理问题研究

信息技术的崛起推动了信息社会结构的快速发展，在给人类带来便利的同时，也产生了一系列道德风险和伦理问题。学者们对信息技术的伦理考察主要包括：信息伦理的特征及现状分析，信息环境中的伦理困境，信息安全风险与法律规制，网络人际关系的社会伦理问题等。

在信息安全风险与法律规制方面，张艳、胡新和对云计算模式下的信息安全风险及其相应法律规制进行了系统研究。云计算本身的技术特性以及受复杂社会因素影响的现实决定了云计算技术风险出现的必然性，从我国云计算产业化发展的现实来看，影响云计算信息安全的因素包含以下两个方面：一是作为技术本身的特性以及产业化过程中的次优性价值选择引发了云计算技术风险；二是高度的网络依赖性进一步加剧了云计算系统被侵害的风险。就理论层面而言，传统的依靠技术解决技术问题的思维认识无法有效解决云计算信息安全风险问题，只有在理性权衡云计算技术风险的基础上采取积极的预防措施才能保证云计算产业的健康发展。因此，从完善现行网络立法、强化云计算产业监管以及保障云计算终端用户知情权等角度来构建云计算信息安全风险的法律防范机制是社会发展的迫切需求[6]。

在信息环境伦理困境方面，楚丽霞从伦理学视阈深刻地分析了信息环境中伦理困境形成的原因，主要体现在信息资源管理不到位、信息政策与法规不完善、信息伦理不规范和信息技术局限与滥用四个方面；并根据我国信息环境的实际情况提出了信息环境优化的对策，即培育信息行为主体的道德责任、完善信息伦理规范、加强信息制度建设以及实现信息技术的合理利用[7]。

孙涛、洪眉针对信息技术引发的信息爆炸和冗余信息剧增现象进行伦理透视和分析。通过对北京五所高校青年学生群体的调研，作者发现传统的伦理道德观念发生了变化：一方面，作为信息发送者，"利己"行为和传统伦理道德中的"利他"观念发生了严重碰撞；另一方面，公共服务类信息、运营商发送的服务信息、商业广告类信息由于自身具有实用性强、信息量丰富、短信获取方便快捷等特征，渐被人们接受和认同。上述矛盾反映了媒介技术迅速发展而传统伦理道德相对滞后，是科技发展速度与社会伦理道德建构不同步的表现，如何构建与之相适应的伦理道德规范成为新的时代课题[8]。

李伦对网络人际关系的社会伦理问题进行研究。在法律、社会规范、市场和代码等构成的网络规范体系中，网络道德对和谐网络文化建设和电子商务的规范作用表现在以下两个方面：①网络道德作为一种独立的规范力，可以弥补其他规范力的局限性，在网络社会中发挥独特的作用；②道德作为一种渗透性的规范力，对其他三种规范力起着重要的规约作用。道德的作用主要表现在它对法律、市场和代码等规范力起着重要的渗透作用和辐射影响，在规范网络行为方面起着结构性和指导性作用。充分发挥网络道德的这种独特作用，有利于增强网络公共道德意识，提高电子商务道德水平，构建文明健康和谐的网络文化[9]。

此外，王亚强认为网络行政伦理问题应该从本质、原则、制度安排等途径进行研究，并探察了网络行政伦理问题的研究主题、研究方法、研究思路、研究难点等[10]。曹超以信息伦理国际中心网站为数据源，从研究机构、出版物、教学、会议、研究领域方面对信息伦理研究现状进行定量和定性分析，为国内相关研究提供参考和启示[11]。

3 生物技术中的伦理问题研究

在生物技术伦理的研究中，学者们关注的问题有：基因技术与伦理的基本问题，转基因作物产业化的伦理治理，传统生物技术与转基因技术特征的比较分析，脑成像技术在医学和认知科学领域中的伦理问题，器官移植的医学、法学以及伦理学分析等。

张春美对近年来基因伦理研究的一些基本问题进行了梳理，着重探讨了基因检测的商业化应用、人类生物样本库的伦理管理和基因增强的道德问题，并指出中国文化背景和社会转型下基因伦理研究的重要工作，为下一步的基因伦理研究提供哲学上的借鉴和启示。在基因检测商业化应用方面，主要探讨了基因预测隐忧、亲缘关系隐忧和基因歧视的历史隐忧三个问题；在人类生物样本库的伦理管理方面，主要探讨了知情同意问题、样本库的管理问题以及伦理委员会的独立性问题；在基因增强的道德方面，主要分析了基因增强的类型、基因增强的伦理风险和基因兴奋剂的伤害问题。从研究路径看，基因伦理研究采用了内外两条路径。内在路径立足于基因技术的"主体性"特点，循着"认识人的基因本质、改造人类基因、创造新的生命"这一技术自主发展的轨迹，关注具体境遇中的基因伦理问题；外在路径侧重于基因技术的"风险性"特征，针对其技术风险、社会风险和文化风险等问题，反思应对风险的对策与途径[12]。

毛新志、任思思对转基因作物产业化的伦理治理进行本质初探和伦理建构，认为转基因作物产业化的伦理学研究应该由伦理批判转向伦理治理，并强调伦理治理转向有其理论合理性与现实合理性。转基因作物产业化伦理治理的主要特质重在"伦理建构"，其实质是"商谈伦理"，目的是"善治"，基本途径是"公众参与"。"伦理建构"为转基因作物产业化的伦理治理打开逻辑通道，"商谈伦理"为其提供伦理基础，"善治"为其提供价值指向，"公众参与"为其提供实践路径。伦理治理作为一种全新的决策方式和管理模式，不仅在转基因作物的产业化决策中发挥重要作用，同时也必然为人类带来更多的福祉[13]。吴幸泽等人系统地梳理了技术伦理问题的相关核心概念，将技术伦理问题归纳为转基因技术本身的伦理问题、转基因技术相关的利益方的行为伦理问题以及转基因技术的政府伦理问题三大类。之后对公众进行了转基因玉米技术伦理问题认知的问卷调查，从理论上丰富了社会学和技术伦理学的研究内涵，同时也为社会学和技术伦理学的相关研究提供了基础数据支持[14]。

雷毅、金平阅引入伦理矩阵方法对转基因技术应用进行评价。作为一种新的技术评价方法，伦理矩阵将多项伦理原则综合地运用于具体场景，在充分权衡各方利益和化解利益各方矛盾方面具有明显的优势。作为一种较客观的伦理分析工具，伦理矩阵主要应用于评价农业和食品领域的生物技术及分析由其引发的伦理问题，其目的在于通过清晰地呈现生物技术所带来的伦理问题，从而促成合理而健全的决策[15]。

肖显静借鉴技术哲学经验转向的研究策略，对传统生物育种技术、转基因技术特征进行了比较分析。传统生物育种技术属于海德格尔的前现代技术范畴，总体特征是培育性的，以发现为核心，以"带出"的方式进行去蔽，以"做"的方式引导并顺从生物，随机地模仿自然，与生物合作培育出满足人类最基本需要的生物。转基因技术则是以发明为核心，总体特征是构造性的，通过"挑战"、"限定"、"预置"、"摆置"、"促逼"的方式将生物置于相应的技术进程之中，理论基础更深，具有"制造"和"座架"的本质特征，属于海德格尔的现代技术范畴[16]。

此外，刘星、田勇泉对脑成像技术在医学和认知科学领域中的伦理问题进行细致研究，尤其对其脑成像技术的隐私保护、安全性、知情同意和自主性四个方面进行了探讨[17]。郑拓、李桢从器官移植研究的现状入手，对器官移植的医学、法学以及伦理学问题进行剖析与研究，并在此基础上提出相应建议[18]。

4　环境中的伦理问题研究

现代科学技术在为人类带来福音的同时，也引发了一系列负面效应，导致了环境问题的恶化，因此，环境伦理也应放入技术伦理的范畴中加以考察。环境伦理研究的方面主要包括：环境伦理的学科基础和地位问题，环境伦理与生态伦理的比较分析，环境伦理学的价值范式及生态转向，生态伦理与生态风险的关系等。

张彭松从自然概念的变迁入手，对环境伦理与生态伦理的差异进行比较和分析，旨在确立一种根本意义上的生态伦理，致力于环境伦理从表层的以人为中心导向自然共同体与社会共同体统一的深层伦理。他指出，环境伦理是在完全接受和认可现代价值观基础上，从外延而不是内涵上拓展现代伦理话语，最终归结为社会内部人与人之间关系的调整。而生态伦理首先承认自然的内在价值，建立人与自然之间的道德关系，以此奠定生态伦理的合法性基础。由此，环境伦理倾向于解决人与人之间的外在的物质利益关系，而生态伦理旨在人与自然之间的伦理关系中形成人与人之间的内在情感联结。区别于"环境伦理"的"生态伦理"，并不仅仅停留在为人类制定如何善待自然的行为规范或伦理态度的形式化层面上，而是必须首先阐明人类与自然之间的存在论意义，重新把自然世界纳入自身的自我定义之中[19]。

董玲运用美德伦理方法，通过对人类美德或品质、实践智慧和社会繁荣的关注，展开对环境问题的探讨。环境美德伦理学的兴起，是对传统的环境伦理学片面地强调自然价值或动物权利而忽视人类美德的培育或品质修炼与公共伦理资源发掘的积极回应。这种新的研究思路，一方面弥补了传统的环境伦理学研究的不足，另一方面对于我国环境伦理学的研究具有重要启迪意义。从其内容上看，环境美德伦理学主要包括基本理论部分、美德伦理方法的运用以及美德伦理在环境伦理学研究中的地位和作用。从研究的理论意义和实践意义上看，环境美德伦理学不仅清楚地表达并解释有责任感的人所具有保护环境的美德或品质，而且能确保行为者具有较高的生态意识。换言之，环境美德伦理学研究的意义在于，它提供了批判不可持续行为的平台，进而使人们在培育美德的过程中自觉地保护自然环境，提升生态系统的可持续性[20]。

杨英姿对罗尔斯顿环境伦理学价值范式提出哲学上的再思考。通过论证大自然及其非人存在物的内在尺度和内在价值，罗尔斯顿的环境伦理学实现了价值范式由主观工具价值论向客观内在价值论的转换；通过论证生态系统的系统价值统摄个体生命的内在价值和工具价值，以及人类整体环境利益高于个体利益，罗尔斯顿的环境伦理学实现了环境整体主义转向。罗尔斯顿的环境整体主义有两层含义：一是在大自然内部系统价值统摄工具价值和内在价值，个体善从属于整体善；二是在环境事务中公共的利益高于个人的利益，环境整体主义也要进入与环境事务相关的人际伦理关系。罗尔斯顿环境伦理学价值范式的生态转向，通过强调道德的关系性和整体性而赋予了伦理道德以涵容更广的生态性[21]。

叶平对生态伦理的价值定位进行思考，认为生态伦理是探讨我们与自然界的道德关系的哲学领域，并基于价值选择提出相应的方法论研究。研究和确证生态伦理价值定位问题，必须思考三个核心问题：一是道德价值的根源问题，主要涉及人的经验价值、人的理性价值和人的非理性价值三个方面；二是道德价值的内容问题，在我们的价值内容中应当排斥以人为中心，但要认识到，我们排斥的只是单一的人类价值尺度；三是在我们的道德图景中关于特殊价值的作用问题，主要体现在特殊价值在我们的思想和行动中的作用。生态伦理是人类仿效生物与自然协同进化的规律指导人与自然的伦理关系所概括出来的伟大生存智慧，其相互依存的伦理定位、共存共荣的生态基点和平等交流的方法论，指导着我们正确定位道德价值和路径选择[22]。

此外，庄穆、王丹认为环境问题的消解，有待于人性的生态觉醒和生态复归，以及在生态人性的引导下科学技术发展模式的生态化转型；生态化的人性是引导科技向生态化转型的内部条件和内驱力，科技的生态化转型则为实现生态人性创造外部条件和物质基础[23]。张召、路日亮从生态伦理的角度进行反思，重新审视人、技术、自然三者之间的关系，并主张以人与自然的和谐相处为基点，以生态伦理为导向，克服技术生态风险[24]。钟芙蓉对环境经济政策作了伦理学方面的透视和分析，认为环境经济政策的哲学、伦理学研究对环境经济政策有着意识形态的根本导向作用，环境经济政策的正确实施有助于环境正义的实现[25]。

5 纳米技术中的伦理问题研究

随着纳米材料和纳米技术的迅速发展和广泛应用，以纳米技术为研究对象的纳米伦理学逐步引起了学者们的广泛关注，日益成为自然科学与社会科学工作者共同关注的热点问题。学者们关注的焦点包括：纳米伦理的基本理论分析，纳米伦理内涵、特征和应用的语境分析，纳米技术伦理研究的可行性与可接受性分析，纳米技术在食品添加剂及食品包装中的应用等。

王国豫、朱晓林分析了纳米技术在食品添加剂及食品包装中的应用，指出纳米技术应用在食品中的风险与纳米材料定义的不确定性、纳米食品标准的不确定性以及天然与人工纳米材料界限的模糊性等有很大的关系。文章认为，风险是一种文化建构，不仅是客观的，还与人们对风险的认知、理解、风险文化和风险决策相关。因此，提高公众对纳米技术及其风险的认知，在加强对纳米技术在食品中应用风险研究和食品企业管理的同时，构建一个理性的风险文化是防范纳米技术风险的重要途径之一[26]。在另一篇文章中，王国豫从纳米技术的起源入手，对纳米伦理与纳米技术的新特征、纳米伦理与纳米技术的目的进行解析。迄今为止，纳米伦理经历了从最初的梳理纳米技术的伦理问题，到反思这些问题的可能后果，再到对反思的反思三个阶段，研究内容不仅涉及现实的、具体的层面，也包括未来的、概念性的以及评估的和管理的三个层面[27]。在纳米技术伦理研究的可行性与可接受性方面，王国豫、李磊对现今的纳米伦理学研究作了批判性分析，认为纳米伦理学的研究弱点在于，一方面陷于功利主义的利益权衡；另一方面，由于其结果的推测性而难免走向乌托邦或敌托邦的幻想。为此，作者充分考虑技术受众的需求、期待和意志以及社会的伦理规范，将主体的可接受性纳入反思对象，从而将纳米技术的发展从任意的可能性引向适意的可行性[28]。

针对高速发展的纳米技术以及相对滞后的纳米伦理之间的“鸿沟”问题，

孙岩从语境视角对纳米伦理内涵、纳米伦理特征、纳米伦理应用三方面进行解析。纳米伦理是基于纳米技术和伦理责任的双重意义产生的，从语境角度来看，纳米伦理包含三方面内容，即纳米伦理的自然语境分析、纳米伦理的社会语境分析和纳米伦理的个人语境分析，分别对应于纳米技术与自然的关系、纳米技术与人类社会的关系以及纳米技术与人类自身的关系。从纳米伦理特征的语境分析来看，纳米伦理具有预测性、永恒性、公平性、前进性、革命性和多元性六个特征。从纳米伦理应用的语境分析来看，纳米技术应用是理论应用和实践应用结合的双重语境应用，只有在这种语境下，纳米伦理才能真正实现科技与伦理的结合[29]。

此外，刘莉等人基于对大连地区纳米技术公众认知的实证调查，分析了我国公众对纳米技术认知述的基本状况，并提出应该主动加强公众对纳米技术认知的普及教育，让公众全面了解纳米技术的利益与风险，以提高公众对纳米技术风险的识别和防范能力[30]。冯烨从伦理学视角对国外关于人类增强的研究文献进行综述，较为详细地介绍了基于纳米技术的人类增强的研究状况[31]。

6 技术伦理学的其他研究

除了技术伦理学的上述几个主要领域外，还有一些学者从科技人员伦理意识养成、我国古代科技伦理思想以及军事技术伦理等视角分别对技术伦理学进行了研究。

芦文龙、文成伟认为科技人员伦理意识的强弱，与科技活动所引发的社会伦理问题的可能性和危害程度之间关系密切。科学技术凭借其满足市场价值的功能成为拓展市场、发展市场经济的推进器，加之在此基础上形成的技术理性的强殖民性的深刻影响，科技人员的伦理意识淡薄而又难以提高，这成为当前科技人员所面临的挑战。为此，研究科技伦理意识养成，使科技人员在实践中自觉遵守伦理原则，实现他律与自律的统一，有助于减少技术伦理问题的产生[32]。

王娜、王前从技术伦理视角对我国宋代社会风气进行评析。宋代是我国古代经济颇为繁华的时期，"重农抑商"政策的松动给技术进步带来了契机。宋代的社会风气既强调"功利"对于技术进步与社会发展的重要意义，又致力于对奇技淫巧的批判，提倡以"存天理，去人欲"的伦理思想规约人们的日常生活。了解这一时期的特点，对于理解我国传统伦理观念与技术和经济发展的关系很有启发意义[33]。

赵阵对和平范畴内的军事技术伦理进行系统性研究。军事技术作为暴力的工具在战争中的作用日益增强，对于赢得战争获取和平具有重要作用。由于大科学特性日益明显，现代军事技术对科技发展和经济建设也有重大影响，科学合理规划应用军事技术将有助于实现经济发展社会富足的结构和平。军事技术的发展使用不能仅遵循其自身逻辑，还要通过确立建构性的研发观念、探索合理的使用方法以及国际社会监督制约等途径形成人道主义的军事技术理念，促进文化和平[34]。

易显飞对我国古代技术实践价值观形成的理论特征进行哲学上的再解读。他认为我国古代技术实践价值观的特征包含：技术实践表现出浓厚伦理化倾向；技术实践主体以满足生存需要为核心的价值取向；技术实践的物质价值取向与人文价值取向保持着原始的和谐与统一；技术实践主体蕴涵着朴素生态价值观等，并从思维观、自然观、经济伦理观、理性观等视角，对我国古代技术实践价值观的形成原因进行理论探究。通过理论探究，他指出整体主义思维方式决定了技术实践主体能从整体上把握技术价值而不至于"顾此失彼"。天人合一自然观使我国古代技术实践具有朴素生态价值取向；贵义贱利观、"黜奢崇俭"观等传统经济伦理思想使我国古代技术实践表现出过于浓厚的伦理化倾向，并在某种程度上成为技术发展的负向激励因子。工具理性与价值理性的朴素统一使我国古代技术实践异质价值观之间能得以和谐共生[35]。

参考文献

［1］张卫，王前. 论技术伦理学的内在研究进路［J］. 科学技术哲学研究，2012，(3)：46-50.

［2］高杨帆. 论技术决策的伦理参与模式［J］. 自然辩证法研究，2012，(9)：34-38.

［3］陈首珠，陈斯妮. 中国当代技术伦理思想研究综述［J］. 经济与社会发展，2012，(4)：69-71.

［4］王前，王娜. 中国文化语境中的技术伦理实践路径［J］. 昆明理工大学学报（社会科学版），2012，(4)：1-4.

［5］雷毅，金平阅. 伦理矩阵：一种技术评价工具［J］. 自然辩证法研究，2012，(3)：72-76.

［6］张艳，胡新和. 云计算模式下的信息安全风险及其法律规制［J］. 自然辩证法研究，2012，(10)：59-63.

［7］楚丽霞. 对当前信息环境中伦理困境的分析［J］. 图书馆工作与研究，2012，(9)：25-28.

［8］孙涛，洪眉. 浅析科技进步对传统伦理道德观念的影响——以"手机冗余信息"为例［J］. 自然辩证法研究，2012，(11)：83-87.

[9] 李伦. 网络道德与和谐网络文化建设 [J]. 伦理学研究, 2012, (6): 52-55.

[10] 王亚强. 网络行政伦理问题的提出与研究的方法和思路 [J]. 伦理学研究, 2012, (1): 59-63.

[11] 曹超. 信息伦理研究现状分析——基于信息伦理国际中心 [J]. 现代情报, 2012, (2): 12-14.

[12] 张春美. 当代基因伦理研究问题探析 [J]. 生命科学, 2012, (11): 1270-1276.

[13] 毛新志, 任思思. 转基因作物产业化伦理治理的特质初探 [J]. 华中科技大学学报 (社会科学版), 2012, (3): 88-93.

[14] 吴幸泽, 褚建勋, 汤书昆, 王明. 当代中国公众对转基因玉米的技术伦理问题认知 [J]. 自然辩证法通讯, 2012, (5): 7-12.

[15] 雷毅, 金平阅. 伦理矩阵方法在转基因技术评价中的应用 [J]. 南京邮电大学学报 (社会科学版), 2012, (3): 50-55.

[16] 肖显静. 转基因技术本质特征的哲学分析——基于不同生物育种方式的比较研究 [J]. 自然辩证法通讯, 2012, (5): 1-6.

[17] 刘星, 田勇泉. 脑成像技术的伦理问题 [J]. 伦理学研究, 2012, (3): 104-108.

[18] 郑拓, 李桢. 我国活体器官移植伦理学问题再思考 [J]. 现代生物医学进展, 2012, (4): 723-725.

[19] 张彭松. 从自然概念的变迁看环境伦理与生态伦理的差异 [J]. 自然辩证法研究, 2012, (8): 108-113.

[20] 董玲. 基于美德伦理方法的环境伦理学研究——兼论西方环境美德伦理学中的几个重要问题 [J]. 自然辩证法通讯, 2012, (3): 106-110.

[21] 杨英姿. 略论罗尔斯顿环境伦理学价值范式的生态转向 [J]. 伦理学研究, 2012, (2): 99-103.

[22] 叶平. 生态伦理的价值定位及其方法论研究 [J]. 哲学研究, 2012, (12): 104-110.

[23] 庄穆, 王丹. 人性的生态复归、科技生态化与环境问题的消解 [J]. 自然辩证法研究, 2012, (11): 124-128.

[24] 张召, 路日亮. 规避技术生态风险的伦理抉择 [J]. 科学技术哲学研究, 2012, (3): 61-64.

[25] 钟芙蓉. 环境经济政策的伦理学审视 [J]. 伦理学研究, 2012, (3): 116-120.

[26] 王国豫, 朱晓林. 纳米技术在食品中的应用、风险与风险防范 [J]. 自然辩证法研究, 2012, (7): 19-24.

[27] 王国豫. 纳米伦理：寻求未来安全的伦理 [J]. 中国科学院院刊, 2012, (4): 411-417.

[28] 王国豫, 李磊. 纳米技术伦理研究的可行性与可接受性 [J]. 道德与文明, 2012, (4): 130-134.

[29] 孙岩. 语境视角下的纳米伦理研究 [J]. 自然辩证法研究, 2012, (3): 56-60.

［30］刘莉，王国豫，刘晓琳，曹栎元．我国公众对纳米技术的认知分析——基于大连地区纳米技术公众认知的实证调查［J］．大连理工大学学报（社会科学版），2012，（12）：59-64.

［31］冯烨．国外人类增强伦理研究的综述［J］．自然辩证法通讯，2012，（4）：118-124.

［32］芦文龙，文成伟．科技伦理意识养成——科技人员面临的挑战与出路［J］．科技进步与对策，2012，（2）：146-149.

［33］王娜，王前．技术伦理视角的我国宋代社会风气评析［J］．科学技术哲学研究，2012，（2）：87-91.

［34］赵阵．论和平范畴内的军事技术伦理［J］．自然辩证法研究，2012，（3）：87-91.

［35］易显飞．我国古代技术实践价值观形成的理论特征及解析［J］．自然辩证法研究，2012，（4）：40-45.

2012 年技术创新哲学研究综述

万舒全

（大连理工大学人文与社会科学学部）

关于技术创新的哲学研究是技术哲学的重要领域，许多技术哲学学者对技术创新都进行了深入的思考与探究。特别是伴随着技术哲学的经验转向，更是吸引大量的学者对技术创新进行更深入地研究。技术创新哲学研究的主要思想来源是马克思实践哲学的自然改造论，关注技术创新的实践过程，关注技术创新实践的哲学维度，在复杂的关系网络中把握技术创新实践的本质、过程及影响。2012 年学术界对技术创新的哲学研究在以往研究成果的基础上有了新的突破。本文从技术创新体系、技术创新主体、技术创新动力、技术创新过程、技术创新知识和技术创新生态化等几个方面来对 2012 年技术创新哲学的研究情况进行综述。

1   技术创新体系研究

技术创新体系是学术界关注的热点话题，主要研究技术创新体系的构成要素、各要素之间的相互关系、创新体系的演进过程等问题。2012 年学术界对技术创新体系研究情况如下：

产业技术创新生态系统是借鉴自然生态系统具有的互惠共生、结网群居、协同竞争、领域共占等特征，从生态的维度来把握技术创新系统的特点，诠释产业技术创新系统中各要素对整个产业的影响。余凌、杨悦儿[1]从产业技术创新生态系统的角度来探究产业发展所经历的动态平衡状态，提出耦合战略是产业技术创新生态系统用以应对区域内的企业之间以及国际同行业的企业间竞争的有效方式。伴随科学技术的迅猛发展，产业技术创新区域更加复杂化与国际化，产业中的各个企业之间只有构造自身的产业技术创新生态系统，才能够全面提升行业的竞争力。

汪志波[2]认为，自然界的生态群落理论对产业技术创新生态系统的发展有着重要启示。产业技术创新生态系统是产业内各企业、科研院所、行业政府、独立科研机构以及产业发展的技术条件、科学技术政策等众多的要素密切配合、协调互动的综合系统。呈现出系统的整体性、结构性、有序性、组织性、过程性和动态性。产业内企业、科研机构、政府机构等组成生态群落，组织机构、技术条件、科技政策、机制等组成生态环境要素，各创新群落和生态环境系统相互适应、进化，实现着技术创新与技术的进步。该文进一步分析系统模型中技术的遗传、衍生与变异等演化模式以及对应的消化吸收、集成创新、原始创新三种创新方式，提出创新系统生态化的实现途径：一是建立技术创新生态调控机制；二是构建相互依存的网络系统，建立良好的协调机制；三是引导企业选择适合自身特点和需要的技术生态位；四是提高产业技术创新生态集群程度；五是强化核心企业和独立科研机构的技术引领作用的发挥。

牛振喜、肖鼎新、魏海燕、郭宁生[3]认为协同创新是政、产、学、研、用深度融合的一种表现形式，是产业技术创新战略联盟的发展新趋势。协同创新能够促进科学技术创新与产业化相结合，促进联盟体系内各个创新要素的整合和投入，对推动高技术产业健康发展与传统产业转型升级具有积极的推动作用。协同创新环境下的联盟体系更加强调政府、用户与市场、金融机构的协同作用，具体表现为：企业在联盟体系中应成为技术创新的主体；政府发挥着协调、引导和支持的作用，肩负营造有利于联盟发展的政策环境、法制环境和人文环境的重任；高校与科研机构的研发能力强，并掌握着先进的科学技术，在创新联盟中能充分发挥人才培养与科学研究的优势，推动联盟运行；金融机构是创新联盟体系中不可或缺的部分；用户在创新联盟中能够直接反馈市场需求并预判企业实施技术创新所能产生的利润和收益。建立协同创新环境下的产业技术创新联盟，对培育和发展战略性新兴产业具有重要的作用。

彭双、顾新、吴绍波[4]认为，随着产品复杂性程度的增加，产品技术创新的各个环节很难完全由一家公司独立来完成，绝大多数的产品创新过程都需要企业与其他企业、大学、科研院所合作，组成技术创新链，以此来共同实现新产品的开发。企业组织可以通过加入技术创新链来弥补技术创新过程中技术知识能力的不足，从而可以获得技术创新的速度经济收益。技术创新链的运行有 3 种方式：基于平台的运行机制；基于专利池的运行机制；基于协议研发的运行机制。

2 技术创新主体研究

技术创新主要是技术创新主体的创新活动，明确技术创新的主体、研究技术创新主体的作用机制、探索创新主体能力提高的途径，这些都是技术创新哲学研究的重要内容。2012 学术界对技术创新主体的研究情况如下：

陈云、谢科范[5]认为在创新型国家发展的历程中，企业作为技术创新的主体是科学技术的发展与市场经济的内在规律的要求，同时也是实现国家科学技术创新体系、推行自主创新的国家战略、提高国家竞争力的重要途径。我国以企业为主体的技术创新体系的总体构架已经初步形成，但是还存在着结构不合理、活力不足、实力不够、功能不强等问题。为了推进以企业为主体技术创新体系的建设，他们提出：我国政府行为需要进行转变，要逐步由创新组织型向服务型转变；我国促进技术创新的工具和技术创新的政策也需要逐步调整，要重视为企业技术创新解除风险忧虑；建议通过重大科学技术专项的实施来促进产学研的实质性合作，要促进企业与大学通过科学技术重大专项来实现人才交流，并依托科学技术重大专项来培育战略性新兴产业；在促进科学技术要素向企业流动过程中，除了促进科学技术资金向企业流动外，重点要促进科学技术人才要素向企业的流动，特别是要鼓励大专院校和科研单位的科学技术人才到企业开展研究开发、到企业进行长短期工作、到企业担任技术负责人或项目负责人、为企业带徒弟建团队。

惠宁、刘芳、熊正潭、卢月、霍丽[6]采用灰色关联分析方法对"企业是技术创新的主体"这一命题进行验证，并建立了技术创新主体培育模型，提出企业技术创新主体培育模型应以自主技术创新为核心，以对外技术合作为重要方式，以外部环境为支撑，并进一步指出培育企业技术创新主体需要良好的企业环境、社会环境和合作环境。

吴伟[7]认为，在技术创新过程中，任何外部因素只有作用于技术创新主体并与其内在创新动机相结合时才能转化为影响技术创新行为的现实力量，企业技术创新是一个由不同技术创新主体协同作用的过程。企业技术创新主体系统是一个开放的、非平衡的、动态的、非线性的复杂系统，满足形成耗散结构的条件。作者提出对技术创新主体进行柔性激励，创造有利于创新主体协同的环境，以此来提高创新主体间的协同度，从而实现企业技术创新能力的提高。

汪锦、孙玉涛、刘凤朝[8]从市场化和全球化两个层面，探讨了我国企业技术创新双重主体地位的内涵，并从规模与效率的角度分析了我国企业技术创新的主体地位。他们指出：政府很难通过使企业成为技术创新主体来解决国家创新体系存在的问题；创新还没有真正成为国有企业获取利润的主要驱动；私营企业研发活动发展速度较快，研发效率较高，但是其发展空间受限制；外资企业研发活动效率高、市场化导向强。

3 技术创新动力研究

技术创新实践活动是在一定的动力机制作用下的演化过程，对技术创新的动力机制进行深入研究就变得非常重要。2012 年我国学者研究技术创新动力的情况如下：

李明惠、綦振法、孙爱香[9]运用系统动力学方法，对大企业集群技术创新动力的相关要素进行深入分析，构建出大企业集群技术创新动力的系统动力学模型与因果关系图。该文以 Vensim 建模软件作为工具，以山东钢铁大企业集群为典型案例进行了仿真模拟。结果显示，随着创新动力总体趋势的增加，科研经费投入力度、科学技术人才投入、新产品产值以及税收也会随之增加，同时表明对某一特定状态下的创新动力，科研经费投入力度和市场集中度是集群创新的主要动力源。对此提出了相关的政策建议：一是集群企业应不断增加科技人才、科研经费的投入力度，使创新动力不断增强，从而新产品产值以及税收也相应增加。二是在集群的产生、发展阶段，政府应该积极提高集群的市场集中度，培植作为集群创新引擎与知识扩散源的龙头大企业，要综合地运用金融、土地、财税等政策措施，让龙头大企业"强壮"起来。

贾文婷、武忠[10]在分析可再生能源发展的社会复杂性与必然性的基础上，深入探讨可再生能源技术创新相关的影响因素和过程，进一步构造可再生能源产业发展初期的系统动力学模型，并且对模型进行了实证检验与动态仿真。最终得出在可再生能源产业发展的初期，政府与中介机构是技术创新核心推动力的结论。

杜靖[11]认为，在企业的技术创新过程中包含着核心驱动力、内部驱动力与外部驱动力，这三种力量相互交织，共同在技术创新过程中发挥着重要的作用。企业家的创新精神与创新的企业文化是核心驱动力。企业内部的驱动力是基础驱动力，包括：利润最大化，技术创新的内部资源，企业愿景，风险驱动力。企业外部的驱动力则是重要驱动力，包括：科学技术的突破与发展，市场需求及其变化，市场竞争压力，产权保护，政策激励与金融体制。该文对企业技术创新驱动力的模式进行深入地研究，提出企业技术创新驱动力的"三环模式"。

肖鹏、牟艳、杜鹏程[12]为了深入地了解企业技术创新的源泉及其影响因素，分析了企业技术创新的障碍与动力来源，认为企业技术创新的内部障碍主要包括：资金障碍，观念障碍，创新战略选择障碍，人才障碍和信息障碍。企业技术创新的动力源泉包括：需求拉动；技术推动创新；企业家精神驱动创新；市场竞争；政府引导创新。得出提高企业技术创新动力的措施：确立企业的主体地位，政府金融与财政环境的优化，形成宽容的创新型组织文化，重视人才的吸引与培养，选择合适的创新战略，加强产学研合作。

陈圻、陈国栋[13]在回顾技术创新驱动理论的发展与评价新兴设计驱动创新理论的基础上，探讨了创新领域设计环节的作用日益突出的发展趋势。他们引入"技术——文化"系统观，对功能与创新的概念进行了广义化，突破了创新动力的工具化诠释，提出设计与技术的解耦和分拆概念。把创新驱动模型分为驱动因素模型和创新模型两大类，初步建构了两类模型驱动关系和机制的元模型，建立了技术推动、市场拉动和设计驱动的 6 种路径。

4 技术创新过程研究

研究技术创新过程中各要素对于创新的作用具有重要意义。2012 年我国学术界对技术创新过程的研究情况如下：

作为竞争前技术的产业共性技术在国家创新体系中具有着重要的作用，受到了各国政府的重视。刘芹[14]探讨了共性技术的相关研究，并且在此基础上进一步分析了产业集群和共性技术的互动关系；同时对产业集群共性技术研发、供给、创新系统与扩散研究进行了深入的分析，提出产业集群共性技术研发激励措施与未来的研究展望。我国产业集群共性技术的理论研究还处于初级阶段，需要从以下几个方面进行深入研究：一是产业集群共性技术研发的内涵、模式和平台，产业集群共性技术传播的过程、动力机制、途径、影响因素及绩效；二是政府在研发和传播中的作用；三是产业集群共性技术对技术创新及区域经济的影响；四是定量和实证方面的研究。

在我国自主创新能力构建与国家创新过程中，产学研的合作扮演着重要的角色。谢园园、梅姝娥、仲伟俊[15]从创新过程观的角度出发，探讨了学、研如何从创新源和创新过程两个方面支持企业技术创新活动，同时对遵循单向线性创新过程观的科技成果转化模式的局限性与不适用性进行了剖析。该文分析了循环互动创新过程观中科学研究与技术创新之间的关系，并且在此基础上归纳和划分出适用于我国企业的三大类典型产学研合作的技术创新模式：联合创办新企业模式，技术成果转让模式，学、研服务于企业技术创新需求模式。

裴晓敏、刘仲林[16]认为关于技术创新问题的研究有第一性问题和第二性问题的分别。第一性问题是关于技术系统进化规律的研究，第二性问题是关于技术创新思维的研究。只有在关注创新实践过程中创造性思维理论的同时，加强对技术系统演化客观规律的研究，积极促进创新过程中第一性与第二性问题的融合，才能完整地解读技术创新过程，同时能够充分发挥技术创新主体的主观能动性。技术创新是创新主体的创新认知和创新实践相互作用的动态过程，重视对技术创新过程中技术系统发展的客观规律的研究和认知，要强调创新过程中的同一性。它包括：技术创新过程的主客体统一；思维和规律的动态性统一；合目的性与合规律性的辩证统一。

裴晓敏[17]认为传统技术发展模式主要有单项技术的发展模式与技术系统的发展模式，它们大多都忽视技术创新的认识论维度，缺乏对技术创新过程必要的认识论追问。其进一步指出 TRIZ 技术进化理论发展了技术认识论，为技术创新过程提供重要的认识论基础，对于更有成效地开展技术活动、推动技术创新具有重要的指导意义。

5 技术创新知识研究

技术创新过程也是知识的创新、演化过程，从知识的维度来把握技术创新活动可以加深对技术创新的认识，深化对技术创新的理解。2012 年我国学者对技术创新知识的研究情况如下：

孙彪、刘玉、刘益[18]认为，技术创新联盟是一种知识高度密集的技术创新形式，必须要依赖合作各方把融入技术创新过程中的知识进行有效整合。知识整合就是在组织内部通过相关机制对以个体或团队为载体所存储零散知识的系统性整理与集成，并为更好地实现技术、服务和组织创新奠定基础。技术创新联盟情境下的知识整合机制分为独立整合机制与合作整合机制两个维度。从技术创新联盟的特定情境出发，将组织不确定性分成任务、联盟关系和外部环境不确定性三个维度，得出了独立型、合作型知识整合机制的结论，它们在前导变量与创新绩效之间起到中介作用，该文同时给出了相关命题和研究框架。

韩馥冰、葛新权[19]从产业技术创新联盟成员间知识转移的过程视角来构建知识转移影响因素和知识转移绩效关系的概念模型。研究表明：知识吸收能力、知识显性程度、沟通与信任程度、转移渠道丰富性、知识转移实施过程对产业技术创新联盟成员间知识转移绩效都具有显著性的正向影响。产业技术创新联盟成员要通过将隐性知识转化为显性知识来提升知识的显性程度、加强沟通与信任关系、构建正式渠道和非正式渠道等，加强组织学习以提升知识吸收能力，来提升产业技术创新联盟成员间知识转移绩效水平。

曾德明、成春平、禹献云[20]认为，产业技术创新战略联盟知识整合是指联盟成员根据既定目标挖掘联盟内外各种知识资源，然后目标成员通过广泛交流与密切协作，选择性地转移、融合各种知识资源，使分散知识结构化，进而实现知识价值创造的系统过程。具体主要是指组织间的知识整合，一方面不同组织的科研管理人员组建项目团队进行协同创新，整合各组织优势知识；另一方面联盟成员应不断吸收外部优势知识，优化自身知识结构，增强自主创新能力。其模式包括：基于知识创新的知识整合模式；不同地位联盟成员的知识整合。他们引入定位理论探索了联盟核心成员和非核心成员的知识整合。这将有助于明确技术创新方向，从而有效利用产业技术创新战略联盟内外知识资源开展技术创新活动，不断提高自主创新能力与核心竞争力。

古志文、肖仙桃、陈利涛[21]认为，企业的明言知识、缄默知识分别以不同的特征和方式与企业技术创新能力相关联。企业明言知识是企业技术创新能力形成的外在知识信息条件和体现，而企业缄默知识是内含于企业行为实践、人力资本、管理机制和组织文化中的技术创新能力。企业的明言知识、缄默知识与市场、社会的明言知识、缄默知识的内容一致，以及企业内部明言知识与缄默知识的内容一致，是企业持续创新发展的根本基础。

蒋樟生、郝云宏[22]从知识转移视角分析知识学习能力与权益结构对技术创新联盟稳定性的影响，构建了一个动态博弈模型。该模型将技术创新联盟成员的战略决策过程分为两个阶段：第一阶段是拥有技术优势的企业决定转移核心技术还是普通技术进入联盟合作创新；第二阶段是联盟成员根据自身的学习和获利情况决定是维持还是退出联盟。合作双方知识学习的能力对联盟的稳定性有重要的影响。

6 技术创新生态化研究

生态失衡、环境污染等问题威胁着人类的生存与发展。技术创新走向生态化是技术发展的必然趋势。2012 年学术界对技术创新生态化的研究情况如下：

朱其忠[23]通过调查指出：仅有 60％的企业认为消费者愿意为"绿色"认证支付更多费用，其原因是企业的"经济人"本性和"搭便车"现象，使得企业的社会和环境责任的拓展受到了极大的抑制，绿色需求理念并没有能够渗透到企业的运营中去。其进一步提出通过变革消费方式，形成绿色市场，给企业以引力，拉动其更新生产观念，开展生态技术创新。生态技术创新既有利于企业保持永续竞争力，也有利于促进国家绿色创新体系的建设。

孙育红、张志勇[24]提出，生态技术创新是在资源环境约束强度增大条件下，能够满足人类生态需求，减少生产与消费边际外部费用的支撑以实现可持续发展的技术创新。传统技术创新与生态技术创新的差别表现在：所追求的目标不同；所产生的边际外部费用不同；生态技术创新与传统技术创新和生态系统的关系不同。同时生态技术创新与传统技术创新又有着密切的联系，包括：二者具有内在的历史联系；行为主体一致；最终的实现方式基本一致。

杨西春[25]认为，中小企业在我国国民经济中具有重要的地位，但这些企业多数属于劳动密集型与资源密集型企业，采用的是传统的技术与工艺，生产设备比较简单，资源利用率比较低，环境污染比较严重，总体上还处于粗放式发展层面上。广西中小企业面临着严重的不可持续发展的问题，主要表现在以下方面：污染问题比较突出，可持续发展水平低；资源、能源消耗快速增长，短缺问题十分突出；中小企业技术创新能力比较差。对此作者提出生态技术创新是广西中小企业实现可持续发展的必然选择，基本思路是：树立生态发展理念，创建可持续发展的生态企业文化；建立健全内部生态技术创新能力机制；加强与科研机构、高等院校的合作，推进生态技术创新；加快企业环境成本核算体系的建立；政府要加大对中小企业生态技术创新的政策支持。

综上所述，2012 年我国学者对技术创新的哲学研究取得了一定的成果，更加关注对技术创新过程细节的探索，对技术创新有了更深刻的认识。同时注重将其他学科的理论借鉴到技术创新领域，丰富技术创新的研究视角。这些有益的探索为今后进一步的研究奠定了理论基础。但是我们也要看到对技术创新的系统研究仍需加强，技术创新活动是社会大系统中的组成部分，技术创新过程不是孤立的，而是与社会其他因素密切联系的，这就需要在社会大系统中来把握技术创新，探索技术创新的规律。伴随工业化进程的快速发展，环境、资源与生态问题越来越严重，生态技术创新需要更加得到学者们的重视，积极探索实现生态技术创新的机制，为实现人类社会的可持续发展提供思想准备。

参考文献

［1］余凌，杨悦儿．产业技术创新生态系统研究［J］．科学管理研究，2012，（5）：48-51．

［2］汪志波．产业技术创新生态系统演化机理研究［J］．生产力研究 2012，（3）：192-194．

［3］牛振喜，肖鼎新，魏海燕，郭宁生．基于协同理论的产业技术创新战略联盟体系构建研究［J］．科技进步与对策，2012，（22）：76-78．

［4］彭双，顾新，吴绍波．技术创新链的结构、形成与运行［J］．科技进步与对策，2012，（9）：4-7．

［5］陈云，谢科范．对我国以企业为主体的技术创新体系的基本判断［J］．中国科技论坛，2012，（3）：24-28、62．

［6］惠宁，刘芳，熊正潭，卢月，霍丽．技术创新主体培育问题研究［J］．西北大学学报

（自然科学版），2012，（3）：499-504.

[7] 吴伟．企业技术创新主体协同的系统动力学分析 [J]．科技进步与对策，2012，（1）：91-96.

[8] 汪锦，孙玉涛，刘凤朝．中国企业技术创新的主体地位研究 [J]．中国软科学，2012，（9）：146-153.

[9] 李明惠，慕振法，孙爱香．大企业集群技术创新动力研究——基于系统动力学方法 [J]．工业工程与管理，2012，（3）：117-123、128.

[10] 贾文婷，武忠．基于SD模型的可再生能源技术创新动力要素研究 [J]．情报杂志，2012，（2）：32-36.

[11] 杜靖．论企业技术创新驱动力的"三环模式" [J]．企业经济，2012，（4）：51-54.

[12] 肖鹏，牟艳，杜鹏程．企业技术创新的内在障碍与动力源泉 [J]．统计与决策，2012，（2）：183-185.

[13] 陈圻，陈国栋．三维驱动的创新驱动力网络：一个元模型——设计驱动创新与技术创新的理论整合 [J]．自然辩证法研究，2012，（5）：66-71.

[14] 刘芹．产业集群共性技术创新过程及机制研究述评 [J]．工业技术经济，2012，（7）：133-138.

[15] 谢园园，梅姝娥，仲伟俊．基于创新过程观的产学研合作技术创新模式研究 [J]．科技进步与对策，2012，（15）：6-13.

[16] 裴晓敏，刘仲林．技术创新过程中的第一性与第二性问题 [J]．科技进步与对策，2012，（8）：13-16.

[17] 裴晓敏，技术发展模式的研究与启示 [J]．科学技术哲学研究，2012，（4）：69-72.

[18] 孙彪，刘玉，刘益．不确定性、知识整合机制与创新绩效的关系研究——基于技术创新联盟的特定情境 [J]．科学学与科学技术管理，2012，（1）：51-59.

[19] 韩馥冰，葛新权．产业技术创新联盟成员间知识转移的影响因素研究 [J]．西北大学学报（哲学社会科学版），2012，（5）：91-94.

[20] 曾德明，成春平，禹献云．产业技术创新战略联盟的知识整合模式研究 [J]．情报理论与实践，2012，（4）：29-33.

[21] 古志文，肖仙桃，陈利涛．企业知识管理与技术创新能力关联研究 [J]．科技进步与对策，2012，（6）：133-136.

[22] 蒋樟生，郝云宏．知识转移视角技术创新联盟稳定性的博弈分析 [J]．科研管理，2012，（7）：88-97.

[23] 朱其忠．生态技术创新引力演绎：从效用论到有效需求论 [J]．商业研究，2012，（12）：136-140.

[24] 孙育红，张志勇．生态技术创新与传统技术创新的比较分析——基于可持续发展视角 [J]．税务与经济，2012，（4）：1-4.

[25] 杨西春．生态技术创新与广西中小企业可持续发展 [J]．广西社会科学，2012，（9）：23-26.

2012年工程哲学和工程伦理学研究综述

朱晓林
（大连理工大学人文学院）

工程是人类有组织、有计划、有目的地利用各种资源和基本经济要素构建和制造人工实在的活动，是人类最基本的实践活动，是人类能动性、创造性的最重要、最基本的表现方式之一。工程与人类生活密切相关，其中涉及人与自然、人与人和人与社会的复杂关系，工程技术哲学和伦理学、工程师的责任等诸多问题已日益成为我们时代关注的焦点。本文试从工程哲学的研究、工程伦理学的一般理论、社会工程哲学、工程伦理教育、工程演化论等角度对 2012 年相关文献进行简要的分析综述。

1　工程哲学的研究

李伯聪先生曾经提到"我造物故我在"是工程哲学的基本哲学箴言，而对这一说法，徐瑾有不同的理解。他首先从哲学的本义辨析"我思故我在"与"我造物故我在"，指出"我思故我在"属于形而上学的先验层面，是哲学研究的原初领域，而"我造物故我在"属于物理世界的经验层面，是哲学研究的引申领域。从非人类中心主义看，造物活动应当从属于生态系统的整体尺度，人类社会的延续需要尊重自然的内在价值。他理解的"我造物故我在"是通过"造物"来拷问"我在"、显现"我在"。"造物"既是人的精神力量"物化"的过程，更是"我在"的价值之镜。只有"造物"创造的是一个价值世界并达到人类与自然的和谐与可持续发展，"我在"才显现出来[1]。

工程活动作为人类实践的主要表现形式之一，深刻影响着人类社会生活的各个方面。张玲认为在工程活动蓬勃发展的同时，其负价值也显现出来，要消解工程实践所引发的负面效应，避免工程的异化，需要运用哲学思维，树立科学的工程发展观。对工程的反思应立足于对人类生活世界的哲学反思，工程哲学应重点关注人在世界中的栖居。要打破专业霸权，关注工程评估与社会批判之间的互动关系问题；要加强工程决策的民主参与；工程人造物应包含人文向度[2]。

吴哲、陈红兵也有考量工程哲学中人文向度的问题。他们认为对工程而言，科学与人文将不再是对立的，而是融合交汇、整体与可统一的，这是现代科学视域下工程哲学发展的新的思路。他们认为科学可与人生观、价值观联系在一起，成为工程的指导原则。或者说，在以科学为工程的衡量标准之外，亦可增加人文价值这一评价标准。由于科学、人文双重标准的建立，工程的整个衡量、评判体系将更为圆满。而代表着对工程前瞻式的指引、后顾式的反思的工程哲学，亦将不只面对科学，也需面对人文，不只是研究人工物，也将研究人[3]。

王耀东、刘二中讨论了技术向工程转化的问题，他们认为"技术向工程转化"作为工程哲学的一个核心概念是必要的，因为在"科学-技术-工程-产业"的生态链条中，技术向工程转化是一个关键环节。他们将"技术向工程转化"理解为发明出来的技术变成可供消费者使用的产品或服务的过程。它着眼于技术的存在在前，往往意味着突破性创新以及规模化，具有明显而紧密的社会相关性。它与技术创新、技术成果转化的研究对象和过程大致相同，但关注点却大相径庭。技术向工程转化体现技术进步、经济效益、重视环境和生态效益，遵循社会道德和社会公正、公平等准则，还牵涉心理学的、社会学的、意识形态的以及哲学和人类学的考虑[4]。

工程意识是工程哲学体系的重要组成部分，也是工程文化系统的一个子系统。王章豹、吴娟在分析工程意识内涵及其在工程文化体系（物质文化、规范文化、精神文化）的地位的基础上，从知、情、意三个结构维度探讨工程意识系统的构成要素，包括主题构建意识、系统集成意识、自主创新意识、以人为本意识、生态环保意识、团队协作意识、审美和谐意识、质量安全意识、诚信敬业意识以及民族开发意识等 10 个要素，并进一步剖析了工程意识系统的导向性、调节性和中介性三方面功能[5]。

此外，李秀波、王大洲通过国内外文献综述，阐明了复杂工程系统的概念及特点，从三个层面评述了关于复杂工程系统自组织问题的研究进展：复杂工程系统的自性能、复杂工程系统的自组织机制以及复杂工程系统中自组织与他组织的关系。他们认为，目前基于模拟仿真而得到的研究成果在工程实践中是否有效，尚待检验；关于复杂工程系统的建构，还需要探讨一般性的原则和规律；对于复杂工程系统自性能的研究，与工程实践也有不小差距；在复杂工程系统建构过程中，如何权衡自组织与他组织之间的关系，需要重点展开研究。对于这些问题的探讨，不仅需要一般意义上的工程科学研究，也需要工程哲学研究的介入，尤其是在工程方法论层面，工程哲学可以做出自己独特的贡献[6]。

工程需要哲学，哲学要面向工程，工程哲学的发展离不开杰出的工程思想家。作为卓越的工程科学家，钱学森关于工程科学、系统工程与系统科学以及社会工程的精辟论述中蕴含着丰富的现代工程观、工程方法论和社会工程论思想。欧阳聪权系统地揭示并阐明钱学森的工程哲学思想。钱学森把一般的工程理论提升至哲学层面，形成了系统的现代工程观、工程方法论和社会工程论思想，不仅可以为工程与哲学之间的沟通与互动提供思想借鉴，而且也为现代工程理论的发展提供哲学启示[7]。此外，徐炎章以茅以升的工程科技思想为研究对象，他在文中提到茅以升积数十年对科学、技术、工程的本质和特征及其相互关系的探索，提出：科学为工程之母，工程泽被科学，两者相辅相成；科学是知，技术是行，知行在实践中合一；生成中来，生成中去，科学为生成服务，学科中来，学科中去，生产为科学服务等思想。茅以升的工程技术思想时至今日仍不乏理论价值和现实意义，是工程哲学和中国近现代工程史研究的重要内容之一[8]。

2　工程伦理的一般理论

随着我国现代化进程的日益加速，各类工程建设正如火如荼地展开，随之而来的工程伦理问题日渐增多，发轫于 20 世纪 70 年代欧美国家的工程伦理研究越来越多地引起内地学者的关注，系统梳理工程伦理研究在国内的发展轨迹，找出不足、明确方向，有利于学科的发展与繁荣，也将为我国现代化建设提供积极的理论支撑。王永伟、徐飞基于 CSSCI 和 CNKI 数据库，在分析概括中国工程伦理研究基本状况的基础上，对当代中国工程伦理研究的特点做如下归纳：学术部落初露端倪；研究领域有待拓展；实证研究需要加强以及研究范式有待确立。对我国工程伦理研究的未来发展，建议要加强与工程领域一线专家的合作；进一步拓展工程伦理的研究领域；加强实证研究；逐步完善学科建制，加快以工程伦理研究为主干的学科群建设[9]。

一般而言，工程伦理是以具体化、可接受化的规范所构成，然而何菁、董群通过研究认为，规范的传统理论框架显现出诸多局限性，如对于工程实践，难以给予现实的具体的方法论指导，工程伦理规范成为工具性手段而非价值性指引；未能给现实的工程伦理规范设定一致的价值标准；忽略运气对现代工程实践的影响等。对此，他们提出了克服工程伦理规范脆弱性的两种方式，一是生态整合工程与伦理，转变在社会生活实践和工程活动中对规则的依赖；其二慎思工程活动中伦理行为的优先顺序，正视责任之于人自由生存与发展的内在本质[10]。此外，何菁、董群提出了场景叙事的工程伦理的新的研究视角。场景叙事以"虚构"或"想象"的方式讲述"我""在场"的时间维度和生活体验，提出如何在工程实践与个人生活中保持连贯一致的道德认知和伦理行为，构建具体实践情境中的道德意识和伦理诉求，实现各种关系的平衡，最大限度的减少伦理困境的发生[11]。

以合成生物学为研究视角，讨论工程伦理的实践悖论尚属少见。程晨、徐飞指出合成生物学为生物学研究提供了一种自下而上的合成策略，为人类利用生物技术提供了无限的可能性，合成生物学挑战了传统的生命概念，摧毁了自燃性，利用人为选择和有目的的进化取代了自然进化。因此有必要从工程伦理视角，揭示合成生物学的悖论特性，对合成生物学的发展持谨慎而辩证的理性态度[12]。

张恒力认为在现代科技政策的推进过程中，工程技术人员应充分认识并理解工程伦理，明确道德责任，努力在科技政策制定中坚持平等和知情同意原则；在科技政策运行中坚持安全和公正原则；在科技政策评估中坚持诚实和负责任原则，促进科技政策更加合理规范科学。同时，在作为科技政策重要环节的工程设计活动中，工程技术人员必须坚持生态保护原则，努力承担环境保护责任，促进可持续发展，推进人、自然与社会的和谐发展[13]。

欧阳聪权、高筱梅以甬温线事故为例，讨论了工程组织主体的伦理责任问题。他们指出工程师在工程活动中并不具有独立的技术话语权，因此，将工程事故的伦理责任都归咎于工程师是不合理的。工程事故伦理责任的主体及主要承担者应该是工程活动的决策与管理机构的工程组织主体，而工程组织主体及其负责人伦理责任缺失、组织文化伦理责任缺失是导致工程伦理实践困境的根本原因[14]。

李耀平、刘舒雯认为生态文明建设为应用伦理学的发展拓展了空间。科学伦理的生态文明审视、技术伦理的生态价值重建、工程伦理的生态环境构建、生命伦理的生态伦理回应，张扬着热爱自然、敬畏自然、尊重自然、善待自然、与自然和谐共处的生态伦理思想，规范着生态公平与正义、生态责任与生态义务、生态安全和福祉的行为准则[15]。

3　工程社会学

工程社会学已经从社会学的空白区走到了学术地图的边缘区，应该尽快将其推进到社会学学术地图的中心区。李伯聪认为从社会现实基础、理论可能性、需求迫切性和理论发展的内在逻辑等方面看，工程社会学应该成为社会学的重要研究内容和重要分支学科，但是，工程问题在社会学领域中被忽视。这种状况值得深思，也需要尽快改变。他从社会工程学的开创及其在社会学中的位置与意义、工程社会学的理论创新、工程社会学当前的研究课题与前景展望等方面展开研究[16]。

社会关系发展、变革和演进是一种自然的历史过程，也是社会主体参与、设计、建构的创造过程。田鹏颖认为现代"社会关系生产"的社会工程形态具有整体性、人本性、开放性和历史性等特征，构成"社会关系生产"的向度包括科学精神与人文精神的统一、合规律性与合目的性的统一、全球化与地域化的统一等方面，"社会关系生产"的价值取向是以尊重社会规律为前提、以追求公平正义为旨归、以构建民主和谐社会制度为目标[17]。此外，田鹏颖在"马克思的社会关系生产理论与社会工程哲学"一文中指出社会关系并不抽象，"社会关系生产"是人的本质的自我完善和自我提升。社会关系并不虚拟，社会关系生产是"许多人的合作"关系的变革与创新。社会关系并不脱离"生活世界"，"社会关系生产"是社会生活的基本条件和现实前提。马克思的"社会关系生产"理论启示我们社会工程思维的创造性、建构性、合目的性和合规律性。他认为马克思的社会关系生产理论是社会工程哲学最直接、最切近、最基本的理论基础和思想来源，是社会工程哲学能够成为历史唯物主义现代表达方式的重要哲学依据[18]。

马克思从人与世界最现实、最直接的关系入手，发现了人类历史的世俗基础，指出了实现"改变世界"和自我解放并掌握自己命运的基本途径。田鹏颖认为，现代科学技术把马克思视野中的人类以经济活动为基础的社会对象性活动的创造性和主体性，提升到了一个前所未有的高度，强烈地凸显了人与外部世界的"为我"性质，并从根本上改变了包括人的精神世界在内的人的整个存在方式和人们"改变世界"的基本方式。由此，从社会工程哲学视角把握历史唯物主义的"改变世界"维，对于我们协调社会关系、规范社会行为、解决社会问题、化解社会矛盾、促进社会公正、应对社会风险、保持社会稳定、提高社会管理科学化水平，有深远意义[19]。

利用技术工具研究社会工程哲学领域的问题是比较可行的研究方法。伍昱安、白洪涛认为社会工程及其哲学是在新时期如何应对现实社会管理问题的新兴理论，为使这种管理理论更为科学、更具有应用性，必须把定性研究和定量研究相结合，把数理与系统研究方法引入社会工程及其哲学是一种行之有效的方法，也是近年来国内社会工程研究的新方法之一[20]。候剑华通过计量和可视化的方法，研究了中国社会工程学研究的演进、研究主题与前沿，指出工程学研究的热点主题包括就业、社会公益、城镇化、三农、城市管理、分配公平老龄化、医疗改革、文化工程等问题；其中的文化工程、养老、医改与健康工程问题、中国模式、社会主义核心价值体系等问题是社会工程学研究的前沿问题。并提出加强理论研究深度、促进学科交叉；增强研究的时效性；加强社会工程教育；促进学术交流；提升学术队伍建设的社会工程学发展的建议[21]。

4　工程伦理教育

工程教育的培养目标，将由培养一般的技术工作者升华为培养美好生活的创建者。他们要有正确的价值观和伦理关怀，要有把工程问题置于整个社会系统中进行伦理的、政治的、法律的、生态环境的、心理综合分析及其处理的能力。所培养的工科人才要承担工程的社会伦理责任。因此，工程伦理教育是不可缺少的。

传统的工程伦理教育主要是自上而下的道德推理法和中间路线的伦理规则教育，它们存在只注重伦理认知的局限性。随之，案例分析法和 STS 方法开始关注工程伦理实践的维度、重视工程伦理实践技能的提高、注重工程活动中行为的伦理有效性，陈大柔等认为可以把这种转变看作工程伦理教育中的"实践转向"。他们认为工程伦理教育的实践转向有两层含义，其一，在工程伦理教育内容上，从关注工程伦理的合理性推理和对工程伦理规范的认知，转向对日常的工程实践的关注；其二，在工程伦理教学目的上，从伦理认知层面转向对伦理实践技能的培养。案例分析法是这种实践转向的标志，STS 方式展示了工程伦理教育的实践性[22]。

赵云红、赵建新指出我国高等教育的伦理危机源于风险社会、复杂工程以及课程失衡，提出培养卓越工程师必须凸显工程价值观、工程选择观、工程实践观三个伦理要素，并构建了工程伦理课程总体框架，同时设置了工程伦理理论课、工程伦理实践课、工程伦理拓展课三大模块[23]。

我国的高等工程教育，必须进行相应改革才能适应现代工程理念的培养和现代工程活动的需要。张玲指出高等工程教育要从知识向度、思维向度和伦理向度进行改革。知识向度是由一元知识向多元知识转向；思维向度是由对立思想向和谐思维转向；责任向度是由责任伦理向公众伦理转向[24]。

我国大学工程伦理教育保障体系建设是学者关注的问题，姜卉通过工程伦理教育的可行性分析，以 Rest 的道德行为四组分模型为理论基础，指出工程伦理教育的目标为提高学生的伦理意识和提升学生的伦理判断能力。为了实现这些目标，她提出以实现教育目标为基础的教育内容选择，并确定工程中的伦理问题、工程中的伦理冲突、伦理决策过程的影响因素作为教育的主要内容[25]。另外，姜卉提出从环境保障和资源保障两个角度建构我国工程伦理教育的保障体系的新思路。其中，环境保障包括工程伦理教育的外部环境建设、组织环境建设与学习环境建设；资源保障包括师资保障和资金保障。环境保障与资源保障是工程伦理教育的重要组成部分，资源保障的工程伦理教育的前提条件，环境保障促进工程伦理教育的发展，并影响资源的分配[26]。

5 工程演化论

演化是从时间维度上表现出的一个过程的展开，无论是技术还是工程都随着时间的发展而产生及演化。赵建军等指出技术演化和工程演化既有联系也有区别。二者的联系在于技术演化与工程演化都是人类改造自然实践活动的同一过程；技术演化与工程演化都是借助经济、军事、文化、艺术等领域而表现的；技术演化与工程演化具有一一对应关系；技术演化与工程演化是作用与反作用的关系，二者的区别在于二者动因不同；对自然世界和人类世界的影响不同；所受到的社会制约力度不同。在此基础上，寻找一条技术与工程更好结合的途径，通过技术演化带动工程演化，以工程演化反促技术演化，使二者相互作用[27]。

工程、科学、技术、产业密切联系，对经济及其结构而言，工程是微观单元，产业是中观层次，而由不同产业构成的产业结构则处于宏观层次。工程是不断演化的，工程演化推动着产业的发展和产业结构的调整。殷瑞珏认为工程演化论研究应该成为研究产业结构调整问题的重要理论根据之一。他在分析工程的本质和模型的基础上，指出工程演化的过程是产业结构调整、优化的过程，并进一步分析工程演化的动力模型，认为技术进步是工程演化的推动力，工程系统的目标需求对技术发明、开发和应用有拉动、引导和限制作用[28]。

吴哲认为工程选择问题是工程研究的核心问题，新型的工程选择应该有所创新，这种创新蕴含着指引工程选择的价值内涵的转变。从生态视角看，创新最重要的是价值取向上的创新，更应关注新态度，而这种态度要求我们，明确认识工程选择由价值内涵指引；从征服自然中挣脱出来，抵制物质至上主义价值观；将生态资源消耗计入未来工程成本，实现工程施展与工程承受平衡发展，探索未来生态文明下新型工程驱动形式[29]。

从上文的综述中可以看出，相较于以前工程哲学的研究热点，2012 年工程哲学的研究内容比较集中，工程哲学研究、工程伦理的一般理论问题、工程社会、工程演化论学仍是本年的研究重点，而工程伦理教育问题越来越引起学者们的高度重视，尤其受到从事专业技术教育的学者的关注，这一领域逐渐成为研究的新趋势。

参考文献

[1] 徐瑾. 如何造物我才在——就"我造物故我在"向李伯聪先生请教 [J]. 自然辩证法研究，2012，(5)：40-44.

[2] 张玲. 科学的工程发展观 [N]. 中国社会科学报，2012 年 3 月 19 日，(B01).

[3] 吴哲，陈红兵. 论现代科学视域下工程哲学发展的新思路 [J]. 长沙理工大学学报（社会科学版），2012，(5)：24-28.

[4] 王耀东，刘二中. 论技术向工程转化：一个概念探讨 [J]. 科学·经济·社会，2012，(2)：136-139.

[5] 王章豹，吴娟. 论工程意识的系统结构和功能 [J]. 自然辩证法研究，2012，(4)：51-56.

[6] 李秀波，王大洲. 复杂工程系统自组织问题研究综述 [J]. 工程研究——跨学科视野中的工程，2012，(6)：181-189.

[7] 欧阳聪权. 钱学森工程哲学思想初探 [J]. 自然辩证法研究，2012，(11)：48-53.

[8] 徐炎章. 论茅以升的工程科技思想 [J]. 自然辩证法研究，2012，(5)：112-116.

[9] 王永伟，徐飞. 当代中国工程伦理研究的态势分析——以 CSSCI 和 CNKI 数据库中的工程伦理研究期刊论文样本为例 [J]. 自然辩证法研究，2012，(5)：45-50.

[10] 何菁，董群. 工程伦理规范的传统理论框架及其脆弱性 [J]. 自然辩证法研究，2012，(6)：56-60.

[11] 何菁，董群. 场景叙事：工程伦理研究的新视角 [J]. 哲学动态，2012，(12)：43-48.

[12] 程晨，徐飞. 合成生物学：工程伦理的实践悖论——从合成生物学对生命、自然及进化的挑战谈起 [J]. 自然辩证法研究，2012，(8)：38-42.

[13] 张恒力. 科技政策的工程伦理向度 [J]. 科学与社会，2012，(2)：116-126.

[14] 欧阳聪权，高筱梅. 试论工程组织主体的伦理责任——以"7.23"甬温线事故为例 [J]. 昆明理工大学学报（社会科学版），2012，(10)：1-5.

[15] 李耀平，刘舒雯. 生态文明背景下的科技和工程伦理学视野 [J]. 昆明理工大学学报（社会科学版），2012，(4)：1-6.

[16] 李伯聪. 工程社会学的开拓与兴起 [J]. 山东科技大学学报（社会科学版），2012，(2)：1-9.

[17] 田鹏颖. 社会工程视域下"社会关系生产"的新形态 [J]. 中国社会科学，2012，(10)：4-20，205.

[18] 田鹏颖. 马克思的社会关系生产理论与社会工程哲学 [J]. 哲学分析，2012，(10)：96-103.

[19] 田鹏颖. 历史唯物主义"改变世界"之维的社会工程哲学之思 [J]. 哲学研究，2012，(9)：18-22.

［20］伍昱安，白洪涛．社会工程研究方法的数理转向［J］．沈阳师范大学学报（社会科学版），2012，（2）：45-47.

［21］候剑华．社会工程学研究的演进与发展对策探析［J］．西安交通大学学报（社会科学版），2012，（9）：79-88.

［22］陈大柔，郭慧云，丛航青．工程伦理教育的实践转向［J］．自然辩证法研究，2012，（8）：32-37.

［23］赵云红，赵建新．论高校卓越工程师培养的伦理向度［J］．高等工程教育研究，2012，（2）：16-20.

［24］张玲．高等工程教育改革的三个向度［J］．长沙理工大学学报（社会科学版），2012，（11）：127-130.

［25］姜卉．我国大学工程伦理教育内容体系构造［J］．高等工程教育研究，2012，（6）：125-130.

［26］姜卉．基于大工程观的我国大学工程伦理教育保障体系建设［J］．科技进步与对策，2012，（9）：123-127.

［27］赵建军，吴保来，卢艳玲．技术演化与工程演化的比较研究［J］．科学技术哲学研究，2012，（8）：50-57.

［28］殷瑞珏．工程演化与产业结构优化［J］．中国工程哲学，2012，（3）：8-14.

［29］吴哲．工程选择的生态创新价值内涵刍议［J］．东北大学学报（社会科学版），2012，（9）：382-387.

2012 年技术风险研究综述

郑艳艳

（大连理工大学人文与社会科学学部）

20 世纪 80 年代以来，随着经济全球化的发展，特别是伴随着现代技术的发明和广泛运用，使得现代社会处于高风险的时代。正因为如此，德国最早探讨风险的社会学家之一的乌尔里希·贝克才把这些风险叫"文明的风险"，把现代社会称之为风险社会，他认为风险社会的最大风险是由现代技术引发的技术风险。技术风险成为现代社会的主要特征，并且成为高悬在人类头顶上的达摩克利斯之剑。那么，如何认识并解决技术风险问题就成为学术界探讨的主要问题，就公开发表的研究成果来看，从 2012 年 1 月到 2012 年 12 月，国内学者围绕技术风险的成因、技术风险的预防与规避、具体技术领域的技术风险、技术风险的伦理问题以及技术风险的认知进行了广泛的探讨。

1 技术风险的成因

综合 2012 年的文献，学术界对技术风险成因的研究，主要集中在以下三个方面：第一，从技术自身寻找原因，认为技术风险源自技术本身的不确定性；第二，从制度层面寻找原因，认为技术风险是一种"被制造出来"的风险；第三，从哲学的角度进行审视，认为技术风险源自当前社会发展中的科学文化与人文文化的分裂。

从技术自身来看，方世南，杨征征[1]将技术风险和技术创新联系起来，把技术创新过程引发的技术风险概括为技术开发风险和技术应用风险，指出技术风险发生的主要原因在于技术创新的不确定性或不可知性本身存在的负面效应。他们认为，不确定性或不可知性根植于技术创新的所有环节和活动之中，包括技术创新过程、技术创新实践，以及认知和评价活动，技术风险就蕴涵在这些不确定性或不可知性之中。这里的不可知性是说我们认识技术的过程不是一蹴而就的，它是一个探索的过程，所以，技术风险也有一个逐渐暴露的过程。此外，他们也指出，由于人类认识的有限性和局限性，人们对技术创新的正负效应即价值可能出现的不当评判会进一步加剧或放大技术风险。

从制度层面上看，毛明芳[2]通过研究乌尔里希·贝克的技术风险思想，阐释了贝克思想中技术风险的制度成因。他指出，在贝克看来，所谓技术风险，就是技术发展造成不利影响的可能性以及人们对这种可能性的认知。现代技术风险在本质上是一种"被制造出来的风险"，是"有组织的不负责任"的结果，机构设计的缺陷、技术决策的失误、技术专家的霸权以及技术王国的形成是现代技术风险产生的重要制度成因。具体而言，首先，机构设计的缺陷导致了技术责任主体的缺失；其次，技术决策的失误导致了技术风险事故的发生；再次，技术专家的霸权导致了技术权力的垄断；最后，"技术王国"的形成剥夺了社会公众风险决策的权力。毛明芳认为，贝克所分析的这些原因只是一些制度方面的表层因素，要探寻技术风险产生的根源，还必须追寻当代制度的资本主义本性，深入地分析资本主义制度，对资本的"趋利"本质进行分析。因为从某种意义上说，所谓"人为制造的风险"其实就是"资本家制造的风险"，是资本的趋利本性导致的必然结果。

从哲学的视角上看，李春霞、翟利峰[3]认为科技风险的发生源于科技活动中工具理性和价值理性的分离，在于当前社会发展中的科学文化与人文文化的分裂。具体而言，科技风险从哲学的角度上看是现实与建构、客观与认知、计算性与不可计算性的对立。这就是说，科技风险同时具有客观性和主观建构性的特性。所以，科技风险主要源自于科技生产创造活动中内在因素和外在因素。首先从科学活动的内部因素来说，科学活动既包括仪器设备操作的不完全性、人类思维的片面性、科学知识的局限性，同时也包含科学活动相关因素的不可控性和不可知性。最为重要的是，当前科技人员的发展理念不甚合理。其次，从科学活动的外部因素来说，科学活动绝不仅仅是传统意义上所谓的"纯实验"，而是同时涉及社会、文化、政治、经济等社会活动，尤其是当科学生产创造活动与当下的经济利益或政治利益相关联时，会导致科学技术活动中失去了人的价值关怀，从而增大了科技风险。所以，在当今社会，人类对科学文化的单向度推崇和对人文文化的弱化和忽视，造成了科学文化和人文文化的分裂，这种分裂正是科技风险出现的源点所在。

2 技术风险的预防与规避

为了有效地预防及规避技术风险，进而保障技术健康发展、维护社会有序进行，我国学者从不同的方面对此进行了研究。

龙翔[4]主张对技术风险的制造者——工程师进行伦理规约来防范技术风险。他通过阐明工程师、现代技术和技术风险三者之间的逻辑关系，推理、论证出工程师是技术风险的制造者，并指出，工程师作为主要的技术风险制造者，对其制造的技术风险负有不可推卸的责任。因此，只有主动承担起对技术风险的伦理责任，工程师才能充分发挥他们掌握的技术力量，才能更好地规避和控制技术风险发生的可能性，降低技术风险造成的社会危害。具体来说，工程师应承担"不制造致毁性风险的新技术"和"减轻现存技术风险"这两种伦理责任，才能减少技术风险给人类和社会造成的损害，降低、防范甚至化解技术风险的发生。

毛明芳[2]通过研究乌尔里希·贝克的技术风险思想，阐明了贝克基于制度的作用预防和规避技术风险的主张。贝克主张通过获得"新的制度安排"的发展来处理我们面临的风险。这种"新的制度安排"包括风险编排、政治再造、技术民主化与全球治理等方面。具体而言，"风险编排"是现代技术风险制度规避的总对策；"政治再造"是现代技术权力的重新调整；"技术民主化"可防止技术专家权力的滥用；"全球治理"可应对现代技术风险的全球扩散。

李春霞、翟利峰[3]从哲学的视角，主张通过科学文化和人文文化的融通与统一来解决科技风险问题。他们指出，在人类文明早期，科学文化和人文文化是天然统一的。只是到了近代，二者才发生分离，其原因在于人类社会开始贪婪地追逐物质财富，这种趋势使得以社会分工和专业分工为前提的科学文化和人文文化的分离成为必然。人文文化多是在思想内部对外部世界的反映的沉淀，从而缺少了自然世界探索的力度，科学文化可以弥补人文文化此方面的不足，它可以彰显出人类认识世界和改造自然的主体性力量；而在科学文化在探索世界的过程中，人的价值与尊严是认识世界和改造世界不可缺失的维度，这一维度正是人文文化提供的。所以，当面对当今世界高速发展的科技之时，尤其是面对高科技发展所引发的科学技术风险，要通过人文文化和科学文化的互动，联接起事实与价值，在科技生产创造活动中融入知识和道德，保持科学理性和价值理性之间应有的张力，从而使之形成科技和人文并重的双维度的文化发展观，从而规避科技风险。

张召、路日亮[5]则从生态伦理的视角，通过分析技术生态风险的内涵、特征、表现及其产生的主体性根源，指出要通过转变技术主体价值观念、构建生态伦理规范来规避技术生态风险。所谓技术生态风险即技术的生态风险，是指由于人类不合理的开发和利用技术引发的各种不确定性的危险和灾难对生态系统及其成分可能产生的不利影响。技术生态风险是技术发展过程中最常见也是影响最大的风险之一，具有持续性长、覆盖面广，潜伏性强、可控性低、恢复力差、报复性强等特点，并在核技术、空间技术及海洋技术等领域表现尤其突出，具体表现为核污染、太空垃圾、海洋污染。技术生态风险产生的更重要原因是源自技术的主体——人类——对技术生态风险认知不足、生态责任意识淡薄等扭曲的价值观。对于技术外在的，主要是人类在科技生产创造活动中对技术的不合理利用所导致的风险，尤其是生态风险，已经很难用传统的道德伦理体系来规避。所以，转变和改善技术主体的价值观念，建构起生态伦理规范是避免技术生态风险的有效路径之一。要做到：第一，弱人类中心主义的正确导向；第二，对自然价值的尊重；第三，对技术的理性认识；第四，规范技术主体的行为活动。

史增芳[6]通过分析技术风险形式的潜在性、本质的不确定性、成因的复杂性以及影响的破坏性等特点，指出要用技术的民主化来应对技术风险，其中，要实现要技术民主化需要从转变教育、技术争论、参与设计和管理监督几个方面努力。然而他又继续指出，虽然技术民主化把民主引入技术的决策、设计及管理等过程中，将成为预防或减小技术风险的一个重要路径。但是，由于社会意识形态方面以及技术本身等原因，技术民主化遇到的阻碍还很多，面临着不少困境，其实现仍需经历一个长期的过程。

3 具体技术领域的技术风险研究

在具体的技术领域内，学者们主要就转基因技术、信息技术、核技术、以及媒体技术的风险问题进行了研究。

邬晓燕[7]主张通过借助行动者网络理论和方法，来寻找治理转基因技术风险的若干启示。她指出，转基因作物商业化在诸多风险争议中的焦点已从生态环境风险、人体健康风险转移到粮食安全、知识产权、风险分配、公民参与等社会政治伦理风险。而行动者网络理论则开启了科学实践研究路径，对科学与社会的关系展开了整体论研究，已经成为一种研究科学技术的一般社会理论。所以，借助行动者网络理论和方法剖析转基因作物商业化的行动者网络建构过程及其结构组成，对于风险治理带来如下启示：其一，立足于整体论的立场，把转基因作物商业化视为一个由自然、社会、科技、经济等"异质的"行动者组成的科学实践网络，这样有助于避免应对转基因作物商业化风险的技术决定论或社会决定论等极端立场；其二，立足过程思维和关系思维，我们应该看到，转基因作物商业化的风险认知与风险治理不是一蹴而就或者一劳永逸的。随着行动者网络组成和边界的变化，风险认知和风险治理的重心也应当相应转移；其三，行动者网络理论中"行动者"的"异质性"理论，有利于针对不同行动者的特质确立相应的风险治理对策，建构合理有效的民主协商机制以制定囊括所有利益相关者的风险管理制度和政策，促进达成风险治理的共识；其四，本着公众利益优先性的原则，公共决策应着重考虑边缘"弱势"行动者，如转基因技术的被动使用者和公众，推动他们积极参与转基因作物商业化行动者网络的建构，维护自身的利益与权利。

代华东、李霞[8]以网络群体性事件为例，探讨了网络技术带来的技术风险问题以及规避风险的路径。他们认为，网络世界发生的群体诉求现象，是虚拟力量现实化的序幕，折射出现实生活主体的诉求本质，而技术作为网络诉求的平台，起着十分关键的作用。他们通过比较 2008—2011 年国内主要网络群体性事件发生的技术特点，得出网络群体事件的技术共性特征主要表现在技术筛选、技术文化、技术创新、技术衔接和技术人才五个方面。网络技术筛选着诉求主体的人群范围；技术文化限定着诉求主体的思维认知；技术创新勾勒着多元的诉求途径；技术衔接维系着政府、媒体与大众的互动；网络技术人才支撑着监管、疏通、互动的各个环节。这些影响网群事件的技术因子清晰的显现出一条"虚拟力量现实化"的技术路径，并展示出"技术异化、马太效应、知行脱节"的风险。针对这些风险，他们提出了三条建议以规避网络技术风险：第一，疏通诉求渠道，拓宽宣传路径；第二，提升互补优势，加大引导力度；第三，着眼技术创新，完善阳光政务。

田愉、胡志强[9]在综合近年来有关欧美国家公众核电态度状况的调查结果的基础上，通过总结核技术事故与公众态度之间关系的特征，分析了风险沟通的模型，提出了公众与专业技术人员之间进行双向的互动的风险沟通，来规避核技术带来的技术风险的主张。他们认为，公众态度与核技术之间有密切的联系，其中，核事故的发生是影响公众核电风险认知的重要因素；公众对核电的态度会随着时间的推移有所改变；良好的风险沟通是积极影响公众对核电态度的重要举措。可见，公众态度对各国核电发展有着至关重要的影响，而影响公众对核电态度的因素主要体现在核事故、媒体宣传、时间、熟悉程度等方面。但公众对核电态度的变化，除了核电站技术升级、核设施安全监管措施加强以及核废料处理方式进步以外，主要与国家积极推进有关核电站的风险沟通有很大的关系。目前，学界关于风险沟通的模型主要有技术专家模型、抉择主义模型和协同演化模型。其中，技术专家模型是由技术专家根据客观数据和科学原理对风险进行评价，但这种模型忽略了与公众风险认知相关的社会、经济、文化等影响因素；抉择主义模型集中在专业人员之间的信息沟通，特别是在风险管理者和风险评估者之间、自然科学家和社会科学家之间、法律专家和技术专家之间沟通，它要求在风险决策过程中不仅要考虑专业技术因素，还要考虑非专业技术如社会、经济、文化、政策等影响因素。但这种风险沟通模型是单向的，其主要目的是纠正和教育公众。

协同演化模型是指风险沟通应该参与到风险治理的每个阶段，既通过专业风险评估获得科学信息也要考虑科学的风险评估结果可能被不同社会、经济及政治因素所影响，风险沟通应该是决策者，科学家与公众之间的双向沟通过程，每一个阶段的风险沟通都要包含进涉及的利益相关者。也就是说，风险沟通不但意味着风险研究专业人员向公众提供信息，也意味着公众向这些专业人员提供信息，所以只有这种双向的互动的风险沟通才能有效的规避核技术带来的技术风险。

肖显静、屈璐璐[10]结合具体的科学技术风险媒体报道案例对媒体科学技术风险进行了探讨，概括分析了现阶段媒体科学技术风险报道在选题、架构、信源、内容、语言及立场等方面的诸多欠缺。他们认为，在现代社会，媒体不仅再现、建构了科学技术风险，而且塑造了人们对科学技术风险的认知以及人们可能采取的风险行动。但是，从目前的现状看，媒体对科学技术风险的报道不如人意，常常将新闻价值凌驾于风险重要性之上，现阶段媒体科学技术风险报道存在诸多欠缺，在选题方面，选择性比例失衡，受事件驱动和危机驱动；在架构方面，扩大争议，建构冲突；在信源方面，专家、政府主导；在内容方面，不准确性、祛情境化和忽视"事实"之"真相"；在语言方面，走向极端，诉诸恐慌；在立场方面，奉行科学主义、国家利己主义等。通过分析这些缺陷，他们指出媒体和记者需要深刻反思这些欠缺，理解科学技术风险的特点以及与传统科学技术新闻报道之间的区别，进而寻求科学技术风险报道的确定性与不确定性、客观性与解释性、选择性与全面性、科学性与接近性的平衡，使科学技术风险报道从科学主义范式走向协商和批判修辞范式。

4　技术风险的伦理问题研究

技术风险是存在于当代世界风险社会的根本属性，它可能给人类造成极大危害甚至灾难。充分关注和探讨技术风险伦理意蕴，确立完善的技术风险伦理规范，才能使人们的技术活动有效地趋利避害。据此，徐治立[11]就技术风险伦理的本体属性、技术风险伦理基本规范两个方面进行了探讨。其中，技术风险伦理的本体属性涉及技术风险的本质属性、根源属性及其伦理基本特征。首先，技术风险本质上是指技术活动对人类可能带来的各种危险；或者说，技术风险是指在一定条件下，技术活动对人们的生命安全和社会财富造成破坏的可能性。其次，技术风险的根源属性主要指技术方法本身的风险性和技术组织管理风险性。最后，技术风险具有人造性、不确定性和复杂性的特点；技术风险伦理则呈现出人类利益的整体性、技术活动价值观的应当性、以及伦理责任的时空跨越性等特征。而技术风险伦理基本规范主要包括技术风险的告知诚信、道义评价、公正分担以及规避责任等基本规范，这些规范可以有效地规范现代技术风险。

陈雯、陈爱华[12]就低碳科学技术伦理风险进行了审视，他们通过分析低碳科学技术的概念以及低碳科学技术伦理问题的成因，探究了低碳科学技术伦理风险的化解之策。在他们看来，低碳科学技术是指为了发展低碳经济、走向低碳生活、建设低碳社会、实现低碳发展而发现和采用的现代高科学技术，它是在科学技术经济与资源环境悖论凸显的背景下产生的，低碳科学技术凝聚了科学研究的最新成果，必将给社会生态系统带来福祉与多赢，促进经济社会的可持续发展。然而，低碳科学技术伴随着伦理风险的客观性、隐蔽性与相对性等特质，低碳科学技术本身的复杂性与不确定性、科学技术理性的滥用程度、"漂流的"道德责任是其伦理风险的主要成因。为此，构建科学技术伦理生态，强化科学技术执业人员的伦理责任，加强企业、政府、科学共同体等组织的伦理责任，引入公众参与的社会治理模式等必将成为发展低碳科学技术的重要指向。

5 技术风险的认知

在风险社会中，要做到降低、规避、消解风险，就必须对风险进行认知，技术风险的认知涉及认知的主体与认知的客体，前者如科学家、公众等，后者如风险的类型、规模和变化程度等。在 2012 年关于技术风险认知问题的研究成果中，学者的焦点主要集中在科学技术风险与公众认知的关系上。

艾志强、沈元军[13]认为，研究科学技术风险与公众认知的关系，有助于解决科学技术专家与公众对科学技术风险态度的矛盾、科学技术专家与其他专家对公众认知科学技术风险的态度的矛盾、公众的科学技术风险认知与信任之间的矛盾等问题。科学技术风险与公众认知的关系，可分为公众对科学技术风险的主观认知和科学技术风险对公众认知的客观影响两个方面，前者是指产生于公众对科学技术风险的主体自觉过程中的对客观存在的科学技术风险的主观知觉、判断和体验；后者是指当代科学技术给人们带来的潜在的损失和危害，在客观上影响了公众对科学技术风险的认知程度。二者是既相互区别又相互联系的两个过程。因此，对科学技术风险与公众认知关系的全面研究应在综合上述两个过程的基础上进行理论分析，这一分析可以得出以下几方面的现实启示：第一，公众与科学技术专家对科学技术风险认知的差异主要是因为公众与科学技术专家的科学技术风险观的不同所造成的；第二，从科学技术风险与公众认知间的关系可以看出，公众认知科学技术风险的角度以及态度会直接影响到科学技术风险的沟通、管理以及公众对科学技术的态度；第三，科学技术风险的公众认知并不是一个简单的线性过程，传统的科学技术普及工作并不能对公众的科学技术风险认知产生"立竿见影"的效果；第四，可以在科学技术风险与公众认知关系分析中寻求解决"信任危机"的有效途径。

参考文献

［1］方世南，杨征征. 从技术风险视角端正技术创新的价值取向［J］. 东南大学学报（哲学社会科学版），2012，（9）：18-22.

［2］毛明芳. 现代技术风险的制度审视——乌尔里希·贝克的技术风险思想研究［J］. 科学技术哲学研究，2012，（2）：61-65.

［3］李春霞，瞿利峰. 哲学视角下科技风险探析［J］. 理论探讨，2012，（6）：73-75.

［4］龙翔. 论工程师作为技术风险制造者的伦理责任［J］. 自然辩证法研究，2012，（6）：66-70.

［5］张召，路日亮. 规避技术生态风险的伦理抉择［J］. 科学技术哲学研究，2012，（3）：61-64.

［6］史增芳. 技术民主化对技术风险的应对及其困境［J］. 西南科技大学学报（哲学社会科学版），2012，（3）：97-100.

［7］邬晓燕. 转基因作物商业化及其风险治理：基于行动者网络理论视角［J］. 科学技术哲学研究，2012，（4）：104-108.

［8］代华东，李霞. 网群事件发生的技术路径及风险规避探讨——对网络群体性事件的实证分析［J］. 湖南行政学院学报（双月刊），2013，（3）：14-18.

［9］田愉，胡志强. 核事故、公众态度与风险沟通［J］. 自然辩证法研究，2012，（7）：62-73.

［10］肖显静，屈璐璐. 科技风险媒体报道缺失概析［J］. 科学技术哲学研究，2012，（6）：93-98.

［11］徐治立. 技术风险伦理基本问题探讨［J］. 科学技术哲学研究，2012，（10）：63-68.

［12］陈雯，陈爱华. 低碳科技伦理风险审视［J］. 求索，2012，（1）：58-60.

［13］艾志强，沈元军. 科技风险与公共认知的关系研究［J］. 中国人民大学学报，2012，（4）：107-114.

2012 年国内欧美技术哲学研究综述

马诗雯

（大连理工大学人文与社会科学学部）

根据工程派技术哲学（Engineering Philosophy of Technology）和人文派技术哲学（Humanities Philosophy of Technology）这两大类技术哲学研究的流派，笔者将试图从"社会-政治批判传统"、"哲学-现象学批判传统""人类学-文化批判传统"、"工程派技术哲学"以及"高新技术的哲学研究"这五个方面对 2012 年国内欧美技术哲学研究加以梳理和分析。

1 社会-政治批判传统

社会-政治批判传统将技术纳入到整个人类社会的政治与文化生活领域，着重考察技术与社会的互相作用及影响，特别是技术给人类社会所带来的深刻变革。其中，马克思是技术哲学中这一批判传统的开创者，其后，鲍德里亚、埃吕尔、温纳等人又分别从不同角度论述了技术对社会所起到的"构造"性影响。

1.1 关于马克思的技术哲学思想研究

首先，在马克思技术哲学思想的基础理论研究方面，张晓红[1]与秦书生、胡晓华[2]分别对国外马克思技术实践思想与国内外马克思技术哲学思想进行了综述。张晓红梳理了国外学者对马克思实践的内涵、技术实践中人的存在状态以及技术实践的价值等方面的研究，认为这些研究为国内马克思技术实践思想的研究提供了丰富的文献资料，但也存在一定的局限性，仍需进一步深入探讨。秦书生与胡晓华将国外对马克思技术哲学的研究划分为以西方马克思主义、日本与苏联学者为代表。我国对马克思技术哲学的研究是从 20 世纪 80 年代伴随着技术论的兴起而逐步展开的。纵观国内外研究现状，马克思技术哲学的研究主要集中在技术本体论、技术决定论、技术异化论、技术价值论等诸多领域，形成了各自独特的技术哲学理论体系。刘永谋[3]探讨了马克思关于科学技术与权力关系的态度。科学与技术本质上是革命性力量，但在资本主义阶段，科学技术实际上加强了资本家的权力。科学技术本身并非权力结构，资本购买让它成为了权力的工具。科学技术的权力职能主要表现在科学技术劳动中以及机器对工人的压迫中。科学技术批判是马克思科学技术论、劳动异化论的重要组成部分。奚冬梅、隋学深[4]认为，马克思以一种历史、辩证统一的视角来看待技术，深刻揭示了技术与社会伦理之间的关系，同时，指出了技术发展的终极目的是要实现人性的完善与丰满。要想解决技术发展所导致的社会伦理问题，只有通过社会制度变革，将人的本质与人的解放的终极伦理价值赋予技术活动，才能从实质上促进技术的健康发展。

在马克思其他技术哲学思想的研究中，刘红玉、彭福扬[5]阐释了马克思的技术创新思想，马克思不仅从可变资本和不变资本节约的角度对技术创新作了分类，而且从自然、经济、社会、人的广阔视野出发，全面审视了技术创新的功能，论证了技术创新是人类社会发展的原动力。而马克思的技术创新思想进一步证明和发展了唯物史观的科学原理，深刻揭露了资本家剥削工人的秘密，奠定了科学社会主义理论的基础。王伯鲁[6]认为，马克思在探究资本形态、构成及其运动的过程中，从多个层面剖析了资本与科学、技术之间的内在联系，指出了技术的科学化、科学与技术的资本化、资本的技术化运作等发展趋势。管晓刚、赵丹[7]对马克思的技术实践思想进行了探析，技术实践是马克思哲学思想的核心内容，也是其实践哲学的逻辑起点。其主要内容是：技术实践是人类最基本的物质生活方式，是人类进步的主要表现形式，是引起生产方式与生产关系革命性变革的首要因素，技术实践关涉人的自由全面发展。

1.2 关于鲍德里亚的技术哲学思想研究

让·鲍德里亚（Jean Baudrillard）的技术哲学思想和消费社会理论以批判的视角深刻剖析了现代资本主义消费社会的符号化特征，引起了众多国内学者的关注。张劲松[8]提出，鲍德里亚的后现代理论是一种典型的技术决定论，他构建了一个由模型、符码所生成的拟真世界，在那里 DNA 和 0/1 数字具有了本体论意义。在高科技的世界里，主体失去了丰富而多样的存在，成为技术的创造物和附属物。伴随着主体衰落而产生的是客体的兴盛与强大，客体世界开始控制并主宰着人类社会的运行。鲍德里亚由此提出一种消极的宿命论，即客体系统自身发展到完美、极致，并在顶点上自动内爆、反转。

还有学者评析了鲍德里亚对马克思技术哲学思想的批判。何建津[9]通过对《生产之境》的解读，认为鲍德里亚站在反生产主义的立场用其具有后现代性质的"象征交换"理论从类本质、自然观、历史观、政治经济学四个方面对马克思主义展开了颇有深度的批判。然而鲍德里亚将马克思主义歪曲为生产主义理论的根源在于没有正确理解马克思哲学革命的本质，而其将马克思主义自然观的本质归结为把自然仅仅当做满足人的物质需求的生产劳动的对象和客体也无疑是一种庸俗化的理解。

1.3　关于哈贝马斯的技术哲学思想研究

尤尔根·哈贝马斯（Jürgen Habermas）是西方马克思主义中法兰克福学派第二代的主要代表人物，他关于技术的意识形态功能以及交往理论吸引着国内众多学者。张成岗[10]以深度解释学的方法论构架进行法兰克福学派的意识形态研究。根据法兰克福学派，意识形态被融合进现代工业社会发展的框架内，其技术统治论是一种新意识形态理论。在韦伯揭示自然祛魅和现代社会理性化的基础上，哈贝马斯新意识形态论对现代性进行了再解释：现代性危机主要表现在工具理性在交往领域的扩张并占据支配地位，回到生活世界，重建交往理性可以为现代社会发展建立牢固基础。廖和平、谭培文[11]论述了哈贝马斯在面临技术理性与传统的价值理性之间尖锐的矛盾，认为科学技术在晚期资本主义社会中成为了意识形态。其思想具有对科学技术本质的偏离、对"两个必然"的偏离、对剩余价值理论的偏离、非历史性和超越性以及反马克思主义等缺陷。张成岗[12]以深度解释学的视角对哈贝马斯的技术批判理论进行了分析，认为新意识形态论具有特定社会历史背景的象征形式，是一种历史谋划。更具迷惑、辩护和操作性。刘光斌[13]分析了从马尔库塞、哈贝马斯到芬伯格技术合理性的社会批判演变历程。其中，马尔库塞指出技术发挥了意识形态的功能，哈贝马斯把技术合理性看做是一种工具合理性，而芬伯格批判吸收了二者的研究成果，重视技术的可选择性，从技术批判理论的角度分析技术合理性与社会统治的关系。王晓方[14]通过对哈贝马斯交往理论的研究，指出哈贝马斯主张传统社会理论范式必须要完成从"主体——客体"向"主体——主体"的"主体间性"结构转换，继而构件合理的交往行为模式，把交往行为理论的话语原则，即民主的对话机制引入科学技术领域。王晓方认为这一模式的意义就在于能够消解技术异化，使人类和自然界从技术统治中真正解放出来。

在哈贝马斯技术哲学研究的比较方面，杨慧民[15]比较与分析了哈贝马斯与马尔库塞科技观的异同，认为哈贝马斯重点分析了科技在生产力中的作用，而马尔库塞侧重分析了科学技术在生产关系中的作用，在此基础上他们分别研究了科技的副作用，并就科技即意识形态问题展开了争论。马尔库塞认为，大众文化是技术转变为意识形态的中介和桥梁，哈贝马斯则认为科学技术作为意识形态比"公平交换"更具有操作性和合理性。

1.4　关于埃吕尔的技术哲学思想思想

雅克·埃吕尔（Jacques Ellul）是法国著名的社会学家，他所提出的"技术自主论"是技术哲学界中的一个重要理论。在对埃吕尔技术哲学的比较研究方面，夏劲、项继光[16]阐述了埃吕尔和温纳相继提出的技术"效率"本质观和技术"政治"本质观。作者认为他们分别揭示了技术对人类社会经济和政治生活的重大影响，但却忽视了技术在其他社会领域的作用，他们的技术观在对技术的理解、技术的自主性、技术批判思想、技术与政治的关系诸方面存在异同并有各自的认识根源。树立正确的技术本质观必须遵循两个原则：一是必须严格区分技术与技术物、技术的活动与非技术的活动，二是要坚持"人"的技术性本质。朱春艳、黄晓伟、马会端[17]对雅克·埃吕尔与托马斯·休斯的技术哲学思想进行了对比分析，认为尽管二者都将技术看做一个系统，但由于"技术决定论"与"社会建构论"的研究范式的"分立"，两人的技术系统观尽管存在着相似性与互补性，在研究起点和研究进路上却各有特色。因此作者提出，可以将休斯"技术系统方法"的历史分析框架视为对埃吕尔自主论的技术系统观的一种反动，只是休斯矫枉过正，从理论的一极走向了另一极。而正是以技术的社会建构理论为中介，技术哲学在寻求经验基础的过程中，向跳脱经典技术决定论迈出了坚实步伐。

1.5　关于高兹与温纳的技术哲学思想研究

马瑞丽、吴宁[18]认为高兹揭示了汽车的社会意识形态功能及其本质，他从分析汽车的非民主化奢侈品性质入手，指出了在资本逻辑作用下实现汽车大众化消费的趋势，使得汽车提供的消费特权落空，大众化消费的汽车成为资本主义意识形态，是一种掩盖现实的虚假意识，控制、影响着人们的日常生活。这使汽车提供的消费神话及特权在现实中幻灭，带来严重的交通堵塞、生态恶化等问题，令人们原本统一的生活被分割。梁飞[19]分析了高兹从技术、经济、生态和安全方面对资本主义使用的核电技术批判的相关理论。高兹指出核电技术是"资本的圈套"，符合资本主义积累逻辑，是资本主义专制的政治选择。作者指出高兹的核电批判理论为我们审视目前的能源发展战略提供了一种新的理论视野，尤其是他对节约能源以及采用新技术发展新型能源的思考，对建设生态文明具有重要的价值。刘晓芳[20]对高兹的消费异化批判理论进行了评析。在高兹看来，消费异化不仅加剧了生态危机和社会不平等，而且导致人的非人化，也消解了人们的批判能力和反抗意识，成为控制社会的新手段。而摆脱异化消费就要全面改造资本主义生产方式和工业系统，破除"越多越好"的高消费观念，引导人们在生产领域中寻求满足。刘桂英[21]认为，温纳把技术评价和控制这一实践性问题放在技术自主性和政治性思想框架内讨论，从而为这一实践问题寻找到了更深层次的哲学基础，使自己的思想别具一格。同时，从技术政治性角度探索技术评价和控制问题，尤其是技术评价和控制中的民主参与问题，温纳不仅提出了新的技术评价标准，也提出了评价和控制的主体与方式的问题，从而打开了新的研究领域。然而，这一思想与其他的技术评价和控制思想一样，面临着众多值得进一步思考的问题。

2 哲学-现象学批判传统

相对于科学思维，现象学研究更注重意向性和构成性，提倡通过意向性的分析面向事实本身，追问那个"预先的被给予者"发掘事情的真相或事实本身。自海德格尔以来，现象学被用于技术哲学的研究中，技术现象学家通过意向性研究以揭示技术与人的生活世界关系的本质，诸如伊德技术现象学中的人——机（技术）的四种关系，杜威提出的技术负荷多元价值等，都是以现象学视角和方法探讨技术问题。

2.1 关于海德格尔的技术哲学思想研究

文成伟和郭芝叶[22]通过分析技术对我们生活世界的全面影响，认为技术不仅构造了我们的生活方式，而且模仿了我们真实有效的经验存在。技术所呈现的物质实在性在一定程度上使经验失去了有效性，影响了人类对生活世界的有效判断；而技术标准规定了人的技术性存在，遮蔽了我们的眼睛，影响了我们的思维，量化的指标变成了海德格尔的技术"座架"。王前、梁海[23]以"诗意的技术"为角度探讨了维柯的"诗性智慧"和海德格尔"诗意地栖居"，认为二者分别代表了工业革命前后对诗意的技术的呼唤，而中国传统技术的思想特征又展现了诗意的技术的一个曾经存在的范例。作者指出，诗意的技术是真善美相统一的技术。促进现代技术向诗意的技术转化，是科学文化与人文文化协调发展的一个重要方面。刘寒春[24]认为海德格尔在解释学现象学的视域内对技术现象进行了深刻思考，重新界定了技术的本质。技术是一种显现和解蔽事物的方式。现代技术的本质是座架，它束缚着人和事物，同时它也是存在的天道的显露。肖显静[25]认为传统生物育种技术可以看作是手工工艺技术，顺从自然，通过"做""培育出"生物，属于海德格尔的前现代技术范畴。而转基因技术则是由分子遗传学理论引导的现代技术，理论基础更深，具有"制造"和"座架"的本质特征，属于海德格尔的现代技术范畴，这二者之间有着本质的差别。杨丽婷[26]从技术与虚无主义关系的角度入手，认为二者之内在关系构成了海德格尔对现代性的生存论审思。二者之间的关系表述为："技术是最高意义上的虚无主义"。这内含着三个逻辑层次：①虚无主义是现代性的内在危险，虚无主义与危险等义；②技术是最高意义上的危险；③危险之救渡与虚无主义之克服的希望就在于"技术的转向"。海德格尔通过技术与虚无主义关系洞察到了现代性的内在危险及救赎希望。这一生存论审思独辟蹊径，敏锐而深刻。

2.2 关于杜威与伊德的技术哲学思想研究

徐陶[27]认为，杜威早期基于生物学的进化论和心理学的机能主义等形成了他的实用主义和工具主义，中后期又基于现代科学的研究方法和程序来对哲学进行改造，其哲学的最终指向是把自然科学中的研究方法和模式转化为一般性的探究模式，从而指导道德、社会、教育、宗教等广泛的社会人文领域，杜威对于科学的哲学讨论对于理解哲学和科学的关系提供了重要的理论借鉴。

陶建文[28]从胡塞尔先验哲学为视角来对伊德的"他者关系"进行了论述。认为胡塞尔在论述对陌生主体（它者）的认识时，中间夹杂了对人造工具的认识，而这种认识揭示了在思维领域中认识工具的先验可能性，它包括人类先验的"造对联想"能力和生活世界中语言的交流。正是这种先验的可能性成为了技术化科学普遍性的基础。韩连庆[29]分析了胡塞尔现象学、海德格尔现象学与伊德哲学思想中有关"意向性"的论述，指出伊德受海德格尔的启发将《存在与时间》中"用具的形式指引"或"指向结构"直接称为"技术意向性"（technological intentionality），由此，伊德不仅是从含义角度，更主要是从功能的角度来理解意向性了。

2.3 关于荷兰技术哲学思想研究

刘宝杰[30]对荷兰的三所大学——代尔夫特理工大学、埃因霍温理工大学、特温特大学的一批技术哲学研究者所开创的独具荷兰特色的技术哲学研究流派进行了分析，认为其研究基于技术哲学的经验转向之上，其价值指向为"技术-伦理"，它依托技术人工物哲学，遵从社会责任创新理念，植根于"汇聚技术"的沃土之中，形成了独具荷兰特色的技术哲学学术共同体，引领着国际技术哲学由批判传统到经验实践的转向，建构起以"'技术-伦理'实践"为核心的技术哲学理论框架与研究范式。

3 人类学-文化批判传统

人类学传统的哲学家主要从人性理解的视角对技术进行阐释。人类-文化批判传统的哲学家主要包括芒福德、威廉斯和新卢德主义学派等。

3.1 关于芒福德和威廉斯的技术哲学思想研究

练新颜[31]认为，芒福德作为"生态运动的先驱和实践者"，其生态思想主要集中在技术生态化思想中。芒福德提倡现代技术应向生态原则回归，把技术限制在合理的生命尺度以内。作者认为，芒福德只是提出了一种现代技术发展的思想，没有仔细分析其中的细节问题，因此很难在其所定义的生活技术与非生活技术，多元技术和单一技术之间划清界限。此外，芒福德还固守着传统，不愿意考虑除了人以外的主体性，对深层生态运动提出的新观点不做任何回应。总之，其技术生态化思想对今天技术所造成的生态问题、人的生活无意义问题有很强的针对性，为今后技术的发展提供了另一个可能方向。

王卓慧[32]简述了雷蒙·威廉斯（Raymond HenryWilliams）对麦克卢汉的媒介理论批评。雷蒙斯非常强调电视文化的技术性，但他反对任何形式的技术决定论。也因此对作为技术决定论的代表——"媒介即信息"理论的提出者麦克卢汉进行了严厉批评。首先，在麦克卢汉的媒介理论中，没有社会的影响，它解释不了不同的媒介特征与特定的历史文化情境及意向之间的相互关联；其次，麦克卢汉的媒介理论缺乏对西方社会与文化状况及其发展趋向的理性批判；最后，麦克卢汉的媒介理论存在逻辑混乱的缺陷。

3.2 关于新卢德主义的技术哲学思想研究

别应龙[33]解读了新卢德主义（New Times by Neo-Ludditism）的技术观，对其类型进行了划分，认为"反对技术"是卢德主义、新卢德主义贯穿不同时代的永恒主题。概述了新卢德主义对技术理性，技术本质以及技术的应用后果的批判，认为这代表着技术批判从感性认识走向理性认识。新卢德主义的技术批判，并没有囿于简单的"为批判而批判"，而是将尝试性的批判视角转向系统论、心理学视角，在此意义上说，新卢德主义对于技术哲学的发展无疑具有重要的推动作用。

4 工程-分析传统

工程派的技术哲学最初是工程师和工程专家对自我职业性质所作的概念辨析，随着研究领域的扩大，工程设计伦理、工程师的社会责任问题逐渐被纳入工程派哲学家们的研究对象中，这一学派的技术哲学思想对实现工程活动正当性具有重要的价值。

4.1 关于卡普的技术哲学思想研究

黄欣荣[34]阐述了德国技术哲学家恩斯特·卡普（Ernst Kapp）的技术哲学思想，通过外形模仿、结构仿真和功能模拟三种途径，卡普实现了从人体器官到器物技术的投影，并创立了器官投影说。作者认为，卡普首创了建制性的技术哲学学科；初步探索了技术的起源；初步反思了技术的本质；初步研究了技术的动力；初步探究了技术发明的方法；并且充分肯定了技术对人类的积极意义。卡普将技术作为人体自身的投影，因此技术和人类的关系应该是相容而不是互斥的关系，技术增强了人类的功能，扩大了人类的影响，因此，卡普应该属于技术乐观主义者。

4.2　关于邦格的技术哲学思想研究

邦格（Bunge M.）是加拿大著名的技术哲学家，创立了科学唯物主义的思想体系，何继江[35]透过邦格所提出的"技术是应用科学"的观点，通过深入解读邦格写于 1966 年的《作为应用科学的技术》和写于 1979 年的《技术的哲学输入和哲学输出》等文献，论证了邦格对技术定义的变化，设计了科学技术的七阶连续系统，认为邦格早已摒弃了简单的"技术是应用科学"的定义，根据邦格 1979 年关于技术观点的发展，邦格认为在应用科学之外还有技术，而邦格正式对技术给出的定义是：技术是这样一个研究和活动的领域，它只在对自然的或社会的实在进行控制或改造。由此可以看出，邦格所指的"技术"比"应用科学"含义更丰富。

5　高新技术的哲学问题研究

随着转基因等高新技术不断走入人们的生活，其所带来的风险和伦理问题逐渐受到技术哲学家的关注。在 2012 年国内欧美技术哲学的研究中，郭丽丽、洪晓楠[36]以对基因生物的现代争议视角审视了唐娜·哈拉维关于转基因生物的后现代解读。该文认为唐娜·哈拉维并没有简单地予以拒斥或接受转基因生物，而是从其赛博格的理论出发，分析了转基因生物的特点，剖析转基因生物被拒斥的根源——传统科学的二元分立的认识论，并从中揭示了传统科学哲学所维护的"谨慎的见证者"的非权威客观性。哈拉维对转基因生物的立场体现出她"对他者的尊重"，而不是像传统的科学观对他者是一种闭锁的心态。因而，哈拉维的解读比起其他人更具有开放性。李芳芳[37]通过分析哈拉维的赛博格宣言，认为她指出了在一个新的赛博格时代，女性主义运动需要一种新的政治基础。女性主义试图以一个完整同一的女性身份构筑其政治运动的基础，而在哈拉维看来，女性的身份是破碎的。借由赛博格这一概念的拓展，哈拉维表明我们仍然需要建构一个女性的联合体作为其政治的基础，但这一联合体充分体现出了赛博格的局限性、亲密性、反讽性和反常性，因此，哈拉维主张宁愿成为赛博格，而不愿成为女神。

参考文献

[1] 张晓红. 国外马克思技术实践思想研究综述 [J]. 科学·经济·社会，2012，(3)：81-84.

[2] 秦书生，胡晓华. 马克思技术哲学研究现状综述 [J]. 长沙理工大学学报（社会科学版），2012，(5)：12-15.

[3] 刘永谋. 机器与统治——马克思科学技术论的权力之维 [J]. 科学技术哲学研究，2012，(1)：52-56.

[4] 奚冬梅，隋学深. 技术的人性追求——马克思技术与社会伦理关系思想论析 [J]. 理论学刊，2012，(3)：24-26.

[5] 刘红玉，彭福扬. 马克思技术创新思想再解读 [J]. 湖南大学学报（社会科学版），2012，26 (5)：127-131.

[6] 王伯鲁. 马克思资本与技术融合思想解读 [J]. 中国人民大学学报，2012，(2)：132-139.

[7] 管晓刚，赵丹. 马克思技术实践哲学思想精要 [J]. 理论探索，2012，(5)：43-46.

[8] 张劲松. 拟真世界与客体策略——鲍德里亚的技术决定论及启示 [J]. 自然辩证法研究，2012，(1)：46-51.

[9] 何建津. 鲍德里亚的反生产主义的自然观和历史观 [J]. 哲学动态，2012，(11)：71-75.

[10] 张成岗. 从意识形态批判到"交往理性"构建——深度解释学视域中的哈贝马斯技术批判理论 [J]. 清华大学学报（哲学社会科学版），2012，(1)：103-109.

[11] 廖和平，谭培文. 偏离本质——哈贝马斯科学技术意识形态理论评析 [J]. 理论月刊，2012，(6)：32-36.

[12] 张成岗. 从意识形态批判到"交往理性"的构建——深度解释学视域中的哈贝马斯技术批判理论 [J]. 清华大学学报（哲学社会科学版），2012，(1)：103-109.

[13] 刘光斌. 技术合理性的社会批判：从马尔库塞、哈贝马斯到芬伯格 [J]. 东北大学学报（社会科学版），2012，(2)：107-112.

[14] 王晓方. 交往行为视域中技术异化的困境与出路 [J]. 清华大学学报（哲学社会科学版），2012，(5)：107-112.

[15] 杨慧民. 论哈贝马斯与马尔库塞科技观之异同 [J]. 北方论丛，2012，(5)：104-107.

[16] 夏劲，项继光. 埃吕尔与温纳的技术观比较研究 [J]. 自然辩证法研究，2012，(1)：40-45.

[17] 朱春艳，黄晓伟，马会端. "自主的技术"与"建构的技术"——雅克·埃吕尔与托马斯·休斯的技术系统观比较 [J]. 自然辩证法研究，2012，(10)：31-34.

[18] 马瑞丽，吴宁. 安德烈·高兹的汽车社会意识形态理论及其意义 [J]. 自然辩证法研究，2012，(3)：83-86.

[19] 梁飞. 高兹资本主义核电技术批判理论及其当代价值 [J]. 学术探索, 2011, (1)：7-12.

[20] 刘晓芳. 高兹的消费异化批判理论评析 [J]. 学术交流, 2012, (9)：29-33.

[21] 刘桂英. 温纳的技术评价与控制思想评述——技术政治学视角下的技术问题 [J]. 内蒙古大学学报 (哲学社会科学版), 2012, (3)：87-91.

[22] 文成伟, 郭芝叶. 论技术对生活世界的规定性 [J]. 自然辩证法研究, 2012, (6)：41-44.

[23] 王前, 梁海. 论诗意的技术 [J]. 马克思主义与现实, 2012, (1)：98-102.

[24] 刘寒春. 解释学现象学视域中的技术沉思——海德格尔对技术的追问 [J]. 科技管理研究, 2012, (2)：150-155.

[25] 肖显静. 转基因技术本质特征的哲学分析——基于不同生物育种方式的比较研究 [J]. 自然辩证法通讯, 2012, (5)：1-6.

[26] 杨丽婷. 技术与虚无主义：海德格尔对现代性的生存论审思 [J]. 深圳大学学报 (人文社会科学版), 2012, (2)：85-93.

[27] 徐陶. 哲学与科学的联姻——论杜威哲学思想中的科学因素 [J]. 自然辩证法研究, 2012, (2)：22-26.

[28] 陶建文. 技术世界中先验性的寻求——从胡塞尔的先验艳哲学思考伊德的"他者关系" [J]. 科学技术哲学研究, 2012, (3)：51-55.

[29] 韩连庆. 技术意向性的含义与功能 [J]. 哲学研究, 2012, (10)：97-103.

[30] 刘宝杰. 试论技术哲学的荷兰学派 [J]. 科学技术哲学研究, 2012, (8)：64-68.

[31] 练新颜. 论芒福德的技术生态化思想 [J]. 科学技术哲学研究, 2012, (5)：69-73.

[32] 王卓慧. 不是技术能够决定的——简论雷蒙・威廉斯对麦克卢汉的媒介理论批评 [J]. 传媒观察, 2012, (7)：10-12.

[33] 别应龙. 新卢德主义的技术观 [J]. 重庆科技学院学报 (社会科学版), 2012, (13)：20-23.

[34] 黄欣荣. 卡普技术哲学的三个基本问题 [J]. 自然辩证法研究, 2012, (8)：27-31.

[35] 何继江. 从邦格技术定义的发展看技术哲学 [J]. 自然辩证法研究, 2012, (12)：36-40.

[36] 郭丽丽, 洪晓楠. 唐娜・哈拉维对转基因生物的后现代解读 [J]. 自然辩证法研究, 2012, (5)：10-14.

[37] 李芳芳. 赛博格与女性联合体的重组 [J]. 科学技术哲学研究, 2012, (4)：100-103.

学术信息

（2011年1月至2012年12月）

技术哲学学术信息集锦

　　"北京 2011 科学技术与低碳社会高峰论坛"于 2011 年 3 月 29 日在中国社会科学院隆重举行。本次论坛由中国社会科学院科学技术和社会（STS）研究中心主办，北京理工大学人文学院协办，上海苏尔帝投资管理公司赞助。论坛的主题是"低碳，让明天更美好"，来自中国、美国、澳大利亚等国的低碳研究和科学技术和社会（STS）领域的近 30 位专家学者围绕"低碳发展与人类可持续发展的未来"、"低碳生活与节能减排"、"科技创新与低碳理念"、"新能源与经济发展方式转变"等议题进行了交流讨论[1]。

　　由大连理工大学、神户大学和台湾大学共同发起，大连理工大学主办的"第二届东亚应用伦理学与应用哲学学术研讨会"于 2011 年 5 月 21 日至 22 日在大连理工大学召开。来自中国内地、香港、台湾地区、日本和韩国的 40 多位学者和研究生出席了本次会议。会议的主题是"科技伦理和应用伦理实践的可能路径"。与会代表围绕科学伦理，工程技术伦理，生存、发展与伦理，风险与伦理以及应用伦理学的文化资源等方面进行了深入和富有成效的探讨，力图通过对东亚各国文化资源的发掘和整合，为解决全球性的科学技术伦理问题提供一条具有东亚文化特色的实践路径。

　　另外，本次会议还举行了研究生论坛。来自台湾大学、神户大学和大连理工大学的 10 位博士研究生参加了本次论坛。最后，经大会组织委员会商定，"第三届东亚应用伦理学与应用哲学国际学术会议"于 2012 年在台湾大学举行[2]。

　　由中国自然辩证法研究会工程哲学专业委员会主办，国防科技大学承办的第五届全国工程哲学学术会议于 2011 年 5 月 21～24 日在湖南长沙举行。中国工程院院长周济院士、中国工程院殷瑞钰院士、傅志寰院士、汪应洛院士、国家森林防火副总指挥李育材高级工程师、国防科技大学副校长庄钊文少将以及来自全国各科研机构、高校、企业界、工程界和管理学界的专家学者 70 余人出席了会议。与会学者围绕工程哲学的基本理论问题、工程伦理学、工程演化论和国防科学技术工程与军事工程四个主题，从多个学科与不同视角进行了学术探讨与对话交流，在跨学科交融与多学科思想碰撞中深化了工程研究与工程哲学研究，会议取得了许多学术共识，推动了工程哲学的学术发展。

　　中国工程院院士殷瑞钰做了工程与工程演化的主题报告。他指出，工程作为一个人工系统在其发展过程中呈现为不断演化的特征。在人类社会发展进程中，物质性工程经历了以工具、材料性工程为主要引领的工程推动过程，到以动力、能源型工程为主要引领的工程系统推动过程，再到以信息、网络性工程为主要引领的工程系统推动工程，并正在进入以生命、智能性工程为主要引领的工程推动过程。随着时代的发展和各类知识的进步，工程演化的速度、进程将变得越来越快，工程演化的形式也越来越丰富多彩。

中国工程院院士汪应洛在会上做了工程要素演化与系统演化的主题报告。他指出，工程演化是一个复杂的系统演化的过程，既包括工程活动中诸要素次第演化和组合演化的过程，也包括工程活动中所有要素组成的系统演化的过程。工程技术要素、资源要素、资本要素、主体要素、市场要素、管理与制度要素、安全要素等的演化对工程演化进程有重要影响。工程系统演化的历程表现为：随着时间和空间的扩展工程不断进步，显现出由小到大、由简单到复杂、由单一到综合、由小范围到大区域的演化逻辑。工程要素演化与系统演化之间具有系统科学与复杂性科学所描述的一般关系特征，即系统集成性特征、协同性特征、整体最优化特征、权衡选择性特征等。

中国工程院院士傅志寰在会上做了铁路的演化及其动力的主题报告。他指出，铁路诞生后经历了三个发展阶段：快速发展阶段，质量升级阶段，综合运输阶段。铁路工程演化的动力表现为：经济社会发展与市场需求是铁路演化的强大拉力，制度创新是铁路发展的支撑力，国家是铁路发展的重要导向力；由于工程的系统性、社会性，铁路演化还受到外部环境的制约；外部压力和内部矛盾运动共同推动了铁路的不断演化。

航天科技集团科学技术委员会副秘书长刘文科代表中国工程院院士王礼恒在会上做了中国神舟号飞船工程演化研究的主题报告。他指出，中国的载人航天工程在20世纪90年代确立了由发展载人飞船起步，从载人飞船工程发展到空间站工程，进而开展空间应用的三步走发展战略。神舟飞船工程演化的轨迹给我们的启示是：①需求牵引和技术推动是载人航天工程演化的条件和动力。②载人航天工程发展路径的正确选择既要注重技术集成优化，又要追求满足技术经济及社会诸条件的综合集成优化。③集成创新，实现系统优化是神舟飞船工程演化与创新的关键。④实施载人飞船工程促进了众多高新技术的发展。⑤航天系统工程管理是神舟飞船演化与创新的重要保证。

此外，与会学者还就卓越工程师的培养、工程创新、工程风险、工程性能、核工程的安全与管理问题、我国的退耕还林工程等众多工程问题进行了研讨与交流，促进了工程哲学的研究、应用与推广[3]。

2011年5月26～28日，"自然辩证法与科学发展"高阶研讨会在中国人民大学隆重召开。本次会议由中国人民大学马克思主义研究院、哲学院、人文社会科学发展研究中心、中国自然辩证法研究会自然辩证法史专业委员会主办，来自中国人民大学、清华大学、北京师范大学、中科院研究生院、美国加州圣何塞州立大学等 40 余所高校、科研机构、科学技术部门的专家学者近百人参加了此次会议。会议强调，处于战略机遇期的中国亟需以科学发展的视野进行理论与实践相结合的全方位思考。中国人民大学副校长林岗、马克思主义学院院长秦宣、哲学院副院长韩东晖出席开幕式并致辞。本次会议主题包括：马克思主义科学技术观与当代科学技术论、科学技术发展与公共政策、科学大师与创新方法。

本次会议的主题发言指出我们应关注当前科学技术发展中的迫切问题：如科研中的举国体制、知识和权力的共谋或分立而产生的不公平等（刘大椿）。科学发展是科学的社会性和自主性共同作用的结果，应妥善处理好两者关系（马来平），并充分关注科学的可错性和技术实践的不确定性特性（张之沧）。面对科学技术双刃剑问题，要注意自然反对自然、人反对人、以及自己反对自己这三大关系：（吕乃基）。传统对科学的理解过于狭窄，应该建立一门新的科学——"人科"（Science Matters）（林磊）。科学发展依赖于创新，领袖科学家的优秀品质在科学创新中曾发挥卓越作用（吴彤）。面对重大问题，应引入更多的政策设计和思考，以节能减排推行低碳经济（张明国），建构符合当下中国实践的新发展范式（叶向东）。理论研究中，应充分挖掘马克思主义对科学哲学的研究的思想资源（安维复），当代西方"诠释学的现象学"理解科学的思维方式在具体内容上与马克思的"实践论科学观"形成互补（曹志平）。语境论是当代西方科学哲学的一条重要研究进路（成素梅）。

围绕会议主题，与会学者进行了热烈的分组讨论。刘大椿作了大会总结。总结指出，三大会议主题既是值得研究的理论问题，也是当前迫切需要应对的实践问题。科学技术哲学（自然辩证法）未来有很宽广的拓展空间，他用12 个字对本次会议和今后的研究作了概括和展望："重视传承、关注现实、回归学术。"[4]

2011 年 6 月 1 日，"江苏省伦理学会 2010～2011 年年会暨'环境伦理与低碳社会建设'学术研讨会"在南京林业大学召开。来自南京大学、东南大学、南京师范大学、美国北德克萨斯州立大学的 131 名专家学者受邀出席会议，共提交论文 96 篇，主要围绕以下四个方面展开了研讨：第一，关于环境伦理的基本理论问题与现实热点问题。第二，关于环境伦理与低碳社会的关系。第三，关于低碳社会的建设。第四，关于道德哲学的理论与实践[5]。

2011 年 6 月 18—19 日，由中国科学院自然辩证法通讯杂志社和武汉理工大学共同主办的"科学与辛亥革命——纪念辛亥革命 100 周年学术研讨会"在武汉市武钢宾馆召开。中国科学院自然辩证法通讯杂志社编委会主任范岱年教授，武汉理工大学黎德扬教授以及北京市社会科学院、大连理工大学、华中师范大学、中国石油大学、中国人事出版社、华侨大学、江西科技师范学院、咸宁市委党校等单位的 30 余位专家学者参加了研讨。本次研讨会主要围绕"科学与辛亥革命"这一主题，分别对"辛亥革命的科学技术文化解读"、"洋务派的科学观"、"晚清政府、北洋政府的科学技术政策与科学技术传播"、"科学启蒙与社会革命"等学术问题进行广泛而深入的探讨

范岱年教授作了《从革命的参与者看辛亥革命与科学》的报告，他通过介绍杨杏佛、任鸿隽、经亨颐、范高平 4 位辛亥革命参加者的生平事迹，回顾了中国近百年的曲折和艰辛，分析了辛亥革命和中国发展现代科学的关系。他认为，这四位先驱都为中国的民族革命、民主革命，创建共和国做出了贡献。由于辛亥革命的不彻底性，由于中国现代化道路的艰难曲折，他们都壮志未酬，但他们作为中国现代政治、科学、教育和实业的先驱和奠基者，做出了历史性的贡献，有深远的影响。

闭幕式上，中国科学院研究生院《自然辩证法通讯》主编胡新和教授对会议进行总结，他指出这次会议主题鲜明，紧紧围绕"科学与辛亥革命"这一中心主题进行了富有成效的学术研讨。研讨会气氛热烈，开拓了新的研究话题、收获了一批优秀的论文、见证了一批年轻人的成长，是一次高质量的成功的研讨会[6]。

2011 年 7 月 15～18 日"2011 国际莱布尼茨学术研讨会"在北京师范大学举行。会议由北京师范大学主办，德国汉诺威大学莱布尼茨中心、中国自然辩证法研究会协办，北京师范大学哲学与社会学学院和科学与人文研究中心承办。

来自德国、美国、法国意大利等国知名专家及国内 20 余所高校与科研院所的 60 余名知名学者张柏春、卢风、董春雨、徐克非、王天民等参加了大会。京内部分知名学者范岱年、刘钝、曹南燕、孟建伟、刘钢、方在庆等教授出席了研讨会。

会议主题为"莱布尼茨与当代"与会学者从科学技术哲学、形而上学、政治伦理哲学、生态哲学与中西文化比较等视角透视了莱布尼茨思想的当代活力，开幕式由北京师范大学李建会教授主持。本会副秘书长北京师范大学刘孝廷教授、德国汉诺威莱布尼茨大学李文潮教授、本会原副理事长、北京

大学孙小礼教授等先后在开幕式上致辞[7]。

2011 年 7 月 22 日，由中国自然辩证法研究会和北京自然辩证法研究会联合主办、中国科学技术协会和北京市科学技术协会共同资助的"两岸青年科学技术工作者生物技术伦理与社会规制论坛"在中国农业大学国际会议中心顺利举行。荷兰乌德勒支大学应用伦理学研究所的马库斯（Marcus）教授、台湾中央大学哲学研究所的李瑞全教授和来自中国科学院、中国社会科学院、北京大学、中国人民大学、中国农业大学等科研机构和高校的近 40 位学者和研究生参加了会议。中国农业大学教授、北京自然辩证法研究会常务副理事长李建军主持了论坛的开幕式。张明国教授、王鸿生教授分别代表中国自然辩证法研究会、北京自然辩证法研究会在论坛开幕式上致辞，Marcus教授、李瑞全教授向大会作了主题报告。共有 10 位两岸青年科学技术工作者进行了专题交流。

Marcus 教授在"应用伦理学发展的历史及其重要作用"的报告中指出，应用伦理学的发展与两个主要事件相关联，其一是约翰・罗尔斯（John Rawls）《正义论》，其二是生命伦理学适应医学和生物学发展亟需解决大量紧迫问题快速发展。前者使正义原则出现在各种严肃的社会辩论场合，后者使相关的伦理辩论进入公共决策议程。生命科学、生物医学和生态学的发展在过去十几年间引发了多场伦理争辩，这些争辩的根本点在于对人类文明发展的道德基础进行反思，如人类是否应该对动物和自然界给予某种尊重？在什么程度上创造应用那些我们无法预见其后果的技术是伦理上可接受的？生命伦理学发展所确立的尊重、自治、仁慈、不伤害和公平原则，对于解决具体的医学或生物技术伦理问题或许是有益的，但在应对当代社会治理必须面对的"道德多元"困境时却力不从心。我们不仅需要与"道德盟友"合作，而且应该与"道德异乡人"相处。寻找理性地论证道德主张合法性的方法，追问人类道德体系重建的基本问题等十分必要。

李瑞全教授在"台湾生命伦理学研究的历史及其前沿领域"的发言中说，生命伦理学是由传统的医学伦理学发展起来的，传统的医学伦理学主要关怀医生与病人的关系，很少涉及医药资源分配的社会公平、人体试验的正当性及胚胎的道德地位等伦理问题。台湾学界最早在 1984 年在东海大学哲学系讲授生命伦理学，并追随美国医学生命伦理学议题进行相应的伦理辩论，但以制定特定迫切医疗行为的法律规范为主。1996 年之后，随着"生命伦理学"、"生命科技伦理学"和"儒家生命伦理学"等课程相继开设、"生命伦理学国际会议"的举办与基因医药尖端计划中"伦理、法律与社会意义"等项目的设立，生命伦理学的研究和教学工作真正起步。台湾生命伦理学的研究议题主要包括病人的知情同意和医生的伦理责任；包括堕胎和安乐死问题在内的生死议题；从试管婴儿到基因筛检、基因改造等技术引发的伦理议题；基因修饰、基因治疗和干细胞研究与治疗等引发的伦理、法律与社会问题；有关人体和动物试验的伦理规范设置议题等。儒家伦理学思想对现代诸多生命伦理学的争议具有有效的应对能力，儒家回归常理常道的指向应能更合理地回应现代社会中的许多两难的道德问题。

中国人民大学教授、北京自然辩证法研究会理事长在闭幕式致辞中总结说，这是一次两岸学者和博士生学术切磋和思想交锋的论坛，是一次科学文化与人文文化互动理解的论坛。本次论坛的成功举办将对两岸青年科学技术工作者生物技术伦理和社会规制研究视域的拓展、方法的创新和能力的提升产生积极影响[8]。

第八届全国科技文化与社会现代化学术研讨会于 2011 年 8 月 12 日至 8 月 13 日在兰州理工大学隆重召开，此次会议由中国自然辩证法研究会科技文化专业委员会和兰州理工大学共同主办，来自北京、上海、重庆、湖北、湖南、江苏、江西、福建、广东、辽宁、河北、山西、河南、陕西、甘肃、云南、广西和台湾等地以及军队高校的 70 多位专家、学者出席了会议。与会代表围绕会议主题"科技文化与生态文明建设"和相关专题进行了热烈和深入的研讨。会议讨论的主要方面包括科学技术发展与人类文明演进、技术创新文化与生态文明建设、新型科学技术文化与经济发展方式转型、科学技术发展的伦理反思、科学文化与西部大开发、科学文化建设和传播普及[9]。

2011 年 8 月 21~22 日，"2011 科技创新与社会发展高层论坛暨中国自然辩证法研究会科技创新专业委员会学术年会"在中共中央党校育园楼隆重召开。本次会议由中国自然辩证法研究会科技创新专业委员会与中央党校哲学部科学技术哲学教研室联合主办，来自全国党校系统、高校、科研机构、政府部门、企业、媒体的 100 余位专家学者、记者参加了此次会议。

会议开幕式由中共中央党校哲学部赵建军教授主持，由中央党校哲学部副部长侯才、中国自然辩证法研究会代秘书长张明国致开幕词。会上，全国政协常委、国家中直机关侨联主席、中央党校原副校长李君如、国家林业局原副局长李育才等出席会议并做了主题报告。另外，来自科技部火炬中心、中共中央党校、清华大学、中科院、中国社科院等单位的 20 多位专家学者在会上作了精彩发言。与会者围绕"科技创新与社会发展"这个主题，从多个层面进行了广泛、深入的研讨，形成了很多有价值的新观点，取得了预期的成果。

会上，李君如副校长以《在创新"创新"中创新》为题，引导大家对"创新"进行反思和创新。他呼吁人们要正视这几年"创新"中存在的问题，创新过程中存在的"做表面文章、用"平庸"人才和遏制个性"是制约科学技术创新的大敌。他还指出，目前各个领域都缺乏好的创新型人才，这个问题出在教育上，我们还没有转向创新型教育。他呼吁，无论在小学、中学阶段，还是在大学阶段，都要把培育创新思维和创新能力作为学校教育的重点，要形成以科学技术创新为中心的"科技、人才、教育联动机制"。他接着指出我们在科学技术与经济、科学技术与产学研结合上还很欠缺，我们发展科学技术的思路有些还没从计划经济中解放出来。科学技术创新只有同市场经济结合起来，创新的技术只有为市场所接受，才能形成市场竞争力，才能吸引大量的资金投入，才能通过市场形成产业。最后，他还指出"建设创新型国家要正确处理创新与条件的关系"，决不能在力不从心的情况下盲目地追求"创新"、"突破"、"跨越式发展"。

赵建军教授作了大会总结。他指出，社会发展进程中的科学技术创新问题，不仅是一个学术问题，更是当前迫切需要解决的社会实践问题，这个问题在不同层面的解决对于我们建设创新型国家具有重大意义。今后学术界、政界和企业界还要密切合作，推动相关研究工作和创新实践的发展，为推进我国社会发展、和谐社会建设做出更大贡献[10]。

由中国自然辩证法研究会副理事长、清华大学曾国屏教授和德国复杂性系统和非线性动力学学会主席、慕尼黑工业大学克劳斯·迈因策尔（Klaus Mainzer）教授共同发起，"'为了卓越明天的科学和技术：东西方之间的对话'中德联合STS研讨会"于2011年10月10～11日在清华大学举行。

会议围绕主题"为了卓越明天的科学和技术"（Science and Technology for A Remarkable Tomorrow，START），研讨会就未来科学技术的可持续发展进行展望，描绘由科学、技术和社会所共同构成的秩序和愿景，进行了系列学术演讲和研讨。在会议上先后做学术演讲的有：曾国屏教授，慕尼黑工业大学迈因策尔教授，香港岭南大学萧亮思博士，北京航天航空大学于金龙博士，清华大学刘兵教授，北京大学朱效民副教授，中山大学方芗博士，清华大学王程韩博士，清华大学刘立副教授，日本创新学会会长、东京大学元桥一之教授，中科院政策所余江副研究员。

演讲者和嘉宾分别针对复杂性和科学技术和社会（STS）研究的理论问题，金融市场、核电风险、社区科普、少数民族传统医学和儿童对科学技术的认知等实证问题，以及功能视角、文化视角、比较视角下的中、德、日等国家创新系统的方法问题进行了深入交流。

国内外共有学者 50 余人次参加了本次研讨会。会议认为：在传统上，"密涅瓦的猫头鹰只有在夜幕降临的时候才开始飞翔"；在现时代，以科学技术和社会（STS）为代表的文理交叉研究与时代发展同行、关注科学技术与人文社会科学的活动，将"致力于前瞻明天的黎明"[11]。

由中国自然辩证法研究会举办的"中美科技哲学合作机会探索研讨会"于 2011 年 10 月 18 日在北京科技会堂举行。会议由中国自然辩证法研究会秘书长王玉平主持，来自美国科罗拉多矿业学院的卡尔·米切姆（carl Mitcham）教授，北德克萨斯大学的罗伯特·弗洛德曼（Robert Frodeman）教授、陶永心教授、布里特·霍尔布鲁克（J. Britt Holbrook）助理教授、理查德·内德尔（Richard H. Nader）博士，以及国内学者殷登祥教授、李建会教授、曹南燕教授、徐治立博士、朱效民博士等十几位学者参加了会议。

米切姆教授在讲话中介绍了他本人在科罗拉多矿业学院进行工程伦理学和技术哲学研究的历程。在 20 世纪早期，关于工程伦理和技术哲学的研究几乎是空白，而在传统的哲学系几乎没有人对此进行研究。但在其他工科学院，人们对工程伦理却非常感兴趣。因此，米切姆本人的研究主要是技术伦理和工程伦理，与其讨论的学者主要是一些技术专家或工程专家。为了与哲学专业的学者交流，后来，米切姆逐步转向技术哲学的讨论和研究，并组织学术讨论会，出版和发表了相关论文和著作。米切姆特别说到，他了解的"中国"的字面含义是世界的"中心"的意思。他注意到中国近年来社会发展非常迅速，学术研究发展很快。中国学者对技术伦理、工程伦理和技术哲学非常感兴趣，因此，他希望中国将来成为技术哲学和工程伦理的研究中心，包括发达国家和发展中国家的中心。米切姆教授也介绍了他与中国学者已有的合作以及将来可能的合作。我国学者很早就翻译和介绍了米切姆的思想，并在 20 世纪 90 年代初就邀请米切姆来访。近期，在和中国学者的合作下，米切姆将首先以中文出版一本关于技术哲学的著作，然后再用英文出版。米切姆教授讲完后，中国社会科学院的段伟文副教授、刘钢教授，北京大学的朱孝民副教授，北京师范大学的李建会教授等进行了提问，并就合作的可能性和领域进行了讨论[12]。

由中国科学院研究生院主办、中国科学院研究生院人文学院承办的"2011 年工程与社会学国际研讨会"于 2011 年 10 月 19～21 日在中国科学院研究生院召开。来自美国纽约大学、科罗拉多矿业学院、贝勒大学、普渡大学、弗吉尼亚理工大学、北德克萨斯州大学、荷兰代尔夫特理工大学、爱尔兰都柏林理工大学、丹麦理工大学等国外著名高校的 16 位学者，以及来自中国科学院研究生院、清华大学、大连理工大学、西安交通大学、同济大学、哈尔滨工业大学、河海大学、中国政法大学、广州市委党校等全国 10 多所高校的 30 余位学者和研究生代表参加了此次会议，会上就工程社会学的前沿问题进行了深入研讨。10 月 19 日上午 8 点 30 分，会议开幕式在中国科学院研究生院礼堂隆重举行，中国科学院研究生院人文学院副院长胡新和教授主持开幕式并致欢迎辞。开幕式结束后，大会进入主题发言阶段，期间，19 日上午由中国学者集中发言，19 日下午由美国学者集中发言，20 日上午由欧洲学者集中发言，20 日下午是交流总结阶段。19 日上午，中国学者的集中发言分为两个时段，分别由胡新和教授和李伯聪教授主持。在第一时段的发言中，中国科学院研究生院人文学院李伯聪教授以《开创一条工程社会学的新道路》为主题做了报告，他分析了当代社会学对工程研究的缺失，探讨了如何从社会学史中汲取灵感，提出了工程社会学的研究议程，号召"全世界的工程师们用社会学武装起来"，从而更好地从事工程建设[13]。

2011 年全国"科学技术前沿的哲学问题"、"物理学前沿与哲学问题"学术研讨会、广东自然辩证法研究会学术年会于 10 月 22～23 日在广东省梅州市嘉应学院隆重召开，会议主题是科学技术前沿的哲学问题、物理学前沿与哲学问题。本次会议由广东省自然辩证法研究会、中国自然辩证法研究会科学基础与信息网络专业委员会、嘉应学院、华南理工大学科学技术哲学研究中心联合主办，嘉应学院承办。中国自然辩证法研究会张明国副秘书长和嘉应学院邱国锋校长等参加了会议并讲话。来自全国 14 个省、直辖市，60 多所科研院校的 80 多位著名专家、学者出席了本次盛会。

全国科学技术前沿的哲学问题：会议主要方向分为科学哲学研究的发展方向、复杂性与系统科学研究的哲学思考、物理学前沿的哲学争鸣、分析性技术哲学研究的设想、科学哲学核心问题的哲学思考、科学技术实践中的哲学研究等几部分[14]。

由中国自然辩证法研究会环境哲学专业委员会、中国环境伦理学会、清华大学哲学系与南华工商学院联合主办，南华工商学院承办的"全国生态文明与市场经济研讨会暨 2011 年中国环境哲学和环境伦理学年会"于 2011 年10 月 28～30 日在清远市召开。来自全国各地 60 多名学者与会。开幕式由南华工商学院院长易江教授主持，清远市委市政府副秘书长梁思，中国环境哲学专业委员会理事长、清华大学哲学系主任卢风教授，中国环境伦理学会会长、哈尔滨工业大学人文学院副院长叶平教授先后在会上致辞。会议主要讨论了以下几个问题：第一，传统文化的生态滋养与环境伦理制度规范。第二，科学技术的生态转向与环境治理制度安排。第三，环境哲学的理论研讨与发展理念范式转换。第四，生态危机的根源探讨与摆脱困境制度建设等几个方面的问题[15]。

2011年11月25日，中国社会科学院科学技术和社会（STS）研究中心与国家科技部科技评估中心联合在京举办了"STS与技术评估"学术研讨会。来自首都高校和科研单位的10余位专家学者，重点从哲学、社会、价值观等方面对技术评估进行了深入热烈的研讨。与会专家简要地回顾了技术评估发展的历史、深入探讨了技术评估的基本理论问题、并且重点分析了我国技术评估的现状[16]。

由中国工程院主办，中国工程院工程管理学部承办的中国工程科技论坛第131场于2011年11月29日在北京隆重召开，来自中国工程院、企业、政府、高校、新闻界的代表70余人出席了论坛，与会专家学者紧紧围绕"工程演化与产业结构调整"这一主题从多个学科与视角进行了深入交流与讨论。

中国工程院副院长樊代明在论坛致辞中说，众多专家聚焦于工程及其演化问题，促进各项工程健康发展，意义重大而深远，这也是我们的历史使命。完成这一使命要走三部曲，第一部曲是实现自然科学与社会科学的交汇，这是不知不觉的交汇；第二部曲是实现工程科学与管理科学的交汇，这是后知后觉的交汇；第三部曲是实现现代学与未来学的交汇，这是先知先觉的交汇。

中国工程院主席团名誉主席徐匡迪在论坛上发表了"关于工程演化论的若干思考"的讲话。他指出：①工程师要有哲学思维。工程不断创新才有它的社会与市场价值，工程师要不断创新就必须有正确的哲学思维。②纵观人类社会历史，工程是不断演化的。农耕文明时期，工程缓慢演化推进；产业革命250年来，工程演化突飞猛进。③工程既是直接生产力，也始终蕴含着社会关系。④工程演化论从根本上说明，产业结构调整不以人们的意志而转移。⑤工程和工程师应始终代表先进生产力发展的要求，工程才会长盛不衰。

中国工程院院士殷瑞钰在论坛上作了"工程演化与产业结构优化"的报告。他指出：①工程是直接生产力，构建新的人工物是工程活动的基本标志。②工程是在一定边界条件下，即在客观自然、经济社会、人文要素和信息环境下对技术要素与非技术要素的集成、构建、运行与管理。③工程与科学、技术、产业是既相区别又紧密相关的，不同历史条件下的工程——技术——科学和产业之间的关系是演变着的。④工程演化的过程是产业结构不断升级、调整、优化的过程。⑤工程演化的动力是由不同类型的力（包括推力、拉力、制动力、筛选力等）及其互动关系构成的复杂系统。

中国工程院院士汪应洛在论坛上作了"工程演化的系统观"的报告。他指出：①工程演化是一个复杂的系统演化的过程。②工程系统不仅自身演化，而且与自然、社会构成三元互动体，协同演化。③时代变化，催生工程系统演化。④优化产业结构，转变经济发展方式，是当代工程系统演化的重要方向。

中国科学院研究生院教授李伯聪在论坛上作了"工程演化的机制与新产业的形成"的报告。他指出：①工程是不断发展和演化的，工程演化的机制有"选择与淘汰"机制、"创新与竞争"机制、"建构与协同"机制。②工程演化过程有"三部曲"，即"技术发明——工程创新——产业扩散"三部曲。③工程演化进程的一个重要表现或内容就是"新行业"（产业）的不断兴起和产业结构的不断调整。

中国工程院院士朱高峰在论坛上作了"信息通讯工程发展和产业结构调整"的报告。他指出：①信息通讯工程的发展脉络是：通讯技术——计算机技术——两者融合：网络——新技术。②信息通讯产业发展的脉络是：通讯产业——计算机产业——新兴产业（包括互联网产业、内容产业）。③信息通讯工程演化的结果：一是建立了全社会信息基础设施。二是渗透到了社会生活的各个方面，影响并推动了社会发展。三是改变了人们的生活方式。四是带来了一系列问题——意识形态、犯罪活动、虚拟性、网络战等。④信息通讯产业处在不断的调整优化中。⑤信息通信工程演化发展的启示：一是信息通讯在一段时期内仍是领头技术和产业，呈指数增长规律。二是信息技术、产业与应用互相促进。三是发展进步与淘汰落后并存。四是信息通讯的快速发展带来了前景的不确定性[17]。

由中国科学院研究生院工程与社会研究中心和华南师范大学共同主办的"第二届中国工程史学术研讨会"于 2011 年 12 月 3～5 日在广州华南师范大学顺利召开。来自中国科学院研究生院、中国科学院自然科学史研究所、北京航空航天大学、国防科技大学、中国水利水电科学研究院、哈尔滨工业大学、华南师范大学、西安建筑科技大学、广州市委党校等全国多所高校及研究机构的近 30 位学者代表参加了此次会议。参会代表围绕"中国近现代工程史研究"课题、"中国古代水利工程保护以及军事工程技术史"等议题进行了深入探讨。

12 月 3 日上午 8 时 30 分，会议在华南师范大学田家炳楼开幕，中国科学院研究生院人文学院李伯聪教授主持开幕式并致辞，他详细介绍了近年来中国工程史研究的进展情况，强调了工程史研究的必要性和紧迫性，并预祝大会圆满成功。这次会议的一个重要议题，是讨论中国科学院资助的"中国近现代工程史研究"课题的进展情况。为此，李伯聪教授做了题为"中国近现代工程史研究"的主题报告。他详细分析了工程演化论、工程史、工程哲学三者的关系，认为工程演化论是连接工程史和工程哲学的桥梁，而新的产业则是工程演化的基础；提出工程史应该成为一个新的研究学科，并重点介绍了撰写《中国近现代工程史大纲》的总体设想，具体涉及此书的学科性质、理论范式与基本线索、历史分期、重大主题、方法论及其他理论问题。

12月4日下午的会议主要是针对中国科学院资助的课题"中国近现代工程史研究"，征求与会学者的意见和建议。大家就中国工程史研究中的历史分期、研究维度、技术史与工程史的关系、工程发展中的产业问题、工程发展中的代表性人物研究等问题展开了热烈讨论，形成了不少有价值的思路。会议在热烈讨论的气氛中落幕。

"第二届中国工程史学术研讨会"为关心工程史研究的专家学者提供了一个交流平台，与会者对每个人的发言都进行了充分讨论，尤其是对"中国近现代工程史研究"课题的研究进展进行了总结和诊断，为下一步研究工作的开展提出了很好的建议。可以说，本次会议的成功召开必将推动我国工程史研究迈上新的台阶，开创中国工程史研究的新局面[18]。

2011年12月17~18日，由中国自然辩证法研究会、中共深圳市委宣传部、深圳市社会科学联合会、深圳报业集团主办，清华大学深圳研究生院、清华大学科学技术与社会研究中心承办的"产业论与产业创新研讨会"在深圳召开。中国自然辩证法研究会朱训理事长一直关心本次会议的召开，他给大会的贺信中指出："产业结构转型升级和文化大发展要求产业哲学做出新的贡献、产业结构转型升级，以及中国制造向中国创造的转变是我国经济社会走可持续发展之路的必然选择；党的十七届六中全会《中共中央关于深化文化体制改革推动社会主义文化大发展大繁荣若干重大问题的决定》为产业哲学提出新的任务。当今产业的发展已经显现了新的时代特征和新的矛盾，产业已经从物化的工业时代转向工业时代和文化时代并茂的时代，产业的发展和文化大发展呼唤产业哲学要有新的发展和贡献"。中国科学院院士何祚庥，中国自然辩证法研究会副理事长曾国屏、王德胜，深圳市宣传部副部长、社会科学院党组书记兼院长吴忠，深圳市科协主席周路明，清华大学深圳研究生院副院长马辉等出席会议并做学术报告。来自全国各地的60余位专家学者围绕产业哲学基本理论与学科范式、产业与社会发展、科学技术创新与产业创新、国家创新型城市建设和现代产业发展、高新区和高新技术产业发展等问题展开了讨论，取得了积极的成果。

蔡德麟教授在大会演讲中回顾了中国哲学"实践转向"的发展历程，认为产业哲学的兴起是中国哲学界克服教条主义的影响，克服中国哲学关注伦理而不关注产业的先天缺陷，循着"应用哲学"的方向，寻找新的学术生长点的探索过程。产业哲学对产业的研究，既注重了宏观层面的理论反思，又关注到产业中观层面的实践活动，标示着中国哲学积极进行

"实践转向"，开始步入正确的轨道。他指出，产业是生产力与生产关系矛盾运动的载体，经济活动首先就是产业活动，一部人类社会发展史，就是通过劳动和生产将天然物转化为人工物，人工物社会化进而导致产业生成和发展的过程。同时，产业是一个国家经济发展的基础，产业结构是国民经济结构的核心，产业结构的状况和经济结构的状况反映了一国的经济发展水平，制约着经济发展的速度。从调整产业结构着手，谋求发挥后发优势，赶上发达国家，是第二次世界大战后不少发展中国家和地区经济发展上的一个共同特点。从我国和世界产业发展史来看，已经历了一个从农业到轻工业和重工业，再到服务业这样三次产业的漫长发展过程。当代以信息产业为代表的新兴产业震撼着全世界，已对世界历史的发展产生了深远的影响。如何从哲学的层面对产业发展的规律和趋势进行研究，这正是产业哲学的内涵和意义所在。在西方，产业革命极大地推动了西方的现代性运动，对产业活动的反思如对产业分工活动的反思，是西方哲学研究的重要领域。因此，产业哲学的研究有利于丰富中国哲学研究与世界哲学研究的对话和交流。

何祚庥院士在大会上做了《为什么要研究产业哲学》的演讲，认为产业哲学应以生产力作为研究对象，应重点研究生产力发展的客观规律，包括科学技术如何转化为生产力？产业的发展与转型如何进行技术路线的选择？如何科学地解决供给与需求的矛盾等重大问题。因此，从本质上说，产业哲学是生产力哲学，它是自然辩证法和历史辩证法或历史唯物主义联系的桥梁，在马克思主义的理论体系中，处于核心的最重要的地位，是一切涉及人生的实用哲学的基础。

曾国屏在《产业发展的三螺旋：技术论、社会论与技社论》的主题报告中提出，产业是自然与社会的全面结合。产业的发展是在自然、社会和工程产业所构成的一种三螺旋中进行的。在这种三螺旋结构中，自然科学技术作为一端，社会经济作为另一端，产业则处于中间的位置上。产业作为一种人

工物的社会性生产和扩散过程，必然是一头连着科学技术，一头连着社会经济消费。从方法论和认识论的角度看，这种结构也是技术——社会——技术——社会的三螺旋，并成为技术论、社会论和技社论（社会技术论）的基础，并可以此来建构产业论的体系框架。在他看来，从技术到社会，既是"无缝之网"，也是有多条产业链和多次参与其中发生相互作用而形成的变迁之网或"结构洞"，同时还是科学技术、技术—社会（包括技术性社会 techno-society，也包括社会性技术 socio-technology），社会经济三方面相互作用形成的三螺旋结构体，这种三螺旋的结构体也可以看作是知识世界、产业世界和生活世界交互作用形成的发展结构。从"技术"到"社会"，这是一个从倚重认知到倚重实践的连续谱，也可以视作知识的生产、传播与利用的谱系，还是一个从"科技推动"到"需求拉动"的连续谱。因此，在他看来，产业论与产业创新的研究，应是一种"认知—实践"式的研究，以促进技术、社会、经济的协同发展。

会议最后，曾国屏教授在总结中强调，恩格斯的《国民经济学批判大纲》不仅是德国社会主义者在政治经济学"这门科学方面内容丰富而有独创性的著作"，更是以一种科学、技术与产业、社会的启发性思路引发马克思研究兴趣转向的历史性著作。没有这部著作，就没有马克思的《1844 年经济学哲学手稿》，也就不会有马克思主义的诞生。由此可见，产业论和产业创新具有悠久的历史渊源和强大的生命力。他号召与会学者进一步探索产业论与产业创新的学科建设与学术方向，为我国的产业和社会发展做出进一步的积极贡献[19]。

2012 年 3 月 26～27 日，由中国自然辩证法研究会技术哲学学会、东北大学、辽宁省自然辩证法研究会联合主办，由教育部"985 工程"科技与社会（STS）哲学社会科学创新基地、东北大学科学技术哲学研究中心承办的"第 14 届全国技术哲学学术年会"在东北大学隆重召开。辽宁省社科联杨路平副主席、中国自然辩证法研究会张明国副秘书长、中国工程院殷瑞钰院士、闻邦椿院士、中国社会科学院朱葆伟教授、清华大学吴彤教授、高亮华教授、西安建筑大学邓波教授、华中师范大学林剑教授、李宏伟教授，华南理工大学肖峰教授、吴国林教授等来自全国各科研机构、高等院校、企业界的技术哲学研究领域老中青三代专家、学者共计 120 余人出席了这次学术盛会。此次会议的主题是"当代技术哲学发展与中国语境的技术哲学"，会议共分为以下四个主题：技术哲学基础理论研究、不同学派的技术哲学思想研究、当代技术发展中的重大哲学问题研究和中国语境的技术哲学研究。

3月26日上午9：00，开幕式由东北大学科学技术哲学研究中心主任陈凡教授主持。东北大学左良副校长致开幕词，中国自然辩证法研究会张明国理事致辞。

开幕式之后，殷瑞钰院士和闻邦椿院士分别做了大会报告。殷瑞钰院士报告的题目为"工程演化与产业结构优化"。他梳理了人类社会的历史进程中，工程在产业结构调整过程中的重要作用，分析了工程作为直接生产力与科学、技术、产业之间的关系。通过构建工程的模型，阐释了工程的本质和特征，以及工程在社会与自然之间的关系，进而分析工程在当代社会的演进过程。

闻邦椿院士做了题为"浅谈产品设计方法学"的报告。他认为，产品设计是产品质量的"灵魂"，是产品研究和开发争得市场的重要条件，也是企业生存和发展的关键因素。因此，现代的"产品设计方法学"是以知识为依托的经济发展模式下研究的重要课题。

东北大学陈凡教授做了题为"当代技术哲学发展与中国化的技术哲学研究——技术哲学研究的本土化、国际化和中国化"的报告。他分析了技术哲学的发展和转向，提出努力创造中国特色的技术哲学学派，坚持"以特色突出地位，以研究体现水平，以应用需求前途，以开放促进发展"的理念，就一定能打造在国际技术哲学领域占有一席之地的中国特色技术哲学学派。

26日下午，中国社会科学院朱葆伟教授和清华大学高亮华教授主持报告会。

吴彤教授作题为"互联网技术监督的政治哲学初探"的报告。他分析了互联网作为一种技术监督的巨机器，权利和资本推动了网络监督功能的出现和发展，并呼吁技术哲学家要从政治学的视角关注技术。

林剑教授作题为"阻碍科技创新的儒家文化基因"。他从中国传统文化角度提出当前中国学术的发展有待进步。

吴国林教授在"试论技术哲学研究纲领——兼评'张文'与'陈文'之争"的报告中谈到，技术哲学的核心是技术认识论问题，要解决技术认识论问题，最基本的方法就是分析法，他提出，技术哲学的研究纲领应该包括：技术的涵义与本质，技术的本体论，技术的认识论，技术逻辑与技术推理，技术设计，技术解释、遇见与创新，技术哲学的方法论等。

高亮华教授作题为"当代技术哲学：转向、进路与议程"的报告。他认为，技术哲学的研究从技术框架内的三个问题入手：技术是什么？如何评价技术？如何处理技术与人的关系？由于当代技术哲学的局限，还需要一个关于行动技术哲学的转向。

肖峰教授作题为"信息技术的若干哲学问题"的报告。他认为,"信息技术"的哲学含义从日常用法而来,但又不完全等同于日常生活用法。

李宏伟教授做题为"技术阐释的身体维度"的报告。他指出,"发现身体"是传统形而上学终结和哲学转向标志。技术阐释的身体维度研究超越了卡尔·米切姆技术哲学的两种研究传统划分,开启了工程学的技术哲学和人文主义的技术哲学在身体维度上的汇聚和整合。

邓波教授做题为"作为'第一哲学'的技术哲学"的报告。他分析了技术与形而上学的关系,及其形而上学的两条发展路径,认为构建技术哲学应该回归'第一哲学'的道路。

3月27日上午,大会分为两个分会场进行发言和研讨,东北大学陈红兵教授主持"技术哲学基础理论研究和不同学派的技术哲学思想研究"分主题讨论,沈阳师范大学田鹏颖教授主持"技术发展中的重大哲学问题研究和中国语境的技术哲学研究"分主题讨论。

在会议闭幕式上,陈凡教授对本次大会给予了很高的评价。他认为在特殊的时期、地点、背景下召开的这次学术研讨会是对东北大学陈昌曙先生很好的追思,也是对中国技术哲学很好的传承。陈凡教授对本次大会所取得的学术交流成果给予高度评价和肯定,对今后的技术哲学发展也提出了殷切希望,同时宣布第15届全国技术哲学学术研讨会将于2014年在贵州大学召开。

第14届全国技术哲学年会汇聚了全国技术哲学领域的专家学者,探讨了技术哲学领域内的诸多前沿问题,是一场名副其实的学术盛宴。全国技术哲学学术研讨会的成功召开,必将推动我国技术哲学事业迈上新的台阶,开创技术哲学研究的新态势[20]。

2012年4月14～15日,在浙江临安召开了工程伦理教学与研究学术研讨会。来自北京大学、清华大学、中国社会科学院、中国科学院、大连理工大学、北京工业大学、北京理工大学等30余名专家学者参加会议,对工程伦理教学和实践问题展开了热烈讨论,有利地推动全国工程伦理教育和卓越工程师培养计划的发展与完善。浙江大学人文学院主办会议,会议由人文学院副院长盛晓明教授主持。会议主要从工程伦理的基础理论问题、工程伦理的教育教学问题、工程伦理的实践路径问题三个方面展开。

浙江大学盛晓明教授做大会总结,他指出工程伦理是一个开放性领域,问题很多,也非常复杂,比如工程伦理学科如何建设?案例如何研究?教学如何相长?建议各个学校建立工程伦理研究中心,相互合作交流,积极吸收借鉴中国传统道德文化资源和国外工程伦理研究经验，从基础研究和工程案例研究做起，共同推动我国工程伦理课程教学工作，促进工程伦理研究发展，完善卓越工程师培养计划[21]。

跨学科视野下的转基因技术学术研讨会于 2012 年 4 月 14 日～16 日在南京农业大学举行。会议由中国科学院《自然辩证法通讯》杂志社、江苏省自然辩证法研究会和南京农业大学科技与社会发展研究所共同主办。开幕式由中国自然辩证法研究会理事、农业哲学专业委员会副理事长、南京农业大学严火其教授主持。南京农业大学党委副书记盛邦跃教授代表学校向与会代表表示热烈欢迎。《自然辩证法通讯》主编胡新和教授、江苏省自然辩证法研究会理事长王国聘教授分别致辞。肖显静教授、强胜教授向大会作了主题报告。大会收到论文近 30 篇，来自全国各地的 40 多位专家学者出席了本次大会。

南京农业大学生命科学学院强胜教授从生物安全的角度作了《我国转基因生物环境安全风险探讨》的主题发言，他的报告主要围绕转基因作物的种植过程中的环境安全性问题并结合他所在的南京农业大学杂草研究室研究工作的经历展开，他认为转基因作物的种植涉及到基因漂移风险、生物多样性影响、靶标生物抗性形成等环境安全问题，转基因作物以抗除草剂转基因作物一枝独秀，因此带来了除草剂技术体系的安全性威胁，抗除草剂杂草的演化，杂草稻的发生和危害对转基因水稻安全性的影响问题等。不过他认为虽然转基因作物环境安全风险是客观存在的，但是，相关风险的研究一直在进行，并且预期到诸多风险。他相信只要我们采取积极科学的研究、相应的科学决策、严格而科学的管理、应对预期风险的技术储备、以及提高公众意识等措施，生态风险是可控的。

中国科学院研究生院肖显静教授作了《转基因技术特征及其与环境风险关联的哲学分析——基于不同生物育种方式的比较研究》的主题报告，他指出传统生物育种技术可以看作是手工工艺技术，属于海德格尔的前现代技术范畴，顺从自然，通过"做""培育出"生物，与自然生物没有本质差别，对环境的影响不大。转基因技术则是由分子遗传学理论引导的现代技术，所产生的转基因生物人工性更强，可能带来更大的环境风险。他认为与传统生物育种技术相比较，转基因技术不仅存在环境风险，而且这种风险还具有特殊性[22]。

2012 年 8 月 14 日～22 日，"全国科技哲学与区域发展战略学术研讨会"在黑龙江中医药大学举行。会议由中国自然辩证法研究会、河南省自然辩证法研究会、黑龙江省自然辩证法研究会联合主办，黑龙江中医药大学承办。

来自全国各地的近 40 位专家学者出席了会议，大会收到论文 30 多篇。

会议围绕"科技哲学与区域发展战略"主题，就"创新型人才培养"、"河南省新型农村社区建设研究"、"迎接知识社会挑战，实施知识发展战略"、"创需创新与延展创新：当代科学技术创新的两种主要形式"、"国外大学教师培训管理机制的经验及启示"、"新型城镇化引领'三化'协调发展的政策分析和理论创新"、"技术背景下社会主流思想的变化"等议题进行了深入讨论和广泛交流。代表们认为，我们国家的发展也已经到了社会转型期，急需要出更多的哲学新思想，更多的哲学家，更多的面向实际的哲学理论。自然辩证法学科具备这样的特质，我们一定要抓住机遇，奋发有为，深入基层，深入一线，认真调查研究，努力出高水平的成果，为学科发展和跨越而奋斗，为国家发展提供更多具有科学价值的决策服务。大家一致认为，本次学术会议达到了信息互通、知识共享、学术同进、服务国家或地区发展战略的学术目标和预期效果，取得圆满成功[23]。

2012 年 8 月 14～17 日，中国自然辩证法研究会科技创新专业委员会在山西太原举办了学术年会（党校系统专业委员会同时举办）。本次会议由山西省委党校现代科技教研室承办。来自全国党校系统、高校、科研机构、企业界、政府部门及媒体的 40 余名代表参加了会议。山西省委党校副校长高建生，中央党校哲学教研部主任李晓兵，山西大学副校长高策，中国自然辩证法研究会副理事长、秘书长尚智丛，山西省科技厅政策法规处处长张克军等领导到会并致辞。

会上，国家科技部火炬中心副主任杨跃承，本会常务理事、科技创新专业委员会理事长赵建军教授，本会常务理事、党校系统专业委员会理事长王克迪教授分别做了主旨报告。北京萃智工业技术研究院院长李静做了题为《当代创新理论与方法的马克思主义解析》的专题报告。科技创新专业委员会的与会学者围绕"创新创业与绿色发展"的主题，从多个层面进行了广泛而深入的研讨，呈现了学界对创新与绿色发展研究的深邃思考和开拓性成果。

与会代表还就工程创新、地区创新实践、能源创新技术、教育技术、民生科学技术等问题进行了研讨与交流，推动了相关研究工作和创新实践的发展，加深了学术界、政界和企业界的了解与合作。

通过举办 2012 年科技创新专业委员会学术年会，搭建了一个党校、高校、科研院所、学术界、企业界、政府之间相互交流的平台，营造了良好的学术氛围，与会代表畅所欲言，讨论热烈，点评精彩，是一次积极务实、创新发展、富有成效的学术年会[24]。

第九届全国科技文化与社会现代化学术研讨会于2012年8月18日至19日在福建农林大学隆重召开。本次学术研讨会由中国自然辩证法研究会科技文化专业委员会和福建省自然辩证法研究会联合主办，福建农林大学承办。会议共收到论文50余篇，来自全国各地高校、科研院所、党校、军队院校、科协等有关单位的60多位专家学者出席了会议。

本次研讨会充分体现了三个突出特点：一是与会代表的广泛性，代表来自各地高校、科研院所、党校、军队院校、科协等有关单位，既有老一辈知名专家学者，又有中青年学术才俊，还有正在读研的莘莘学子；二是会议主题的时代性，科学技术文化研究紧扣现时代的文化强国战略。与会代表理论联系实际，运用科学技术文化的基本理论深入分析我国当前文化建设面临的现实问题，探寻提升我国科学技术文化软实力的对策，体现了"面向现实，走向大众，为国服务"的办会宗旨；三是学术气氛的浓厚性，与会代表发扬本会百花齐放、百家争鸣的学术传统，解放思想，大胆探索，切磋学问，沟通思想，各种观点在碰撞中升华，会议取得了丰硕的学术成果[25]。

2012年8月20～24日由中国自然辩证法研究会复杂性与系统科学哲学专业委员会、黑龙江省自然辩证法研究会主办，清华大学科学技术与社会研究所、华南师范大学系统科学与系统管理研究中心、北京师范大学科学与人文研究中心、科技与社会（STS）专业委员会、哈尔滨工业大学人文与社会科学学院等单位协办，哈尔滨工业大学工程与社会发展研究中心承办的中国自然辩证法研究会复杂性与系统科学哲学专业委员会第七次年会暨科技进步与当代世界发展全国中青年学术年会第十四届会议，在哈尔滨工业大学召开。

会议的主题是：复杂性视域下的科学、技术、工程与社会。出席会议的有来自全国35所高校的正式代表43人，收到论文及论文摘要40余篇[26]。

2012年9月1～2日，"知觉与意识：2012年心灵与机器北京会议"成功举办。会议由中国人民大学哲学院、北京师范大学脑与认知科学研究院、认知神经科学与学习国家重点实验室、心灵与机器Workshop联合主办。本届会议是"心灵与机器Workshop"第九届跨学科年度会议，也是心灵与机器Workshop第一次专门与心理学家、神经科学家合作办会。本届会议的主题是"知觉与意识"，分为五个专题：视觉与注意；意识与无意识知觉；概念与知觉经验；机器觉知与机器意识；情感与道德的神经机制。来自中国人民大学、北京师范大学、北京大学、清华大学、中国科学院、浙江大学、中山大学、复旦大学、厦门大学、华东师范大学、香港中文大学、台湾阳明大学等十几所院校的哲学、心理学、认知神经科学、计算机科学、语言学等不同学科 50 余位专家学者参加了本次会议。

为期两天的会议先后在中国人民大学和北京师范大学举行。9 月 1 日，会议在中国人民大学逸夫会议中心第一会议室举行。中国人民大学哲学院刘晓力教授、北京师范大学脑与认知科学研究院院长罗跃嘉教授分别致开幕辞。

9 月 2 日，会议在北京师范大学脑成像中心 3 楼大会议室举行。

讨论会之后，朱菁教授、刘晓力教授分别作了会议闭幕致辞。周北海教授被选为新一任心灵与机器 Workshop 工作组组长。闭幕式结束后，北京师范大学王君研究员带领与会专家学者参观了北京师范大学认知神经科学与学习国家重点实验室[27]。

2012 年 10 月 26～29 日，由南京林业大学江苏环境与发展研究中心、哈尔滨工业大学环境与社会研究中心、中国环境伦理学会、中国自然辩证法研究会环境哲学专业委员会、江苏省自然辩证法研究会主办，美国北德克萨斯大学环境哲学研究中心、澳大利亚拉筹伯大学中国研究中心、《南京林业大学学报（人文社会科学版）》协办的"生态文明：国际视野与中国行动——第二届中国环境伦理学国际研讨会暨 2012 中国环境伦理学环境哲学年会"在黄山召开。来自全国各地的 120 余名学者，和来自英国、美国、澳大利亚、荷兰的近 10 位国外学者与会，共收到论文 99 篇。开幕式上，国际环境伦理学会主席布拉迪（Emily Brady），国际《环境伦理学》主编哈格罗夫（Eugene Hargrove），澳大利亚拉筹伯大学中国研究中心主任裴丽昆，南京林业大学江苏环境与发展研究中心主任王国聘，中国环境伦理学会会长叶平，环境哲学专业委员会副会长曹孟勤等先后致辞。本次会议是对 2004 年在南京召开的第一届中国环境伦理学国际研讨会之后，中国环境伦理学的发展和国际交流的一次检阅。会议的主题是"生态文明：国际视野与中国行动"[28]。

"负责任创新的伦理探索：3TU-5TU 科技伦理国际会议（The Ethical Exploration of Responsible Innovation：3TU- 5TU International Conference of Ethics of Science and Technology)"于 2012 年 10 月 29 日至 30 日在大连理工大学成功召开。本次会议由荷兰代尔夫特理工大学、埃因霍温理工大学、特温特大学"科技伦理研究中心"（简称 3TU）和我国大连理工大学、北京理工大学、东北大学、东南大学、哈尔滨工业大学"科技伦理研究联盟"（简称 5TU）联合主办，大连理工大学人文与社会科学学部"科技伦理与科技管理研究中心"承办。本次会议以"负责任创新的伦理探索"为主题，来自荷兰与中国的近 30 位专家学者参加了本次会议，共同探讨有关负责任创新、价值敏感性设计等领域技术伦理问题，并且就双方的科学技术伦理研究与教育状况进行了充分交流，形成进一步合作的方案。

本次会议涉及主题分为四部分。第一部分是"负责任创新"的伦理问题，第二部分是技术实践中的伦理问题，第三部分是理工科大学的工程伦理教育问题，第四部分是科学研究中的伦理问题。

"负责任创新"是目前国际上非常关注的热点问题，也是本次会议的核心议题。霍温（Jeroenvanden Hoven）教授作了一场题为"价值敏感性设计与负责任创新"的主题报告。霍温教授从具体的案例出发详细介绍了"负责任创新"（Responsible Innovation）这一概念。并将"负责任创新"分为四个层次。第一个层次是"单纯的创新"（Mere Innovation）。这一个层次的创新被认为能够带来新的商机，刺激经济的增长，促进就业和社会繁荣。这个层次的创新还应该产生新技术以及被认为是需要的功能。霍温教授认为这一层次的创新在本质上不涉及善恶。第二层次是"创新且避免伤害，以及满足其他的道德约束"。这一层次的创新体现在能产生前所未有的功能，同时并不带来道德错误，例如损害人类健康与环境、不公正、侵犯隐私、限制公民权利等风险的增加。第三个层次是"创新且注意到在过程中履行责任的条件"。在这一层次，他提出了两种类型的"责任归因"（Responsibility Ascriptions）。一种是以"事实无知"、"道德无知"等为借口推卸责任，而另一种则是不考虑这些借口，仍然需要负责任。因此，这一层次的"负责任创新"就是能够意识到在创新的同时需要承担责任。第四个层次是"作为道德进步的负责任创新"。这一层次中对创新的要求是：通过新技术的引进能够带来一种新的世界状态，这种状态避免了以往创新所面临的非此即彼的道德选择，要尽量平衡道德难题的两个方面，这就要求在技术设计时嵌入一些有道德属性的功能。

从本次"负责任创新的伦理探索：3TU-5TU 科技伦理国际会议"中可以得出三点启示。一是我国学术界对"负责任创新"这一目前国际上科学技术伦理与科学技术管理相结合的热点问题，应给予更多的关注。二是我国科学技术伦理教育工作应进一步推进。目前，我国大部分理工科院校对科学技术伦理教育的重视程度偏低，荷兰 3TU 院校在这方面的成绩相对突出。三是3TU 模式在荷兰的成功实践，促进了我国 5TU 合作模式的建立以及 3TU 和5TU 的全面合作。这种合作模式应进一步推广，在推动我国科学技术伦理教育方面发挥更大作用[29]。

"2012 哲学、工程与技术国际论坛（fPET-2012）"于 2012 年 11 月 2～4日在北京友谊宾馆召开。本次论坛由中国科学院大学主办，美国工程教育学会工程与社会分部、国际工程研究网络、美国土木工程师协会结构工程研究所工程哲学委员会、美国科罗拉多矿业大学 Hennebach 人文计划、中国水电工程学会、中国自然辩证法研究会工程哲学专业委员会、北京工业大学人文与社会科学学院、大连理工大学人文与社会科学学院、昆明理工大学社会科学学院等单位协办。"fPET-Forum on Philosophy, Engineering and Technology（哲学、工程与技术国际论坛）"是"哲学与工程研讨会"（WPE）的延伸（WPE-2006、WPE-2007、WPE-2008 分别在美国麻省理工学院、荷兰代尔夫特大学和英国皇家工程院举行）。fPET 的宗旨是：激励工程师和哲学家以及有关人士深入反思工程、工程师和技术，并试图在哲学家团体和工程师团体之间架起沟通桥梁。继 fPET—2010 于 2010 年 5 月在美国科罗拉多矿业大学成功召开后，本次论坛是技术与工程哲学领域的又一次盛会。大会共录用论文 96 篇，有来自美国、澳大利亚、英国、巴西、中国、加拿大、法国、德国、意大利、荷兰、爱尔兰、俄罗斯、瑞士等 13 个国家的近百名学者与会，由中国科学大学李伯聪教授与美国贝勒大学纽贝尔（Byron Newberry）教授担任本次会议的联合主席。会议主要围绕工程哲学、技术哲学、工程伦理、关于工程与技术的跨学科研究以及有关出版问题展开讨论[30]。

（高明辑录整理）

参考文献

[1] 李世新．"北京 2011·科学技术与低碳社会高峰论坛"综述 [J]．哲学动态，2011，(7)：108-110.

[2] 张卫．应用伦理实践的可能性路径——第二届东亚应用伦理学与应用哲学学术研讨会综述 [J]．科学技术哲学研究，2012，(2)：110-112.

[3] 李永胜．第五届全国工程哲学学术研讨会综述 [J]．哲学动态，2012，(1)：110-112.

[4] 刘劲杨，张志伟．科学发展的全方位思考——"自然辩证法与科学发展"高阶研讨会综述 [J]．中国人民大学学报，2011，(4)：155-156.

[5] 李亮，王国聘．江苏省伦理学会年会暨"环境伦理与低碳社会建设"学术研讨会 [J]．哲学动态，2011，(9)：113.

[6] 叶岸涛．"科学与辛亥革命——纪念辛亥革命 100 周年学术研讨会"会议综述 [J]．自然辩证法研究，2011，(8)：126-128.

[7] 李少兵．2011 国际莱布尼茨学术研讨会在京召开 [J]．自然辩证法研究，2011，(11)：68.

[8] 李建军，唐冠男．"两岸青年科技工作者生物技术伦理与社会规制论坛"综述 [J]．自然辩证法研究，2011，(10)：123-124.

[9] 夏劲．生态文明视野下的科学技术文化研究——第八届全国科技文化与社会现代化学

术研讨会综述 [J]. 自然辩证法通讯，2011，(6)：116-118.

[10] 张雅静，丁太顺. "2011科技创新与社会发展高层论坛暨科技创新专业委员会学术年会"综述 [J]. 自然辩证法研究，2011，(10)：121-122.

[11] 王程韡. 为了科学技术与社会的美好明天中德STS会议在清华大学举办 [J]. 自然辩证法研究，2012，(1)：51.

[12] 李建会. 中美科技哲学合作机会探索研讨会在京举行 [J]. 自然辩证法研究，2011，(12)：126-127.

[13] 张涛. 2011年工程与社会学国际研讨会会议纪要 [J]. 工程研究——跨学科视野中的工程，2012，(1)：99-101.

[14] 沈健. 2011年全国"科学技术前沿的哲学问题"学术研讨会综述 [J]. 自然辩证法研究，2012，(2)：126-127.

[15] 包庆德，解保军. 探寻生态文明与市场经济的契合及其进路——中国环境哲学和环境伦理学2011年年会评述 [J]. 科学技术哲学研究，2012，(3)：111-112.

[16] 李世新. 开展STS研究，促进技术评估发展——"STS与技术评估"学术研讨会综述 [J]. 自然辩证法研究，2012，(4)：87，128.

[17] 李永胜. 聚焦工程演化 关注产业结构调整——中国工程科技论坛（第131场）会议综述 [J]. 自然辩证法研究，2012，(4)：67，123-124.

[18] 张涛. 第二届中国工程史学术研讨会会议纪要 [J]. 工程研究——跨学科视野中的工程，2012，(1)：102-103.

[19] 杨君游. 产业哲学视野下的产业创新——产业论与产业创新学术研讨会在深圳召开 [J]. 自然辩证法研究，2012，(4)：125-127.

[20] 陈红兵. 当代技术哲学发展与中国语境的技术哲学——第14届全国技术哲学学术年会在东北大学举行 [J]. 自然辩证法研究，2012，(5)：44，127-128.

[21] 张恒力. 探索工程伦理教学与研究规律 促进卓越工程师培养计划发展——全国工程伦理教学与研究学术研讨会综述 [J]. 自然辩证法通讯，2012，(6)：120-121.

[22] 姜萍. 跨学科视野下的转基因技术研讨会会议综述 [J]. 自然辩证法研究，2012，(8)：127-128.

[23] 张永青. 全国科技哲学与区域发展战略学术研讨会在黑龙江召开 [J]. 自然辩证法研究，2012，(11)：41.

[24] 吴保来，杨发庭. 2012年科技创新专业委员会学术年会在太原举行 [J]. 自然辩证法研究，2012，(11)：29.

[25] 夏劲. 文化强国战略视域下的科技文化研究——第九届全国科技文化与社会现代化学术研讨会综述 [J]. 自然辩证法通讯，2013，(1)：122-123.

[26]《自然辩证法研究》编辑部. 本会复杂性与系统科学哲学专业委员会第七次年会暨"科技进步与当代世界发展全国中青年学术年会"在哈尔滨召开 [J]. 自然辩证法研究，2012，(11)：13.

[27] 张志伟，张佳一. 心理学与哲学的互动——"知觉与意识：2012年心灵与机器北京

会议"纪要［J］. 哲学研究, 2012,（11）: 125-126.

［28］郭辉. 生态文明: 国际视野与中国行动——第二届中国环境伦理学国际研讨会暨 2012 中国环境伦理学环境哲学年会综述［J］. 南京林业大学学报（人文社会科学版）, 2012,（4）: 127-132.

［29］于雪. "负责任创新"的伦理探索——"3TU-5TU 科技伦理国际会议"综述［J］. 科学技术哲学研究, 2013,（1）: 110-112.

［30］何江波, 张海燕. 哲学、工程与技术国际论坛（fPET-2012）综述［J］. 自然辩证法通讯, 2013,（2）: 123-124.

技术哲学国内期刊文献索引

本部分收录内容为2011～2012年期间中国知网所收录国内期刊刊发的技术哲学领域文献，以期刊汉语拼音刊名为序。

安徽农业科学

1 吕国忱，蔡健．生态危机的根源及生态文明的必由之路——科技发展．安徽农业科学，2012，(8)：5086-5088.

2 王晓路，李英．转基因技术风险的哲学反思．安徽农业科学，2012，(22)：11175-11178.

安徽文学

3 杨婧．关于人的物化与技术理性批判的反思．安徽文学：下半月，2011，(4)：293，298.

4 吴婷婷．对完美罪行下的现代技术的反思．安徽文学：下半月，2011，(5)：290，294.

鞍山师范学院学报

5 曲烽．唯物史观视域下的马克思主义科学技术观．鞍山师范学院学报，2011，(1)：1-3.

宝鸡文理学院学报

6 巨乃岐．马克思恩格斯技术价值思想探析．宝鸡文理学院学报：社会科学版，2012，(2)：5-12.

7 向修玉．科技哲学视阈中的科学发展观解析．宝鸡文理学院学报：社会科学版，2012，(5)：180-182.

8 匡胜国．论以现代化为科技哲学新学术生长点的合理性．宝鸡文理学院学报：社会科学版，2012，(5)：183-185.

北方论丛

9 杨慧民．论哈贝马斯与马尔库塞科技观之异同．北方论丛，2012，(5)：104-107.

北华大学学报

10 刘刚．哈贝马斯基因伦理思想初探．北华大学学报：社会科学版，2011，(2)：116-119.

北京大学学报

11 克利福德·克里斯蒂安．论全球媒体伦理：探求真相．北京大学学报：哲学社会科学版，2012，(6)：131-140.

北京航空航天大学学报

12 胡文龙．美国工程伦理教育评价研究．北京航空航天大学学报：社会科学版，2011，(6)：102-107.

北京化工大学学报

13 张明国．面向技术风险的伦理研究论纲．北京化工大学学报：社会科学版，2011，(3)：1-7.

北京交通大学学报

14 徐寿波，许立达．大管理科学论．北京交通大学学报：社会科学版，2012，（1）：1-4.

15 李科．大科学时代科学伦理悖论合理性消解的"第三条道路"——兼论当代科学伦理观．北京交通大学学报：社会科学版，2012，（1）：77-82.

北京科技大学学报

16 钱振华．国内科技哲学领域合著者派系分析与可视化研究——基于社会网络分析法．北京科技大学学报：社会科学版，2011，（4）：78-85.

17 郝立忠．马克思主义辩证法三题——兼论自然辩证法与科学技术哲学之别．北京科技大学学报：社会科学版，2012，（3）：50-54.

北京理工大学学报

18 李世新．工程伦理中的若干诚实问题．北京理工大学学报：社会科学版，2011，（5）：132-136.

北京体育大学学报

19 王向东．足球竞技技术系统结构及其主体化特征研究．北京体育大学学报，2011，（8）：135-138.

边疆经济与文化

20 马迎春．哈贝马斯与马尔库塞的科技批判思想比较．边疆经济与文化，2011，（8）：47-48.

21 姜鑫．绝对无私利与相对无功利的统——默顿规范再评论．边疆经济与文化，2011，（8）：49-50.

22 王艳艳．建设性后现代主义对 STS 的影响探究．边疆经济与文化，2012，（9）：170-171.

23 任立华．应用型本科实施工程哲学教育的必要性研究．边疆经济与文化，2011，（10）：90-91.

兵团党校学报

24 杜娟，潘玲霞．和谐生态视域下的科技伦理探析．兵团党校学报，2012，（6）：21-24，28.

才智

25 朱荣楠．对现阶段科学技术哲学研究的探讨．才智，2012，（28）：260.

产业与科技论坛

26 李长玲．基于国际比较研究视角反思我国的工程伦理教育．产业与科技论坛，2012，（13）：183-184.

27 于建军，贺媛媛，李长玲．工程伦理教育的困境与展望——基于国际工程伦理教育的启示．产业与科技论坛，2012，（14）：187-188.

长安大学学报

28 陈真君，高海青．此在·存在·座架——对海德格尔技术哲学思想逻辑的重新阐释．长安大学学报：社会科学版，2011，（4）：82-88.

长春工程学院学报

29 董金良．现代科技的价值追问与科技异化．长春工程学院学报：社会科学版，2011，（1）：18-20.

长春工业大学学报

30 曾静．论马克思主义经典著作中的科学技术观．长春工业大学学报：社会科学版，2012，（1）：1-5，14.

长春理工大学学报

31 张志颖，张晓燕，余丹．"STS 教育"理念下的高校教学模式改革的探讨．长春理工大学学报：社会科学版，2011，（9）：123-125.

32 刘影倩．论劳伦斯诗歌的科技伦理观．长春理工大学学报：社会科学版，2012，（9）：177-179.

33 吴锋，翟劼．微博伦理初探．长春理工大学学报：社会科学版，2012，（10）：52-54.

长春师范学院学报

34 李波．对伯格曼的"自然信息"概念的解读．长春师范学院学报，2012，（4）：19-20.

长沙理工大学学报

35 蔡乾和．什么是工程：一种演化论的观点．长沙理工大学学报：社会科学版，2011，（1）：83-88.

36 肖峰．论信息技术决定论．长沙理工大学学报：社会科学版，2011，（2）：5-10.

37 赵建军，郝栋．绿色发展视域下的工程伦理构建．长沙理工大学学报：社会科学版，2011，（4）：29-34.

38 郑文范，张卓群．论 STS 研究与社会主义理论体系建设的结合．长沙理工大学学报：社会科学版，2011，（5）：20-26.

39 王飞．技术哲学"发展"综述．长沙理工大学学报：社会科学版，2011，（5）：33-38.

40 吴致远．技术追问的后现代路径．长沙理工大学学报：社会科学版，2012，（1）：22-30.

41 艾战胜．科学社会学的流变：从默顿到爱丁堡学派．长沙理工大学学报：社会科学版，2012，（3）：19-23.

42 吴哲，陈红兵．论现代科学视域下工程哲学发展的新思路．长沙理工大学学报：社会科学版，2012，（3）：24-28.

43 田鹏颖．对"问题在于改变世界"的新诠释——从社会工程的视阈．长沙理工大学学报：社会科学版，2012，（4）：15-19.

44 王刚，罗玲玲．农作物转基因技术在中国引起的争论和思考．长沙理工大学学报：社会科学版，2012，（4）：34-39.

45 秦书生，胡晓华．马克思技术哲学研究现状综述．长沙理工大学学报：社会科学版，2012，（5）：12-15.

46 万长松．战略性新兴产业哲学问题研究．长沙理工大学学报：社会科学版，2012，（6）：9-14.

常熟理工学院学报

47 张铁山．从科学与社会的复杂性看科学发展观中的以人为本思想．常熟理工学院学报，2011，（3）：30-34.

48 周凤全，掌海啸．信息化生存的哲学思考．常熟理工学院学报，2011（11）：22-26，62.

重庆大学学报

49 张德昭，冯亚军．马克思、恩格斯的生态哲学思想与科学发展观．重庆大学学报：社会科学版，2011，（6）：123-127.

重庆教育学院学报

50 林小琴．教育技术哲学探析．重庆教育学院学报，2011，（4）：95-97.

重庆科技学院学报

51 祝娟．试论信息技术环境下伦理问题的特点．重庆科技学院学报：社会科学版，2011，（2）：24-25，32.

52 魏薇，苏百义．霍克海默的理性批判与马克思主义科学技术观．重庆科技学院学报：社会科学版，2011，（7）：22-24.

53 徐晓，梁玉坤．关于社会工程哲学的基本问题．重庆科技学院学报：社会科学版，2011，（7）：27-28.

54 陈健乐．论马克思早期技术哲学思想及其现实意义——从《1844年经济学哲学手稿》《德意志意识形态》中透视．重庆科技学院学报：社会科学版，2011，（21）：1-2，24.

55 左媚柳．对福岛核电站事故的环境伦理反思．重庆科技学院学报：社会科学版，2012，（4）：36-38.

56 郑玉莲．关于科技伦理主体性调控的思考．重庆科技学院学报：社会科学版，2012，（12）：20-22.

重庆理工大学学报

57 郭德君．生命科学技术的社会影响及对策——基于伦理道德的视角．重庆理工大学学报：社会科学，2011，（3）：87-91.

重庆邮电大学学报

58 康兰波．恩格斯自由和必然思想与信息时代人的自由．重庆邮电大学学报：社会科学版，2011，（4）：67-71.

重庆与世界

59 赵渊杰，贺雨微，王天．洋务运动面对李约瑟难题——功利实用主义科技观初探．重庆与世界，2011，（9）：80-82.

赤峰学院学报

60 耿娟．浅析科技伦理在高校德育教育中的价值和途径．赤峰学院学报：自然科学版，2011，（1）：257-259.

61 马舜斌，范嘉．论单性繁殖技术对当代社会伦理的影响．赤峰学院学报：汉文哲学社
   会科学版，2011，（9）：80-81.

62 王炀，楼羿．论水利工程决策思维的三向维度——以三门峡水利枢纽工程为例．赤峰
   学院学报：自然科学版，2012（8）：201-202.

63 李春雷．把科学技术哲学思想引入文科大学物理的教学探索．赤峰学院学报：自然科
   学版，2012，（24）：250-251.

滁州学院学报

64 李剑．对克隆人技术的价值评判——基于儒家家庭伦理的视角．滁州学院学报，2011
   （3）：12-14.

传承

65 孙文超．浅析柏拉图的灵魂观与亚里士多德的灵魂观．传承，2011，（5）：80-81.

66 张春美．基因伦理挑战与伦理治理．传承，2012，（5）：91-93.

创新

67 彭洲飞．西方马克思主义异化观管窥——从物化、技术理性异化、生存异化到消费异
   化和性别异化．创新，2012，（3）：29-35，126.

创新科技

68 王喆．现代高新技术与伦理问题．创新科技，2012，（1）：26.

创意与设计

69 程艳萍．中国传统家具造物的科技伦理内涵．创意与设计，2012，（1）：47-53.

大连理工大学学报

70 李艺芸，王前．工程教育专业认证的伦理维度探析．大连理工大学学报：社会科学
   版，2011，（4）：79-83.

71 耿阳，张学昕，洪晓楠．技术美学：对杜威之审美经验理论再阐释．大连理工大学学
   报：社会科学版，2012，（4）：70-74.

大学教育

72 孙寅生．加强工程伦理教育之理由．大学教育，2012（11）：30-31，33.

大众文艺

73 王莹．关于对科学研究方法系统论的思考——现代城市规划与艺术．大众文艺，
   2011，（7）：274.

当代传播

74 俞超．技术暴力与社会重构——网络传播的后现代文化伦理．当代传播，2011，（1）：
   35-36，39.

75 孟君．从技术理性批判、技术至上到技术主导——论技术对传媒权力的影响．当代传
   播，2012，（1）：33-35.

道德与文明

76 强以华．语言伦理与媒体伦理．道德与文明，2011，（1）：30-33.

77　王健．工程活动中的伦理责任及其实现机制．道德与文明，2011，(2)：101-105.

78　张卫，王前．劝导技术的伦理意蕴．道德与文明，2012，(1)：102-106.

79　詹秀娟．科技-伦理的相契之维与生态发展．道德与文明，2012，(1)：107-111.

80　王国豫，李磊．纳米技术伦理研究的可行性与可接受性．道德与文明，2012，(4)：130-134.

81　刘月树．生命伦理学思想渊源探析．道德与文明，2012，(6)：126-130.

第欧根尼

82　苏珊·莱托，萧俊明．哲学中的生物技术科学：哲学中的性别研究所面临的挑战与前景．第欧根尼，2011，(1)：107-122，160.

电化教育研究

83　谢娟．现代教育技术应用的伦理审视：必要性及研究逻辑．电化教育研究，2012，(10)：23-27.

84　尹睿．当代学习环境结构的新界说——来自技术哲学关于"人—技术"关系的思考．电化教育研究，2012，(11)：24-29.

电信科学

85　白欣，杨舰．STS视野下的中日手机技术．电信科学，2011，(1)：36-43.

电子政务

86　杨晶晶，谷立红，田红．信息伦理研究综述．电子政务，2011，(7)：61-67.

东北大学学报

87　斯文·欧威·汉森，张秋成．技术哲学视阈中的风险和安全．东北大学学报：社会科学版，2011，(1)：1-6.

88　易显飞．论两种技术哲学融合的可能进路．东北大学学报：社会科学版，2011，(1)：18-22.

89　万长松，张引．技术哲学视野下的苏联工业化问题研究．东北大学学报：社会科学版，2011，(3)：204-209.

90　王前，朱勤．"道"与"实践智慧"：技术发展模式的比较．东北大学学报：社会科学版，2011，(4)：283-288.

91　张学义，曹兴江．技术风险的追问与反思——由日本核辐射引发的思考．东北大学学报：社会科学版，2011，(5)：377-382.

92　顾世春，文成伟．物的沦丧与拯救——鲍尔格曼设备范式与焦点物思想探析．东北大学学报：社会科学版，2011，(5)：394-397.

93　李学桃．基于科学技术哲学视阈下的杜亚泉科技思想研究．东北大学学报：社会科学版，2011，(6)：487-491.

94　郑文范，张卓群，赵旭．论"气候陷阱"及其破解．东北大学学报：社会科学版，2012，(1)：11-16.

95　于春玲．论马克思对西方哲学技术价值困境的超越——基于文化哲学的视角．东北大学学报：社会科学版，2012，(2)：101-106.

96 刘贵占 . 一种可能的交往范式：赛博空间伦理秩序 . 东北大学学报：社会科学版，2012，（3）：201-204.

97 秦书生 . 胡锦涛科学技术思想探析 . 东北大学学报：社会科学版，2012，（3）：251-255.

98 肖峰 . 信息技术的哲学含义 . 东北大学学报：社会科学版，2012，（4）：283-288.

99 郭继民，卢政 . 对庄子"技"之态度的反思 . 东北大学学报：社会科学版，2012（4）：289-294.

100 魏玉东 . 苏俄 STS 研究的逻辑进路与学科进路探析 . 东北大学学报：社会科学版，2012，（5）：388-392.

东北农业大学学报

101 周志娟 . 科技价值导向的科学家责任问题研究 . 东北农业大学学报：社会科学版，2012，（6）：102-104.

东北师大学报

102 刘皓 . 浅析毛泽东科学技术思想及其实践 . 东北师大学报：哲学社会科学版，2012，（5）：44-47.

东方企业文化

103 王一夫 . 试析科学技术与伦理道德的辩证关系 . 东方企业文化，2011，（16）：284.

104 汪楚凡 . 技术哲学——马克思思想灵魂的演绎 . 东方企业文化，2011，（18）：287.

105 姜皓 . 试述汉斯·约纳斯的责任伦理 . 东方企业文化，2012，（6）：117.

东南大学学报

106 周兴茂，丁益 . 网络伦理的现状、基本德目及实践对策 . 东南大学学报：哲学社会科学版，2011，（4）：23—28，126.

107 田海平 . 生命伦理学的中国难题及其研究展望——以现代医疗技术为例进行探究的构想 . 东南大学学报：哲学社会科学版，2012，（2）：5—10，126.

发明与创新

108 张文霞，赵延东 . 如何规避科技高速发展带来的风险 . 发明与创新：综合科技，2011，（10）：11-13.

法学评论

109 李蕾 . 自由主义权利哲学困境下的网游乌托邦 . 法学评论，2011，（2）：46-51.

法制与社会

110 常青 . 虚拟环境下高校思想政治教育工作的哲学思考——网络虚拟实在技术的现实考量 . 法制与社会，2011，（17）：234-235.

111 杜金松 . 我国代孕的伦理及法律问题探析 . 法制与社会，2012，（34）：278-279.

福州大学学报

112 范君 . 科学发展观视阈下人与技术的和谐关系 . 福州大学学报：哲学社会科学版，2012，（2）：94-97.

改革与开放

113 汤宇帆，刘占军．科学技术视界下以人为本的理性三维度——真、善、美的哲学旨趣．改革与开放，2011，(10)：141-142.

114 张茂．当代食品技术应用的伦理思考——以转基因食品为例．改革与开放，2012，(6)：144，146.

115 周正岐．冲撞理论调解下的社区管理新思路研究．改革与开放，2012，(14)：67-68.

116 高曼．浅析人类基因计划的伦理问题．改革与开放，2012，(18)：142.

改革与战略

117 杨帆，陈景．近代技术与经济、伦理的内在关系．改革与战略，2011，(3)：33-34,47.

甘肃理论学刊

118 程兆燕．键盘上的"慎独"与"仁爱"——论儒家修身思想对网络伦理构建的启示．甘肃理论学刊，2011，(4)：39-42.

119 周善和．存在论视域下的技术敌托邦与超越——从海德格尔的技术哲学思想谈起．甘肃理论学刊，2011，(5)：75-78, 96.

甘肃社会科学

120 李金齐，张静．返魅：低碳技术的转向及其哲学思考．甘肃社会科学，2011，(4)：4-7.

121 沈月娥．新媒体伦理缺失及其体系构建．甘肃社会科学，2012，(2)：19-21, 41.

高等工程教育研究

122 龙翔，盛国荣．工程伦理教育的三大核心目标．高等工程教育研究，2011，(4)：76-81.

123 姜卉．我国大学工程伦理教育内容体系构造．高等工程教育研究，2012，(6)：125-130.

高等教育研究

124 庞丹．科学发展观视域下的我国高校工程伦理教育．高等教育研究：成都，2011，(1)：9-11.

高等农业教育

125 李慧静，张伟，张会彦．工程技术方法论在食品工程原理课程教学中的运用．高等农业教育，2011，(5)：54-57.

高教研究与实践

126 李海峰．从科学与哲学的内在关系论我国过度文理分科的弊端——仅从科学技术哲学的发展困境谈起．高教研究与实践，2011，(3)：13-17, 53.

高校理论战线

127 叶山岭．毛泽东论科学技术发展．高校理论战线，2011，(8)：74-76.

工程管理学报

128 李永奎，乐云，崇丹．大型复杂项目组织研究文献评述：社会学视角．工程管理学报，2011，(1)：46-50.

工程研究-跨学科视野中的工程

129 侯海燕，王国豫，王贤文，栾春娟，龚超．国外纳米技术伦理与社会研究的兴起与发展．工程研究-跨学科视野中的工程，2011，(4)：352-364.

130 赵阳辉，温运城．军事工程的界定、分类及特殊性．工程研究-跨学科视野中的工程，2012，(1)：70-75.

131 李秀波，王大洲．复杂工程系统自组织问题研究综述．工程研究-跨学科视野中的工程，2012，(2)：181-189.

工会论坛

132 王坤．现代科技的伦理反思．工会论坛：山东省工会管理干部学院学报，2012，(4)：173-174.

工业建筑

133 刘小军，张永兴．无为思想对工程建设及灾害治理的启示——从新奥法谈起．工业建筑，2011（1)：768-770＋801.

管理学家

134 李少凤，李广培，朱素珍．价值分析视角下低碳经济与技术创新的辩证关系研究．管理学家：学术版，2012，(1)：3-12.

广东社会科学

135 刘介民．哈拉维 Cyborg 理论成因的科技定位．广东社会科学，2011，(5)：99-106.

广西社会科学

136 艾亚玮，刘爱文．技术哲学根基的历时之变．广西社会科学，2012，(11)：44-47.

贵州大学学报

137 王黔首．海德格尔论对哲学的两种"误解"——海德格尔《形而上学导论》研读手记．贵州大学学报：社会科学版，2012，(1)：5-11.

138 杨明，张蓉蓉，周惠玲，潘平．论量子信息的本体认识与整体认识．贵州大学学报：社会科学版，2012，(2)：24-27.

贵州民族学院学报

139 倪水雄．生命哲学视阈中的辅助生殖技术与生育文化．贵州民族学院学报：哲学社会科学版，2012，(2)：67-71.

贵州农业科学

140 周旺东．基于哲学视角对发展循环农业的分析．贵州农业科学，2012，(7)：231-234.

贵州社会科学

141 廖志丹，陈墀成．马克思恩格斯生态哲学思想：中国生态文明建设的哲学智慧之源．贵州社会科学，2011，(1)：9-13.

贵州师范大学学报

142 钱小龙，汪霞．海德格尔技术哲学视野下现代教育技术本校的追寻．贵州师范大学学报：社会科学版，2011，（2）：106-110.

国际新闻界

143 王华．"透过玻璃看到的明亮世界"——刘易斯·芒福德传播思想及其学科价值．国际新闻界，2012，（11）：11-18.

国家教育行政学院学报

144 王耀东，逢奉辉．论卓越工程师的非技术能力．国家教育行政学院学报，2012，（11）：23-26.

国外社会科学

145 唐磊．知识社会学视角下的同行评议——读《教授们怎么想》．国外社会科学，2011，（6）：136-140.

国外文学

146 王建平．《万有引力之虹》的技术伦理观．国外文学，2012，（3）：119-128.

哈尔滨工业大学学报

147 李松林．声音制作技术的现象学解读．哈尔滨工业大学学报：社会科学版，2011，（5）：109-113.

148 佘正荣．生态伦理对生产技术方式选择的制约．哈尔滨工业大学学报：社会科学版，2012，（4）：121-127.

哈尔滨体育学院学报

149 袁焰，刘斌．运动医学视域下对科学技术与体育的辩证思考．哈尔滨体育学院学报，2012，（6）：125-128.

哈尔滨学院学报

150 薛文礼．论技术进步的伦理维度．哈尔滨学院学报，2011，（3）：18-22.

151 阳存．伦理视野中的科学技术教育控制．哈尔滨学院学报，2011，（4）：29-32.

杭州电子科技大学学报

152 陶俐言．论工程型人才培养中的工程伦理学教育．杭州电子科技大学学报：社会科学版，2011，（4）：69-73.

合作经济与科技

153 段世霞．哲学视角的现代工程及未来工程师培养．合作经济与科技，2012，（7）：36-38.

河北理工大学学报

154 陈欢，梅其君．国内对温纳的技术哲学与技术政治学的研究．河北理工大学学报：社会科学版，2011，（6）：9-11.

河北体育学院学报

155 张克勤．哲学视域下的体育技术浅释．河北体育学院学报，2011，（1）：32-34.

河池学院学报

156 吴新忠．关于转基因技术的哲学思考．河池学院学报，2012，（6）：10-17.

河南大学学报

157 张纯成．黄河三门峡大坝工程的风险及其社会责任．河南大学学报：社会科学版，2011，（1）：95-103.

河南工程学院学报

158 刘怀庆．理工科思想政治理论课渗透科技伦理教育探析．河南工程学院学报：社会科学版，2012，（4）：85-87.

河南社会科学

159 申建勇．对基因芯片技术应用于药物兴奋剂的伦理思考与对策．河南社会科学，2011，（2）：193-195.

160 卫才胜．政治视角的西方信息技术哲学——论温纳的信息技术政治思想．河南社会科学，2011，（3）：66-68，218.

161 卫才胜．技术社会建构论的批判与论争．河南社会科学，2012，（3）：78-81，107.

河南师范大学学报

162 金俊岐．关注产业：STS 研究的新视野．河南师范大学学报：哲学社会科学版，2012，（1）：73-76.

163 吴长春，王洪彬．马尔库塞技术理性的批判与反思．河南师范大学学报：哲学社会科学版，2012，（6）：29-33.

黑河学院学报

164 吕巧凤．TRIZ 哲学思想探析．黑河学院学报，2011，（3）：5-7.

黑龙江高教研究

165 杨明．对技术知识获得中仿真教育技术作用的哲学思考．黑龙江高教研究，2011，（6）：31-33.

黑龙江教育学院学报

166 边虹．基因工程的福祉与伦理之思．黑龙江教育学院学报，2011，（7）：16-17.

湖北第二师范学院学报

167 孙文礼．科学技术在人和自然关系中作用的哲学反思．湖北第二师范学院学报，2011，（4）：39-42.

湖北工程学院学报

168 刘苹，李松．海外赛博女性主义研究前沿问题追踪．湖北工程学院学报，2012，（5）：68-71.

湖北工业大学学报

169 吴杨婷．数字媒体中视觉符号传播特征及其哲学意蕴．湖北工业大学学报，2012，（3）：56-58，62.

湖北经济学院学报

170 周雪，张新标．回归生活——基于芒福德技术哲学思想的反思．湖北经济学院学报：人文社会科学版，2011，(5)：18-19.

171 柳兰芳．当代生态文明视阈下的科技伦理探析．湖北经济学院学报：人文社会科学版，2012，(1)：14-15.

湖北科技学院学报

172 刘苹，李松．海外赛博格研究最新进展述评．湖北科技学院学报，2012，(10)：187-189.

湖北社会科学

173 熊英，余湛宁．我国科技伦理道德建设的现实障碍与对策研究．湖北社会科学，2011，(6)：105-107.

湖南师范大学社会科学学报

174 林慧岳，丁雪．技术哲学从经验转向到文化转向的发展及其展望．湖南师范大学社会科学学报，2012，(4)：31-35.

湖州师范学院学报

175 邱晶．福柯"微观"权力技术学研究．湖州师范学院学报，2011，(6)：67-71.

华北水利水电学院学报

176 虎业勤，沈继睿．"新新媒介"的伦理问题与对策研究．华北水利水电学院学报：社科版，2012，(5)：81-84.

华东师范大学学报

177 刘永谋．知识进化与工程师治国——论凡勃伦的科学技术观．华东师范大学学报：哲学社会科学版，2012，(2)：57-63，154.

华南师范大学学报

178 李功网，万小龙，柳海涛．"双刃剑"与科学技术的两面性．华南师范大学学报：社会科学版，2011，(5)：155-158.

华中科技大学学报

179 吴根友．试论"世界历史"时代里的"世界哲学"与哲学的中国性．华中科技大学学报：社会科学版，2011，(1)：27-33.

华中农业大学学报

180 李锐锋．转基因食品研究与发展：伦理评价与政策透视——简评毛新志《转基因食品的伦理问题与公共政策》一书．华中农业大学学报：社会科学版，2012，(3)：124.

淮海工学院学报

181 王吉春．论影响科学创新的四大关键因素．淮海工学院学报：社会科学版，2011，(4)：1-4.

182 许益新．江泽民科技观初探．淮海工学院学报：人文社会科学版，2012，(6)：5-7.

淮阴师范学院学报

183 齐磊磊. 论广义自然辩证法. 淮阴师范学院学报：哲学社会科学版，2012，（4）：463-466，559-560.

黄山学院学报

184 陈发俊. 科学发现优先权争夺引发的负面影响. 黄山学院学报，2011，（4）：62-65.

混凝土世界

185 沈旦申. 关于粉煤灰科学技术的哲学思考. 混凝土世界，2011，（8）：29-32.

火力与指挥控制

186 刘向先，吴伟花. 从哲学视域探究指挥与控制. 火力与指挥控制，2012，（6）：1-4，11.

机械工程学报

187 钟群鹏，张峥，傅国如，吴素君，骆红云，有移亮. 失效学的哲学理念及其应用探讨. 机械工程学报，2011，（2）：25-30.

鸡西大学学报

188 梁贵德. 现代生物技术对传统生命伦理观挑战的新思考. 鸡西大学学报，2012，（5）：134，138.

189 何畔. 网络情感沉溺现象的哲学探索. 鸡西大学学报，2012，（8）：38-39.

吉林大学社会科学学报

190 乔瑞金. 技术实践：马克思哲学思想的不竭源泉. 吉林大学社会科学学报，2011，（3）：50-56.

吉林农业

191 徐红梅，王璇. "挑战者号悲剧"引发的对我国工程伦理的启示. 吉林农业，2012，（9）：268.

吉林师范大学学报

192 张彦. 生命意义的伦理拷问和价值排序——则RH阴性O型生命抢救案例的风险分析. 吉林师范大学学报：人文社会科学版，2011，（2）：65-69.

193 李振纲，王素芬. 工具之技和通道之技——庄子技术观及其生态解读. 吉林师范大学学报：人文社会科学版，2012，（4）：5-8，13.

194 王柏文，赵立. 试析弗洛姆的社会技术哲学思想. 吉林师范大学学报：人文社会科学版，2012，（6）：43-46.

吉首大学学报

195 高辉. 克隆人问题引发的伦理困境. 吉首大学学报：社会科学版，2011，（2）：36-39.

佳木斯教育学院学报

196 石海东. 浅谈技术的内在价值与外在价值的统一. 佳木斯教育学院学报，2012，（9）：7.

197 王爽. 现代技术控制下人的存在危机——伽达默尔技术哲学观照下的《美丽新世界》. 佳木斯教育学院学报，2012，（10）：22-23.

价值工程

198 郭军，郭明悦．基于技术批判理论的人的价值货币化问题的人文反思．价值工程，2012，（17）：310-311.

建筑经济

199 段运峰，李永奎，乐云，钱丽丽．复杂重大工程共同体的社会结构、网络关系及治理研究评述．建筑经济，2012，（10）：79-82.

建筑设计管理

200 博洋，金德智．浅谈土木工程伦理的研究主体及其伦理责任．建筑设计管理，2012，（10）：46-49，61.

剑南文学

201 贺璐．浅析自然辩证法对艺术设计的启示．剑南文学：经典教苑，2011，（4）：53.

202 周海滨．煤炭能源绿色技术哲学研究的背景．剑南文学：经典教苑，2011，（7）：384-385.

203 李卉．生态批评的主要着眼点．剑南文学：经典教苑，2011，（8）：157，159.

204 李阳雪．科学技术在战争中的运用及其哲学思考．剑南文学：经典教苑，2012，（1）：174-175.

江汉大学学报

205 马兰．脑成像技术的认识论问题及伦理挑战．江汉大学学报：人文科学版，2011，（5）：78-82.

江汉论坛

206 高海艳，吴宁．生态学马克思主义的科技伦理思想．江汉论坛，2011，（3）：63-67.

江南社会学院学报

207 张笑扬．生态学马克思主义视阈中生态安全问题研究——从日本核危机切入．江南社会学院学报，2011，（3）：46-50.

江苏科技大学学报

208 陈红．老子科学技术思想研究探微．江苏科技大学学报：社会科学版，2011，（3）：16-22.

江苏社会科学

209 邢冬梅．库恩与科学知识社会学．江苏社会科学，2012，（5）：5-8.

江西社会科学

210 刘爱文．技术的哲学根基及其历史演变．江西社会科学，2012，（10）：43-46.

教育测量与评价

211 张丽虹．科学探究活动评价的主体、方法研究．教育测量与评价：理论版，2012，（3）：26-29.

教育导刊

212 谢娟．在哲学与政治之间：教育的技术走向．教育导刊，2011，（12）：9-12.

教育教学论坛

213 王梅．中学化学教学与科技伦理道德教育．教育教学论坛，2011，（13）：227-229.

教育评论

214 秦桂秀．"自然辩证法概论"课合目的性教学初探．教育评论，2011，（2）：85-88.

教育学报

215 蒋开君．我们仍然需要面向思的教育——海德格尔论技术时代的教育．教育学报，2011，（1）：3-14，31.

教育与职业

216 黄海峰．"李约瑟难题"诠释下的高职生职业可持续发展能力建构．教育与职业，2012，（17）：170-171.

今传媒

217 王霞．网络传播伦理核心价值构建．今传媒，2012，（10）：52-53.

经济研究导刊

218 田家豪．论科技伦理建设对当代中国文化发展的重大意义．经济研究导刊，2012，（18）：229-230.

219 吕力．管理科学、管理技术与管理哲学．经济研究导刊，2012，（19）：193-194.

经济与管理

220 刘金林．基于事实维度的公共科技政策评价研究．经济与管理，2011，（8）：17-22.

经济与社会发展

221 杨名刚．马克思主义引领中国科技发展的历史经验探讨．经济与社会发展，2012，（4）：47-50.

222 陈首珠，陈斯妮．中国当代技术伦理思想研究综述．经济与社会发展，2012，（4）：69-71.

经营管理者

223 冯石岗，董玉凤．加强现代科技伦理建设的思考．经营管理者，2011，（13）：52，42.

224 鲍柯帆．浅析哈贝马斯的科技伦理思想．经营管理者，2011，（14）：46-47.

225 张海旺，陶振威．哈贝马斯科学技术观的理论渊源探析．经营管理者，2011，（18）：123.

226 黄楠，张艺伟．从科学技术哲学角度浅析技术创新．经营管理者，2011，（18）：216.

227 张笑兰．浅谈哲学的科学思考与科学的哲学视角下的科技价值．经营管理者，2012，（10）：113.

军事历史研究

228 闫魏，刘则渊．近年来军事技术伦理研究的特点与趋势．军事历史研究，2011，（2）：151-155.

开放教育研究

229 钟柏昌. 教育技术定义：争论与解读. 开放教育研究，2012，(3)：34-43.

科技成果纵横

230 杨艳明. 技术的本体论解读. 科技成果纵横，2012，(6)：43-44.

科技创新导报

231 钱斌. 论科学技术与观念更新. 科技创新导报，2011，(30)：233＋235.

232 吴岳. 信息技术与信息哲学. 科技创新导报，2011，(31)：237.

233 许茂华，张丽. 浅谈现代技术的超越——以安德鲁·芬伯格对技术超越的理解. 科技创新导报，2011，(35)：226-227.

科技创业月刊

234 盛春辉. 风险社会语境中科学技术的困境及出路. 科技创业月刊，2011，(7)：6-7.

235 项小军. 我国工程伦理教育的发展现状、问题及对策研究. 科技创业月刊，2011，(8)：106-108.

236 薛山. 工程技术人员的伦理原则及其形成初探. 科技创业月刊，2011，(17)：69-71.

237 李宗远. 技术哲学与工程哲学之关系浅析. 科技创业月刊，2012，(4)：121-123.

238 邢耀章，张澎涛. 互联网情境下的社会交往及道德伦理建设探析. 科技创业月刊，2012，(4)：128-129，132.

科技导报

239 章梅芳. 宁愿做赛博格也不做女神——《猿猴、赛博格和女人：重新发明自然》评介. 科技导报，2011，(7)：80.

240 陈清泉. 工程哲学指导电动汽车产业发展. 科技导报，2012，(12)：3.

科技风

241 陈红. 面向生命技术的伦理研究. 科技风，2011，(15)：234-235.

242 石靖婧. 南京长江大桥工程哲学分析. 科技风，2011，(19)：161-162.

243 柴俊. 试论控制论之父维纳的哲学和科学方法. 科技风，2011，(20)：235-236.

244 廉佳. 科技异化问题哲学阐述. 科技风，2012，(17)：219.

245 王冶. 核技术的伦理审视. 科技风，2012，(20)：8.

科技管理研究

246 赵迎欢，宋吉鑫，綦冠婷. 论纳米技术共同体的伦理责任及使命. 科技管理研究，2011，(1)：238-242.

247 谈新敏，宋保林. 哲学视阈中的企业技术创新. 科技管理研究，2011，(3)：35-38.

248 陈仕伟. 全球化条件下的科教兴国战略与可持续发展道路. 科技管理研究，2011，(3)：49-51，59.

249 张保伟. 学术规范教育与《自然辩证法》课程资源开发. 科技管理研究，2011，(4)：255-258.

250 袁红梅，杨舒杰，金丹凤．海德格尔技术伦理思想初探．科技管理研究，2011，（9）：202-204.

251 李梅志．河南省科技创新竞争力评价与分析．科技管理研究，2012，（17）：68-71.

252 黄波．风险社会下技术创新的秩序重建．科技管理研究，2012，（21）：5-8.

253 黄涛，张瑞．论科技管理体制改革的理论基础．科技管理研究，2012，（23）：21-25.

254 熊志军．论科学伦理与工程伦理．科技管理研究，2011，（23）：184-187，197.

科技和产业

255 曹樱．科学技术在自然界演化状态中的作用探析．科技和产业，2012，（3）：102-105.

科技进步与对策

256 王建锋，赵静波．论技术风险视域下的个体伦理责任．科技进步与对策，2011，（4）：105-108.

257 宋琳．女性科技人员的科研产出与投入的计量分析——以我国电子显微学为例．科技进步与对策，2011，（9）：146-151.

258 王路昊，刘立．公众参与科技政策制定：一个STS的分析框架．科技进步与对策，2011，（18）：90-94.

259 芦文龙，文成伟．科技伦理意识养成——科技人员面临的挑战与出路．科技进步与对策，2012，（3）：146-149.

260 裴晓敏，刘仲林．技术创新过程中的第一性与第二性问题．科技进步与对策，2012，（8）：13-16.

261 蒋玉，王珏．科技产业化组织之负效应及其伦理对策．科技进步与对策，2012，（10）：91-95.

262 程秋君．芬伯格技术批判理论中的生态观．科技进步与对策，2012，（10）：142-146.

263 姜卉．基于大工程观的我国大学工程伦理教育保障体系建设．科技进步与对策，2012，（18）：123-127.

264 毛牧然，陈凡．论技术本身价值负荷的演化模式——兼论对以往技术本身价值负荷理论的发展．科技进步与对策，2012，（19）：4-7.

265 刘宝杰．论作为支撑"超"人类未来存在的会聚技术．科技进步与对策，2012，（20）：14-17.

科技视界

266 陈一富．浅谈道德伦理在河道治理建设中的支撑作用．科技视界，2012，（30）：425，444.

科技信息

267 程兴国．传感器技术的科学发展及哲学思考．科技信息，2011，（5）：566-567.

268 胡美．当代社会对科学技术产生的影响．科技信息，2011，（15）：556，519.

269 周桂英，刘晨．生态文明视野下的绿色科技建设．科技信息，2011，（24）：48.

270　孙国华．系统理论下的工程伦理研究．科技信息，2011，(35)：320.

271　杨静．提高科学技术哲学课程教学质量的几点现代性的反思与认识．科技信息，2011，(35)：389＋387.

272　郑洪涛．当代我国高校研究生科技伦理观构建原则及路径初探．科技信息，2012，(12)：67.

273　孙靖翕．纳米技术的忧虑．科技信息，2012，(32)：100，102.

科教导刊

274　袁幸军．走出科技迷雾中的人性——论马克思主义的科技观．科教导刊：中旬刊，2012，(5)：213-214.

科普研究

275　张明国．STS教育与理工科研究生综合创新力培养．科普研究，2011，(5)：45-51.

276　刘孝廷．STS视野中的科学传播．科普研究，2012，(5)：35-39.

科协论坛

277　金炜君．墨学思想对当代工业设计的伦理启示．科协论坛：下半月，2012，(1)：108-109.

278　朱严峰．自媒体伦理浅析．科协论坛：下半月，2012，(6)：186-187.

科学管理研究

279　柳兰芳．科学技术发展所引发的人与自然关系变迁．科学管理研究，2012，(5)：41-44.

科学技术哲学研究

280　陈英，肖峰．技术女性主义述评．科学技术哲学研究，2011，(1)：67-72.

281　朱春艳，陈凡．语境论与技术哲学发展的当代特征．科学技术哲学研究，2011，(2)：21-25.

282　盛国荣，石天．技术控制主义的思想渊源及其流变．科学技术哲学研究，2011，(2)：76-81.

283　管晓刚，吕立邦．从技术批判看马克思的实践哲学．科学技术哲学研究，2012，(3)：56-60.

284　乔瑞金，师文兵．从人的解放看马克思主义技术哲学传统的多重意蕴．科学技术哲学研究，2011，(3)：56-62.

285　管晓刚．试论马克思技术之思的哲学意蕴．科学技术哲学研究，2011，(4)：63-67.

286　王彦雨，程志波．科学论文的意义：从传统科学社会学解释到科学知识社会学解释．科学技术哲学研究，2011，(5)：31-35＋51.

287　黄柏恒，林慧岳．超越"经验转向"和"伦理转向"：略论特文特的伦理与技术研究．科学技术哲学研究，2011，(5)：56-61.

288　赵小平，张培富．法治科技观：共和国科技史的一个研究向度．科学技术哲学研究，2011，(5)：85-90.

289　张建军．我国科学逻辑研究的开拓与创新之路．科学技术哲学研究，2011，（6）：17-20.

290　王健，陈凡，曹东溟．技术社会化的单向度及其伦理规约．科学技术哲学研究，2011，（6）：52-55.

291　杨艳萍．回归人本身——科学观的后现代人文重构．科学技术哲学研究，2011，（6）：102-106.

292　张晶，罗玲玲．西方哲学史"创造"概念显现之初探．科学技术哲学研究，2012，（1）：57-61.

293　王娜，王前．技术伦理视角的我国宋代社会风气评析．科学技术哲学研究，2012，（2）：87-91.

294　张卫，王前．论技术伦理学的内在研究进路．科学技术哲学研究，2012，（3）：46-50.

295　陶建文．技术世界中先验性的寻求——从胡塞尔的先验哲学思考伊德的"他者关系"．科学技术哲学研究，2012，（3）：51-55.

296　张召，路日亮．规避技术生态风险的伦理抉择．科学技术哲学研究，2012，（3）：61-64.

297　田鹏颖．科学技术与社会（STS）——人类把握现代世界的一种基本方式．科学技术哲学研究，2012，（3）：97-101.

298　盛国荣，葛莉．数字时代的技术认知——保罗·莱文森技术哲学思想解析．科学技术哲学研究，2012，（4）：58-63.

299　刘宝杰．试论技术哲学的荷兰学派．科学技术哲学研究，2012，（4）：64-68.

300　徐治立．技术风险伦理基本问题探讨．科学技术哲学研究，2012，（5）：63-68.

科学经济社会

301　郑晓松．技术哲学维度下的人与自然和谐．科学经济社会，2011，（3）：95-99.

302　沈尚武，袁岳．中国传统文化的当代价值与缺憾．科学经济社会，2012，（4）：164-169.

303　王耀东，刘二中．论技术向工程转化：一个概念探讨．科学经济社会，2012，（2）：136-139.

科学社会主义

304　奚冬梅，王民忠．论马克思关于技术对社会伦理二重性影响的思想．科学社会主义，2012，（2）：88-91.

科学通报

305　王国豫，龚超，张灿．纳米伦理：研究现状、问题与挑战．科学通报，2011，（2）：96-107.

306　刘颖，陈春英．纳米材料的安全性研究及其评价．科学通报，2011，（2）：119-125.

307　沈电洪，王孝平．纳米技术的标准化进程和伦理问题．科学通报，2011，（2）：131-134.

308 王前，朱勤，李艺芸．纳米技术风险管理的哲学思考．科学通报，2011，(2)：135-141.

科学新闻

309 李晓明．重塑科技伦理．科学新闻，2012，(5)：2.

科学学研究

310 卢艳君．默顿科学社会学：当前困境与未来趋向．科学学研究，2011，(2)：167-174.

311 孙孟新．国内外科技伦理研究的计量与比较．科学学研究，2011，(4)：481-486.

312 魏屹东，王保红．科学分类的维度分析．科学学研究，2011，(9)：1291-1298.

313 韩彩英．论科学与技术伦理的论域区隔和理论取向问题——兼与李文潮博士商榷．科学学研究，2011，(11)：1753-1759.

314 李玲，樊春良．关于新兴科技伦理与社会问题新闻报道的研究——以国内主流媒体为例．科学学研究，2012，(3)：328-336.

315 刘崇俊．科学社会研究的"实践转向"——布尔迪厄的科学实践社会学理论初探．科学学研究，2012，(11)：1607-1613.

316 肖雷波，柯文．技术评估中的科林格里奇困境问题．科学学研究，2012，(12)：1789-1794.

科学学与科学技术管理

317 孙玲，尚智丛．科学共同体社会分层研究综述．科学学与科学技术管理，2011，(8)：156-161.

科学与管理

318 王黎娜．技术创新生态化转向的哲学与现实维度探析．科学与管理，2011，(1)：9-12.

科学与社会

319 李真真，缪航．STS的兴起及研究进展．科学与社会，2011，(1)：60-79.

320 赵万里，胡勇慧．当代STS研究的社会学进路及其转向．科学与社会，2011，(1)：80-93.

321 杜鹏．关于科学的社会责任．科学与社会，2011，(1)：114-122.

322 史少博．人造危险的哲学反思．科学与社会，2011，(2)：64-71.

323 曹南燕，胡明艳．纳米技术的ELSI研究．科学与社会，2011，(2)：100-109.

324 林聚任，刘翠霞．国内科学社会学研究的发展及面临的问题．科学与社会，2011，(4)：53-65，87.

325 卢艳君．默顿科学自主性思想及其当代意蕴．科学与社会，2011，(4)：66-78.

326 许为民，崔政，张立．大科学计划与当代技术创新范式的转换．科学与社会，2012，(1)：90-98.

327 许智宏，黄小茹．科技伦理问题的思考．科学与社会，2012，(2)：1-8.

328 杨叔子．科技伦理必须敬畏．科学与社会，2012，(2)：9-13.

329 张春美．基因伦理与基因政策．科学与社会，2012，(2)：89-105.

330 缪佳．器官移植来源的伦理、法律和社会问题思考．科学与社会，2012，(2)：106-115，105.

331 张恒力．科技政策的工程伦理向度．科学与社会，2012，（2）：116-126.

332 洪伟．后默顿时代科学社会学述评．科学与社会，2012，（3）：37-59.

333 林聚任．默顿与科学社会学——科学社会学在美国的发展回顾与展望．科学与社会，2012，（3）：60-72.

334 胡志刚，侯海燕，姜春林．默顿在科学社会学领域的贡献及影响——基于对默顿文献的科学计量学分析．科学与社会，2012，（3）：110-123.

335 王增鹏．巴黎学派的行动者网络理论解析．科学与社会，2012，（4）：28-43.

科研信息化技术与应用

336 刘钢．信息哲学的发展脉络．科研信息化技术与应用，2012，（4）：3-10.

昆明理工大学学报

337 朱海林，杨迎潮．工程伦理视阈下的技术及责任．昆明理工大学学报：社会科学版，2011，（1）：6-9.

338 郭思哲，侯明明，黄晓园．论生态文明视野下技术的生态伦理调控．昆明理工大学学报：社会科学版，2011，（3）：9-13.

339 段栋峡，张笑扬．科技助产术与人性辩证法——"创造生命"技术伦理困惑的哲学探微．昆明理工大学学报：社会科学版，2011，（3）：14-19.

340 李耀平，刘舒雯．生态文明背景下的科技和工程伦理学视野．昆明理工大学学报：社会科学版，2012，（2）：1-6.

341 王前，王娜．中国文化语境中的技术伦理实践路径．昆明理工大学学报：社会科学版，2012，（4）：1-4.

342 欧阳聪权，高筱梅．试论工程组织主体的伦理责任——以"7·23"甬温线事故为例．昆明理工大学学报：社会科学版，2012，（5）：1-5.

343 李杰．让医学回归人性．昆明理工大学学报：社会科学版，2012，（6）：7-12.

兰州交通大学学报

344 赵伟，崔迎军．高科技的伦理困境及其突破．兰州交通大学学报，2011，（5）：77-79，174.

兰州学刊

345 朱晨静．自由与责任：后基因组时代的道德选择．兰州学刊，2012，（3）：214-216.

理论参考

346 高文武，关胜侠．建设生态文明必须同时调整人与人、人与自然的关系．理论参考，2012，（5）：26-27.

347 刘洁．生态危机的社会伦理根源．理论参考，2012，（5）：52-54.

理论观察

348 宋艳，王飞．毕恩巴赫对大脑干预技术的伦理反思．理论观察，2011，（1）：58-61.

349 任立华．应用型本科院校开设《工程哲学》课程的思考——以齐齐哈尔工程学院为例．理论观察，2012，（6）：144-145.

理论界

350 陈良坚. 生殖技术引发的伦理问题与对策思考. 理论界, 2011, (3): 171-173.

351 益众. 中国技术哲学的领航者——记东北大学陈凡教授. 理论界, 2011, (4): 1, 218.

352 梁红秀, 毛睿. 西方科技伦理思想述评. 理论界, 2012, (3): 146-147.

理论视野

353 乔瑞金, 曹伟伟. 霍布斯鲍姆的哲学遗产. 理论视野, 2012, (12): 21-27.

理论探索

354 管晓刚, 赵丹. 马克思技术实践哲学思想精要. 理论探索, 2012, (5): 43-46.

理论探讨

355 张秀华. 科学、技术与法对话的前提批判. 理论探讨, 2011, (2): 54-57.

356 张秀华. 作为马克思主义重要组成部分的科学技术学. 理论探讨, 2012, (4): 56-60.

357 向冬梅, 陈莹. 价值哲学视阈中的"普世价值". 理论探讨, 2012, (4): 61-63.

理论学刊

358 史少博. 论哲学视野下的"人造风险". 理论学刊, 2011, (3): 37-41+127.

359 艾战胜. 论默顿科学社会学的建构基础. 理论学刊, 2011, (12): 75-79.

360 陈彬. 当代现实形态的马克思主义科技观. 理论学刊, 2012, (9): 16-18.

理论与改革

361 程平. 价值·技术·制度: 马克思生态思想的三重维度及其启示. 理论与改革, 2011, (4): 5-8.

362 刘松涛. 纳米技术的伦理挑战. 理论与改革, 2012, (1): 114-116.

理论月刊

363 张渝政. 科技伦理能够存在的理由和维度. 理论月刊, 2011, (2): 42-44.

364 李磊. 科技伦理道德论析. 理论月刊, 2011, (11): 88-91.

365 黄波. 风险社会下技术创新价值理性的回归. 理论月刊, 2012, (1): 135-138.

366 奚冬梅, 隋学深. 技术的人性追求——马克思技术与社会伦理关系思想论析. 理论月刊, 2012, (3): 24-26.

367 向仁康. 库恩"范式"理论的批判与借鉴: 马克思主义经济学方法论的演进. 理论月刊, 2012, (5): 14-17.

368 马兰. 勾连科学与人文的信息哲学. 理论月刊, 2012, (6): 37-40.

辽东学院学报

369 黄顺基. 钱学森科技创新思想研究（上）. 辽东学院学报: 社会科学版, 2011, (1): 1-9.

370 黄顺基. 钱学森科技创新思想研究（下）. 辽东学院学报: 社会科学版, 2011, (2): 1-10.

371 宋振东，董贵成．近二十年来钱学森现代科学技术体系研究综述．辽东学院学报：社会科学版，2011，（4）：1-12.

372 黄顺基．马克思主义的新问题——钱学森论科学技术发展与社会发展的关系．辽东学院学报：社会科学版，2011，（5）：1-14.

373 黄顺基．钱学森对系统科学的创建与发展．辽东学院学报：社会科学版，2011，（6）：1-8.

374 荣正通，汪长明．有关钱学森研究论文（1980—2010）的统计分析．辽东学院学报：社会科学版，2011，（6）：9-11，16.

375 田鹏颖，原亚纳．真、善、美——考量社会工程的三重维度．辽东学院学报：社会科学版，2011，（6）：17-19.

376 宋振东，董贵成．钱学森对现代科学技术体系总体框架的战略思考．辽东学院学报：社会科学版，2012，（1）：1-10.

377 谢娟．《钱学森书信》中的哲学思想．辽东学院学报：社会科学版，2012，（3）：17-20.

378 杨艳明．技术的"本体论承诺"．辽东学院学报：社会科学版，2012，（6）：10-13.

辽宁大学学报

379 于业成．奥林匹克运动中技术异化的根源分析及其消解的可能性．辽宁大学学报：自然科学版，2012，（1）：27-30.

辽宁工业大学学报

380 陈波．日本火器发展过程中的文化视角——试论 16—19 世纪日本火器的发展．辽宁工业大学学报：社会科学版，2011，（1）：46-48＋68.

381 沈元军，艾志强．毛泽东、邓小平、江泽民、胡锦涛科技发展战略思想及其转变．辽宁工业大学学报：社会科学版，2011，（4）：38-42.

382 王茜，陈晓英．论新时期大学生科技伦理观的培养．辽宁工业大学学报：社会科学版，2012，（1）：35-37.

383 陈晓英，刘思宏．计算机引发的伦理问题研究．辽宁工业大学学报：社会科学版，2012，（5）：38-40.

辽宁行政学院学报

384 赵学宁．浅谈手机引发的伦理道德思考．辽宁行政学院学报，2011，（1）：158-159.

385 罗晰，章红华．浅论现代科技伦理问题的防治对策．辽宁行政学院学报，2011，（1）：169-170.

386 兰继红．对"克隆人"技术的伦理反思——基于天主教生命伦理的视角．辽宁行政学院学报，2011，（5）：154-155，159.

387 王茜．高校科技伦理教育探析．辽宁行政学院学报，2011，（9）：123-124.

辽宁教育行政学院学报

388 柳兰芳．《寂静的春天》的现代科技伦理观解读．辽宁教育行政学院学报，2012，（2）：11-13.

辽宁医学院学报

389 汤卓．浅论克隆人引发的伦理问题．辽宁医学院学报：社会科学版，2011，（3）：14-16.

临沂大学学报

390 智广元．科技与战争联动关系的历时探究．临沂大学学报，2012，（2）：51-55.

伦理学研究

391 胡东原，吴银锋．古希腊罗马时期科技伦理思想研究．伦理学研究，2011，（1）：57-62.

392 陈万求，柳李仙．中国传统科技伦理的价值审视．伦理学研究，2011，（1）：63-66.

393 王娜，王前．现代技术与奢侈关系的伦理反思．伦理学研究，2011，（1）：105-109.

394 秦红岭．环境伦理视野下低碳城市建设的路径探析．伦理学研究，2011，（6）：93-97.

395 熊萍．"微博"伦理失序及其伦理秩序构建．伦理学研究，2012，（1）：134-136.

396 刘星，田勇泉．脑成像技术的伦理问题．伦理学研究，2012，（2）：104-108.

397 刘魁．全球风险、伦理智慧与当代信仰的伦理化转向．伦理学研究，2012，（3）：25-29.

398 高杨帆．论技术决策及其伦理意义．伦理学研究，2012，（5）：64-68.

399 曾鹰．"风险文化"：食品安全的伦理向度．伦理学研究，2012，（6）：14-17.

400 周艳红，易显飞．电力科技创新的伦理困境与出路．伦理学研究，2012，（6）：47-51.

洛阳师范学院学报

401 洪晓楠，王丽丽．科学伦理的功能探析．洛阳师范学院学报，2011，（1）：18-23.

马克思主义研究

402 肖玲．马克思主义人学思想对技术哲学元问题研究的价值．马克思主义研究，2012，（11）：95-100，160.

403 许斗斗．莱西的"唯物主义战略"批判辨析．马克思主义研究，2012，（11）：111-117.

马克思主义与现实

404 米哈依诺·马尔科维奇，曲跃厚．当代社会中的技术专家体制和技术创新．马克思主义与现实，2011，（2）：137-141.

405 杨庆峰，周丽昀．合成的身体：人工生命现象伦理讨论的本体论承诺．马克思主义与现实，2012，（1）：103-107.

406 丁立群．实践哲学：两种对立的传统及其超越．马克思主义与现实，2012，（2）：80-88.

407 夏永红，王行坤．机器中的劳动与资本——马克思主义传统中的机器论．马克思主义与现实，2012，（4）：53-61.

408　张志兵，蒋伟．中国语境下网络内容规制的合理性论证．马克思主义与现实，2012，(6)：172-176.

毛泽东思想研究

409　陈爱华．毛泽东《论十大关系》科技伦理辩证法思想的哲学解读．毛泽东思想研究，2012，(5)：136-140.

煤炭高等教育

410　张丽霞．"自然辩证法概论"教学的科学技术视阈．煤炭高等教育，2012，(3)：117-121.

绵阳师范学院学报

411　张年凤，谢娟．从生态哲学的视角看科学发展观．绵阳师范学院学报，2011，(9)：100-103.

412　董国豪．STS 视角下的科普理念．绵阳师范学院学报，2012，(1)：144-148.

牡丹江大学学报

413　谢忱．认知增强技术的伦理审视．牡丹江大学学报，2012，(7)：56-58.

414　刘楠．默顿提出科学精神特质的近代历史依据．牡丹江大学学报，2012，(9)：56-58.

牡丹江医学院学报

415　黄琛琛．以哲学观审视个体化医学．牡丹江医学院学报，2012，(5)：84-86.

南昌大学学报

416　杨名刚．全球化语境下科技与价值分化的哲学思考．南昌大学学报：人文社会科学版，2012，(4)：69-73.

南昌教育学院学报

417　石华灵．试论科学社会学中的实证主义范式．南昌教育学院学报，2012，(2)：3，7.

南都学坛

418　乔乐林．建构低碳消费伦理的困境及对策．南都学坛，2012，(3)：127-129.

南京理工大学学报

419　杨水旸．当代工程观与工程方法论探讨．南京理工大学学报：社会科学版，2011，(6)：57-60.

南京林业大学学报

420　薛桂波．伦理实体：科学共同体的人文本质．南京林业大学学报：人文社会科学版，2012，(1)：7-11.

421　牛庆燕．现代科技的异化难题与科技人化的伦理应对．南京林业大学学报：人文社会科学版，2012，(1)：12-17.

南京邮电大学学报

422　柏云彩．反思科技：外国生态预警性作品中的科技形象及其生态意识．南京邮电大学学报：社会科学版，2011，(1)：74-79.

423 刘晓玉．毛泽东与马尔库塞科技观的差异性．南京邮电大学学报：社会科学版，2011，（3）：89-94.

424 单美贤，叶美兰．技术哲学视野中物联网的社会功能探析．南京邮电大学学报：社会科学版，2012，（2）：7-12.

内江科技

425 张晓霞，蔡冬冬，张宇星．基于技术论、工具论和技术价值论的反思．内江科技，2011，（4）：26＋43.

内蒙古大学学报

426 刘桂英．温纳的技术评价与控制思想述评——技术政治学视角下的技术问题．内蒙古大学学报：哲学社会科学版，2012，（3）：87-91.

内蒙古科技与经济

427 陈超．科技哲学指导科技发展．内蒙古科技与经济，2011，（22）：18-19.

内蒙古民族大学学报

428 孙秀云．科技：从异化到人化——评《科技哲思——科技异化问题研究》．内蒙古民族大学学报：社会科学版，2011，（4）：82-84.

429 王云霞．当代技术化生存的前提批判——评姜振寰著《技术哲学概论》的理论意义．内蒙古民族大学学报：社会科学版，2011，（5）：58-61.

内蒙古农业大学学报

430 谈敏，石宏伟，代姗，王伟生．新媒体视域下伦理传播的困境及对策．内蒙古农业大学学报：社会科学版，2011，（2）：230-233，239.

431 赵杰．科学知识社会学中反身性问题研究——反身性问题影响的分析．内蒙古农业大学学报：社会科学版，2012，（2）：6-7，22.

432 刘晓梅．网络团购行为中网络技术价值哲学思考．内蒙古农业大学学报：社会科学版，2012，（2）：395-397.

内蒙古社会科学

433 张晶．从科学知识观的社会学转向看国际科学教育改革的两大范式．内蒙古社会科学：汉文版，2011，（6）：160-163.

434 刘强．论实践过程及实践主体研究的现实性价值．内蒙古社会科学：汉文版，2012，（2）：55-58.

内蒙古师范大学学报

435 马利霞．系统哲学视野下构建社会主义和谐社会．内蒙古师范大学学报：哲学社会科学版，2011，（6）：60-63.

436 孙丽．"两弹一星"人文精神哲学反思．内蒙古师范大学学报：哲学社会科学版，2012，（2）：76-79，84.

内蒙古统计

437 张振敏．科学技术哲学视角下提高我国科技竞争力的路径分析．内蒙古统计，2011，（3）：21-23.

内蒙古中医药

438 张朝霞，李涛．论护理学与自然辩证法的关系．内蒙古中医药，2012，(11)：120.

宁波大学学报

439 朱海萍．科学教学与生活的有效联系．宁波大学学报：教育科学版，2011，(3)：127-128.

440 吴昊，何菊花．生殖性克隆的伦理与法律审视．宁波大学学报：人文科学版，2011，(6)：116-119.

441 陈小芳．关于大学生虚拟生存伦理失范的原因探析．宁波职业技术学院学报，2012，(6)：65-67，76.

宁夏党校学报

442 杨宗建．网络文化的哲学探析．宁夏党校学报，2011，(4)：51-53.

宁夏社会科学

443 丁峻．当代西方具身理论探微——兼论人脑优于电脑的根本特性．宁夏社会科学，2012，(5)：126-132.

农机化研究

444 程杰，段鑫星．技术创新在现代农业发展中的哲学思考．农机化研究，2011，(2)：245-248.

攀枝花学院学报

445 马怀玉．我国食品安全中的科技伦理问题研究．攀枝花学院学报，2012，(2)：30-33.

平顶山学院学报

446 王巧慧．《淮南子》的技术思想研究．平顶山学院学报，2011，(6)：31-34.

齐鲁师范学院学报

447 马佰莲，王秀梅．试论钱学森的马克思主义哲学观——以钱学森的现代科学技术体系思想为例．齐鲁师范学院学报，2011，(4)：1-6.

齐齐哈尔工程学院学报

448 任立华．应用型本科院校开展工程哲学教育的必要性研究．齐齐哈尔工程学院学报，2011，(3)：40-42.

449 刘孟洋．"卓越计划"背景下《工程哲学》教学体系的构建．齐齐哈尔工程学院学报，2011，(4)：9-11.

450 任立华．关于"卓越计划"与工程教育的思考——实施工程教育重在培养学生工程哲学思维．齐齐哈尔工程学院学报，2012，(1)：14-16.

企业导报

451 俞丽君，陈红军．STS 视野中的创新型国家建设．企业导报，2012，(16)：249-250.

企业家天地

452 陈香．论科学技术哲学研究在中国的历史演进．企业家天地，2011，(1)：98-100.

企业经济

453　贾兵强．广东农业龙头企业——温氏集团科技创新的 STS 分析．企业经济，2011，
(1)：124-126.

454　段世霞．哲学视角下的水利工程管理．企业经济，2012，(8)：56-59.

前沿

455　杨慧民，王飞．柏格森的技术伦理思想研究．前沿，2011，(24)：55-57.

456　奚冬梅，隋学深．建构抑或解构：马克思技术观的社会伦理向度考察．前沿，2012，
(5)：51-53.

青年记者

457　张文浩．互联网的伦理秩序和规范．青年记者，2012，(30)：41-42.

清华大学学报

458　冯景源．探寻马克思哲学"原生态"的意义——重读《马克思致帕·瓦·安年科
夫》．清华大学学报：哲学社会科学版，2012，(3)：60-66，156.

情报理论与实践

459　王知津，王璇，韩正彪．当代情报学理论思潮：信息哲学．情报理论与实践，2012，
(4)：1-6.

求实

460　王强．社会工程视域下的社会主义核心价值体系建设．求实，2011，(5)：27-31.

461　李武装，郑百灵．当代中国马克思主义哲学研究的四个问题．求实，2011，
(8)：32-37.

462　胡蛟拧，顾建明．海德格尔对技术的追问．求实，2012，(S2)：110-111.

求是学刊

463　朱波．从阶级革命论到技术决定论——浅析高兹对马克思资本主义分析方法的改进.
求是学刊，2011，(3)：13-16.

求索

464　王思涛，赵煦．论人工生命的经验多样性问题及其哲学反思．求索，2011，(10)：
115-117.

465　陈雯，陈爱华．低碳科技伦理风险审视．求索，2012，(1)：58-60.

466　马冰星，林建成．网络社会责任伦理论纲．求索，2012，(9)：139-141.

群文天地

467　沈冬香．寻求理性与跨越——对克隆人技术的辩证考量．群文天地，2011，(2)：
165，167.

468　李振亚，程艳社．科技伦理中真与善的体现．群文天地，2011，(10)：275.

469　杜雅瑾．科学技术哲学对中国"国民性"影响初探．群文天地，2012，(15)：266.

人民论坛

470　白均堂，吴颖．中共延安时期农业科技观价值探析．人民论坛，2012，(20)：
204-205.

人文地理

471 孙俊，潘玉君，张谦舵．地理学学科研究的科学社会学视角——重新审视约翰斯顿《地理学与地理学家》一书．人文地理，2011，（3）：7-11.

人文杂志

472 杨勇华．演化经济学视野下理解技术本质的三个维度．人文杂志，2011，（5）：57-61.

软件

473 李琼．人工智能的哲学思考．软件，2012，（10）：156－157，160.

软件导刊

474 张群．我国信息技术课程发展的哲学思考——从技术工具走向技术人文．软件导刊：教育技术，2011，（10）：3-5.

475 李雪，任玲，陈亚楠．从唐·伊德的技术现象学透视教育技术中的人—机关系．软件导刊：教育技术，2012，（1）：6-8.

三峡论坛

476 王燕．基于技术哲学观的麦克卢汉媒介技术考察．三峡论坛：理论版，2011，（2）：130-133，150.

山东大学学报

477 赵敏．新媒体传播背景下当代中国新型社会伦理构建．山东大学学报：哲学社会科学版，2011，（6）：139-144.

山东科技大学学报

478 黄顺基．钱学森对马克思主义哲学的发展．山东科技大学学报：社会科学版，2011，（1）：1-9.

479 李伯聪．工程社会学的开拓与兴起．山东科技大学学报：社会科学版，2012，（1）：1-9.

480 陈慧平．"假相"与真义——人类思想转折点上的科技镜像．山东科技大学学报：社会科学版，2012，（1）：10-16.

481 齐磊磊．突现·多元·交互：广义自然辩证法的新发展．山东科技大学学报：社会科学版，2012，（2）：22-29.

山东理工大学学报

482 柏瑞平，张雁．默顿与贝尔纳：科学与社会关系研究的两种向度．山东理工大学学报：社会科学版，2012，（1）：53-57.

山东农业大学学报

483 易显飞，涂道勇．党的三代领导人的科技创新观：一个研究综述．山东农业大学学报：社会科学版，2012，（2）：104-107.

山东青年政治学院学报

484 吴小洪．论《庄子》寓言中的技匠形象．山东青年政治学院学报，2011，（4）：130-132.

山西财经大学学报

485　高昕．微博影响力的哲学思考．山西财经大学学报，2012，（2）：273-274.

山西大学学报

486　乔瑞金，李小红．不可颠覆的主体——对佩珀理性主义生态哲学思想的思考．山西
大学学报：哲学社会科学版，2012，（3）：20-27.

487　李军纪．汉斯·约纳斯关于医学伦理的哲学辩护．山西大学学报：哲学社会科学版，
2012，（4）：7-9.

山西建筑

488　陈均祥，张同昆，黄胜男．系统理论在道路工程项目管理研究中的应用．山西建筑，
2011，（22）：253-254.

山西青年管理干部学院学报

489　丁行彦，郑显芝，叶龙娜．马克思技术哲学思想的系统性及其现代价值．山西青年
管理干部学院学报，2011，（2）：71-74.

山西师范大学学报

490　马强．浅论科学与技术的关系．山西师范大学学报：自然科学版，2011，（S1）：
105-106.

陕西行政学院学报

491　田文利，李颖超．信息伦理的法制化路径探究．陕西行政学院学报，2011，（2）：
101-104.

商场现代化

492　胡晓，胥留德，石夺．科学技术哲学视域下对低碳经济可行性的反思．商场现代化，
2011，（12）：162-163.

商品混凝土

493　周曙光．预拌混凝土企业发展中的哲学思考．商品混凝土，2011，（7）：14-16.

商品与质量

494　冯石岗，董玉凤．科技伦理与科技立法关系研究．商品与质量，2011，（S8）：
144-145.

495　张瑞冬．论当代技术哲学的兴起及其发展趋势．商品与质量，2012，（S2）：127.

496　张强强，成璐．马克思的科技观及其当代价值．商品与质量，2012，（S5）：110-111.

商业经济

497　徐珉钰，邬德林．哲学视野下中国科技中介的发展阶段分析及其启示．商业经济，
2012，（8）：32-33.

商业文化

498　王铎．略论科学技术和伦理道德的相互支撑与和谐发展．商业文化：上半月，2011，
（3）：250.

499　孙常青，李崇．马尔库塞"新技术"构想视阈下的和谐思想探微．商业文化：下半

月，2011，（7）：323.

500　王元．浅析我国死刑犯的器官移植问题——从法律和伦理的角度．商业文化：上半月，2011，（12）：50.

501　袁世一．浅谈科技伦理问题．商业文化：下半月，2012，（1）：227.

502　李云生．论工程师的伦理道德的现状与解决对策．商业文化：上半月，2012，（4）：287-288.

503　屈瑾．透过实践领悟马克思技术哲学——在技术实践中追求进步与自由．商业文化：下半月，2012，（7）：136.

上海交通大学学报

504　黄枬森．钱学森大成智慧学简论．上海交通大学学报：哲学社会科学版，2011，（6）：5-12.

上海理工大学学报

505　于景元．创建系统学——开创复杂巨系统的科学与技术．上海理工大学学报，2011，（6）：548-561，508.

上海体育学院学报

506　于万岭．科技文化形态下武术的文化变迁．上海体育学院学报，2012，（5）：77-80.

韶关学院学报

507　杨名刚．安全视野下马克思主义科技观中国化特点研究．韶关学院学报，2012，（3）：117-120.

邵阳学院学报

508　糜海波．自然观的道德意蕴及实践启示．邵阳学院学报：社会科学版，2011，（5）：22-25.

社会科学辑刊

509　叶美兰，刘永谋，吴林海．物联网风险与现代性的困惑——兼论智能空间的伦理重构．社会科学辑刊，2012，（5）：46-51.

社会科学家

510　李琳，庾鲜海．从人文素养的缺失审视高校的科技伦理教育．社会科学家，2011，（1）：121-124.

511　詹秀娟．当代科技发展生态建构的伦理路向．社会科学家，2011，（11）：24-26.

512　崔银河．科技传播与传媒责任论．社会科学家，2012，（2）：12-15.

513　王英．论马克思主义科学社会学思想的当代意义．社会科学家，2012，（5）：11-14.

514　杨一铎．后人类主义：人文主义的消解和技术主义建构．社会科学家，2012，（11）：38-41.

社会科学研究

515　文兴吾．论当代中国马克思主义科学技术观：科学技术动力观．社会科学研究，2012，（2）：48-52.

社会科学战线

516 田海平．生命伦理如何为后人类时代的道德辩护——以"人类基因干预技术"的伦理为例进行的讨论．社会科学战线，2011，（4）：18-24.

社会主义研究

517 刘海龙．马克思科学技术观的人本意蕴．社会主义研究，2011，（3）：1-5.

社科纵横

518 赵旭．产业哲学视域下文化产业发展研究．社科纵横，2012，（8）：116-118，122.

沈阳大学学报

519 项继光，任莉．古希腊时期技术的哲学思想探究．沈阳大学学报，2011，（6）：45-47.

520 吴琳．现代危机下芒福德对技术统治的哲学反思．沈阳大学学报：社会科学版，2012，（2）：36-40.

沈阳工程学院学报

521 白洪涛，郭维．社会工程中的数理与系统科学研究方法．沈阳工程学院学报：社会科学版，2011，（2）：171-173.

522 陈晓英，邹雨希．对大学生科技伦理观的培养研究．沈阳工程学院学报：社会科学版，2012，（4）：557-559.

沈阳师范大学学报

523 李馨宇．当代中国意识形态建设应有必要的张力——关于科学技术与意识形态的新思考．沈阳师范大学学报：社会科学版，2011，（1）：21-24.

524 崔旸．社会工程哲学视阈下的高校软实力建设．沈阳师范大学学报：社会科学版，2011，（5）：54-56.

525 赵晖．网络伦理问题的根源与对策．沈阳师范大学学报：社会科学版，2012，（1）：79-81.

526 伍昱安，白洪涛．社会工程研究方法的数理转向．沈阳师范大学学报：社会科学版，2012，（2）：45-47.

沈阳体育学院学报

527 孟献峰．体育社会学理论视野下的福柯哲学思想及其反思意义．沈阳体育学院学报，2011，（5）：48-50.

生产力研究

528 彭冰冰．"控制自然"的意识形态批判与生态危机．生产力研究，2012，（9）：24-25，28.

生命科学

529 胡林英．什么是生命伦理学？——从历史发展的视角．生命科学，2012，（11）：1225-1231.

530 胡晋红，黄瑾．医学研究伦理学的发展现状与前景．生命科学，2012，（11）：1250-1257.

531 张春美.当代基因伦理研究问题探析.生命科学，2012，（11）：1270-1276.

532 樊民胜，李久辉.我国器官移植中的伦理困境及解决思路.生命科学，2012，（11）：1289-1294.

533 金玫蕾.我国实验动物科学带来的动物伦理及福利问题.生命科学，2012，（11）：1325-1329.

534 刘晓，熊燕，王方，赵国屏.合成生物学伦理、法律与社会问题探讨.生命科学，2012，（11）：1334-1338.

535 刘长秋.从生命伦理到生命法.生命科学，2012，（11）：1351-1356.

生命科学仪器

536 熊嫣.生物技术对社会的负面影响与思考.生命科学仪器，2012，（4）：3-5.

生态经济

537 胡延福.低碳经济的生态哲学方法论解读.生态经济，2011，（3）：100-103.

538 张倩.低碳技术的价值伦理问题研究.生态经济，2012，（2）：174-177.

石油教育

539 郭文.中国石油工业工程伦理建设进展述略.石油教育，2012，（2）：73-76.

540 王炳英，牛庆玮，胡伟.工程哲学视阈下的创新教育六种关系析微.石油教育，2012，（4）：55-58.

石油科技论坛

541 严小成.科学方法论的哲学思考.石油科技论坛，2011，（1）：37-40，70.

实事求是

542 荣正通，汪长明.西方科学文化与钱学森的教育思想.实事求是，2012，（4）：94-98.

实验动物科学

543 陈华.微创外科与动物实验伦理.实验动物科学，2012，（2）：44-47.

市场论坛

544 林海.工程风险的成因及对策.市场论坛，2011，（10）：100-102.

首都师范大学学报

545 岳欣云，董宏建.现象学技术哲学视野下的教育技术观.首都师范大学学报：社会科学版，2011，（1）：68-72.

水利发展研究

546 萧木华.三峡工程管理的哲学思考.水利发展研究，2011，（2）：92-97.

水利技术监督

547 吴来峰.科技创新研究中的哲学思考.水利技术监督，2012，（4）：21-26.

思想理论教育

548 张智.网络公共领域伦理失范：表征、成因及其治理.思想理论教育，2012，（15）：50-55.

思想政治教育研究

549 彭小兰，李萍．信息技术视域下异化的类型及其原因．思想政治教育研究，2012，(5)：20-23.

四川大学学报

550 朱虎成．传播：超越方法软肋的掣肘——论科学社会学与中国古代科技历境的恰接集域．四川大学学报：哲学社会科学版，2011，(1)：139-144.

苏州大学学报

551 李华．拯救还是毁灭：对晚期海德格尔技术追问的再追问．苏州大学学报：哲学社会科学版，2011，(5)：43-48.

绥化学院学报

552 张敏．技术哲学视野下的网络流行语现象分析．绥化学院学报，2011，(5)：140-142.

太原大学学报

553 刘荷花．封闭空间环境控制理论与哲学思想．太原大学学报，2012，(2)：5-9.

太原理工大学学报

554 葛勇义．论现象学技术哲学中的"技术实事"．太原理工大学学报：社会科学版，2011，(1)：14-18.

太原师范学院学报

555 张占高．以交换哲学观思想试解"李约瑟难题"．太原师范学院学报：社会科学版，2012，(3)：5-10.

唐都学刊

556 李卫东．网络传播中的伦理问题及其出路．唐都学刊，2012，(2)：53-58.

557 高扬，王银娥．文化自觉与公民伦理——陕西省伦理学学会2011年学术年会会议综述．唐都学刊，2012，(3)：63-66.

体育科学

558 万炳军．运动员"绿色"训练理念——基于技术哲学的人文关怀．体育科学，2012，(7)：78-84.

体育文化导刊

559 王智慧，王国艳．体育科技与体育伦理辨析．体育文化导刊，2012，(6)：146-148.

体育研究与教育

560 李翠霞，赵岷．体育传播中电视观众主体"虚在"的哲学解构．体育研究与教育，2011，(6)：4-7.

561 王潇潇，吴峡．科技时代奥林匹克运动发展的困境与超越．体育研究与教育，2012，(S2)：10-11.

天府新论

562 蔡蓁．对基因增强技术的伦理探究．天府新论，2012，(5)：22-26.

563 刘爱文．技术之基的流变．天府新论，2012，(6)：28-32.

铁道建筑

564　李化建，赵国堂，谢永江，谷永磊，易忠来，谭盐宾．环境伦理观在京沪高速铁路建设中的实践．铁道建筑，2012，（11）：112-114.

图书馆

565　梁修德．信息伦理生成与演进的历史逻辑．图书馆，2011，（4）：39-41.

外国文学评论

566　朱荣华．《地下世界》中的技术伦理．外国文学评论，2012，（1）：185-200.

唯实

567　戴荣里．当今高新科学技术的儒学控制．唯实，2012，（2）：38-41.

文史博览

568　宋祖科，林慧岳，雷荡．复杂性生态哲学观视域下的交通循环经济发展．文史博览：理论，2011，（9）：50-53.

文学教育

569　朱晓娜．基于自然辩证法视野下的科学技术哲学解读．文学教育：中，2012，（4）：61.

570　陈立鹏．人工智能引发的科学技术伦理问题．文学教育：下，2012，（8）：130.

571　邹雨希．论网络技术的发展与伦理道德．文学教育：下，2012，（9）：96.

文学界

572　胡荣珂．从科技视角浅析《猫的摇篮》的生态后现代主义观．文学界：理论版，2012，（3）：15-16.

武汉纺织大学学报

573　管锦绣，操菊华．马克思异化劳动理论视域下的技术哲学思想．武汉纺织大学学报，2012，（1）：40-43.

武汉科技大学学报

574　梅锦．科技发展的界限探究——以道德与法律的关系为视角．武汉科技大学学报：社会科学版，2011，（2）：193-198.

575　杨叔子，刘克明．老子的技术思想及其贡献．武汉科技大学学报：社会科学版，2011，（3）：249-256.

576　陈爱华．工程的伦理本质解读．武汉科技大学学报：社会科学版，2011，（5）：506-513.

577　赵迎欢．荷兰技术伦理学理论及负责任的科技创新研究．武汉科技大学学报：社会科学版，2011，（5）：514-518.

578　管开明，李锐锋．论现代技术伦理评价的原则．武汉科技大学学报：社会科学版，2011，（5）：519-522，528.

579　周小玲．科技异化与科技安全的伦理思考．武汉科技大学学报：社会科学版，2011，（5）：523-528.

武汉理工大学学报

580 林慧岳，李会华．技术创新"熊彼得问题"文化批判及其活动建构．武汉理工大学学报：社会科学版，2011，(3)：414-419.

581 赵阵，朱亚宗．方法论视野下的恩格斯军事技术思想研究．武汉理工大学学报：社会科学版，2011，(4)：568-572.

582 彭列汉，曹夏鹏．科技哲学视阈中的幸福．武汉理工大学学报：社会科学版，2011，(5)：722-726.

583 米丹．世界风险社会之下的科技风险文化．武汉理工大学学报：社会科学版，2011，(6)：794-799.

物联网技术

584 姚旭东．物联网技术发展困境之研究．物联网技术，2012，(5)：70-72，74.

西安交通大学学报

585 王续琨，常东旭，冯茹．技术哲学元研究在中国的展开径迹——基于《中国期刊全文数据库》的统计描述．西安交通大学学报：社会科学版，2012，(1)：82-86，100.

西安邮电学院学报

586 贺晴．论技术理性的困境与重建．西安邮电学院学报，2011，(4)：134-136.

西北农林科技大学学报

587 潘建红，曾翠，李俊．中国科技发展与伦理变迁的脉络探析．西北农林科技大学学报：社会科学版，2011，(5)：137-142.

西北师大学报

588 常正霞，李夏．大学生信息伦理现状及对策研究．西北师大学报：社会科学版，2011，(5)：113-116.

西昌学院学报

589 梁力．透视科学技术引发的信任危机——以测谎仪、DNA 亲子鉴定为视角．西昌学院学报：社会科学版，2011，(3)：84-86，93.

西南交通大学学报

590 肖平，铁怀江．论现场工程师的伦理视野——以电动自行车的设计与管理为例．西南交通大学学报：社会科学版，2011，(3)：42-46.

西南民族大学学报

591 张华春，沈健．池田大作的科技哲学思想．西南民族大学学报：人文社会科学版，2012，(10)：73-76.

592 张志军．试析当前中国网络文化环境的监管及其利用．西南民族大学学报：人文社会科学版，2012，(11)：210-213.

西南农业大学学报

593 安鹏君．风险社会视阈下的中国当代工程伦理研究．西南农业大学学报：社会科学版，2012，(1)：61-62.

594 徐小凤. 斯皮内洛的技术实在论评析. 西南农业大学学报：社会科学版，2012，（9）：37-41.

系统科学学报

595 魏宏森. 钱学森指导我们进行复杂性哲学探索. 系统科学学报，2011，（1）：1-4.

596 刘玉仙，杜胜利，邱兴平. 用系统论的观点看精神——钱学森系统精神观的理论优越性. 系统科学学报，2011，（4）：29-32.

现代传播

597 叶梦姝. "真实"的社会建构——知识社会学、科学社会学与传播学的方向与交点. 现代传播：中国传媒大学学报，2011，（1）：55-59.

598 程素琴，谢婧. 灾难报道中的新闻伦理. 现代传播：中国传媒大学学报，2011，（8）：167-168.

现代大学教育

599 王进. 融渗式工程伦理教学中"知情意行"的统一. 现代大学教育，2011，（4）：100-105.

现代管理科学

600 黄有亮，张涛，陈伟，刘佳佳. "邻避"困局下的大型工程规划设计决策审视. 现代管理科学，2012，（10）：64-66，78.

现代交际

601 唐力. 对两种技术哲学传统的分歧和出路的探讨. 现代交际，2012，（2）：103，104.

602 赖童非. "解蔽"技术之域——现象学维度下的观审. 现代交际，2012，（2）：110.

现代教育技术

603 伍正翔. 现象学技术哲学视野中的教育技术概念辨析. 现代教育技术，2011，（3）：21-24.

604 周小勇，林静. 信息技术应用于外语教与学——认识论视域的历史考察. 现代教育技术，2012，（2）：74-78.

605 郭飞君，包文泉，徐亚先. 论信息技术在信息时代的确定性与不确定性——基于传播的视角. 现代教育技术，2012，（12）：75-79.

现代教育科学

606 王丽霞，于建军. 困境与走向：对我国工程教育现存问题的反思. 现代教育科学，2011，（11）：114-115，146.

现代商贸工业

607 吕伟. 论科学技术与伦理道德关系. 现代商贸工业，2011，（17）：28-29.

现代营销

608 李永红. 技术认识模式综述. 现代营销：学苑版，2011，（3）：123-125.

609 金珉丞. 对现代科技的伦理反思. 现代营销：学苑版，2011，（10）：148.

610 杨国庆. 亲子鉴定技术的伦理思考. 现代营销：学苑版，2011，（10）：150.

611 王宏宁，汤卓．浅论手机引发的伦理问题．现代营销：学苑版，2011，（12）：223.

612 黎莹．基因治疗的伦理问题．现代营销：学苑版，2012，（7）：191.

613 黄冬雪．汽车技术应用引发的伦理问题．现代营销：学苑版，2012，（7）：193.

现代远程教育研究

614 王良辉．教育中信息技术用途及限度的伊德技术现象学分析．现代远程教育研究，2012，（4）：15-20.

现代远距离教育

615 叶晓玲．技术是中性的吗？再论技术对教育的影响——以"时间"为切入点的观察．现代远距离教育，2012，（3）：19-25.

616 谢娟．杜威的技术哲学思想及其对教育技术研究的启示．现代远距离教育，2012，（5）：29-33.

心理科学

617 贡京京，张微微，张焱，魏亚洲．倒置效应与专家技术的研究进展．心理科学，2011，（4）：939-942.

新疆社会科学

618 郑忆石，丁乃顺．马克思科学技术观的双重向度．新疆社会科学，2011，（6）：8-11.

新闻界

619 苏状，王梅芳．论视觉传播场域下的公民新闻伦理．新闻界，2012，（18）：37-40.

新闻与写作

620 王笑笑．网络传播伦理失范如何应对．新闻与写作，2012，（2）：35-37.

徐州工程学院学报

621 张丽霞．技术异化的哲学意蕴．徐州工程学院学报：社会科学版，2012，（2）：23-25，31.

学理论

622 段纯．技术哲学的三个基本问题．学理论，2011，（1）：115-117.

623 樊蕊，李木子．中国古代工匠伦理探究．学理论，2011，（2）：127-128.

624 宋华丽，杨永彬．关于科学活动中真与善关系的思考．学理论，2011，（4）：119-120.

625 邹俊滔，陈琳．从科技理性看科学家的伦理责任．学理论，2011，（6）：22-23.

626 程晓皎．从环境保护的视角看科学技术与伦理道德．学理论，2011，（12）：53-54.

627 郭丽瑾．试论卢卡奇物化理论中的科技伦理问题——技术的发展方向与人文关怀．学理论，2011，（17）：35-36.

628 耿娟．工程哲学——社会管理的新型钥匙．学理论，2012，（11）：40-41.

629 刘治恒，孙道进，赵辉．跨越技术禁区的原因及策略——基于"药家鑫"事件的哲学思考．学理论，2012，（14）：51-52.

630 田洪磊，詹萍．当代科技革命与食品科学发展的哲学思考．学理论，2012，（28）：97-99.

631 苟霄．对黑客现象的哲学分析．学理论，2012，（28）：148-149.

632 宋梦吟，宋欣．科技伦理视角下的食品安全问题——以食品添加剂为例．学理论，2012，（30）：65-66.

633 陈嚣．网络谣言的伦理初探．学理论，2012，（30）：69-70.

634 张莉．当代医学科技发展的伦理价值取向．学理论，2012，（35）：47-48.

学术交流

635 刘艳茹．网络语言意义建构的哲学思考．学术交流，2011，（3）：166-169.

636 周琳．哲学视阈下社会主义核心价值观的形态与实践探析．学术交流，2012，（11）：9-13.

学术界

637 孙超，叶良均，滕瀚．中国传统农业技术的和谐理念．学术界，2011，（9）：168-174,288.

638 张能为．伽达默尔的实践哲学与价值伦理学．学术界，2012，（12）：38-49，266-269.

639 肖峰．信息技术的哲学特征．学术界，2012，（12）：50-60，284.

学术论坛

640 李映红．马克思恩格斯水利思想及其当代价值．学术论坛，2011，（11）：1-4.

学术研究

641 吴书林．马克思技术本质观的实践哲学解读．学术研究，2011，（6）：8-12，24,159.

学术月刊

642 樊勇，高筱梅．技术精神：一种值得关注的精神形态．学术月刊，2011，（6）：18-23.

学习与实践

643 陈爱华．《论十大关系》经济-科技伦理辩证法思想及其对基本现代化的启示．学习与实践，2012，（8）：128-133.

学习与探索

644 董春雨．国内复杂系统科学哲学研究的若干热点问题．学习与探索，2011，（5）：24-27.

645 李建会．国际生物学哲学研究的若干新进展．学习与探索，2011，（5）：27-29.

646 张秀华．工程技术哲学的走向与进展．学习与探索，2011，（5）：29-32.

647 刘啸霆．科学、技术与社会研究的新进展．学习与探索，2011，（5）：32-34.

648 牛小侠，陆杰荣．海德格尔"有限性"思想及其"实践"意蕴．学习与探索，2011，（6）：41-44.

649 王国豫，冯烨．纳米技术的伦理维度探析．学习与探索，2012，（7）：6-9.

650 朱晨静．当代基因伦理研究：问题·理论·前景．学习与探索，2012，（7）：10-13.

651 邢冬梅．当代S&TS的"唯物主义回归"．学习与探索，2012，（9）：14-16.

学习月刊

652 王剑峰．人造卫星技术运用的伦理问题及约束．学习月刊，2012，（10）：119.

学校党建与思想教育

653 陈炜，高翔莲，李霞玲．恩格斯科学技术观及其当代价值．学校党建与思想教育，2012，（34）：67-69.

延边大学学报

654 张浩．论虚拟实践与虚拟认识．延边大学学报：社会科学版，2011，（1）：49-56.

沿海企业与科技

655 陈首珠，章龙胜．克隆技术的伦理困境与对策研究．沿海企业与科技，2011，（11）：14-17.

656 陈首珠．中国技术伦理研究十五年概况及其可能的走向——从哲学六种重要期刊文献计量看．沿海企业与科技，2012，（2）：14-17，13.

盐城师范学院学报

657 冯国瑞．哲学视域中的创新思维．盐城师范学院学报：人文社会科学版，2011，（5）：1-5.

医学与社会

658 田甲乐．安乐死：科学与人文的博弈．医学与社会，2011，（12）：7-9.

医学与哲学

659 杨宏志．医学影像诊断工作中的哲学思考和人文关怀．医学与哲学：临床决策论坛版，2011，（1）：67-68.

660 刘月树，何宁．"天道"与生物医学技术的道德界限．医学与哲学：人文社会医学版，2011，（2）：18-19，76.

661 马宁，高旭．内含子 microRNAs：基因敲除技术的新挑战——以现代生命科学中的认识论为视角．医学与哲学：人文社会医学版，2011，（3）：27-28.

662 周匡果，王一鸣，王向，王荣林．"设计婴儿"的伦理思考．医学与哲学：人文社会医学版，2011，（3）：34-35＋38.

663 王道阳．认知神经科学研究范式的困境与出路．医学与哲学：人文社会医学版，2011，（4）：1-2，12.

664 杨轶君，冯泽永，张培林，陈少春，杨丹．人类胚胎干细胞研究伦理问题的思考．医学与哲学：人文社会医学版，2011，（7）：16-18，24.

665 刘穗玲，谌小卫，李小毛．宫腔镜发展和应用的哲学思考．医学与哲学：临床决策论坛版，2011，（7）：72-73.

666 张燕．异种角膜移植的伦理考量．医学与哲学：人文社会医学版，2011，（12）：26-27.

667 李锐锋，冯长娜．关于非医学目的基因增强技术的伦理思考．医学与哲学，2012，（3）：21-22，28.

668 安娜，王忠彦．基因治疗的伦理问题及对策探讨．医学与哲学，2012，（3）：23-24,58.

669 刘欣怡，刘俊荣，黄海．"设计婴儿"技术的伦理辩护及反思．医学与哲学：A，2012，（6）：18-20.

670 沈铭贤．医学与伦理能否同行——从生命伦理学的特点探讨科技与伦理的关系．医学与哲学：A，2012，（11）：13-16.

671 董自西，郭九宫，孙金海．基于辩证观的医学技术特点及对医院管理的启示．医学与哲学：A，2012，（12）：47-48.

阴山学刊

672 林丽婷．国内科技伦理学研究综述．阴山学刊，2012，（5）：16-22,95.

玉溪师范学院学报

673 戴荣里．从技术伦理看道德底线问题．玉溪师范学院学报，2012，（6）：7-11.

云南财经大学学报

674 王伟，蒲丽娟．食品安全问题的伦理反思．云南财经大学学报：社会科学版，2012，（5）：42-44.

云南社会科学

675 史婷婷．儒学与网络伦理的理性回归．云南社会科学，2011，（4）：29-32.

676 赵玉强．庄子生命本位技术哲学的基本面向与内在理路探赜．云南社会科学，2011，（4）：38-43.

云南师范大学学报

677 高尚荣．马克思的技术伦理思想及其当代价值．云南师范大学学报：哲学社会科学版，2011，（1）：105-110.

哲学动态

678 王治东，萧玲．技术研究的一种哲学进路——马克思生存论之视角、思路与方法．哲学动态，2011，（2）：64-69.

679 任丑．人权：工程伦理学的价值基准．哲学动态，2011，（4）：78-84.

680 李志红．关于技术自主论思想的探讨——访兰登・温纳教授．哲学动态，2011，（7）：96-99.

681 张学义．实验哲学：一场新的哲学变革．哲学动态，2011，（11）：74-79.

682 蔡仲，肖雷波．STS：从人类主义到后人类主义．哲学动态，2011，（11）：80-85.

683 郝新鸿．走向辩证的新本体论——访安德鲁・皮克林教授．哲学动态，2011，（11）：104-108.

684 刘鹏，柯文．本体论的回归——当代"科学技术论"视域下的本体论研究．哲学动态，2012，（9）：91-96.

685 何菁，董群．场景叙事——工程伦理研究的新视角．哲学动态，2012，（12）：43-48.

哲学分析

686 闫宏秀，杨庆峰．技术哲学视野中的物之研究——读《物何为：对技术、行动体和设计的哲学反思》．哲学分析，2011，（2）：189-195.

687 刘大椿，黄婷．科学技术哲学反思中的思想攻防——刘大椿教授学术访谈录．哲学分析，2011，（3）：155-168.

688 李伯聪，成素梅．工程哲学的兴起及当前进展——李伯聪教授学术访谈录．哲学分析，2011，（4）：146-162.

689 马来平．科学的社会性、自主性及二者的契合．哲学分析，2011，（6）：133-146，194.

690 齐磊磊．科学王国与道德王国的交叉视野和统一论证——读《现代科学与伦理世界》（第2版）．哲学分析，2011，（6）：185-191.

691 田鹏颖．马克思的社会关系生产理论与社会工程哲学．哲学分析，2012，（5）：96-103，198-199.

哲学研究

692 邓波．形而上学的原初"制作"——西方哲学诞生的技术现象学考察．哲学研究，2011，（12）：68-77，124-125.

693 潘恩荣．技术哲学的两种经验转向及其问题．哲学研究，2012，（1）：98-105，128.

694 崔伟奇．论风险观念的价值哲学基础．哲学研究，2012，（2）：93-99，129.

695 田鹏颖．历史唯物主义："改变世界"之维的社会工程哲学之思．哲学研究，2012，（9）：18-22.

696 韩连庆．技术意向性的含义与功能．哲学研究，2012，（10）：97-103，129.

浙江科技学院学报

697 王海文，李杰，陈广学．从哲学思维视角论印刷科技创新与学科建设．浙江科技学院学报，2011，（6）：503-507.

浙江社会科学

698 邱戈．风险背景下的传播伦理研究．浙江社会科学，2011，（7）：68-74，157.

699 牛俊美．论科学伦理学向生活世界的回归．浙江社会科学，2012，（10）：95-99，158-159.

职教论坛

700 孟景舟．民主和等级：技术概念的泛化与狭义化．职教论坛，2012，（16）：43-46.

职业教育研究

701 岳世川．融入科技哲学的高职通识教育初探．职业教育研究，2012，（10）：148-149.

中共成都市委党校学报

702 蒋国保．从技术化生存到生态化生存——人的生存方式的当代转向．中共成都市委党校学报，2012，（3）：87-91.

中共贵州省委党校学报

703 胡晋源．中国共产党科学技术观的历史演进．中共贵州省委党校学报，2012，（2）：37-43.

中共杭州市委党校学报

704 周国文，刘玉珠．环境的哲学化与科技的生态学转向——读《人、环境与自然——环境哲学导论》有感．中共杭州市委党校学报，2012，（5）：76-79.

中国报业

705 白璐，胡新和．论陈述彭的科技哲学思想．中国报业，2012，（8）：192-193.

中国成人教育

706 林幸福．新形势下职业院校学生职业伦理素质培育的价值探究及对策．中国成人教育，2011，（13）：84-86.

中国电化教育

707 李美凤．教师与技术的关系初论：困境与超越．中国电化教育，2011，（4）：8-12.

708 颜士刚，冯友梅．新技术怎样才能带来好的教学效果——来自技术价值论的解答．中国电化教育，2011，（5）：15-18.

中国电力教育

709 奚冬梅，隋学深．中美网络伦理教育比较研究．中国电力教育，2012，（7）：12-13,19.

中国工程科学

710 任宏，张巍，曾德珩．巨项目决策的核心原则．中国工程科学，2011，（8）：94-96.

中国管理信息化

711 潘文良．科学家社会责任的有限"豁免"．中国管理信息化，2012，（20）：77.

中国国情国力

712 房慧，樊明方．当代人文精神和科技伦理研究．中国国情国力，2011，（8）：26-28.

中国教育技术装备

713 刘海霞．芒福德的巨机器思想及教育启示．中国教育技术装备，2011，（36）：64-65.

714 张影，郭思礁，王梦竹．教育技术实践的哲学阐释．中国教育技术装备，2012，（12）：33-34.

中国科技奖励

715 殷瑞钰．科学发展观中的工程哲学．中国科技奖励，2011，（5）：6-7.

中国科学院院刊

716 王国豫．纳米伦理：寻求未来安全的伦理．中国科学院院刊，2012，（4）：411-417.

717 李真真，曾家焱．从黄禹锡事件谈科技伦理教育．中国科学院院刊，2012，（4）：418-424.

中国人民大学学报

718 王伯鲁．马克思资本与技术融合思想解读．中国人民大学学报，2012，(2)：132-139.

中国社会科学

719 彭凯平，喻丰，柏阳．实验伦理学：研究、贡献与挑战．中国社会科学，2011，(6)：15-25，221.

中国社会科学院研究生院学报

720 詹秀娟．科技发展的生态建构．中国社会科学院研究生院学报，2011，(1)：76.

中国市场

721 李大凯．科学社会化的发展方向——市场化．中国市场，2012，(23)：121-122.

中国水利

722 刘冠美．古代水工程的历史文化挖掘与利用．中国水利，2012，(4)：59-61.

中南大学学报

723 魏久尧．技术权能：现代国家的隐性暴力—现代政治哲学沉思之一．中南大学学报：社会科学版，2012，(6)：1-6.

中南林业科技大学学报

724 冯周卓，黄渊基，熊敏秀．困惑与超越：低碳经济的哲学反思．中南林业科技大学学报：社会科学版，2011，(4)：8-11.

725 蔡振宇．海德格尔独特技术哲学观的原因探究．中南林业科技大学学报：社会科学版，2011，(6)：9-10，13.

中小企业管理与科技

726 王仲伟．设计与管理中整体运作思维模式的建构．中小企业管理与科技：上旬刊，2011，(5)：58.

727 何菁．机电类课程设计中融入工程伦理教育的实践性研究．中小企业管理与科技：上旬刊，2012，(6)：238-240.

周易研究

728 陈治国．从海德格尔的形而上学解构略论当代中国哲学的发展方式．周易研究，2012，(2)：65-76.

铸造技术

729 傅骏，蔺虹宾，谢学林．高职铸造专业开展工程伦理教育探讨．铸造技术，2012，(9)：1094-1096.

自然辩证法通讯

730 王彦雨，马来平．"反身性"难题消解与科学知识社会学的未来走向．自然辩证法通讯，2011，(1)：67-74，127.

731 陈玉林，陈多闻．技术使用者研究的三种主要范式及其比较．自然辩证法通讯，2011，(1)：75-80，127-128.

732 艾战胜．爱丁堡学派解构默顿科学社会学的三元向度．自然辩证法通讯，2012，(1)：89-93，122，128.

733 项小军.论洋务派的科技观.自然辩证法通讯，2011，(5)：59-61，64.

734 苏俊斌.关于技术争论及其解决方式的社会学探讨——基于"F滤波器"标准化案例的经验考察.自然辩证法通讯，2011，(6)：61-68，127.

735 韩彩英.文艺复兴时期自然魔法的盛行和对实验精神的培育.自然辩证法通讯，2012，(2)：87-93，127-128.

736 衡孝庆.心理技术的哲学反思.自然辩证法通讯，2012，(4)：91-93，128.

737 肖显静.转基因技术本质特征的哲学分析——基于不同生物育种方式的比较研究.自然辩证法通讯，2012，(5)：1-6，125.

738 吴幸泽，褚建勋，汤书昆，王明.当代中国公众对转基因玉米的技术伦理问题认知.自然辩证法通讯，2012，(5)：7-12，125.

739 洪晓楠.科学文化哲学的研究纲领.自然辩证法通讯，2012，(6)：8-14，125.

740 林慧岳，未晓霞，庞增霞.我国技术哲学文化转向的实证研究——"三大期刊"与"两大中心"技术文化类论文分析.自然辩证法通讯，2012，(6)：94-100，128.

自然辩证法研究

741 张晓红，李兆友.古希腊技术实践思想研究.自然辩证法研究，2011，(1)：35-39.

742 肖雷波，蔡仲.科技知识的地方性与全球性——走向后殖民技科学观研究.自然辩证法研究，2011，(1)：55-60.

743 李蒙.计算机伦理学的道德方法论启示探析.自然辩证法研究，2011，(2)：21-25.

744 盛国荣.技术思考的主要维度：技术、自然、社会、人.自然辩证法研究，2011，(2)：32-38.

745 万长松.苏联技术哲学与其工业化道路的关系问题研究.自然辩证法研究，2011，(2)：44-49.

746 郭飞，吕乃基.刍议工程规则研究的背景、意义和路径.自然辩证法研究，2011，(2)：50-55.

747 徐佳，陈凡.关于"技术功能失常"概念的思考.自然辩证法研究，2011，(3)：30-35.

748 张卫，朱勤，王前.从Techné特刊看现代西方技术哲学的转向.自然辩证法研究，2011，(3)：36-41.

749 曹东溟."组合-创生-演化"的技术——打开"技术黑箱"的一个尝试.自然辩证法研究，2012，(3)：44-49.

750 滕菲，李建军.人兽嵌合体创造和应用研究中的伦理问题.自然辩证法研究，2011，(3)：77-81.

751 冯烨，王国豫.人类利用药物增强的伦理考量.自然辩证法研究，2011，(3)：82-88.

752 于春玲，李兆友.马克思的技术价值观：指向人类自由的技术价值与文化价值.自然辩证法研究，2011，(4)：42-47.

753 包国光.论工程的本质——海德格尔、亚里士多德和柏拉图视角的一种解读.自然辩证法研究，2011，(4)：61-65.

754 郭芝叶，文成伟．技术的三个内在伦理维度．自然辩证法研究，2011，(5)：41-46.

755 刘宝杰．关于技术人工物的两重性理论的述评．自然辩证法研究，2011，(5)：51-56.

756 柯文．让历史重返自然——当代 STS 的本体论研究．自然辩证法研究，2011，(5)：79-84.

757 刘华军．从科学社会学看科学研究的政治学转向．自然辩证法研究，2011，(5)：85-89.

758 张学义，倪伟杰．行动者网络理论视阈下的物联网技术．自然辩证法研究，2011，(6)：30-35.

759 张果，董慧．技术的人文关怀及人文的技术语境——试论哲学视域下的数字城市及其活力挑战．自然辩证法研究，2011，(6)：47-52.

760 龙翔．工程师的功利观对环境伦理的遮蔽．自然辩证法研究，2011，(6)：59-64.

761 白夜昕．前苏联技术科学数学化问题研究．自然辩证法研究，2011，(6)：107-110.

762 周善和．技术信仰的表征与降格技术信仰的路径考究——从社会文化学视角探究现代技术．自然辩证法研究，2011，(7)：19-24.

763 黄正荣．论工程师的责任意识及实践转向——以广州地铁质量验收事件为例．自然辩证法研究，2011，(7)：38-42.

764 张铃．和谐语境下工程的伦理规约．自然辩证法研究，2011，(7)：48-53.

765 刘钒．基于 STS 分析的多维度可持续发展研究．自然辩证法研究，2011，(7)：80-85.

766 王飞．卡西尔论技术与形式．自然辩证法研究，2011，(8)：28-32.

767 李永胜．工程演化论的研究内容、范畴、方法与意义．自然辩证法研究，2011，(8)：33-39.

768 张雁，楼羿．技术哲学视野下中国高铁技术发展探析——论高铁技术与人的"协作与奴役"．自然辩证法研究，2011，(9)：48-52.

769 王章豹．论工程精神．自然辩证法研究，2011，(9)：61-68.

770 邢冬梅．科学与技术的文化主导权之争及其终结——科学、技术与技科学．自然辩证法研究，2011，(9)：93-98.

771 张文国．自然约束下的现代科技与社会关系模型探究．自然辩证法研究，2011，(9)：124-128.

772 林慧岳，夏凡．经验转向后的荷兰技术哲学：特文特模式及其后现象学纲领．自然辩证法研究，2011，(10)：17-21.

773 吴玉平．信息技术的伦理探究——从隐私的视角看．自然辩证法研究，2011，(10)：22-26.

774 耿阳，洪晓楠，张学昕．技术之本质问题的探究：比较海德格尔与杜威技术哲学思想．自然辩证法研究，2011，(10)：27-32.

775 闫宏秀．基于价值选择视域的技术接受模型探析．自然辩证法研究，2011，(10)：33-37.

776 赵云红．高校工程伦理教育的三种理性向度．自然辩证法研究，2011，（10）：43-46.

777 张应杭．论工程技术伦理中敬畏自然的理念培植——基于中国古代道家的研究视阈．自然辩证法研究，2011，（10）：100-104.

778 王前．在理工科大学开展工程伦理教育的必要性和紧迫性．自然辩证法研究，2011，（10）：110-111.

779 陈爱华．工程伦理教育的内容与方法．自然辩证法研究，2011，（10）：111-112.

780 李世新．国外工程伦理教育的模式和途径．自然辩证法研究，2011，（10）：113-114.

781 杨怀中．作为素质教育的工程伦理教育．自然辩证法研究，2011，（10）：115-116.

782 王健．工程伦理教育与工程教育专业认证．自然辩证法研究，2011，（10）：117-118.

783 闫坤如．工程伦理教育的评价．自然辩证法研究，2011，（10）：118-120.

784 张春峰．技术意向性浅析．自然辩证法研究，2011，（11）：36-40.

785 陈凡，陈佳．我国当代科技与社会（STS）研究的现状及发展．自然辩证法研究，2011，（12）：15-19.

786 叶芬斌，盛晓明．生态位视域中技术进化的经验研究．自然辩证法研究，2011，（12）：46-52.

787 汪志明．行动者网络理论的工程哲学意蕴——布鲁诺·拉图尔思想研究．自然辩证法研究，2011，（12）：57-63.

788 王伯鲁．旧技术衰亡问题探析．自然辩证法研究，2012，（1）：35-39.

789 王娜，王前．STS 视角的符号消费本质探析．自然辩证法研究，2012，（2）：39-44.

790 王希坤．技术自然主义：老子对技术异化的批判与超越．自然辩证法研究，2012，（2）：76-81.

791 孙岩．语境视角下的纳米伦理研究．自然辩证法研究，2012，（3）：56-60.

792 雷毅，金平阅．伦理矩阵：一种技术评价工具．自然辩证法研究，2012，（3）：72-76.

793 赵阵．论和平范畴内的军事技术伦理．自然辩证法研究，2012，（3）：87-91.

794 郑晓松．技术的社会塑形论的三重批判维度．自然辩证法研究，2012，（4）：35-39.

795 易显飞．我国古代技术实践价值观形成的理论特征及解析．自然辩证法研究，2012，（4）：40-45.

796 郭丽丽，洪晓楠．唐娜·哈拉维对转基因生物的后现代解读．自然辩证法研究，2012，（5）：10-14.

797 李曦珍，楚雪．媒介与人类的互动延伸——麦克卢汉主义人本的进化的媒介技术本体论批判．自然辩证法研究，2012，（5）：30-34.

798 王永伟，徐飞．当代中国工程伦理研究的态势分析——以 CSSCI 和 CNKI 数据库中的工程伦理研究期刊论文样本为例．自然辩证法研究，2012，（5）：45-50.

799 李建军．科学主义与高技术时代的社会危机治理．自然辩证法研究，2012，（5）：93-97.

800 徐炎章．论茅以升的工程科技思想．自然辩证法研究，2012，(5)：112-116.

801 何菁，董群．工程伦理规范的传统理论框架及其脆弱性．自然辩证法研究，2012，(6)：56-60.

802 龙翔．论工程师作为技术风险制造者的伦理责任．自然辩证法研究，2012，(6)：66-70.

803 尚虎平，惠春华，叶杰．从绩效至上到科研消费主义——我国公共财政资助科研基金中科技观的异化与矫治．自然辩证法研究，2012，(6)：82-86.

804 王新岭，王建军．从自然辩证法中学点什么．自然辩证法研究，2012，(6)：126-128.

805 刘宝杰，谈克华．试论技术哲学的经验转向范式．自然辩证法研究，2012，(7)：25-29.

806 李宏伟．技术阐释的身体维度——超越工程与人文两种研究传统的技术哲学理路．自然辩证法研究，2012，(7)：30-34.

807 韩连庆．新一代高清视频技术的社会建构．自然辩证法研究，2012，(7)：35-39.

808 黄欣荣．卡普技术哲学的三个基本问题．自然辩证法研究，2012，(8)：27-31.

809 陈大柔，郭慧云，丛杭青．工程伦理教育的实践转向．自然辩证法研究，2012，(8)：32-37.

810 程晨，徐飞．合成生物学：工程伦理的实践悖论——从合成生物学对生命、自然及进化的挑战谈起．自然辩证法研究，2012，(8)：38-42.

811 刘啸霆．和谐与贯通——莱布尼茨的 STS 活动及启示．自然辩证法研究，2012，(8)：96-101.

812 王鹏，侯剑华，吴洪玲．我国科学技术哲学博士学位论文研究主题与发展探析．自然辩证法研究，2012，(8)：120-126.

813 高杨帆．论技术决策的伦理参与模式．自然辩证法研究，2012，(9)：34-38.

814 朱春艳，黄晓伟，马会端．"自主的技术"与"建构的技术"——雅克·埃吕尔与托马斯·休斯的技术系统观比较．自然辩证法研究，2012，(10)：31-35.

815 万长松．陈昌曙产业哲学思想评析．自然辩证法研究，2012，(10)：48-52.

816 冉聃，蔡仲．赛博与后人类主义．自然辩证法研究，2012，(10)：72-76.

817 王延锋．理论、数据与仪器——析罗伯特·阿克曼关于知识增长的三维辩证互动模式．自然辩证法研究，2012，(10)：111-115.

818 尚东涛．资本视域中的现代技术．自然辩证法研究，2012，(11)：19-23.

819 练新颜．"工具制造者"还是"心灵制造者"？——刘易斯·芒福德论人的本质．自然辩证法研究，2012，(11)：24-29.

820 于雪，王前．机体主义视角的技术哲学探析．自然辩证法研究，2012，(11)：30-35.

821 欧阳聪权. 钱学森工程哲学思想初探. 自然辩证法研究，2012，(11)：48-53.

822 何继江. 从邦格技术定义的发展看技术哲学. 自然辩证法研究，2012，（12）：36-40.

823 詹志华. 台湾高校 STS 教育之特色与启示. 自然辩证法研究，2012，（12）：119-123.

（高明辑录整理）

技术哲学中文版图书索引

1　丁长青．科技哲学教程．南京：河海大学出版社，2011．

本书包括"科学技术的研究对象——自然界"、科学技术的性质与结构、科学技术的发展、科学技术与社会、科学技术的价值等内容。

2　〔美〕凯文·凯利（Kevin Kelly）．熊祥，译．科技想要什么．北京：中信出版社，2011．

凯文·凯利向我们介绍了一种全新的科学技术观，预测了未来数十年科学技术的12种趋势，包括创造大脑这一得寸进尺之举。不过，为了让人类创造的世界实现收益最大化，需要对这种全球体系产生的问题和代价保持敏感。凯文详细讲述了值得我们学习的阿米什"早期使用者"和其他批判科学技术自我主义倾向的人所具有的智慧。

3　刘大椿，刘劲杨．科学技术哲学经典研读．北京：中国人民大学出版社，2011．

本书以开放的视野，从科学哲学，技术哲学，自然哲学，科学、技术与社会（STS），科学思想史诸方面勾勒出该学科五条基础研究进路，分析了每种进路的方法与思想沿革，对每篇经典文献妥加研议，使科学技术哲学基本理论、基本方法与重要问题得以突显。

4　刘大椿．科学技术哲学概论．北京：中国人民大学出版社，2011．

本书分九章，内容包括：自然观的变革、生态价值观与可持续发展、科学技术时代的伦理建构、科学发展与科学辩护、科学认识的经验基础等。

5　刘英杰．作为意识形态的科学技术．北京：商务印书馆，2011．

本书内容包括：科学技术成为意识形态的历史演变、科学技术何以成为意识形态、科学技术意识形态与传统意识形态之比较、科学技术意识形态的破解与超越、控制技术、科学技术成为意识形态的中国语境等。

6　宝胜．哲学视野中的科学技术与社会．沈阳：东北大学出版社，2011．

本书分为"科学技术哲学基本问题研究"和"科学技术与社会专题研究"两篇，收录了《科学哲学中科学与非科学的划界问题》、《关于科学价值的哲学透视》、《关于简单性和复杂性及其相互关系的哲学思考》、《创新行为的系统性和创新系统的非线性特征》等文章。

7　席菁，张慧英．社会技术论．长春：吉林人民出版社，2011．

本书分为社会技术的观念与现实、经济技术论、政治技术论、文化技术论和社会生活技术论等五部分。内容包括：社会技术的理论背景、政治技术的观念与现实、文化技术的作用领域以及社会生活技术研究现状及其研究意义等。

8　张秀华．历史与实践——工程生存论引论．北京：北京出版社，2011．

本书通过理论和实践的双重审视，确认马克思哲学的生存论转向，并以坚定的立场彰显马克思哲学改变世界的理论旨趣。本书沿着马克思的哲学思路，把工程实践作为现代实践的典型，把工业看成工程的集聚，具体探讨了人、生存、实践、作为对象性存在的工业及其关系。

9　张镇寰，王周炎．科学技术与社会发展研究．昆明：云南大学出版社，2011.

本书收录了科学技术哲学研究方面的文章，包括"关于科学划界的终极追求"、"论科学发现的溯因推理方法"、"科学史发现还是发明"、"西方科学哲学的转向趋势"、"由历史主义思维方法所引起的思考"、"论库恩的不可通约性"等文章。

10　曾鹰．技术文化意义的合理性研究．北京：光明日报出版社，2011.

本书包括当前技术文化研究的合理性反思、技术文化生存的合理性特征、技术文化意义危机的合理性透视、技术文化意义的合理性重构等内容。

11　李三虎．小世界与大结果：面向未来的纳米哲学．北京：中国社会科学出版社，2011.

本书介绍了纳米哲学方面的乌托邦还是敌托邦、复杂性以及不确定性、从决定论到非决定论、无形世界的人-技关系等内容。

12　杨庆峰．现代技术下的空间拉近体验．北京：中国社会科学出版社，2011.

本书从现象学的生存论出发，把技术的本质把握为通达人的生存结构的途径，由此揭示此在的空间性，而这空间性的表征为去远和定向。

13　殷瑞钰，李伯聪，汪应洛．工程演化论．北京：高等教育出版社，2011.

本书分为理论篇和案例篇两部分，主要内容包括：工程与工程演化、工程演化的动力系统、工程的要素演化与系统演化、工程演化的机制、工程演化与文化变迁等。

14　王志伟．现代技术的谱系．上海：复旦大学出版社，2011.

本书第一部分"技术与人"，试图对技术与人的本质联系进行一番思索；第二部分"现代技术体系"，试图对现代技术体系的诞生和扩展机制及其对现代世界体系的决定性作用进行考察。

15　赵乐静．技术解释学．昆明：云南大学出版社 云南人民出版社，2011.

本书从本体论解释学视角，详尽阐释了技术知识解释学、技术活动解释学和技术人造物解释学，形成了技术解释学的理论与分析方法。

16　陈多闻．技术使用的哲学探究．沈阳：东北大学出版社，2011.

本书主要从共时和历时两种视角对技术使用进行审视，分为绪论、概念的厘定、技术实用的多元面相、技术使用的共时结构等七章。

17　黄欣荣．现代西方技术哲学．南昌：江西人民出版社，2011.

本书首先对西方技术哲学的整个发展历史做了系统的梳理，阐述了技术哲学的两个传统，技术本质的四种解读方式；然后分九章的篇幅分别对卡普、德绍尔、芒福德、奥特加、海德格尔、埃吕尔、温纳、德鲁克、巴萨拉等九位著名西方技术哲学家的哲学思想进行了全面的研究，从而比较完整地反映了西方技术哲学的发展历程和思想特点；最后对西方哲学家关于技术不同发展阶段的不同理解进行了系统的总结。

18　高嘉社．科学社会学．北京：科学出版社，2011.

本书包括科学社会化与社会科学化、科学技术的社会过程、科学主体和科学精神、科学文化与社会、军校科学技术成果的社会转化、国防军事创新与社会、科学技术与战争等内容。

19 〔美〕罗伯特·金·默顿（R. K. Merton）. 鲁旭东，林聚任，译. 科学社会学：理论与经验研究. 北京：商务印书馆，2011.

本书分两册，内容包括：知识社会学、科学知识社会学、科学的规范结构、科学的奖励系统、科学中的评价过程。

20 〔美〕罗伯特·金·默顿（R. K. Merton）. 范岱年，吴忠，蒋效东，译. 十七世纪英格兰的科学、技术与社会. 北京：商务印书馆，2011.

本书集中研究十七世纪英格兰出现的近代科学的社会和文化史境。内容包括：对科学和技术兴趣的汇聚与转移、清教主义与文化价值、新科学的动力、科学研究的外部影响以及科学进展的若干社会和文化因素等。

21 张春美. 谁主基因：基因伦理. 上海：上海科技教育出版社，2011.

本书主要内容为基因组研究、遗传信息检测利用、人体基因工程中的伦理问题，比如基因检测、遗传筛查、基因治疗、基因身份证、基因资源保护（基因专利、基因掠夺）、基因歧视、"人兽杂种"、转基因等。

22 张永强. 工程伦理学. 北京：北京理工大学出版社，2011.

本书共分八章，分别是：概论、工程伦理学研究综述、工程师的责任、工程中的利益相关者与社会责任、工程中的诚信与道德问题、工程利益相关方的博弈、工程与生态责任、工程伦理学应用。

23 卢风. 科技、自由与自然：科技伦理与环境伦理前沿问题研究. 北京：中国环境科学出版社，2011.

本书反思科学技术与道德、科学技术与人类生活方式以及科学技术与文明的关系，并对现代人所追求的自由进行批判性反思。

24 李长泰，周晓红. 当代中国农业科技伦理思维模式论. 北京：中国农业出版社，2011.

本书以伦理学为基本视角对农业科学技术发展问题进行了较为深入地研究。将农业科学技术与伦理发展结合起来进行研究，试图以一种科学的伦理思维模式指导当今农业科学技术行为，将农业科学技术纳入到正常的和有利于农村社会发展的伦理关系之中，以弥补学术界对农业科学技术伦理研究的不足。

25 程现昆. 科技伦理研究论纲. 北京：北京师范大学出版社，2011.

本书内容包括：科学技术伦理研究的新视域、科学技术伦理产生的背景、科学技术伦理的本质表征、科学技术伦理的结构探析、科学技术伦理的价值评价、科学技术伦理的生成样态。

26 蔡连玉. 信息伦理教育研究：一种"理想型"构建的尝试. 北京：中国社会科学出版社，2011

本书内容包括：信息伦理教育：概念与理论；信息伦理教育：调查与比较；信息伦理教育"理想型"构建（上）；信息伦理教育"理想型"构建（下）等。

27 虎业勤，刘怀庆. 现代科技伦理学. 西安：西安地图出版社，2011

本书阐述了现代科学技术伦理学的内涵、学科定位、研究对象和方法，梳理了中、西方传统科学技术伦理思想，揭示了中、西方传统科学技术伦理思想对现代社会的影响和启示。

28 〔美〕唐·伊德（Don Ihde）．韩连庆，译．技术与生活世界：从伊甸园到尘世．北京：北京大学出版社，2012.

本书内容包括：从伊甸园到尘世、技术与生活世界、生活世界：实践和知觉、亚当和伽利略、继承下来的尘世等。

29 〔英〕阿诺德·佩斯（Arnold Pacey）．黄发玉等，译．技术文化．广州：广东人民出版社，2012.

本书从历史尺度、地理空间和专业范围探求了技术发展的内在动力、外在影响及发展特征和规律，包括技术定义、技术与价值观念，技术与专家和用户，技术与人类社会，技术与人的全面发展和追求，技术与民族的经济、政治、军事甚至自尊心等各方面的问题。

30 刘则渊，王续琨，王前．工程·技术·哲学：中国技术哲学研究年鉴．2010/2011年卷（总第七卷）．大连：大连理工大学出版社，2012

本书收录了技术哲学方面的论文，主要内容包括：本卷特稿、技术哲学一般问题、工程技术伦理、国外技术哲学、年度研究综述、信息文献索引。

31 刘明海．还原论研究．北京：中国社会科学出版社，2012.

本书详细梳理了还原论的历史演进，深入发掘了还原论的思想起源，全面总结了原论的论证过程，具体呈现了还原论的思想内容。并以此为基础，分别探讨了还原论在当代科学技术哲学、心灵哲学中的发展现状，既涉及反还原论提出的挑战与诘难，也涉及还原论做出的回应与反驳，进而阐释还原论对于生物现象、心理现象这些人类"斯芬克斯之谜"的启示性看法，重新正确评价还原论在哲学和科学发展中的地位与价值。

32 巨乃岐．技术价值论．北京：国防大学出版社，2012.

本书内容包括：技术价值的生成基础、技术价值的多样存在、技术价值的本质透析、技术价值的创造实现、技术价值的社会评价、技术价值的历史进化。

33 〔荷〕路易斯·L. 布西亚瑞利．安维复，等，译．工程哲学（2版）．沈阳：辽宁人民出版社，2012.

本书描述了工程设计中的语言以及设计语言本身存在的差异所引起的协商；说明了错误的本质及其对错误的理解方式，并介绍了工程师们怎样处理失败和错误；探究了工程师再造的世界模型化和理想化的方式；分析了工程教学中有效的思维方式。

34 〔美〕迈克尔·戴维斯（Michael Davis）．丛杭青，沈琪，等，译．像工程师那样思考．杭州：浙江大学出版社，2012.

本书第一部分以历史的视角来看待工程，试图了解工程究竟有多么的新以及新在何处；第二部分是对挑战者号灾难的深度思考；第三部分阐明了保护工程判断的重要性以及如何执行判断的主要方法；第四部分是对这种哲学建构进行的经验分析。

35 涂铭旌，任华编．辩证思维与科技谋略．重庆：重庆出版社，2012.

本书总结、提炼了关于辩证思维与科学技术谋略的36组两两对应的辩证关系并一一加以阐述，包括"生与死"、"安与危"、"成与败"、"祸与福"、"新与旧"等。

36 王华英．芬伯格技术批判理论的深度解读．上海：上海交通大学出版社，2012.

本书分为七章，内容包括：技术时代的思想者——芬伯格及其思想简介、技术批判理论的思想前提——复调式的理论发展与继承线路、技术批判理论的缘起——现代性与理性诊断、技术批判理论的基础与逻辑起点、技术批判理论的方法研究等。

37 〔美〕约瑟夫·C. 皮特著．马会端，陈凡，译．技术思考：技术哲学的基础．沈阳：辽宁人民出版社，2012.

本书力图从根本上寻找技术哲学难以融入主流哲学研究的根源，从实用主义和分析哲学的视角探讨技术哲学研究的内容、范式、理论原则，从而寻找技术哲学研究确立的基础。

38 郑雨．从工具到机器：技术人工物个体化式微的追问．南京：河海大学出版社，2012.

本书共分为十二章，内容包括工具中轴理论、人性化与工具的个体性、个性化工具的历史考察、个体性工具向整体性机器过渡的原因评析、马克思的机器观等。

39 陈凡，傅畅梅，葛勇义．技术现象学概论．北京：中国社会科学出版社，2012.

本书包括技术现象学的起因、现象学技术哲学的研究向度及演进趋势、非哲学的技术现象学研究、技术现象学研究，研究了技术现象学的各个方面。

40 陈昌曙．技术哲学引论（2 版）．北京：科学出版社，2012.

本书以技术哲学中的 10 个基础问题为起点，响亮地回答了"在技术中是否存在令人信服的哲学问题"。全书论述了技术哲学的研究对象、发展历史和基本问题、技术的基本特点、技术与社会的相互关系等。

41 〔日〕仓桥重史．王秋菊，陈凡，译．技术社会学（2 版）．沈阳：辽宁人民出版社，2012.

本书从技术、文化、社会三者关系着手，力图明确技术社会学、技术文化社会学的研究立场、视角及其对象，揭示了社会学视野中的技术本质与特征，特别是从文化视野对技术进行了深入分析。

42 李志勤，毛建儒著．论科学技术与社会的辩证法．北京：中国社会科学出版社，2012.

本书共分四个部分：宗教与科学技术、中国文化与科学技术、生态文明建设与科学技术、西方马克思主义与科学技术。

43 欧阳锋，徐梦秋，著．科学规范论：默顿的视野．北京：商务印书馆，2012.

本书共七章，内容包括：默顿的科学规范论的形成和基本内容、默顿学派对科学规范论的丰富和发展、对默顿科学规范论的批评与默顿学派的回应等。

44 田松，刘华杰．学妖与四姨太效应：科学文化对话集．上海：上海交通大学出版社，2012.

本书是作者关于科学文化的对话集，涉及科学哲学、科学社会学、科学技术和社会（STS）研究、科学传播研究、人类学以及文明研究等多个领域，对于深刻理解当前科学界和大众关注的很多热点问题，具有一定的启发意义。

45　马来平．科学的社会性和自主性：以默顿科学社会学为中心．北京：北京大学出版社，2012.

本书以阐发科学的社会性和自主性为主线，分别就默顿科学社会学关于科学体制内部微观社会因素与科学知识进步关系的论述、宏观社会因素影响科学发展机制的论述、科学体制所表现出来的科学界的社会规范、科学奖励制度和科学界的社会分层等科学自主性的论述，以及科学的社会性与科学自主性二者关系的论述，逐一进行了梳理、评价和阐发。

46　程国斌．人类基因干预技术伦理研究．北京：中国社会科学出版社，2012.

本书包括了人类基因干预技术的发展历史；人类基因干预技术的伦理属性；人类基因干预技术的伦理辩护及其困境；作为"生命自创生运动"的人类基因干预技术；如何在人的生存主体性中确证技术的伦理未来等内容。

47　陈万求．工程技术伦理研究．北京：社会科学文献出版社，2012.

本书以现代工程实践活动特别是中国近年来的工程活动作为背景，以工程的应用伦理为研究主题和突破口，探讨中国现代工程活动中的现实伦理问题。

48　冯昊青．核伦理学引论：核实践的伦理审视．北京：红旗出版社，2012.

本书在批判吸收传统核伦理学研究成果的基础上，详尽分析了核实践的利弊得失，及其复杂的伦理问题与道德现象，重新建构了囊括整个核实践领域的伦理问题与道德现象的核伦理学理论体系，并就几个影响巨大并广受民众关注的核实践领域展开了核伦理学实践与应用研究。

49　林琳．现代科学技术的伦理反思：从"我"到"类"的责任．北京：经济管理出版社，2012

本书以马克思主义哲学为指导，借鉴国内外相关问题的研究成果，坚持理论和实践相结合的原则，从新的视角、新的高度出发，采用宏观面上研究与微观案例研究相结合、横向静态研究与纵向动态研究相结合、规范性研究与描述性研究相结合等多种方法，将历史考察、现状分析与前景预测统一起来，对科学技术给人类带来的问题进行了比较深入而系统的研究，着力于有针对性、前瞻性地提出和论证科学技术伦理基本原则和对策，尽可能为解决这一重大问题提供一些新的思路、新的方法。

50　毛建儒，王颖斌，王常柱．科技观与科技伦理探索．北京：中国社会科学出版社，2012.

本书是一本关于探讨科学技术哲学与当代社会关系的论文集，全书分别从科学技术与社会、科学技术与伦理以及海德格尔的科学技术观三个方面来阐述，探讨了科学技术哲学在当代社会中的影响。

51　王前等．科技伦理意识养成研究．北京：人民出版社，2012.

本书在全面调查我国科学技术工作者科学技术伦理意识的现状和问题的基础上，借鉴欧美发达国家和东亚一些国家、地区科学技术伦理意识养成的模式和经营，深入发掘我国科学技术伦理意识养成的思想资源，探讨了我国科学技术伦理意识养成教育的基本途径、主要方法和保障机制。

52 王国豫，刘则渊．高科技的哲学与伦理学问题．北京：科学出版社，2012.

本书论文分四个专题：关于高新技术的本质的反思、信息与网络伦理问题、生物与克隆技术的伦理问题，转基因技术伦理问题、纳米技术伦理问题。

本书论文分四个专题：关于高新技术的本质的反思、信息与网络伦理问题、生物与克隆技术的伦理问题，转基因技术伦理问题、纳米技术伦理问题。

53 郗芙蓉，颜毓洁．高校科技伦理教育若干问题研究．北京：光明日报出版社，2012.

本书共七章，内容有：科学技术伦理与科学技术伦理教育、高校科学技术伦理教育的目标、高校科学技术伦理教育的内容、高校科学技术伦理教育的方法与途径、高校科研伦理教育若干问题、高校工程伦理教育若干问题、高校网络伦理教育若干问题等。

（高明辑录整理）